I0868498

de Gruyter Studienbuch

Wozu Wissenschaftsphilosophie?

Positionen und Fragen zur gegenwärtigen Wissenschaftsphilosophie

Herausgegeben von

Paul Hoyningen-Huene
Gertrude Hirsch

1988

Walter de Gruyter · Berlin · New York

CIP-Titelaufnahme der Deutschen Bibliothek

Wozu Wissenschaftsphilosophie? : Positionen u. Fragen zur gegenwärtigen Wiss.-Philosophie / hrsg. von Paul Hoyningen-Huene ; Gertrude Hirsch. — Berlin ; New York : de Gruyter, 1988

(De-Gruyter-Studienbuch)

ISBN 3-11-011472-0

NE: Hoyningen-Huene, Paul [Hrsg.]

© 1988 by Walter de Gruyter & Co., Berlin 30

Alle Rechte, insbesondere das der Übersetzung in fremde Sprachen, vorbehalten. Ohne ausdrückliche Genehmigung des Verlages ist es nicht gestattet, dieses Buch oder Teile daraus auf fotomechanischem Wege (Fotokopie, Mikrokopie) zu vervielfältigen.

Satz und Druck: Arthur Collignon GmbH, Berlin

Bindearbeiten: Lüderitz & Bauer, Berlin

Printed in Germany

Inhaltsverzeichnis

Gertrude Hirsch / Paul Hoyningen-Huene

Einleitung

Das vorliegende Buch ist aus einem an der Eidgenössischen Technischen Hochschule Zürich im Sommersemester 1987 gehaltenen Seminar gleichen Titels hervorgegangen, das Paul Hoyningen-Huene in Vertretung von Paul Feyerabend mit Gertrude Hirsch als Seminarassistentin leitete. Das Seminar knüpfte an eine Reihe ähnlicher öffentlicher Veranstaltungen Paul Feyerabends an, in denen die Beziehungen betrachtet wurden, die heute zwischen der Wissenschaft und anderen Bereichen der Kultur bestehen. Feyerabends Veranstaltungen wendeten sich an ein sehr breites Publikum mit unterschiedlichen Interessen. Dieses Mal war der ins Auge gefaßte Adressatenkreis von vornherein enger: es waren primär die Studenten und Dozenten der ETH, also Studenten und Dozenten der Natur- und Ingenieurwissenschaften, und sekundär alle an der Wissenschaftsphilosophie Interessierten. Wir gingen davon aus, daß unsere primären Adressaten der Wissenschaftsphilosophie gegenüber mehrheitlich skeptisch eingestellt seien: Ihnen sollte vorgeführt werden, mit welchen Fragen sich Wissenschaftsphilosophie beschäftigt, und zu welchen Antworten sie kommt.

Der von einigen Referenten anscheinend als etwas provokativ aufgefaßte Titel „*Wozu* Wissenschaftsphilosophie?" war eigentlich gar nicht sonderlich provokativ gemeint. In ihm sollte nur eine Vormeinung zum Ausdruck kommen, die wir vielen Angehörigen der Natur- und Ingenieurwissenschaften unterstellten (und nach wie vor unterstellen): daß sie — milde ausgedrückt — nicht so recht wissen, wozu Wissenschaftsphilosophie eigentlich gut sein soll. Schärfer gesagt: daß einige von ihnen Wissenschaftsphilosophie für typisch geisteswissenschaftliches Geschwätz halten, und daß Wissenschaftsphilosophie (wenn nicht sogar alle Philosophie) demgemäß völlig unnütz sei. Ob man nun diese Meinung teilt oder nicht: es gibt Leute mit dieser Meinung, und man tut gut daran, diese Meinung zur Kenntnis zu nehmen, *wenn* man mit diesen Leuten ins Gespräch kommen will. Mit dem Titel bezweckten wir also nur, möglichst viele Mitglieder unserer primären Zielgruppe zum Besuch der Veranstaltung zu motivieren, indem wir zu erkennen gaben, daß uns ihre Skepsis gegenüber der Philosophie nicht fremd ist.

Wenn man heutzutage auf eine einigermaßen rezipierbare und faire Weise Philosophie einem Publikum vorstellen will, das zur Hauptsache nicht aus professionellen Philosophen besteht, dann bestehen unserer Einschätzung nach zwei wesentliche Anforderungen.

Erstens sollte die Vielfalt divergierender philosophischer Ansätze und Fragestellungen repräsentiert sein — es sei denn, man wollte das Publikum von vornherein auf eine bestimmte Schulrichtung einschwören. Im Falle der Wissenschaftsphilosophie heißt das einmal, daß die im Felde der *allgemeinen* Wissenschaftsphilosophie existierenden Schulen vorgestellt werden müssen, wie gut oder schlecht diese Schulen auch voneinander abgegrenzt sein mögen. Zur Zeit haben beispielsweise der logische Empirismus, der kritische Rationalismus, die Kuhnsche Theorie der Wissenschaftsentwicklung, die Methodologie der wissenschaftlichen Forschungsprogramme, der Strukturalismus, der Konstruktivismus oder die (marxistisch-leninistische) dialektische Wissenschaftstheorie hinreichend scharfe Konturen. Zu nennen ist hier auch die Wissenschaftssoziologie, soweit sie ihrem Selbstverständnis nach mit der Wissenschaftsphilosophie in einem Konkurrenzverhältnis steht. Mit einer solchen Aufzählung soll natürlich keinesfalls geleugnet werden, daß innerhalb dieser Richtungen oder Schulen in Einzelfragen z. T. erhebliche Meinungsunterschiede bestehen.

Weiterhin bedeutet der Wille zur Darstellung der vielfältigen Bemühungen im Felde der Wissenschaftsphilosophie, daß die bezüglich einzelner Disziplinen entstandenen *speziellen* Wissenschaftstheorien thematisiert werden sollten.

Zweitens sollte, insbesondere bei der speziellen Wissenschaftstheorie, das Verhältnis von Wissenschaftstheorie und der jeweils angesprochenen Einzelwissenschaft zur Sprache kommen, und zwar sowohl aus der Perspektive der Wissenschaftsphilosophen als auch aus der der Wissenschaftler. Was kann der Wissenschaftler, etwa der Biologe, von der Wissenschaftstheorie erwarten, hier der Wissenschaftstheorie der Biologie? Welche Fragen werden von der Wissenschaftstheorie gestellt, und welche Relevanz haben die von ihr angestellten Untersuchungen für die entsprechende wissenschaftliche Praxis?

Wir haben nach Kräften versucht, diesen Anforderungen Rechnung zu tragen. Zur ersten Anforderung: Wir haben das Programm so pluralistisch wie möglich gestaltet. Da in der wissenschaftsphilosophischen Diskussion vielfach Fragen der allgemeinen und der speziellen Wissenschaftstheorie ineinander greifen, konnten die Beiträge aber nicht nach ihrem Allgemeinheitsgrad sortiert werden. Insgesamt nehmen die speziellen Wissenschaftstheorien leider zu wenig Raum ein; die Wissenschaftstheorien der Sozialwissenschaften haben wir gar nicht berücksichtigt, weil wir annahmen, daß an einer Technischen Hochschule hierfür eher geringes Interesse vorhanden sei, und die zur Verfügung stehende Zeit ohnehin sehr knapp war.

Zur zweiten Anforderung: Um das Verständnis und den Dialog zwischen Wissenschaft und Wissenschaftsphilosophie zu fördern, haben wir für das Seminar eine Form gewählt, wie sie etwa am Boston Colloquium for the Philosophy of Science üblich ist. Es ist dies neben einem Hauptvortrag von 45—60 Minuten ein vorbereiteter Kommentar zu diesem Vortrag. In unserem Fall erhielt der Kommentator rund 10 Tage vor dem Vortragstermin das Vortragsmanuskript (oder eine kommentierungsfähige Vorlage); für die schriftliche Endfassung des Kommentars erhielten die Kommentatoren das druckfertige Manuskript des entsprechenden Beitrags. Als Kommentatoren konnten neben Fachphilosophen in etwa der Hälfte der Fälle Wissenschaftler der jeweils angesprochenen Fächer gewonnen werden, so daß hier die Auseinandersetzung zwischen Wissenschaft und Philosophie ein Stück weit in Gang kam.

Noch eine Bemerkung zur geographischen Verteilung der Referenten. Wir haben keine an Schweizer Hochschulen lehrenden Wissenschaftsphilosophen für die Hauptvorträge eingeladen. Der Grund hierfür war keineswegs ein fachlicher. Vielmehr sollte die Veranstaltung den Charakter einer Einladung erhalten, bei der die z. T. von weit her angereisten Gäste mit Kommentatoren vor allem der Zürcher Hochschulen ins Gespräch kamen.

Hier nun ein Überblick über die Themen der Beiträge in diesem Band:

Den Anfang bildet ein Beitrag von ELISABETH STRÖKER mit dem Titel „Dauer und Wandel im Selbstverständnis der Wissenschaftsphilosophie", der eine *Orientierung in der komplexen und verzweigten Wissenschaftsphilosophie des 20. Jahrhunderts* bietet. Unter der Leitfrage, welche Aufgaben und Ziele sich die Wissenschaftsphilosophie stellt, und welche Vorgehensweisen sie dementsprechend wählt, wird zunächst der Beginn der Wissenschaftsphilosophie im Neopositivismus und dem daran anschließenden logischen Empirismus dargestellt. Sodann werden drei Kritikrichtungen an dieser Art der Wissenschaftsphilosophie diskutiert: der kritische Rationalismus von Popper, die Wissenschaftsphilosophie von Kuhn und die sozialphilosophisch motivierte Kritik der Kritischen Theorie. Ströker zeigt, daß es sich hier um unentschiedene Kontroversen in Grundfragen handelt — in der Frage der Verwendung wissenschaftsphilosophischer Schlüsselbegriffe wie Reflexion, Kritik und Rationalität. Die Kritik ist von der kritisierten Seite jeweils abgewiesen worden, es sind parallel zu den kritisierten Ansätzen neue „Schulrichtungen" entstanden, und die Kontroversen selbst sind in den Hintergrund getreten. Dazu hat nicht zuletzt auch eine relativ neue Entwicklung innerhalb der Wissenschaftsphilosophie beigetragen. Die Wissenschaftsphilosophie hat unter dem Stichwort „Wissenschaftsethik" aktuelle praktische Fragen aufgegriffen, bezüglich denen die Diskussion um die wissenschaftsphilosophischen Leitbegriffe noch aussteht.

KLAUS MAINZER ergänzt in seinem *Kommentar* die Darstellung der Entwicklung der Wissenschaftsphilosophie durch Lakatos' Weiterentwicklung des kritischen Rationalismus zu einer Methodologie der Forschungsprogramme. Schwerpunkt des Kommentares ist sodann die von Kuhn in Gang gesetzte Kritik am Einheitsideal der Naturwissenschaft mit ihren Konsequenzen für Mathematik, Physik, Chemie und Biologie.

Die im wesentlichen auf Sneed und Stegmüller zurückgehende Weiterentwicklung des logischen Empirismus zur *strukturalistischen Wissenschaftstheorie* wird von WOLFGANG BALZER vorgestellt. Unter dem Titel „Der Nutzen wissenschaftstheoretischer Analyse:

dargestellt an der Frage der Gültigkeit und aus strukturalistischer Sicht" plädiert Balzer einleitend dafür, daß Wissenschaftstheorie generell für die Wissenschaften einen Orientierungsnutzen haben kann. Dann zeigt er, auf welchem Weg die strukturalistische Wissenschaftstheorie ihr Ziel einer Gesamtschau der Wissenschaften zu realisieren trachtet. Die strukturalistische Wissenschaftstheorie versteht unter „Wissenschaftstheorie" eine formale Rekonstruktion empirischer Wissenschaften mit modelltheoretischen Mitteln, d. h. eine formale Rekonstruktion ihrer Begriffe, Grundannahmen und Daten. Das Verhältnis einer Theorie zu den Phänomenen wird in dieser Rekonstruktion zum Verhältnis eines formalen Kerns (der modelltheoretisch rekonstruierten Theorie) zu seinen intendierten Anwendungen. Ein in der strukturalistischen Wissenschaftstheorie intensiv diskutiertes Problem ist die mögliche Zirkularität bei der empirischen Prüfung von Theorien, das Testproblem. Eine Theorie kann für die Messung der Daten, auf die sie ihre Gültigkeit stützt, bereits benützt worden sein, was zu einem pragmatischen Zirkel führt. Balzer zeigt, wie über eine strukturalistische Rekonstruktion entschieden werden kann, ob ein Theorietest im pragmatischen Sinne zirkulär ist.

In seinem *Kommentar* führt Ernst Specker aus, warum er den strukturalistischen Ansatz für ein letztlich enttäuschendes Unternehmen hält. Mit einer formalen Rekonstruktion des „dokumentierten Outputs" von Wissenschaften ist in seinen Augen eine wichtige Frage aus der Wissenschaftstheorie ausgeblendet, nämlich die Frage nach der spezifischen Welt des Wissenschaftlers, i. a. W., die Frage nach dem Verständnis einer Wissenschaft von ihrem Gegenstand.

Paul Hoyningen-Huene macht in seiner *Diskussionsbemerkung* auf den möglichen Schaden von Wissenschaftstheorie aufmerksam, diagnostiziert eine Unklarheit in Balzers wissenschaftstheoretischem Selbstverständnis und stellt die Relevanz des dargestellten Zirkelproblems für die Wissenschaften in Frage. Die Einwände, die er anführt, sprechen in seinen Augen dafür, daß theoretische Wissenschaftsphilosophie methodisch nicht auf die Anwendung formaler Methoden reduziert werden kann.

Der von Karl Popper begründete *kritische Rationalismus* wird von Gerard Radnitzky unter dem Titel „Die falsifikationistische Wissenschaftstheorie im Lichte des Ökonomischen Ansatzes" vorgestellt. Radnitzkys Darstellung dieser sich als eine falsifikationistische Methodologie verstehenden Wissenschaftstheorie geht vom Schlüsselbegriff „Falsifikation" aus. Es wird zunächst gezeigt, was zur zentralen Stellung der Falsifikation für die Methodologie der empirischen Wissenschaften führt: eine kritisch prüfende Einstellung zum wissenschaftlichen Wissen, die nicht in ein begründungstheoretisches Programm mündet. Sodann wird Poppers Begriff der Falsifikation erläutert. Eine Theorie gilt nur relativ zu bestimmten falsifizierenden Prämissen (Basissätzen) als falsifiziert, und zwar genau dann, wenn Theorie und falsifizierende Prämissen sich logisch widersprechen, und die falsifizierenden Prämissen für weniger problematisch als die Theorie gehalten werden. Die Falsifikation einer Theorie besagt jedoch lediglich, daß die Theorie zu ändern ist, aber nicht, an welcher Stelle und in welcher Weise. Diese Fragen sind dem Geschick des Wissenschaftlers bzw. dem Urteil forschungspolitischer Gremien überlassen, da es sich zugleich auch um Investitionsentscheidungen für Forschungsmittel handelt. Für Entscheidungen dieser Art schlägt Radnitzky vor, die falsifikationistische Methodologie durch eine generalisierte ökonomische Theorie zu ergänzen. Er skizziert an zwei Beispielen die Anwendung einer Kosten-Nutzen-Analyse. Es betrifft zum einen die Frage, ob Basissätze als problematisch gelten sollen, und zum anderen die Frage der Theorienpräferenz, d. h. welcher von miteinander konkurrierenden Theorien der Vorzug zu geben ist. Eine solche Kosten-Nutzen-Analyse soll deutlich machen, welche Kosten in einem weiten Sinne, bezogen auf den Erkenntnisfortschritt, in solchen Entscheidungen involviert sind, um damit zu rationaleren Entscheidungen unter der Perspektive „Erkenntnisfortschritt" im Gang der Forschung beizutragen.

In seinem *Kommentar* trägt Gerhard Huber eine grundsätzliche Kritik des um den Ökonomischen Ansatz erweiterten kritischen Rationalismus vor. Er sieht in der falsifikationistischen Methodologie eine Art von Rationalität zum Ausdruck kommen, die er als eine durch Quantifizierung, Instrumentalisierung und Ökonomisierung geschrumpfte Vernunft bezeichnet. Die Auffassung vom Wissenschaftler als homo oeconomicus zeichnet in seinen Augen ein irreführendes Bild vom Wissenschaftler, und er bezweifelt den Nutzen einer solchen Methodologie des Erkenntnisfortschritts für die Wissenschaften.

Der anschließende *Beitrag* von WERNER FLACH mit dem Titel „Karl Poppers wissenschaftsphilosophische Intention“ ist als Kommentar zu einem angekündigten Vortrag von Karl Popper mit dem Titel „Probleme und Lösungen“ verfaßt worden. Poppers Vortrag hat jedoch nicht stattgefunden. Der Beitrag von Flach findet sich deshalb an dieser Stelle. Flach prüft, ob die erkenntniskritische Absicht, die Popper zum Programm einer falsifikationistischen Methodologie geführt hat, mit diesem Programm eingelöst werden kann. Der kritische Rationalismus wird seiner Prüfung gemäß der Komplexität der gestellten Aufgabe nicht gerecht und scheitert letztlich an dem Problem, unter welchen Bedingungen ein Basissatz als falsifizierende Instanz für eine Theorie gelten kann. Weil für dieses Problem eine konventionalistische Lösung angesetzt wird, sieht Flach im kritischen Rationalismus einen Dogmatismus der Methode. Eine konsequent durchgeführte Erkenntniskritik muß in seinen Augen auf dem von Kant eingeschlagenen transzendentalphilosophischen Weg versucht werden.

ERHARD SCHEIBE argumentiert in seinem Beitrag mit dem Titel „Paul Feyerabend und die rationalen Rekonstruktionen“ für rationale bzw. logische Rekonstruktionen wissenschaftlicher Theorien. Ziel rationaler Rekonstruktion von Wissenschaft ist nicht die originalgetreue Abbildung der Wissenschaft, sondern die Darstellung der Einheit der Wissenschaft. Eine *Verteidigung von Ziel und Methode des logischen Empirismus gegen die Position des Theorienpluralismus* von Feyerabend ist damit das Thema dieses Beitrages. Kern der Verteidigung ist die Widerlegung einer spezifischen Inkommensurabilitätsthese, nämlich des Einwandes, eine Einheit der Wissenschaft könne mit Mitteln der logischen Rekonstruktion auf dem Wege der Reduktion älterer Begriffe und Theorien auf nachfolgende Theorien deshalb nicht erreicht werden, weil es inkommensurable Theorien gebe. Der am Beispiel des Verhältnisses der minkowskischen Geometrie der Raumzeit zur galileischen Geometrie geführte Kommensurabilitätsnachweis für zwei als inkommensurabel angesehene Theorien stützt sich zum einen auf den von Kuhn eingeführten Gedanken lokaler Inkommensurabilitäten. Zum anderen rekonstruiert Scheibe den Begriff der

Kommensurabilität von Theorien mit Hilfe eines Begriffes der Interdefinierbarkeit in einem weiten Sinn: In die Voraussetzungen der benutzten Definitionen gehen nicht nur Logik und Mengenlehre, sondern auch die jeweiligen Theorien ein. Ernsthafte Inkommensurabilitätsprobleme könnte es demzufolge nur im Falle fundamentaler physikalischer Theorien wie der Newtonschen Mechanik und der Quantenmechanik geben. Scheibe zielt, einen auf Bohr zurückgehenden Gedanken aufnehmend, dahin, Inkommensurabilitätsverhältnisse als Komplementaritätsverhältnisse zu rekonstruieren. Er sieht darin einen Weg, den Theorienpluralismus mit dem Gedanken der Einheit der Wissenschaft zu verbinden.

In seinem *Kommentar* wendet sich HANS PRIMAS zwar nicht gegen den Gedanken einer Rekonstruktion von Theorien, doch ist in seinen Augen eine rationale Rekonstruktion nicht geeignet, das für Wissenschaft wesentliche schöpferische Moment einzufangen. Er sieht im reduktionistischen Einheitsideal von Wissenschaft heute kein erstrebenswertes Ziel mehr. In seinen Augen ist dadurch ein irreführendes Bild vom wissenschaftlichen Fortschritt entstanden, und der Blickwinkel in den Naturwissenschaften ist auf physikalische Grundprinzipien eingeschränkt worden, eine Entwicklung, die die Naturwissenschaft nach seinem Urteil in eine Sackgasse geführt hat.

Der *konstruktiven Wissenschaftstheorie* ist der Beitrag von JÜRGEN MITTELSTRASS mit dem Titel „Philosophische Grundlagen der Wissenschaften. Über wissenschaftstheoretischen Historismus, Konstruktivismus und Mythen des wissenschaftlichen Geistes" gewidmet. Mittelstraß geht zunächst auf die Geschichte der Wissenschaftstheorie von Popper zu Kuhn ein. Er sieht in der Wissenschaftstheorie nach ihrem Auszug aus der Philosophie den wissenschaftlichen Geist am Werke. Über Mythen, in welchen der wissenschaftliche Geist befangen ist, soll Wissenschaftsphilosophie aufklären, um dadurch die wissenschaftliche Wahrnehmung zu erweitern. Mittelstraß nennt erstens den Mythos der Verständlichkeit — die Auffassung, daß die Welt uns durch wissenschaftliche Forschung im Prinzip vollständig verständlich werden könne. Damit verbunden ist zweitens der Mythos der Empirie, d. i. die Überzeugung, alle Elemente naturwissenschaftlicher Forschung seien durchweg empirisch. Komplementär zu diesen beiden Mythen ist ein dritter Mythos, der Mythos von apriorischen

Letztbegründungsprogrammen für empirische Theorien. Die Kritik am Mythos der Verständlichkeit und die Kritik am Mythos der Empirie öffnen den Blick für ein in gewissem Sinne apriorisches Begründungsprogramm. Der Kritik am Mythos des Apriorismus zufolge kann es sich jedoch nicht um ein Letztbegründungsprogramm handeln. Das Begründungspostulat kann nach Mittelstraß im Konstruktivismus eingelöst werden. Er skizziert eine operative Lösung, in der normierte Handlungen statt Sätzen den Anfang einer Wissenschaft bilden, als pragmatische Rekonstruktionen der nicht begrifflichen, nicht theoretischen, aber gleichwohl konstitutiven Elemente einer Theorie.

In den Augen des *Kommentators* ULRICH MÜLLER-HEROLD ist die Wissenschaftstheorie mit dem Auszug aus der Philosophie für die Wissenschaften uninteressant geworden. Naturwissenschaftler wollen – so seine These – Aufklärung über naturphilosophische Fragen, die ihnen eine Wissenschaftstheorie, die sich als Methodologie versteht, nicht bieten kann.

PAUL HOYNINGEN-HUENE kritisiert in seiner *Diskussionsbemerkung* die Darstellung der Kuhnschen Wissenschaftstheorie durch Mittelstraß, die er in den wesentlichen Punkten für verfehlt hält.

Das *materialistisch-dialektische Wissenschaftsverständnis* ist Thema des Beitrages von HERBERT HÖRZ mit dem Titel „Wissenschaftsentwicklung als zyklischer Typenwandel – Grundlagen einer dialektischen Theorie". Seine Position beinhaltet eine Vorstellung von der Dynamik und dem Verlauf der historischen Entwicklung der Wissenschaft. Ausgangspunkt für die Bestimmung von Wissenschaft und ihrer Entwicklung ist die wissenschaftliche Tätigkeit, die Marx folgend als gesellschaftlich determinierte theoretische und praktische Auseinandersetzung des Menschen mit seiner natürlichen und gesellschaftlichen Umwelt begriffen wird. Entscheidend an dieser Bestimmung ist zum einen die Prägung der Wissenschaftsentwicklung durch das gesellschaftliche System, in welchem Wissenschaft betrieben wird. Zum anderen werden die technische Verwendung wissenschaftlichen Wissens wie auch die Kriterien der Verwendung des Wissens als zur Wissenschaft selbst gehörig betrachtet. Wissenschaft wird als eine soziale Grundfunktion – als Produktivkraft, Kulturkraft und Humankraft – verstanden. Unter diesem umfassenden Blickwinkel wird die Frage nach der künftigen Entwicklung von Wissenschaft und

Technik aufgegriffen und die gegenwärtig geäußerte Kritik an Wissenschaft und Technik verortet.

Die Einwände des *Kommentators* HERMANN LÜBBE betreffen einmal die Verwendung des Terminus ‚Dialektik' bei Hörz. Dann begründet er, warum seiner Meinung nach die Güterproduktion im Sozialismus ökologisch rücksichtsloser als unter kapitalistischen Bedingungen erfolgt. Schließlich diagnostiziert Lübbe die Krise unserer Zivilisation als ein Phänomen abnehmenden Grenznutzens, und nicht als Zielkrise.

Ziel von NICHOLAS RESCHERS Beitrag mit dem Titel „Wie ist Naturwissenschaft möglich? (Grundzüge eines naturalistischen Idealismus)" ist es zu zeigen, daß *die erkenntnistheoretische Grundfrage der Naturwissenschaft evolutionstheoretisch beantwortet werden kann.* Er präzisiert diese Frage zur Frage, warum Mathematik auf Natur anwendbar ist, d. h. warum wir mit einer mathematischen Naturwissenschaft Erfolg haben — ein Erfolg, der sich im technischen Eingriff des Menschen in die Natur dokumentiert. Die Frage nach der Erkennbarkeit der Natur muß nach Rescher in zwei Richtungen gestellt werden: Erstens als Frage, warum unser Verstand auf die Natur abgestimmt ist, und zweitens, warum die Natur auf unseren Verstand abgestimmt ist. Schematisch skizziert lautet die Antwort, daß der Verstand, weil er Evolutionsprodukt ist, an die Natur angepaßt sein muß, und daß umgekehrt die Natur verstandesmäßig erfaßbar sein muß, sonst hätte keine Evolution des Verstandes stattfinden können. Da es im Prozeß der Evolution des Verstandes zur Entwicklung von Mathematik gekommen ist, muß dem evolutionstheoretischen Gedanken folgend die Natur erlernbare Ereignis-Ablauf-Strukturen enthalten und Mathematik als allgemeine Strukturtheorie aus diesem Grund auch auf Natur anwendbar sein. Diese Argumentation begründet die konditionale These: Wenn intelligente Lebewesen evoluieren, dann ist die Natur mathematophil.

HENRI LAUENER formuliert in seinem *Kommentar* mehrere Einwände aus pragmatisch-transzendentaler Sicht gegen die Möglichkeit einer evolutionstheoretischen Erklärung für den Erfolg mathematischer Naturbeschreibung. Er hält die pragmatische Rechtfertigung der evolutionstheoretischen Erklärung der Anwendbarkeit der Mathematik auf Natur für zirkularitätsverdächtig. Weitere Einwände zielen darauf, normative Aspekte des Problems zu zeigen, die in seinen Augen nicht evolutionstheoretisch erklärbar sind.

Unter dem Titel „Mathematische Weltbilder. Begründungen mathematischer Rationalität“ greift HANS POSER *Grundlagenfragen der Mathematik* auf. Er thematisiert die Voraussetzungen mathematischer Rationalität, um auf ihre Grenzen hinzuweisen und zu zeigen, daß dabei Fragen zu stellen sind, die aus der Mathematik selbst hinausführen. Poser macht zunächst darauf aufmerksam, daß die Sicherheit mathematischen Wissens um den Preis der nicht selbstverständlichen Ausgrenzung normativer und empirischer Fragen aus der Mathematik erkauft ist. Dann zeigt er, daß die verschiedenen Begründungsprogramme der Mathematik – typisiert als Logizismus, Formalismus und Intuitionismus bzw. Operationalismus bzw. Konstruktivismus – von metaphysischen Annahmen ausgehen. Zudem basieren die verschiedenen Antworten auf die Frage, warum Mathematik auf die Natur anwendbar ist, auf verschiedenen Weltbildern. Weil mathematische Theorien auf Festsetzungen beruhen – auf ontologischen Festsetzungen über ihren Gegenstandsbereich, auf judikalen Festsetzungen hinsichtlich zulässiger Beweis- und Widerlegungsverfahren, und auf normativen Festsetzungen über die Form der Darstellung, haben mathematische Theorien ein historisches Element. Poser illustriert dies an Beispielen aus der Geschichte der Mathematik und an der aktuellen Frage der Akzeptanz von Computerbeweisen. Damit ist auch der Rationalitätsanspruch der Mathematik mit dem Relativitätsproblem konfrontiert: Sind mathematische Aussagen ebenso wie empirische Aussagen historisch-kontingent, bloß hypothetisch und Ausdruck von Paradigmen und Weltbildern?

ERWIN ENGELER greift in seinem *Kommentar* die Frage nach dem Stellenwert der Philosophie der Mathematik für die Mathematik selbst auf. Philosophischen Betrachtungen über die Grundlagen der Mathematik muß ein Mathematiker in seinen Augen skeptisch begegnen, da einmal die Abgrenzung von Positionen in der Mathematik als Intuitionismus, Formalismus und Logizismus an der Entwicklung der Mathematik unter dem Einfluß der axiomatischen Mengenlehre vorbeigeht, so daß ein Philosophieren darüber für die Mathematik wenig Relevanz hat. Zum anderen sind jedoch Probleme der mengentheoretischen Begründung der

Mathematik von philosophischer Seite nicht aufgenommen worden.

In der *Wissenschaftssoziologie* hat sich vor rund 10 Jahren eine Richtung gebildet – der Konstruktivismus in der Wissenschaftssoziologie – die der Wissenschaftsphilosophie die Zuständigkeit für metatheoretische Fragen hinsichtlich des wissenschaftlichen Wissens streitig macht. KARIN KNORR CETINA präsentiert das Programm in ihrem Beitrag „Laboratorien: Instrumente der Weltkonstruktion". Der wissenschaftssoziologische Konstruktivismus geht davon aus, daß wissenschaftliche Ergebnisse ihren Ursprung vollständig im Forschungshandeln, das als soziale Praxis zu verstehen sei, und in den Überzeugungspraktiken der Wissenschaftler haben. Wissenschaftliche Ergebnisse sind dieser Position folgend durch ihren Erzeugungsprozeß zu erklären. Knorr Cetina führt aus, wie die Aufgabe einer soziologischen Beschreibung des Prozesses der Wissenserzeugung insbesondere auch in den Naturwissenschaften angegangen wird. Beobachtungseinheit zur Datengewinnung ist das Labor. Knorr Cetina stellt anhand laufender Untersuchungen eine Labortheorie vor. Sie unterscheidet verschiedene Labortypen nach der Form ihrer charakteristischen Erzeugungsverfahren für wissenschaftliche Ergebnisse. Die Form von Erzeugungsverfahren ist dadurch bestimmt, ob und in welcher Weise verkörperte Tätigkeit, mündliche Interaktion und Vertextung als Erzeugungsverfahren eingesetzt werden. Exemplarisch wird sodann auf mündliche Erzeugungsverfahren eingegangen.

GERHARD SEEL stellt in seinem *Kommentar* einige kritische Fragen. Er weist nicht die Berechtigung eines wissenschaftssoziologischen Zuganges zum Forschungshandeln überhaupt zurück, sondern lediglich den Anspruch, auch für metatheoretische Fragen zuständig zu sein. Sodann macht er darauf aufmerksam, daß zentrale Annahmen der Position des Konstruktivismus in der Wissenschaftssoziologie teils unklar formuliert und teils inkonsistent sind. Er geht dabei auch auf die Folgen ein, die sich ergeben, wenn man die Labortheorie auf sich selbst anwendet, d. h. die Labortheorie selbst konsequent im Sinne des Konstruktivismus in der Wissenschaftssoziologie versteht. Und er illustriert, warum er hofft, daß an der Labortheorie von Knorr Cetina etwas nicht stimmt.

Allgemeinen Fragen der Technik und Technologie ist der Beitrag von GÜNTER ROPOHL mit dem Titel „Über die Unvermeidlichkeit der technologischen Aufklärung" gewidmet. Er greift die Kritik an der Technik auf, die heute aus Kreisen der Bevölkerung geäußert wird – eine Kritik, derzufolge der Gewinn des technischen Fortschrittes für die Menschheit angesichts eingetretener schädlicher Technikfolgen für Mensch und Natur in Frage gestellt ist. Ropohl deutet die Technikkritik als Ausdruck sowohl einer Orientierungskrise der Gesellschaft als auch einer Grundlagenkrise der Technikwissenschaften. Einer in ihrer Komplexität nicht verstandenen Fortschrittsidee und der Verselbständigung der Technikwissenschaften sei es zuzuschreiben, daß ein Technikverständnis entstehen konnte, das den Überblick, die Bewertung und die Kontrolle von Technikfolgen massiv behindert. Daher mündet seine Analyse in die Forderung nach einem interdisziplinären Technikverständnis und nach entsprechenden Organisationsformen in der Entwicklung und Anwendung von Technik und Technologie, wofür nicht zuletzt durch eine breiter angelegte Ausbildung an den technischen Fach- und Hochschulen der Boden zu bereiten sei.

Der Hoffnung, eine so geartete technologische Aufklärung könne zur Vermeidung unerwünschter Technikfolgen beitragen, begegnet HANS GROB in seinem *Kommentar* mit Skepsis. Seine Skepsis wurzelt darin, daß die Gesamtheit der langfristigen Technikfolgen zum Zeitpunkt der Entscheidung für die Anwendung einer Technologie nicht überschaut werden können, so daß die Entscheidung für die beste Lösung in einer solchen Situation eine Entscheidung bleibt, in die viele unbekannte Größen eingehen.

In seiner *Diskussionsbemerkung* macht PAUL HOYNINGEN-HUENE auf Unklarheiten in der Behauptung der Unvermeidlichkeit der technologischen Aufklärung und Schwachstellen in der Argumentation für diese Unvermeidlichkeit aufmerksam. Zudem hält er bestimmte Behauptungen Ropohls über die Betriebsblindheit der Techniker für übertrieben.

Ethische Fragen der Technologie greift WALTHER CH. ZIMMERLI in seinem Beitrag mit dem Titel „Ethik der Wissenschaften als Ethik der Technologie – zur wachsenden Bedeutsamkeit der Ethik in der gegenwärtigen Wissenschaftsforschung" auf. Zunächst geht Zimmerli darauf ein, warum im technologischen

Zeitalter Wissenschaftsethik zentral wird. Wissenschaftsethische Fragen stellen sich heute in einer neuen Form: Sie wandeln sich zur Aufgabe, Rechtfertigungsverfahren für Technologien bzw. deren Anwendung zu entwickeln. Rechtfertigungsverfahren für technologisches Handeln, das auf die Natur gerichtet ist, setzen einen Naturbegriff voraus. Zimmerli schlägt eine Naturkonzeption vor, in der Mensch und Natur als aufeinander bezogene Momente einer Einheit zu denken sind. Mit einem solchen Naturbegriff ist nach Zimmerli ein Weg zu einer nicht bloß anthropozentrischen Ethik eröffnet, der am naturalistischen Fehlschluß vorbei führt. Zimmerli stellt sodann ein vierstufiges Verfahrensmodell einer problemorientierten Ethik vor. Dieses Modell greift auf die allgemeinen formalen Prinzipien der Universalisierbarkeit und Fairness bzw. Gleichheit zurück, ist jedoch in der Anwendung auf eine vorgängige differenzierende Analyse des Gegenstandsbereiches angewiesen. Die differenzierende Analyse soll der Tatsache Rechnung tragen, daß heute verschiedene ethische Prinzipien von unterschiedlichem Allgemeinheitsgrad gelten. Zimmerli führt das Vorgehen exemplarisch an der Humananwendung der gentechnisch verfahrenden Biotechnologie vor.

Verschiedene Schwierigkeiten haben dazu geführt, daß zum Vortrag von Zimmerli kein Kommentar folgt. Dazu gehören nicht zuletzt Terminprobleme bei der Manuskriptabgabe. Es hat aber auch mitgespielt, daß der Molekularbiologe, der die Aufgabe des Kommentators in der Seminarsitzung übernommen hatte, ethische Fragen seines Faches im Beitrag von Zimmerli nicht so behandelt fand, daß er dazu einen publizierbaren Kommentar hätte verfassen können.

Die Seminarveranstaltung „Wozu Wissenschaftsphilosophie?" an der ETH Zürich im Sommersemester 1987 war ein Forum, in dem der Dialog zwischen Wissenschaftlern und Wissenschaftsphilosophen in Ansätzen in Gang gekommen ist. Zum Schluß ein Wort des Dankes an alle, die dazu beigetragen haben. Zu allererst möchten wir der ETH Zürich danken, welche die für das Seminar notwendigen, nicht unerheblichen finanziellen Mittel bereitgestellt hat und uns in allen administrativen Angelegenheiten sehr entgegengekommen ist. Dann danken wir allen Referenten und Kommentatoren für ihre Beiträge, besonders den Wissenschaftlern, die sich auf den für sie meist ungewohnten Dialog mit Philosophen eingelassen haben. Und schließlich geht unser Dank an Herrn Professor Wenzel und die anderen Mitarbeiter des Verlags de Gruyter, die tatkräftig besorgt waren, daß aus dem Seminar in kurzer Zeit ein Buch entstehen konnte.

Elisabeth Ströker

Dauer und Wandel im Selbstverständnis der Wissenschaftsphilosophie

Die Wissenschaftsphilosophie kann auch unter dem bestimmten und begrenzten Aspekt des gestellten Themas in einem Einzelvortrag nicht zureichend behandelt werden. Ohne vergessen zu wollen, daß sie uralt, nämlich so alt wie die Philosophie im ganzen ist und daß sie sogar einstmals eine ihrer kräftigsten Quellen gewesen ist, wollen wir im folgenden nur die Wissenschaftsphilosophie des zwanzigsten Jahrhunderts ins Auge fassen. Das läßt sich rechtfertigen, da sie erst seit kaum mehr als zwei Generationen zu einer eigenständigen wie auch besonders wichtigen und international gewichtigen philosophischen Disziplin geworden ist.

Die Schlüsselbegriffe unseres Themas *Dauer* und *Wandel* sind genuin Kategorien der Geschichtswissenschaft. Der Fachhistoriker spitze jedoch hier die Ohren nicht zu sehr. Denn nicht im Rahmen einer Analyse wissenschaftsgeschichtlicher Details sollen sie hier verwendet werden, sondern als Orientierungskategorien durch eine komplexe und mittlerweile weitverzweigte Sachproblematik, ohne daß dabei freilich die historische Dimension ganz auszublenden wäre; haben sich doch die verschiedenen Schulen und Richtungen der modernen Wissenschaftsphilosophie in zeitlicher Abfolge herausgebildet. Doch geht es hier nicht um diese Abfolge als solche, sondern um dasjenige, was sich in ihr aus heutiger Sicht als ein Dauerndes, Veränderungen eine Zeitlang Überdauerndes, und was an eben solchen Veränderungen selber sich zeigt.

Dauern heißt natürlich nicht ewig dauern. Auch sind Dauer und Wandel stets relativ zueinander; und sie sind vor allem relativ auch in der Hinsicht, daß jeweils die Perspektive des Hinsehens, ja nicht zuletzt auch dessen Tiefenschärfe darüber entscheidet, was als dauernd oder wandelnd sich darbietet.

Darum sei vorweg noch kurz der Problemaspekt skizziert, wie er im Stichwort *Selbstverständnis* der Wissenschaftsphilosophie angedeutet ist. Zu diesem Selbstverständnis gehört vorab ein bestimmter Aspekt, unter dem die Wissenschaft gesichtet wird. Er reguliert die Aufgaben und Ziele, welche die Wissenschaftsphilosophie sich setzt und dementsprechend auch die Weisen ihres Vorgehens. Da dieses stets ein bestimmtes reflexives Vorgehen ist, bringt es demgemäß einen bestimmten Reflexionsbegriff zur Geltung. Mit seiner Explikation treten je nachdem bestimmte reflektive Leitbegriffe auf, unter denen uns vor allem solche wie Rationalität, Kritik, schließlich Reflexion selber, begegnen. Sie mögen jedenfalls hier gleichsam als Kristallisationspunkte des Fragens nach Dauer und Wandel verstanden werden.

Greifen wir zunächst auf den *Neopositivismus* des Wiener Kreises am Beginn der dreißiger Jahre zurück. Längst überholt zwar und in allen seinen Kernthesen zurückgewiesen, hat er sich gleichwohl nicht nur als Keimzelle der späteren Wissenschaftsphilosophie erwiesen; er hat ihr auch mit einigen seiner Voraussetzungen – und zumal solchen, die ihm selber undurchschaut blieben – ein Erbe hinterlassen, das bis auf den heutigen Tag fortwirkt.

Dazu muß man sich erinnern, daß der Neopositivismus ursprünglich nicht bloß wissenschaftsphilosophisch orientiert gewesen ist. Vielmehr verstand er sich als radikale Erneuerung der Philosophie im ganzen. Niemals zuvor ist so oft und so emphatisch von ‚Wende', ‚Aufbruch', ‚Neubeginn' der Philosophie die Rede gewesen wie im einstigen Wiener Kreis: Die herkömmliche Philosophie, pauschal als Metaphysik abgetan und unter Sinnlosigkeitsverdacht gestellt, sollte endlich abgelöst werden durch eine Philosophie, die sich selber als Wissenschaft verstand. Als diese verschrieb sie sich allein empirischen Tatsachen, wobei allerdings ein bestimmter Bereich von Tatsachen nicht reklamiert wurde.

Die erkenntnistheoretischen Probleme, die bereits der Begriff der Tatsache aufwerfen mußte, schien man umgehen zu können, indem man, anders als im älteren Positivismus, scheinbar unbelasteten Zugang zu den Tatsachen fand über die Sätze und Aussagen, in denen von diesen gesprochen wird.[1] Da sich dabei auch ergab, daß es Sätze gibt, in denen ein Tatsachengehalt nur vorgetäuscht ist, und da unsere gewöhnliche Sprache solche Scheinsätze nicht nur zuläßt, sondern auch undurchschaut läßt, setzte es sich die neopositivistische Philosophie zur vornehmlichen Aufgabe, mit einer logischen Syntax und einer logischen Semantik die wirksamen Instrumente einer logischen Analyse der Sprache zu schaffen, mittels derer der Tatsachengehalt von Sätzen eindeutig auszumachen war.

Logische Analyse von empirischen Sätzen demnach als *die* neue Philosophie der dreißiger Jahre —: Das dispensierte nicht nur, wie es schien, von allen Inhaltsfragen der philosophischen Tradition; es verhieß auch eine Zukunft der Philosophie, die über alle Inhaltsfragen in entsprechender Weise verfügte. Endlich würde es, so gab Moritz Schlick 1930 dieser Erwartung Ausdruck, „nicht mehr nötig sein, über philosophische Fragen zu sprechen, weil man über alle Fragen philosophisch sprechen wird, das heißt: sinnvoll und klar".[2]

In dieser Weise philosophisch über alle Fragen sprechen hieß dann natürlich auch, über die empirischen Wissenschaften zu sprechen. Konnten aber diese Wissenschaften — unstrittig der Erkenntnis empirischer Tatsachen verpflichtet und überdies, jedenfalls in den Naturwissenschaften, in der doch wohl sinnvollen und klaren Sprache der Mathematik — dem Neopositivismus überhaupt Ansatzpunkte seiner Betätigung bieten? Es entbehrt nicht der Ironie, daß der Neopositivismus als erste moderne Wissenschaftsphilosophie in dem Augenblick bereits zu Fall kam, als er sich auf die Wissenschaften einließ.

Alle Versuche nämlich, wissenschaftliche Sätze insgesamt auf Beobachtungssätze zu reduzieren und auch die Sätze der wissenschaftlichen Theorien nur mehr als Wahrheitsfunktionen singulärer Beobachtungssätze darzustellen, scheiterten und mußten scheitern. Nicht weniger glücklos verlief die Diskussion der so-

---

[1] Da im Neopositivismus ‚Sätze' und ‚Aussagen' in der Regel gleichbedeutend verwendet werden, kann ihre Differenz, die sich unter gewissen logischen Aspekten ergibt, hier außer acht bleiben.

[2] Moritz Schlick, Die Wende in der Philosophie, Erkenntnis, Erster Band, 1930/31, S. 11.

genannten ‚Protokollsätze', in denen man die ‚Basis' der Wissenschaft zu erfassen hoffte, indem man die Protokollsätze als vermeintlich erste, grundlegende Sätze der Wissenschaft in ihrer Beziehung zur sinnlichen Wahrnehmung untersuchte. Ferner verfing sich schließlich auch die neopositivistische Gigantomachie um das vielbeschworene ‚Sinnkriterium' in unauflösliche Schwierigkeiten.

Reine Vergeblichkeit also dies alles, und verdienter Vergessenheit anheimgefallen. Das wissenschaftsphilosophische Programm des Neopositivismus ist heute tiefe Vergangenheit. Und doch hat, bei aller raschen Vergänglichkeit seiner Thesen im einzelnen, etwas von ihm überlebt, das sich um so dauerhafter erweisen sollte, je weniger es anfangs reflektiert worden war. Dazu gehört insbesondere, daß die Wissenschaft nicht in concreto, wie sie einer Vielzahl möglicher philosophischer Untersuchungsperspektiven offensteht, ins Auge gefaßt, sondern daß sie nur in einer einzigen und sehr speziellen Hinsicht fokussiert wurde, nämlich als System von Aussagen, welches logischer Analyse zu unterwerfen war.

Daß in dieser eng limitierten Zielsetzung ein denkwürdiger Verzicht auf tiefergehende Problemstellungen steckte, hat nicht gehindert, daß sie zum forttreibenden Motiv einer längeren Entwicklung der Wissenschaftsphilosophie geworden ist, die auch dort ihre Herkunft aus dem Neopositivismus nicht verleugnen kann und auch gar nicht verleugnen will, wo sie sichtbar über diesen hinausgeschritten ist. Die logische Analyse wissenschaftlicher Sätze im Neopositivismus erweist sich heute im Rückblick als Ausgangspunkt jener Wissenschaftsphilosophie, die, in gewandelter Form, bald sich dem Instrumentarium nach als ‚analytische Wissenschaftsphilosophie', nach ihrem Selbstverständnis als Methodologie der Wissenschaften oder als ‚Wissenschaftstheorie' im engeren Sinne etablierte.

Übernommen hat dieses neopositivistische Rahmenkonzept unmittelbar der *Logische Empirismus*. So sehr er zwar die unmittelbare Nachfolge des Neopositivismus ablehnte und auch seinen Namen, da er dessen inhaltliche Voraussetzungen nicht mehr teilte, so deutlich blieb er mit der Philosophie des Wiener Kreises, teilweise bedingt auch durch Personalunion, im methodologischen Grundkonzept einig: Logische Analyse der wissenschaftlichen Aussagensysteme hieß auch hier die Devise, zumal es darin nicht nur vieles zu verbessern, sondern nicht weniges auch neu aufzunehmen und in angemessenerer Problemstellung auszuarbeiten galt. In klarerer als der neopositivistischen Einsicht in die Komplexion wissenschaftlicher Aussagenzusammenhänge, in die Mehrstufigkeit des Wissenschaftsaufbaus und den unterschiedlichen logischen Status seiner Aussagen und Begriffe ging es dem Logischen Empirismus darum, das strukturelle Gerüst des Wissenschaftsaufbaus so freizulegen, daß es auch in seinen Bauprinzipien logisch durchsichtig wurde.

Die Wissenschaftler sind damit in aller Regel selber nicht befaßt. Sie konstruieren ihre Begriffe, Hypothesen, Theorien anhand konkreter Sachprobleme und handhaben sie normalerweise auch ohne methodologische Reflexion mit jener Kundigkeit und Sicherheit, wie sie nur im ständigen Gebrauch erworben werden kann. Und soviel auch für sie dabei an Skepsis und kritischer Prüfung allemal anfällt, der methodologischen Vergegenständlichung und logischen Röntgenologie ihres argumentativen Rüstzeugs bedarf es für sie normalerweise nicht.

Eben diese aber verstand der Logische Empirismus als seine wesentliche Aufgabe mit dem Ziel, durch logische Präzisierung der Wissenschaftssprache für die Aufdeckung und Behebung von Unklarheiten und Unebenheiten in wissenschaftlichen Theorien und ihren logisch-mathematischen Strukturen zu sorgen und die wissenschaftlichen Argumente und ihre Kriterien präzis zu explizieren.

Insoweit scheint der Logische Empirismus im wesentlichen nur eine Weiterentwicklung und Ausweitung dessen zu sein, was im Neopositivismus schon angelegt war. Vielfältige Neuerungen, obgleich unübersehbar, standen eher im Zeichen kontinuierlichen Problemzuwachses und entsprechender Lösungsversuche als eines grundlegenden Wandels.[3] Wenn gleichwohl ein Wandel sich abzeichnete, so geschah er weniger im eigenen Selbstverständnis als vielmehr in der Art und Weise, dieses Selbstverständnis für die Wissenschaftsphilosophie insgesamt verbindlich zu machen.

---

[3] Insofern läßt sich für den Anfang des Logischen Empirismus eine Trennungslinie zum Neopositivismus nur ungenau ziehen. Erst mit fortschreitender Entwicklung zeigte sich schärfer, was beide Richtungen voneinander trennte.

Das deutete sich in einem scheinbar nur beiläufigen terminologischen Wechsel an. Was für den Neopositivismus seit und durch Reichenbach einfach ‚logische Analyse' gewesen war, hieß im Logischen Empirismus ‚rationale Nachkonstruktion' oder — durch Rückübersetzung aus dem Englischen — ‚rationale Rekonstruktion'.[4]

Der so vorgenommene Ersatz des Logischen durch das Rationale bedeutete indes mehr als nur eine harmlose Konvention für den wissenschaftstheoretischen Sprachgebrauch. Vielmehr brachte sich hier wissenschaftsphilosophisch erstmalig ein bestimmtes Konzept von *Rationalität* zur Geltung. Offenkundig war es engstens begrenzt, doch sollte es nicht nur eine bestimmte wissenschaftsphilosophische Vorgehensweise beschreiben, sondern es enthielt auch eine gewisse normative Anspruchskomponente.

Nun schien zwar die wesentliche Norm des Logischen Empirismus gerade in der dezidierten Enthaltung von aller Normierung zu bestehen, soweit diese nicht rein methodologischer Art, das heißt das eigene Verfahren betreffend, war: Rationale Rekonstruktion der Wissenschaften sollte ausdrücklich den Verzicht auf jedwede Normierung der Wissenschaften selbst, ihrer Forschungsobjekte, Forschungsziele und Forschungsmethoden, bedeuten. Vielmehr sollte es lediglich darauf ankommen, die Begrifflichkeit der Wissenschaft so weit wie möglich durch Darstellung in formalen Strukturen zu präzisieren, um damit gegebenenfalls Verbesserungs- und Korrekturmöglichkeiten für die Wissenschaften aufzuzeigen und vielleicht auch unnötige Lösungsumwege vermeiden zu helfen. Kurz also, die vorhandene Wissenschaft galt es zu effektivieren, nicht aber in irgend einer Hinsicht zu modifizieren.

In dieser empiristischen Grundnorm strikter Enthaltung von jeder Wissenschaftsnormierung steckte gleichwohl ein wissenschaftsphilosophisches Normenpotential von einiger Reichweite.

---

[4] Näheres zu diesem Begriff bei Carl Gustav Hempel, Wissenschaftliche und historische Erklärungen, in: Hans Albert (Hrsg.), Theorie und Realität, Tübingen 2. Auflage 1977, S. 244f.; ferner Wolfgang Stegmüller, Probleme und Resultate der Wissenschaftstheorie und Analytischen Philosophie, Band IV, Erster Halbband, Berlin/Heidelberg/New York 1973, S. 17.

Was sich im Begriff der rationalen Rekonstruktion zusammengefaßt fand, war schließlich mehr als nur das Ethos einer logisch-empiristischen Wissenschaftsforschung unter den ihr immanenten Maßstäben formaler Strenge, begrifflicher Schärfe und Distinktion, argumentativer Konsistenz und Konsequenz für das eigene Unternehmen. Vielmehr war dieses Konzept der rekonstruktiven Rationalität auch dazu gedacht, jedweden rationalen Disput in der Wissenschaftsphilosophie zu regeln und ihn somit auf ein Rationalitätskonzept zu verpflichten, das ausschließlich methodologisch, das näherhin äußerst spezifisch methodologisch und das überdies unstrittig restriktiv gegenüber anderen möglichen Rationalitätsauffassungen gefaßt war.

Wenn damit der Logische Empirismus zu einer bis heute immer weiter fortentwickelten und international maßgeblichen Wissenschaftsphilosophie werden konnte, deren Zielsetzung und Verfahren längst auch auf andere Wissenschaften — so etwa auf die Sozialwissenschaften, die historischen Geisteswissenschaften — Anwendung fanden, so dankt er dies im wesentlichen dem Tatbestand, daß er rational verbindliche Kriterien von größter, nämlich logisch-formaler Allgemeinheit hat und mithin an inhaltliche Bestimmungen einer Wissenschaft prinzipiell nicht gebunden ist.

Das läßt sich freilich auch negativ formulieren. Indem der Logische Empirismus sich einem Rationalitätskonzept verschrieben hat, welches das Prädikat ‚rational' allein auf formale Strukturen festlegt, schließt er mögliche andere — sogar mögliche andere methodologische — Ansätze als rationale jedenfalls indirekt aus; ferner inhibiert er nichtformalisierbare Probleme, die gleichwohl als der Wissenschaftsphilosophie zugehörig angesehen zu werden verdienen.

Genau darin lag aber, bei allem kraftvollen und effektiven Fortbestehen seiner selbst, auch eine wissenschaftsphilosophische Herausforderung. Als erster nahm Popper diese Herausforderung an. Er gelangte vom Logischen Empirismus fort zu einem kritischen Rationalismus, der zwar ebenfalls noch als Methodologie verstanden wurde, der aber deren Rahmen bereits auch sichtbar überschritt.

Popper kritisierte den Logischen Empirismus zunächst an einer Stelle, an der dieser neopositivistische Reste weniger verteidigt als eher zu tilgen vergessen hatte: Popper plazierte als erstes das

Basisproblem der Wissenschaft an seinen angemessenen Ort. Basisfunktionen haben demnach die Beobachtungssätze der Wissenschaft nicht als Anfangssätze zur vermeintlich induktiven Gewinnung wissenschaftlicher Hypothesen und Theorien, sondern allein als Kontrollinstanzen für deren Geltung – so indessen, daß dadurch eine Theorie niemals endgültig zu sichern ist und ihre Bewährung an der Erfahrung prinzipiell vorläufig bleibt.

Doch nicht genug damit, daß Poppers Behandlung des Basisproblems den Kern jenes zunächst propagierten Falsifikationismus und später sachgemäß erweiterten Fallibilismus bildete, der mit der Grundidee der kritischen Prüfung wissenschaftlicher Theorien, und zwar nach dem Prinzip des maximalen Risikos, in vielen Einzelheiten von der Wissenschaftsphilosophie des Logischen Empirismus grundlegend abwich. Nicht genug auch damit, daß Poppers Konzeption von der präsumtiven Theoriebewährung aufgrund derzeitig fehlender negativer Erfahrungsinstanzen einerseits und der logisch-empiristischen Auffassung von Theoriebestätigung kraft positiver Erfahrungsinstanzen andererseits kaum zu überbrückende Diskrepanzen in der Frage aufwarfen, was denn Geltung einer wissenschaftlichen Theorie besage. Über diese und weitere Differenzen hinaus, die für Popper eine prinzipielle Abkehr vom Logischen Empirismus, bei durchaus gewahrtem methodologischen Konsens, gleichwohl erzwangen, kam es vielmehr zu einem deutlichen Wandel des wissenschaftsphilosophischen Selbstverständnisses, der sich in der knappen Formel des ‚kritischen Rationalismus' für Popper und seine Schule auf den ersten Blick nur ungenau zu erkennen gibt.

So gewann erst mit Popper die Frage ihre Dringlichkeit, wie denn die wissenschaftsphilosophische Methodologie oder Wissenschaftstheorie ihr Verhältnis zur Wissenschaft selber bestimmen und gestalten müsse. Sie aber führte die andere Frage mit sich, worauf es denn mit der Wissenschaftstheorie angesichts der Wissenschaften hinausgehen solle oder sinnvollerweise hinausgehen könne.

Der Logische Empirismus hatte Fragen dieser Art mehr oder weniger unbehandelt vor sich hergeschoben. Seine Zielsetzung optimal präzisierten Wissenwollens über logische Strukturen der Wissenschaft war zwar ebenso legitimiert wie alles philosophische Begehren nach Wissenszuwachs. Außerdem hätte sich der Einwand bloß spielerischer Neugier auf formale Strukturen gewiß damit abtun lassen, daß eben auch solche Neugier wenigstens mittelbar der Wissenschaft zugute kommen könne.

So sehr nun Popper die letztere Grundüberzeugung teilte und sich mit ihr sogar eine direkte Mitwirkung der Wissenschaftstheorie am Wissenschaftsfortschritt versprach, so wenig konnte er jedoch gerade eine solche Mitwirkung schon in der bloß logischen Rekonstruktion wissenschaftlicher Satzzusammenhänge gegeben sehen. Dazu war vielmehr nötig, sich auf die faktisch betriebene Wissenschaft einzulassen, genauer: sie nicht bloß, wie im Logischen Empirismus, stillschweigend vorauszusetzen, sondern sie als vorgegebene Wissenschaft auch wissenschaftsphilosophisch thematisch zu machen.

Charakteristisch für Popper ist nun, daß die dergestalt vorgegebene Wissenschaft nicht nur in ihrem tatsächlichen Vorgehen beschrieben, sondern daß ihr, in bestimmter Hinsicht, auch ihr procedere vorgeschrieben werden sollte. Die Art und Weise, wie Popper deskriptive und normative Ansprüche seiner Wissenschaftstheorie verbunden hat, zeigt sich idealtypisch an seiner Handhabung des Prinzips der kritischen Prüfung wissenschaftlicher Theorien: Da Popper zum einen auf markante Problemsituationen der Wissenschaft verweisen konnte, in denen nach diesem Prinzip tatsächlich – und zwar fraglos fortschrittsdienlich – verfahren worden ist, konnte er sein kritisch rationalistisches Grundprinzip im beschreibenden Sinne präsentieren. Insoweit zum anderen jedoch die Wissenschaft diesem Prinzip offenkundig nicht durchweg folgt, indem sie gar nicht allzu selten auf Strategien zur bloßen Aufrechterhaltung ihrer Theorien ausweicht, mußte dieses Prinzip als ein allgemein zu befolgendes eigens postuliert werden. Es als methodische Norm für die Wissenschaft selbst geltend zu machen, konnte also nicht heißen, der Wissenschaft törichterweise eine ihr fremde Verfahrensweise von außen zu oktroyieren, sondern bedeutete lediglich, einem fortschrittsfördernden Prinzip der Wissenschaft, dem diese selbst bereits grundsätzlich folgte, künftig zu noch konsequenterer und noch stringenterer Anwendung zu verhelfen und alle diejenigen Maßnahmen einzuschränken, welche geeignet erscheinen, wissenschaftliche Theorien gegen Kritik zu immunisieren.

Poppers daraus resultierendes Rationalitätskonzept ist nun von denkwürdiger Art. Ist in ihm die Identifizierung des Rationalen mit dem Logischen der empiristischen Methodologie nicht mehr akzeptiert, so ist statt dessen eine andere Identifizierung vorgenommen worden: die Identifizierung des *Rationalen* mit dem *Kritischen,* und näherhin mit dem Kritischen im spezifischen Sinne des Kritisch-Fallibilistischen. Kritische Rationalität erscheint so als wissenschaftstheoretisch angemessene Erweiterung der allzu limitierten logisch-rekonstruktiven Rationalität – und lediglich als diese, solange auch kritische Rationalität ebenfalls rein methodologisch verstanden wird.

Bald hat sich jedoch gezeigt, daß gerade Poppers Begriff der kritischen Rationalität einigen Explosivstoff enthielt. Einerseits schon wegen des methodologisch-normativen Anspruchs, andererseits aber auch wegen Poppers schließlich weitergehender Forderung, diese seine Auffassung von kritischer Rationalität für jedwedes Problemlösungsverhalten auch über dasjenige der Wissenschaft hinaus normativ zur Geltung zu bringen, erfolgte die Zündung gleichsam an zwei verschiedenen Stellen. An beiden traf Popper auf eine Methodologiekritik, die in ihrer Grundsätzlichkeit zwar nicht ihm und seiner Schule allein, aber doch vornehmlich galt. Zum einen kam sie aus der Wissenschaftsgeschichte, zum anderen aus der Sozialphilosophie.

Das Aufkommen von *Methodologiekritik* markiert eine deutliche Zäsur in der Wissenschaftsphilosophie. Unbeschadet der Fortdauer und Fortentwicklung der Wissenschaftstheorie, und zwar sowohl des Logischen Empirismus wie des kritischen Rationalismus, brachte sie einen spürbaren Wandel für die Wissenschaftsphilosophie im ganzen. Das erwies sich allein insofern, als durch sie bisher mehr oder weniger verborgen gebliebene Voraussetzungen der Methodologie soweit ans Licht kamen, daß auch sie selbst sich ihnen zu stellen und sie damit ein anderes Reflexionsniveau zu erreichen hatte.

1962 war es Thomas S. Kuhn, der seine Kritik an der Methodologie auf die schockierende Formel brachte, daß wir durch sie über die Wissenschaft gründlich irregeführt worden seien. Die Methodologie habe nämlich die Wissenschaft als geschichtlichen Prozeß, wo nicht gar verdeckt, so doch nur verzerrt vor Augen gebracht. Kuhn entwickelte dann sein bekanntes und mittlerweile ausgiebig benutztes Strukturmodell des Wissenschaftswandels mit einer Phase normalwissenschaftlicher, dann krisenanfälliger und schließlich revolutionärer Forschung – jeweils verlaufend im Rahmen eines sogenannten ‚Paradigmas' als einer konkreten Forschungseinheit aus wissenschaftlicher Theorie und wissenschaftlicher Praxis, wobei auch nicht nach distinkt angebbaren Verfahrensregeln, sondern nach keineswegs allenthalben rationalem Konsensus der scientific community vorgegangen werde.

Die Frage nach dem theoretischen Status und der wissenschaftsphilosophischen Legitimation des Kuhnschen Modells aufgrund der wissenschaftshistorischen Fakten bleibe hier ausgeklammert. Wichtig ist in diesem Zusammenhang vor allem ein grundsätzlicher Einwand Kuhns gegen die Methodologie, der in der lebhaften Kontroverse, die Kuhn ausgelöst hat, zu kurz gekommen zu sein scheint.[5] Dieser Einwand betraf nichts Geringeres als die methodologische Ansicht über die prinzipielle Zielsetzung der Wissenschaft.

Daß die Wissenschaft auf etwas sehr Bestimmtes hinauswolle, nämlich auf immer umfassendere und immer genauere Erkenntnis der Wirklichkeit, das war weder in der logisch-empiristischen noch in der kritisch-rationalistischen Methodologie jemals fraglich, ja in der letzteren ebenso selbstverständlich wie auch ausdrückliche Voraussetzung gewesen. So hat Popper beispielsweise seine verschiedenen Fortschrittskriterien der Wissenschaft von vornherein auf deren vorgebliches Ziel, nämlich die immer größere Annäherung der wissenschaftlichen Theorien an die Wirklichkeit, abgestellt.[6]

Genau diese Fortschrittsauffassung wird jedoch von Kuhn bestritten. Sein Schema des Wissenschaftsprozesses, strukturell

---

[5] Beispielhaft zu dieser Kontroverse die Beiträge in: Imre Lakatos, Alan Musgrave (eds.), Criticism and the Growth of Knowledge, Cambridge 1970 und 1972. Vgl. ferner Werner Diederich (Hrsg.), Beiträge zur diachronischen Wissenschaftstheorie, Frankfurt am Main 1974; Zur Struktur jener Kontroverse Elisabeth Ströker, Wissenschaftsgeschichte als Herausforderung, Frankfurt am Main 1976.

[6] Dazu Adolf Grünbaum, Can a Theory Answer More Questions Than One of Its Rivals?, Brit. J. Phil. Sci., 1976, S. 1–23; Elisabeth Ströker, Über Poppers Kriterien des Wissenschaftsfortschritts, Erkenntnis 27, 1987, 93–112.

ein Evolutionsmodell sozialdarwinistischer Prägung, kennt kein Ziel der Wissenschaft. Es kennt für sie nur ein Woher eines Paradigmas mit Ausfaltung, Entwicklung, Zerfallen und Überholtwerden durch andere Paradigmen, nicht aber ein Wohin und Woraufhin des unaufhörlichen wissenschaftlichen Wandels.

Fällt aber somit nach Kuhn ein Ziel der Wissenschaft fort, wird füglich auch alle Normierung gegenstandslos, die der kritische Rationalismus zur besseren und zügigeren Annäherung an die Wirklichkeit zur Geltung gebracht hatte. Man muß sehen, daß hier der eigentliche Kern der Kuhnschen Kritik an der methodologischen Wissenschaftsphilosophie liegt; in der These nämlich, die, zugespitzt, die prinzipielle wissenschaftsphilosophische Irrelevanz methodologischer Untersuchungen, und des Popperschen rigoros fallibilistischen Konzepts kritischer Rationalität zumal, behauptet.

Es liegt auf der Hand, daß Kuhns Perspektive des Hinsehens auf die Wissenschaft eine völlig andere war als diejenige der Methodologie. Indem Kuhn die Wissenschaft als geschichtlichen Prozeß ins Blickfeld rückte, trat nicht nur der logisch-empiristische Ansatz bei den wissenschaftlichen Aussagesystemen in den Hintergrund; es wurde auch die Poppersche Ausgangssituation, die weniger durch wissenschaftliche Satzstrukturen als vielmehr durch wissenschaftliche Argumente und ihre Realitätsverankerung bestimmt war, ‚dynamisiert', in die Dimension des Prozeßhaften, des faktischen Wissenschaftsverlaufs zurückverlegt — mit dem Ergebnis freilich, daß Kuhn glaubte, die Methodologie insgesamt zurückweisen zu müssen.

Das implizierte a fortiori den Abweis einer rein methodologisch verstandenen Rationalität, ohne daß jedoch eine andere, bessere oder auch nur anders verstandene gegen sie gesetzt worden wäre. Brach demnach hier eine mittlerweile schon traditionell gewordene wissenschaftstheoretische Diskussion ab? Mußte sich nicht mindestens die Einstellung auf wissenschaftsphilosophische Fragen grundlegend wandeln?

Dafür spricht zunächst, daß Kuhns strukturgeschichtliche Wissenschaftsbetrachtung eine Plattform für neue Untersuchungsrichtungen bot. Sie führten zwar teilweise aus der Wissenschaftsphilosophie hinaus, zeigten aber auch Rückwirkungen auf diese. Das gilt nicht so sehr für die Wissenschaftsgeschichte, die sich

Kuhn zu einem bemerkenswerten Teil, aber anscheinend auch nur vorübergehend, allzu unkritisch verschrieben und sein Strukturmodell bedenkenlos als Raster für zahllose ‚case studies' adaptiert hat, als vielmehr für wissenschaftssoziologische Untersuchungen, die durch Kuhn nicht zufällig neue Impulse bekamen.

Denn sah Kuhn das eigentliche Movens der Wissenschaft nicht in einer ihr selbst immanenten Dynamik ihrer Probleme, sondern in den Forschergemeinschaften, die in der Handhabung ihrer Paradigmen nun gleichsam die Funktion der Basis der Wissenschaft übernehmen, so waren es deren Maßnahmen und Entscheidungen, aus denen die Wissenschaft nach Entstehung, Fortgang und Veränderung zu begreifen war.

Hier zeigt sich vielleicht am deutlichsten der Wandel der grundlegenden Perspektive, den Kuhn in der Wissenschaftsphilosophie bewirkt hat. Was bis dahin völlig ausgeklammert geblieben war, das Subjekt der Wissenschaft und damit die Wissenschaft selbst als Leistungsgebilde der sie hervorbringenden, sie tragenden und befördernden Subjektivität, trat hier, und nun gleich in konkreter Gestalt als Gemeinschaft von Wissenschaftlern, deutlich ins Blickfeld.

In der methodologischen Wissenschaftsphilosophie war sie völlig im dunkeln geblieben. Der Neopositivismus hatte zwar andeutungsweise die subjektive Seite der Wissenschaft ins Spiel gebracht, sich aber sogleich im Sensualismus des älteren Positivismus verfangen. So hatte er lediglich ein völlig isoliert gedachtes Subjekt auszumachen vermocht, welches am Beginn der Wissenschaft mit nichts anderem als mit einem Chaos von Sinnesdaten konfrontiert schien, die es dann, man weiß indes nicht recht wie, in Wahrnehmungssätzen ordnete, um damit die Wissenschaft auf den Weg zu bringen – ohne daß im übrigen einsichtig geworden wäre, was seine Wahrnehmungssätze dann zu wissenschaftlichen Sätzen machte, geschweige denn, warum es auf diese überhaupt aus war.

Offenkundig vermochte aber eine Wissenschaftstheorie als bloße Methodologie bessere Auskünfte hier kaum zu geben. Der Logische Empirismus verzichtete auf sie denn auch ganz. Der kritische Rationalismus, völlig frei zwar vom sensualistischen Vorurteil und jedenfalls prinzipiell offen für die Frage eines Subjekts, welches Wissenschaft, statt mit Sinnesdaten, mit kühnen

Hypothesen und theoretischen Entwürfen beginnt, hatte diese Frage dennoch nicht aufgenommen und hätte sie wohl auch eher in die Psychologie als in die Wissenschaftstheorie verwiesen.

So kam denn bei Kuhn zu manchem Neuen auch eben dies, daß er die Wissenschaft treibenden Subjekte in Betracht zog, ja in ihnen die Wissenschaft eigentlich ‚gegründet' sein ließ. Allerdings blieb bei Kuhn die scientific community noch vergleichsweise abstrakt. Als hochspezifische, durch wesentliche gleiche Sachkompetenz soziologisch relativ konform und von weiteren sozialen Kontexten noch weitgehend isoliert gefaßt, stand sie im Grunde lediglich synonym für das Netzwerk von Problemlösungsversuchen im Rahmen des jeweiligen Paradigmas.

Um so deutlicher drängte die scientific community Kuhns auf weitere Konkretisierung. Auch hatte Kuhn die Dependenzen zwischen Paradigma und zugehöriger Forschergemeinschaft dahingehend dargelegt, daß diese nicht erst über die Mittelwahl in der Behandlung wissenschaftlicher Probleme innerhalb eines Paradigmas, sondern bereits über die Wahl der zu behandelnden wissenschaftlichen Probleme und mithin auch über die jeweiligen Forschungsinhalte verfügte. Das aber führte geradewegs auf die Fragen, nach welchen Gesichtspunkten denn eine Forschergemeinschaft diese Inhalte bestimme; wo die Anlässe für ihre Problemwahl jeweils gelegen seien; woher, mit anderen Worten, das Unternehmen der Wissenschaft seine Antriebe habe, worin es insofern letztlich gründe.

Fragen dieser Art evozierten verschiedene weitere methodologiekritische Betrachtungen. Die Antwort lautete, kurz umrissen: Wissenschaft gründe nicht, jedenfalls nicht allein, in einer zweckfreien Neugier zu erkennen, wie die Welt beschaffen ist. Vielmehr seien bei ihrem vorgeblichen Streben nach reiner, praktisch zweckfreier Erkenntnis die lebensdienlichen und lebenssteigernden Bedürfnisse und Interessen der Menschen und ihrer Gesellschaft nicht außer acht zu lassen, zu deren Befriedigung wissenschaftliche Erkenntnis letztlich diene.

Dieser Gedanke eines Zusammenhangs von wissenschaftlicher Erkenntnis und ihren sogenannten ‚technischen Anwendungen' war natürlich keineswegs neu. An ihm hatte sich früh schon im neunzehnten Jahrhundert ein Gegensatz herausgebildet, der herkömmlicherweise unter den Begriffen eines wissenschaftlichen

Realismus und Instrumentalismus diskutiert wurde. Mit *Realismus* war in diesem Gegensatzpaar die Auffassung gemeint, daß Ziel und Zweck der Wissenschaft allein in der Erkenntnis der Realität liege, und daß ihre mögliche praktische Verwendung in der Technik als einem Gebiet mit eigenen und anderen, weil praktischen Zielsetzungen anzusiedeln sei. Dagegen hatte der *Instrumentalismus* gegen eine so vorgenommene Trennung von Wissenschaft und Technik seit je mehr oder weniger grundsätzliche Einwände erhoben.

In der jüngsten Wissenschaftsphilosophie kann man zwei Versionen des Instrumentalismus ausgeprägt finden, die auch im Hinblick auf unsere Frage nach Dauer und Wandel in ihr zweckmäßig unterschieden werden. Sie seien hier kurz als schwacher und starker Instrumentalismus bezeichnet.[7]

Danach handelt es sich um seine schwache Version, wo als Erkenntnisziel der Wissenschaft die Erfassung der Realität als solche unbestritten ist und mithin auch die Wahrheitssuche als Grund- und Leitmotiv der Forschung unangefochten bleibt, wo aber nichtsdestoweniger Erkenntnis nicht als der letzte Zweck der Wissenschaft angesehen wird. Wird dergestalt nach *Ziel* und *Zweck* der Wissenschaft unterschieden, so rückt dann das Ziel der Wissenschaft, die Erkenntnis, in die Rolle des Mittels für die Realisierung ihres Zwecks und also, im Falle der Naturwissenschaft, ihrer technischen Verwertbarkeit ein.

Es versteht sich, daß der Instrumentalismus in dieser schwachen Ausprägung keinerlei Wandel im Selbstverständnis der methodologischen Wissenschaftsphilosophie bedeutet, daß er auch der methodenkritischen Richtung Kuhnscher Provenienz durchaus konform ist, wie er denn bezüglich des Realismus auch nicht eigentlich kritisch, sondern eher komplementär zu ihm fungiert und somit der realistischen Auffassung nicht widerstreitet. So finden sich zum Beispiel bei Popper durchaus instrumentalistische Wendungen, ohne daß der kritische Rationalismus dadurch mit seinem realistischen Grundkonzept in Widerspruch geriete.

---

[7] S. a. Elisabeth Ströker, Normenfragen der Wissenschaftstheorie, in: Elisabeth Ströker (Hrsg.), Ethik der Wissenschaften? Philosophische Fragen, München/Paderborn/Wien/Zürich 1984, S. 43–62.

Erst wo diese realistische Grundposition nicht nur eingeschränkt, sondern prinzipiell bestritten wird, kommt es zu der starken Version des Instrumentalismus. Es lautet dann ihre fundamentale Gegenthese in zugespitzter Formulierung: Nicht ist die Wissenschaft in ihrem Erkenntnisstreben technikerzeugend; vielmehr sind technisch-praktische Interessen, und zwar ausschließlich diese, wissenschaftserzeugend.

Nun ist die wissenschaftsphilosophische Problematik, die an diesem Punkt in Sicht tritt, außerordentlich komplex. Das rührt zum einen daher, daß die sachlichen Beziehungen zwischen Wissenschaft und Technik höchst unterschiedlich und in einem Grade vielgestaltig sind, daß hier nicht selten schon die wissenschaftsphilosophische Fragestellung zu kurz greift. Zum anderen zieht die Diskussion dieser Beziehungen stets auch eine Wertdiskussion nach sich, wo sie sie nicht sogar von Anfang an durchzieht. So mag es sich beispielsweise um technisch realisierte Zwecke handeln, die von der Wissenschaft gar nicht gesetzt wurden und die insofern ganz außerhalb ihrer selbst liegen; oder es kann um Zwecke gehen, die sie selber sich als technisch realisierbare setzt; schließlich kann sie Zwecke verfolgen, die ihr von außen durch Gesellschaft, Industrie und Wirtschaft vorgegeben werden, so daß sie darauf ihre Forschung auszurichten hat – um hier nur diese möglichen Fälle zwischen den beiden Extremen bloß ‚eintretender' technischer Folgen der Wissenschaft auf der einen Seite und externer Zielvorgabe durch technische Auftragsforschung an die Wissenschaft auf der anderen Seite zu erwähnen. Jeweils stellt sich dann aber nicht nur die allemal vorhandene Wechselbeziehung zwischen Wissenschaft und Technik anders dar; es muß demgemäß auch die Wertdiskussion einschließlich der Frage nach der Verantwortung von Wissenschaft, Technik und Gesellschaft jeweils unterschiedlich verlaufen.

Eine instrumentalistische Wissenschaftsphilosophie steht also hier vor mannigfachen Problemen. Nimmt sie, wie in der schwachen Version, neben der wissenschaftlichen Zielsetzung der Wahrheitssuche und Erkenntnisfindung auch deren technisch-praktische Folgen mit in den Blick, so muß sie jedenfalls für die von der realistischen Position oft behauptete Wertneutralität der Wissenschaft auf Präzisierung drängen und für die in Anspruch genommene Autonomie wissenschaftlicher Forschungsziele selbstkritische Beschränkung fordern.

Wo dies effektiv geschieht, kann aber der Instrumentalismus nicht umhin, in die Diskussion um Zwecke der Wissenschaft und deren technische Folgen, damit aber auch um Zielnormen der Wissenschaft seinerseits einzugreifen. Das kann wiederum auf verschiedene Weise geschehen.

So präsentierte sich in den sechziger Jahren die sogenannte ‚Kritische Theorie' auch als starke Form des Instrumentalismus, insoweit sie in die Diskussion um Ziele und Zwecke der Wissenschaft eingriff. Zwar primär nicht wissenschaftsphilosophisch, sondern soziologisch und politisch ambitioniert, griff sie jedoch auch prinzipielle Fragen nach dem Verhältnis von Wissenschaft und Technik auf. Beispielsweise sollte mit der These von Habermas, daß die Wissenschaft die Impulse ihrer Forschung, und zwar auch diejenigen ihrer vorgeblich reinen Erkenntnissuche, ausschließlich bestimmten sozialen Bedürfnissen und technischen Interessen verdanke, die realistische Auffassung in Wissenschaft und Wissenschaftsmethodologie gleichermaßen als ein Selbstmißverständnis ‚entlarvt' werden. Dann konnten jedoch nicht nur die wissenschaftsphilosophischen Normen und Standards für die Untersuchung von Wissenschaft, wie sie die Wissenschaftstheorie bis dahin reklamiert hatte, philosophisch als mehr oder weniger unwesentlich gelten; es konnte auch ihr Rationalitätsverständnis einseitig und unvollständig erscheinen. Dann war die methodologische Wissenschaftsphilosophie, soweit sie den Schein reiner Erkenntnis in der Wissenschaft aufrechterhält oder doch aufrecht zu erhalten geeignet ist, nur mehr einer kritikbedürftigen Ideologie zuzusprechen, da sie die wahren Interessen der Wissenschaft verschleiere. Der damit verbundene Einwand prinzipiellen Mangels an Reflexion in der Methodologie – und gemeint war füglich, an Reflexion gesamtgesellschaftlicher Zusammenhänge – sollte auch nicht bloß als Kritik einer vermeidbaren Unterlassung verstanden werden. Vielmehr unterstellte diese Kritik der Wissenschaftstheorie strukturelle Unfähigkeit, die ‚wahren' Triebkräfte der Wissenschaft und damit zugleich diejenigen ihrer selbst zu durchschauen.

Damit bot sich dieser Instrumentalismus zugleich als eine Variante normativer Wissenschaftsphilosophie im extremen Sinn:

Nicht nur suchte er normativ auf die Ziele der Wissenschaften einzuwirken, wie es auch in seinen schwächeren Varianten mehr oder weniger dezidiert die Absicht ist. Als ‚Kritische Theorie' reklamierte er für sich vielmehr Normierungen von der Art, daß mit ihnen ein höchst bemerkenswerter Wandel im Normierungskonzept selber beschworen wurde. Denn diese Theorie wollte den methodologischen Normierungen nicht nur neue hinzufügen oder sie wenigstens kritisch durch andere herausfordern. Vielmehr sollten nunmehr solche allgemeinen, die einzelnen wissenschaftsphilosophischen Richtungen übergreifenden Grundkonzepte wie Rationalität, Vernunft, philosophische Reflexion, ja selbst philosophische Kritik durch die ‚Kritische Theorie' normiert werden.

Aus diesem mehrfachen Normierungsanspruch verstand sich dieser Instrumentalismus wissenschaftsphilosophisch als *Ideologiekritik:* Als philosophische Reflexion galt hier allein ein Schein auflösendes, von Ideologie – natürlich nach Maßgabe eigener verläßlicher Erkenntnis derselben – befreiendes und dem ‚wahren Bewußtsein' zur Wirksamkeit verhelfendes Denken, welches auch speziell im Hinblick auf die Wissenschaft die von dieser selbst strukturell niedergehaltenen wahren Interessen freizulegen habe. Als philosophische Kritik galt demnach nicht der konstruktive Gegenvorschlag zwecks Erzielung besserer Lösungsvorschläge für eine gemeinsame Problematik, sondern Kritik verstand sich als Zurückweisung auch anderer Auffassungen von Kritik, welche als prinzipiell unzureichend, unradikal oder sogar als wissenschaftsphilosophisch unerheblich die eigene Position vorgeblich nicht tangierten.

Daraus ergab sich Entsprechendes für das wissenschaftsphilosophische Grundkonzept der Rationalität. Insbesondere an ihm wurde offenkundig, daß hier ein fundamentaler Normenkonflikt besonderer Art in der Wissenschaftsphilosophie aufgebrochen war. Er hat bis heute keine Lösung gefunden. Um ihn in seiner Argumentationsstruktur zu skizzieren, sei kurz auf Poppers kritischen Rationalismus zurückgegriffen.

Wie bereits erwähnt, hat Popper seine Auffassung von kritischer Rationalität nicht auf den Rahmen seiner Wissenschaftstheorie limitiert. Vielmehr hat er sie schließlich als eine allgemeine Einstellung in Problemsituationen gefordert. Sehen wir hier davon ab, daß hierfür das Kritische der Popperschen kritischen

Rationalität allerdings spürbar vom bloß Fallibilistischen — das heißt dem unbedingten Zu-Fall-bringen-Sollen einer Hypothese — abgerückt wurde, so ist daraus für unseren Problemzusammenhang vor allem bedeutsam, daß die von Popper allgemein geforderte kritisch-rationalistische Einstellung Sache einer Entscheidung war. Soll sie aber ihrerseits rationale Entscheidung sein, so wäre damit ersichtlich ein Begriff von Rationalität reklamiert, der nicht mehr durch einen methodologischen Regelkanon sich bestimmen läßt. Denn es ist eines, sich für kritische Rationalität zu entscheiden; ein anderes, Rationalität bereits für diese Entscheidung in Anspruch zu nehmen, wie Popper mit Recht entgegengehalten worden ist.

Mit einer als rational in Anspruch genommenen Entscheidung gehört der Begriff der Rationalität in der Tat nicht mehr nur in die Wissenschaftstheorie, sondern in die im weitesten Sinne praktische Philosophie, speziell in die Ethik, Sozialphilosophie und Handlungstheorie. Dennoch hat Popper auch seinem erweiterten Rationalitätskonzept den fallibilistischen Kern erhalten können, und einen außerordentlich stabilen dazu: Auch für Entscheidungen, die als rational vertretbare Entscheidungen sollen gelten können, soll nämlich nichts anderes als die Kraft des besseren Arguments zählen. Das bedeutet für die kritisch-rationale Einstellung im einzelnen: Offenheit für Alternativvorschläge, kritische Bereitschaft, auch Akzeptiertes neu in Frage zu stellen, Einsichtigkeit in die grundsätzliche Korrekturbedürftigkeit allen Erkennens und Handelns, Verzicht auf Ansprüche absoluter Wahrheit in Durchsetzung eigener Gewißheit. Nimmt man noch hinzu, daß Popper konsequenterweise auch eingeräumt hat, daß selbst der kritische Rationalismus seine prinzipiellen Grenzen habe und korrigierbar sei, so muß sich die Frage stellen, ob denn dieses Rationalitätskonzept durch Alternativen herauszufordern überhaupt sinnvoll möglich ist, ohne daß diese mit den eigenen kritisch-rationalistischen Mitteln paralysiert werden könnten. Erscheint nicht in der Tat eine Position, zu der die Bereitschaft, sich kritisch in Frage stellen zu lassen, selber ausdrücklich gehört, prinzipiell unüberholbar und ihr Bestand auf Dauer garantiert? Welche anders bestimmte Rationalität könnte denn dergestalt kritische Rationalität in ihre Schranken weisen oder gar sie auflösen wollen?

Eben diese Schranken hat Habermas dem kritischen Rationalismus zugewiesen. Sein bezeichnendes Diktum vom kritischen Rationalismus als eines „positivistisch halbierten Rationalismus" schrieb die darin vermißte Hälfte der eigenen Position zu und reklamierte die ganze Rationalität für diese.[8] Nicht nur, aber auch darum nannte sie sich ‚Kritische Theorie', weil sie sich in ihrer Kritik darin der kritischen Rationalität Popperscher Provenienz überlegen wähnte, daß sie nicht nur den umfassenderen Rationalitätsbegriff für sich reklamierte, sondern sich auch der Postulate, die kritisch-rationales Verhalten nach Popper kennzeichnen sollten, enthoben sah.

Damit standen in der analytischen Wissenschaftstheorie einerseits und in der ‚Kritischen Theorie' andererseits nicht bloß einzelne Normen gegen andere einzelne Normen; es standen vielmehr normative Grundkonzepte in einem kaum zu lösenden Widerstreit: zum einen die Auffassung einer genuin wissenschaftstheoretisch-kritischen Rationalität, welche in der Tat eingeschränkte Rationalität ist, aber die grundsätzliche Kritisierbarkeit auch ihrer selbst zum Prinzip hat; zum anderen eine ideologiekritische Auffassung, die fraglos die umfassendere, auch reflektiertere Rationalität ist, die selber sich jedoch als kritikimmun gerierte und so unter anderen auch die Frage nach ihrer eigenen impliziten Ideologie mit dem Einwand eines allemal falschen Bewußtseins auf der Seite ihrer Herausforderer abwies.

Eine derartige Kontroverse in Grundfragen bedeutet letzthin nichts Geringeres als einen tiefgreifenden Normenkonflikt über verbindliche Regeln philosophischen Argumentierens schlechthin. Solange sie unentschieden bleibt, weil philosophische Schlüsselbegriffe wie Reflexion, Kritik, Rationalität weitgehend inkompatibel verwendet werden, gleicht sie einem Stellungskrieg mit

---

[8] Jürgen Habermas, Gegen einen positivistisch halbierten Rationalismus, in: Der Positivismusstreit in der deutschen Soziologie, Neuwied/Berlin 1969, S. 155–191. Daß Popper, ungeachtet seiner dezidierten Kritik am Positivismus, von der ‚Kritischen Theorie' selber unter die „Positivisten" subsumiert wird, hängt mit der auch andernorts zu beobachtenden Tendenz dieser Theorie zusammen, Begriffe der Gegenseite in ideologisch-politischer Absicht zu entdifferenzieren und zu konfundieren. Näheres dazu auch in meiner Einleitung in die Wissenschaftstheorie, Darmstadt 3. Auflage 1987, S. 117–135.

eingefrorenen Fronten. Er läßt von Wandel ex definitione nicht sprechen und von Dauer nur im negativen Sinn, sofern er selber dauert, anhält, nicht aber etwas ist, das sich im Wandel erhält und ihn überdauert.

Daß dieser Konflikt, — unausgetragen — seit etlichen Jahren in den Hintergrund geraten, in seinen damals überscharfen Konturen heute verblaßt ist, hat mehrere Gründe. Zum einen sah sich die Wissenschaftsphilosophie von ihm im ganzen nicht und auch in Teilen um so weniger betroffen, als sie durch mancherlei Verzerrungen, auch Simplifizierungen, die Einwände der Gegenseite nicht wirklich als Herausforderung empfand. Insbesondere die analytische Wissenschaftsphilosophie hat sich weitgehend an jenem Konflikt vorbei stetig weiterentwickelt und einige neuartige Ansätze — so etwa der non-statement-view und die neuen Strukturtheorien — bilden heute starke gemeinsame Ansätze in der deutschen und angloamerikanischen Wissenschaftsphilosophie.

Zum anderen sieht diese sich jedoch heute auch von jener Kontroverse nicht mehr betroffen, da ihr unter wachsendem Druck von außen, bedingt durch die gegenwärtige wissenschaftlich-technische Situation und ihre Auswirkungen für die gesamte Weltzivilisation, neue Aufgaben zugewachsen sind, die sich insgesamt unter das Stichwort ‚Wissenschaftsethik' bringen lassen.

Davon kann an dieser Stelle nicht, rechtmäßig noch nicht, die Rede sein, weil diese wissenschaftsphilosophisch noch sehr junge Problematik jedenfalls zur Stunde unter das Thema Dauer und Wandel nicht fallen kann.

Sehr wahrscheinlich ist aber, daß auch die Wissenschaftsethik, sollte sie sich eines Tages zu einer wissenschaftsphilosophischen Teildisziplin formieren,[9] nicht wird umhin können, nicht allein

[9] Die besonders im letzten Jahrzehnt angestiegene Flut von Einzelbeiträgen zu dieser Thematik, entstanden unter wachsendem Problemdruck von außen, scheint einer philosophischen Systematisierung und Gebietsstrukturierung bisher allerdings wenig günstig zu sein. Das zeigt sich insbesondere an der immer wieder diskutierten und noch offenen Streitfrage, ob überhaupt eine ‚neue' philosophische Ethik notwendig sei oder nicht. Für diese grundsätzliche Frage sei verwiesen auf meinen Beitrag: Inwiefern fordern Wissenschaft und Technik die philosophische Ethik heraus? In: Man and World, Band 19 (2) 1986, S. 179—202.

diejenigen Maßstäbe begrifflicher Distinktion und argumentativer Strenge zu akzeptieren, welche die methodologische Wissenschaftstheorie gesetzt hat, sondern auch die Diskussion um solche wissenschaftsphilosophischen Leitbegriffe wie Rationalität, Kritik, Reflexion abermals neu aufzunehmen, deren inhaltlicher Wandel zwar auch weiterhin ziemlich sicher, deren methodische Relevanz zur Strukturierung jedweder künftigen wissenschaftsphilosophischen Diskussion aber von Dauer sein dürfte.

Klaus Mainzer

Wissenschaftsphilosophie oder Wissenschaftstheorie? Zur Kritik „moderner" und „postmoderner" Wissenschaftstheorie

Kommentar zum Beitrag von Elisabeth Ströker

Mit Frau Ströker verbinden mich zwei Gesichtspunkte, die wohl auch bei meiner Auswahl als Kommentator mitgespielt haben. Zum einen reduziert sich das Interesse von Frau Ströker an *Wissenschaftsphilosophie* nicht nur auf Logik und Methodologie, sondern umfaßt den gesamten Bereich der klassischen und modernen Naturphilosophie und Wissenschaftsgeschichte, so daß sie damit erst dem gesamten Anspruch von Wissenschaftsphilosophie gerecht wird.[1]

Ferner, und das ist eine weitere *Gemeinsamkeit,* hat sich Frau Ströker in ihren Fallstudien besonders mit der Philosophie von *Raum und Zeit*[2] und der Geschichte der *Chemie*[3] beschäftigt. In Konstanz haben wir obligatorische Veranstaltungen über Wissenschaftsphilosophie und Wissenschaftsgeschichte in den verschiedenen naturwissenschaftlichen Fächern. In der regelmäßigen Veranstaltung für Diplomchemiker gehören die Bücher von Frau

---

[1] K. Mainzer, Symmetrien der Natur — Ein Handbuch zur Natur- und Wissenschaftsphilosophie, Berlin/New York 1988.

[2] E. Ströker, Philosophische Untersuchungen zum Raum, Frankfurt 1965; K. Mainzer, Geschichte der Geometrie, Mannheim/Wien/Zürich 1980.

[3] E. Ströker, Denkwege der Chemie. Elemente ihrer Wissenschaftstheorie, Freiburg/München 1967, dies., Theorienwandel in der Wissenschaftsgeschichte. Chemie im 18. Jahrhundert, Frankfurt 1982.

Ströker über Chemiegeschichte zu bewährten Kompendien. Bei so viel *Konsens* wird sich mein Kommentar auf stärkere Betonungen und Ergänzungen eines solchen umfassenden Verständnisses von Wissenschaftsphilosophie konzentrieren.

Frau Ströker betrachtet die *wissenschaftsphilosophischen Hauptrichtungen* und Schulen unter den thematischen Gesichtspunkten von *„Dauer"* und *„Wandel"*. Was herauskommt, ist eine Vielzahl von Gesichtspunkten und neuen Perspektiven der Forschung, die jede für sich einseitig sind, aber zusammen ein sich gegenseitig ergänzendes Bild der Forschung abgeben. Ich erinnere an den *Neopositivismus,* der Wissenschaftsphilosophie auf logische Analysen reduzieren wollte oder an den *logischen Empirismus* mit seinem Rekonstruktionsanspruch wissenschaftlicher Satzsysteme.

Poppers älterer kritischer Rationalismus ist ebenfalls ein reduktionistisches Programm, nach dem Forschung auf die Falsifikation von Hypothesen eingeengt wird. Die *Duhem-Quine-These* zeigt demgegenüber sehr klar, daß es keine isolierten Hypothesen gibt, die man logisch absolut falsifizieren könnte, daß Erfahrungswissen vielmehr einem komplexen Netz von abhängigen Satzsystemen entspricht (*„wissenschaftstheoretischer Holismus "*). Es kommt daher auf die Auswahl von Forschungskontexten an, in denen „lokal" falsifiziert werden kann. Die Auswahl von Forschungskontexten hängt aber von den Normen und Interessen ab, an denen Wissenschaftler ihre Forschung orientieren wollen.

Nach der Falsifikation hat Popper in seinen späteren Werken auch einen positiven Aspekt der Forschung herausgestellt. Wissenschaft sollte nicht nur Irrtümer durch Falsifikation ausschalten, sondern sich auch der Wahrheit annähern. *Wahrheit* und *Objektivität* sind dabei nicht nur als Forschungsregulative und teleologische Orientierungen gemeint. Popper versucht semantische Definitionen, in denen der Wahrheits- und Falschheitsgehalt einer Theorie als eindeutig bestimmbar vorausgesetzt werden. Wenn auch nicht die absolute Wahrheitsnähe (Wahrheitsähnlichkeit) einer Theorie abschätzbar ist, so hofft Popper doch wenigstens, die relative Wahrheitsähnlichkeit zweier Theorien bestimmen zu können.[4]

---

[4] K. R. Popper, Conjectures and Refutations, London 1963, S. 231 ff.

Poppers technische Definitionen der Wahrheitsähnlichkeit haben sich jedoch in konkreten Beispielen als wenig praktikabel herausgestellt, um eine Rangfolge von mehr oder weniger wahrheitsähnlichen Theorien zu erstellen.[5] Gleichwohl hat Poppers Betonung von objektiver Wahrheit als Ziel der Wissenschaften gerade bei Naturwissenschaftlern viel Anklang gefunden, die mehr instinktiv als wissenschaftstheoretisch präzisiert der Auffassung sind, daß naturwissenschaftliche Theorien von weltanschaulichen Meinungen zu unterscheiden seien.

In der Popperschule schlug *I. Lakatos,* der im Beitrag von Frau Ströker nicht eigens behandelt wird, pragmatische Kriterien für Dauer und Wandel im Erkenntnisfortschritt vor.

Ein großes Verdienst von Lakatos besteht zunächst darin, daß er auch für die Formalwissenschaften wie Mathematik und Logik den heuristischen Entwicklungsprozeß herausstellte, bei dem Normen und Interessen, Moden und methodologische Kriterien ebenso eine Rolle spielen wie in den Naturwissenschaften. Mathematische Erkenntnisse offenbaren sich keineswegs ahistorisch in einem platonischen Ideenhimmel. Dieser *‚quasi-empirische' Entwicklungsprozeß der Formalwissenschaften* hat angesichts der Computerexperimente der heutigen Informatik, die bestimmte mathematische Entdeckungen und Beweise erst möglich machen, neue Aktualität.[6]

In einem zweiten Schritt hat Lakatos eine Methodologie des rationalen Erkenntnisfortschritts für die Naturwissenschaften vorgeschlagen. Er faßt progressive Theorieentwicklung in *Forschungsprogrammen* zusammen, die methodologisch durch Forschungsnormen („positive und negative Heuristik") charakterisiert sind. Die größere heuristische Kraft beim Lösen neuer und alter Probleme sollte den Ausschlag geben, wenn alte mit neuen For-

---

5 D. Miller, Popper's Quantitative Theory of Verisimilitude, in: Brit. Journ. Philos. Sci. 25 1974, S. 166–177; P. Tichy, Verisimilitude Revisited, in: Synthese 38 1978, S. 175–212.

6 I. Lakatos, Proofs and Refutation, in: Brit. Journ. Philos. Sci. 14 1963–64, S. 1–25, 120–139, 221–245, 296–342; vgl. auch K. Mainzer, Rationale Heuristik und Problem Solving, in: C. Burrichter/R. Inhetveen/R. Kötter (Hrsg.), Technische Rationalität und rationale Heuristik, Paderborn/München/Wien/Zürich 1986, S. 83–97.

schungsprogrammen konkurrieren. Den großen Vorteil von Lakatos' Wissenschaftstheorie sehe ich darin, daß sein Begriff des Forschungsprogramms nicht nur auf die heroischen Ereignisse der Wissenschaftsgeschichte (Aristoteles, Newton, Einstein usw.) anwendbar ist, sondern auch auf den Forschungsalltag, wenn z. B. DFG-Gutachter das Forschungsprogramm eines Sonderforschungsbereichs zu begutachten haben.

Die größte Herausforderung sieht Frau Ströker in der Methodologiekritik von *T. S. Kuhn.* Kuhns strukturgeschichtliches Modell des Theorienwandels lenkt den Blick auf die faktische Wissenschaftsentwicklung und unterstreicht damit die Bedeutung von Wissenschaftsgeschichte. Forschung ist kein zielgerichteter Prozeß, sondern evolutionär in der Phase der *Normalwissenschaft,* revolutionär in großen *Paradigmenwechseln* der Wissenschaftsgeschichte.

Häufig wird Kuhns Entwicklungsmodell wie folgt interpretiert: Es gibt keine übergeordnete Rationalität der Wissenschaft, die wie Hegels objektiver Geist über allen wissenschaftlichen Wassern schwebt. Rationalität ist immer nur lokal bezogen auf das jeweils herrschende Paradigma. Dazwischen liegen dunkle Löcher und Gräben („*Inkommensurabilität*"). Einige Wissenschaftler springen rüber und rufen den übrigen zu, daß es im neuen Paradigmenland mehr Probleme und bessere Lösungsmöglichkeiten gibt. Bei hinreichender Propaganda springt die „*scientific community*" hinterher. Sie ist der eigentliche Träger der Wissenschaftsentwicklung. Ich meine, hier liegt ein Zerrbild des Kuhnschen Entwicklungsschemas vor. Es ist sicher ein wichtiger Verdienst des Kuhnschen Ansatzes, das „*Subjekt der Wissenschaftsgeschichte*", wie Frau Ströker sich ausdrückt, d. h. den Wissenschaftler und die Wissenschaftlergruppen herausgestellt zu haben. Damit versinkt aber die Wissenschaftsentwicklung nicht in Subjektivismus. Vielmehr wird die Bedeutung von neuen Disziplinen wie Wissenschaftssoziologie und Wissenschaftspsychologie für die historische und philosophische Arbeit deutlich.

Der Kuhnsche Ansatz will andererseits die Wissenschaftsentwicklung nicht auf soziologische oder psychologische Kategorien reduzieren. Das zeigen die fruchtbaren Anregungen, die Kuhns Paradigmenbegriff für die *mathematische Strukturanalyse* naturwissenschaftlicher Theorien geliefert hat. Verschiedene Aspekte der

Wissenschaftsentwicklung schließen sich nämlich keineswegs aus, sondern ergänzen sich.

So war der *Übergang von Newtons zu Einsteins Raum-Zeit* in statu nascendi zwar psychologisch und historisch revolutionär. Häufig wird daher die Annahme von Gleichzeitigkeitsschichten in der Newtonschen Raum-Zeit und ihre Verneinung in der Minkowski-Geometrie als unüberbrückbarer Gegensatz geschildert, der den Eindruck eines sprunghaften Theorienfortschritts erweckt. Eine mathematische Strukturanalyse zeigt aber, daß diese Darstellung unzutreffend ist.[7] Die Einsteinsche Theorie läßt sich nämlich auf eine Raum-Zeit-Theorie mit Inertialsystemen einschränken, die sich langsam verglichen mit der Lichtgeschwindigkeit zum Newtonschen Inertialsystem des Planetensystems bewegen. Dabei sind diese Teilmengen von Inertialsystemen nicht „zu weit" auf das Weltall ausgedehnt. Die so eingeschränkte Einsteinsche Raum-Zeit-Theorie kann in die Newtonsche Theorie eingebettet werden. Dabei gibt es wenigstens approximativ ein System von Gleichzeitigkeitsebenen, in denen sich die Sonne nicht oder nur sehr langsam bewegt.

Heute liegen sogar umfassende mathematische Strukturrahmen vor, in denen historisch inkommensurable Theorien wie z. B. klassische Mechanik, Quantenmechanik, relativistische Quantenfeldtheorien und Thermodynamik z. B. durch bestimmte Grenzwertbetrachtungen eingebettet werden können. *Klassische Systeme* mit kommutativen Observablen (z. B. der klassischen Mechanik) und *Quantensysteme* mit nicht-vertauschbaren Observablen können gemeinsam (im Unterschied zur Neumannschen Quantenmechanik) in einer *verallgemeinerten Observablenalgebra*[8] behandelt werden und schließen sich keineswegs aus. Daß die klassische Mechanik historisch zuerst behandelt wurde und methodisch die Rolle einer

---

[7] Vgl. auch G. Ludwig, Die Grundstrukturen einer physikalischen Theorie, Berlin/Heidelberg/New York 1978; E. Scheibe, Struktur und Theorie in der Physik, in: J. Audretsch/K. Mainzer (Hrsg.), Philosophie und Physik der Raum-Zeit, Mannheim/Wien/Zürich 1988.

[8] G. G. Emch, Mathematical and Conceptual Foundations of 20th-Century Physics, Amsterdam/New York/Oxford 1984, Chap. 9; K. Mainzer, What is the Price of Realism in the Quantum World, in: Manuscrito Revista Internacional de Filosofia (Brasilien) X 1 1987, S. 31–52.

„Vortheorie" für die Quantenmechanik (als Theorie nämlich der klassischen Meßinstrumente zur Untersuchung von Quantensystemen) einnimmt, sind weitere Aspekte zum Verhältnis klassischer und nicht-klassischer Systeme. Somit ist die klassische Physik weder durch Relativitätstheorie noch durch Quantenmechanik überholt: Die klassische Mechanik nimmt für unsere Technologie weiterhin einen hervorragenden Platz ein, wenn es sich um Systeme mit langsamer Geschwindigkeit relativ zur Lichtgeschwindigkeit oder mit vertauschbaren klassischen Observablen handelt.

Neuerdings wird auch versucht, die *Thermodynamik* mit ihren komplexen Systemen großer Freiheitsgrade in eine *verallgemeinerte Quantenmechanik* einzubetten.[9] Auch hier löst eine mathematische Strukturanalyse einen alten, scheinbar unüberbrückbaren Gegensatz auf, nämlich den zwischen irreversiblen Prozessen in der Thermodynamik und zeitlich reversiblen Systemen in der klassischen Mechanik und Quantenmechanik. Dazu werden makroskopische Systeme als unendliche Quantensysteme beschrieben, die im Unterschied zu endlichen Quantensystemen einen ‚Zeitpfeil' aufweisen können.

Endliche und *unendliche, klassische* und *nicht-klassische* Systeme lassen sich also in gemeinsamen Theorierahmen behandeln, in denen sich naturwissenschaftliche Theorieübergänge als ebenso kumulativ erweisen wie in der Mathematik.

Dennoch dürfen solche Erfolge nicht zu der irrtümlichen Auffassung führen, als ob eine hinreichend genaue Strukturanalyse alle historischen Inkommensurabilitäten und Gegensätze auflösen oder als Irrtümer nachweisen könne. Frau Ströker weist in ihren wissenschaftshistorischen Fallstudien mit Recht daraufhin, daß sich die Maßstäbe gegenwärtig akzeptierter *Rationalität* nicht auf die *Wissenschaftsgeschichte* (z. B. Chemiegeschichte) anwenden lassen, ohne sie zu verfremden. Die Alchemie ist mit ihren naturphilosophischen und experimentellen Traditionen nicht einfach eine überholte Irrtumsgeschichte. Wesentliche *Fragen der Chemie,* die uns bis heute beschäftigen, werden bereits von den hellenistischen oder arabischen Alchemisten gestellt: Was ist Stoff? Was sind Qualitäten? Unsere heutige molekulare Strukturbrille, mit

---

[9] G. G. Emch, S. Anm. 8, Chap. 10; K. Mainzer, Symmetries in Nature, in: Zeitschrift für allgemeine Wissenschaftstheorie 1988 (im Erscheinen).

der wir die Welt wie aus Lego-Bausteinen fein säuberlich zusammengesetzt beschreiben, läßt viele Fragen offen (z. B. Was ist reines Wasser? Was ist Temperatur?). Wir dürfen die Wirklichkeit nicht mit unseren ausgedachten Strukturmodellen verwechseln. Im Zeitalter der Computertechnik können wir sogar komplexe Molekularstrukturen auf dem Bildschirm simulieren und sich nach allen Seiten drehen und dynamisch entwickeln lassen („Molecular Modelling"). Aber diese Chemie auf Knopfdruck ist ebensowenig die Wirklichkeit wie die präparierten Fernsehbilder, die uns von fernen Ländern in die Wohnstube flimmern.

Den *Verlust an Wirklichkeit* in unserer technisierten Welt können wir nur im konkreten Erfahrungsaustausch mit Mensch und Stoff kompensieren. Im Fall der Chemie müssen wir ins Labor, Atmosphäre schnuppern, den Kollegen auf die Finger schauen. Das ist wissenschaftstheoretische Kontextanalyse vor Ort. Ein Kollege der organischen Chemie sagte mir bei einer solchen Gelegenheit: Nicht soviel theoretisieren und diskutieren! Fühlen, ahnen und versuchen! Man hat es mehr in den Fingern oder sonst wo, als in der Theorie in unserem Kopf, ebenso wie der erfahrene Arzt bei seiner Diagnose.

Wo lernt man das? Aus Büchern nur zu einem geringen Teil, sondern wie der Lehrling, der dem Meister auf die Finger schaut. War das nicht schon die Meinung der antiken Alchemisten und Handwerksmeister der Renaissance, denen Galilei mit soviel Achtung begegnete? Über *Alchemisten* lachen eben nur Laien und einige Wissenschaftstheoretiker.

Wir dürfen an dieser Stelle auch nicht übertreiben und aus dem Labor eine neue Weltanschauung machen. Dies geschieht nämlich im wissenschaftstheoretischen *Instrumentalismus,* der unter dem Eindruck moderner Technologie Wissenschaft auf Zweck-Mittel-Analysen technischer Handlungen einschränken will. Die Frage nach Wirklichkeit und Wahrheit (*Realismus*) wird als überholte und überflüssige Weltbildkonstruktion abgetan. Aber selbst der Chemiker, der durch verlockende Industriepatente motiviert und an möglicher Industrieanwendung interessiert ist, arbeitet in seinem Labor an der Aufklärung von Wirklichkeit, bei der seine technischen Handlungen (z. B. Messung, Rechnung, Präparationen) nur Mittel zum Zweck sind. Die *schwache Version* des Instrumentalismus, die Realitätserkenntnis, Labor und technische Handlungen berücksichtigt, halte ich für adäquat und mit schwachen Versionen des Realismus verträglich.

Einseitig ist der *starke Instrumentalismus*, für den Naturwissenschaft eine andere Form von Ideologie ist und Wissenschaftsphilosophie auf *Ideologiekritik* reduziert wird, um umfassende Normierungsansprüche zu erheben.

Davon zu unterscheiden sind die aktuellen Diskussionen um *Technologiefolgeabschätzung* im Rahmen der Wissenschaftsethik, die unter dem Eindruck moderner Technologieentwicklungen (z. B. Bio-, Roboter- und Informationstechnologien) detaillierte Analysen und Vorschläge vorlegen, die für die Politikberatung verwertbar sind. Allerdings treten auch hier wieder Einseitigkeiten auf, wenn bestimmte Werte (z. B. Umwelt oder Wirtschaftlichkeit) verabsolutiert werden. Menschliche Lebenswelt und Natur bilden heute eine kompliziert vernetzte Ganzheit ökologischer, ökonomischer, sozialer und politischer Abhängigkeiten, in der einseitige Handlungen und Wertorientierungen irreversible Schäden auslösen können. Dem wissenschaftstheoretischen Holismus entspricht also ein *lebensweltlicher Holismus*.

Die verschiedenen wissenschaftstheoretischen Richtungen und Positionen, die hier dargestellt wurden, vom Positivismus bis zur Wissenschaftsethik, sind jedoch keineswegs als lineare Entwicklungsgeschichte zu verstehen, in denen sich diese Positionen ablösen. Sie werden heute noch größtenteils verfolgt und nebeneinander vertreten – ein buntes Kaleidoskop konkurrierender und sich gegenseitig ergänzender Positionen. Der Traum der *wissenschaftstheoretischen Moderne* von einer logisch-methodologischen Einheitswissenschaft, wie sie bis in die 50er Jahre in der Tradition von Carnaps „logischem Aufbau der Welt" oder Neuraths „Einheitswissenschaft" verfolgt wurde, scheint ausgeträumt.

Die Kritik an den Einheitsvorstellungen der Moderne läuft in der *Architektur* seit einigen Jahren unter dem Stichwort der *Postmoderne* und hat sich zu einer allgemeinen Kulturkritik ausgeweitet, die mit Stichworten wie „postindustrielle Gesellschaft", „Post-Strukturalismus", „postmoderne Wissenschaftstheorie" usw. geführt wird.[10] Gemeinsam ist dieser teilweise schillernden

---

[10] J.-F. Lyotard, Das postmoderne Wissen, Bremen 1984; C. Jencks, Die Sprache der postmodernen Architektur, Stuttgart 1978; K. Frampton, Die Architektur der Moderne, Stuttgart 1983.

Diskussion, daß der „Verlust der Mitte“ nicht als Kulturzerfall beklagt, sondern als Errungenschaft mit neuen Chancen herausgestellt wird. Die „postmoderne“ Kulturkritik bezweifelt also die Möglichkeit von „Einheit“ und „Zentrum“ grundsätzlich und kritisiert sie als eine Überforderung der menschlichen Vernunft, die zudem mit Zentralismus, Rationalisierung und Bürokratisierung gefährlichen Pfaden folgt und in Totalitarismus umschlagen kann. Die Positivismus- und Rationalismuskritik von P. K. Feyerabend ist auf dem Hintergrund einer solchen „Dialektik der Aufklärung“ zu verstehen.[11]

In der Architektur wird der *einheitliche Funktionalismus,* wie ihn etwa das „Bauhaus“ als klassisches Beispiel der Moderne vertreten hat, aufgebrochen. Ornament und Verzierung sind wieder erlaubt, und wir finden in ein- und demselben postmodernen Gebäude verschiedene historische Stile in teilweiser ironischer Verfremdung zitiert — vom kleinen mittelalterlich wirkenden Erker und dem barocken Stuck über dem Fenster bis zur ionischen Säule an der Eingangstür. Für manche Zeitgenossen wird hier die Konzeptlosigkeit einer epigonalen Epoche sichtbar, die durch Eklektizismus und Historismus bestimmt ist. Andere heben gerade auf die ironisierende Brechung der Historie ab, die verspielt in den Baukasten vergangener Stilepochen greifen läßt.

Wo *postmoderne Architektur* gekonnt auftritt, zeichnet sie sich durch eine Auflockerung des strengen Purismus, Offenheit und „Pointillismus“ der Stile aus, die scheinbar zufällig zueinander kommen, sich aber dann doch spätestens beim zweiten Blick als gekonntes und originelles Stilensemble erweisen. Die Betonung des „Punktuellen“, „Zufälligen“ und „Individuellen“ gegenüber „Einheit“ und „Allgemeinheit“ spiegelt eine „postmoderne“ Lebenseinstellung, die aufgrund einschlägiger Erfahrungen eher skeptisch und bestenfalls ironisch auf den Anspruch einer alleinseligmachenden Vernunft und den Glauben an universelle Machbarkeit und Problemlösung im Zuge des neuzeitlichen Rationalismus reagiert.[12]

---

[11] P. K. Feyerabend, Erkenntnis für freie Menschen, Frankfurt 1979.

[12] Vgl. auch O. Marquard, Abschied vom Prinzipiellen. Philosophische Studien, Stuttgart 1981.

Damit wird keinem *wissenschaftstheoretischen Relativismus* das Wort geredet. Die Geschichte menschlicher Erfahrung hat uns vielmehr bis heute eine *komplexe Wirklichkeit* gezeigt, so daß wir einzelne *Kontexte* und Perspektiven auswählen müssen, um in ihnen erst erkennen, forschen und unsere Handlungen orientieren zu können. Über Dauer und Wandel dieser Perspektiven schrieb Frau Ströker in ihrem Buch „Wissenschaftsgeschichte als Herausforderung" (1976):

> Nicht macht die historische Vergänglichkeit und Überholbarkeit wissenschaftliches Bemühen um Objektivität und Suchen nach Wahrheit sinnlos, sondern aus der Geschichtlichkeit der Wissenschaft bestimmt sich allererst der Sinn von Objektivität und Wahrheit, die die Wissenschaft als Ziel ihres Erkennens ausgibt.[13]

Abschließend möchte ich Dauer und Wandel im Selbstverständnis der Wissenschaftsphilosophie gegenüber notwendig einseitigen wissenschaftstheoretischen und nur methodologischen Ansätzen in folgenden Themen zusammenfassen:

1) *Wissenschaftsphilosophie ist mehr als Logik und Methodologie*
Hinzu muß, wie eben gezeigt wurde, die *historische Dialektik komplementärer Kontexte und Perspektiven* treten. Für die heutigen Einzelwissenschaften ergeben sich daraus folgende Konsequenzen:

2) *Mathematik ist mehr als Strukturmathematik*
Die mathematische *Moderne* (Hilbert, Bourbaki u. a.) versuchte, alle mathematischen Theorien auf eine logisch-mengentheoretisch fundierte Strukturtheorie zu reduzieren. Historische Ansätze mathematischen Denkens wie z. B. Euklids Figurengeometrie fielen aus diesem Raster hinaus (Bourbaki: „Euclid must go!") oder wurden strukturalistisch verfremdet. Ernst Specker hat kürzlich in seiner brillanten Abschiedsvorlesung an der ETH-Zürich von der *„Postmodernen Mathematik: Abschied vom Paradies?"* gesprochen.[14] Er bezieht sich dabei auf David Hilbert als typischen

[13] E. Ströker, Wissenschaftsgeschichte als Herausforderung. Marginalien zur jüngsten wissenschaftstheoretischen Kontroverse, Frankfurt 1976, S. 60.

[14] E. Specker, Postmoderne Mathematik: Abschied vom Paradies?, in: ETH-Zürich Nr. 206, April 1987, S. 16–17.

Vertreter der mathematischen Moderne, der einmal die Mengenlehre Cantors als ein „Paradies" bezeichnet hat, aus dem „niemand uns vertreiben" dürfe. In der *„postmodernen"* Mathematik werden nicht nur die historischen Ansätze in ihrer Eigentümlichkeit gewürdigt. Neue Ansätze, wie die algorithmische und experimentelle Computermathematik mit ihrer dynamischen Orientierung, lassen sich nicht mehr ohne weiteres in statischen Strukturen verstehen. Abstrakte Beweise werden dann als ungenügend empfunden. Gefragt sind *effektive finite Verfahren.* Aber auch das Interesse am Irrtum und *quasi-empirischem Experimentieren* mit *computer-unterstützten Verfahren* lockern einen puristischen Strukturalismus auf. Viele Mathematiker haben sich daher zwar nicht aus Cantors Paradies vertreiben lassen. Aber sie sind ganz einfach aus dem strukturalistischen Einheitsbau ausgezogen, bauen, suchen und experimentieren an verschiedenen Stellen in bunter Vielfalt weiter. Übrigens, damit kein Mißverständnis entsteht: Der funktionalistische Einheitsbau soll nicht eingerissen werden. Das unterscheidet die postmoderne Mathematik von früheren grundlagentheoretischen Bilderstürmern. Er bleibt als „Dokument der Moderne", wird weiterhin gute Dienste tun und ausgebaut werden. Daneben wird es aber auch anderes geben, und „Verbindungswege" sind nicht ausgeschlossen.

3) *Physik ist mehr als Elementarteilchenphysik*
Die physikalische *Moderne* (Heisenberg, Planck etc.) versuchte, alle physikalischen Kräfte und Teilchen auf eine einheitliche Struktur zurückzuführen. Historische Ansätze der Physik wie z. B. Aristoteles, aber auch in der neuzeitlichen Physik, fallen aus diesem Trend heraus oder werden umgedeutet. In der Physik wurde ein Reduktionismus oder Fundamentalismus immer nur von einzelnen oder einigen Gruppen vertreten. Vorherrschende Paradigmen wurden durch neue Experimente, Ideen und Interessen in Frage gestellt. Kennzeichnend für „postmoderne" Vielfalt in der Physik wäre zum Beispiel, daß man sich nicht nur für die atomistischen Fundamentalbausteine interessiert, sondern z. B. für die Oberflächen von Stoffen („Was passiert wirklich am Rand eines Eiswürfels, der im Wasser schwimmt?"), für turbulente Luft- und Wasserströmungen („Was passiert wirklich mit unserem Wetter?") usw. Neben die *„Sicht von unten"* (d. h. von den Elementar-

bausteinen her) tritt die komplementäre „*Sicht von oben*" der Phänomenologie der Oberflächen und makroskopischen Körper, die durch eine neue nicht-atomare Sicht der Dinge wie in der Theorie komplexer dynamischer Systeme, Katastrophentheorie usw. beschrieben werden. Der Heisenberg-Schüler Hans-Peter Dürr hat kürzlich die Frage aufgeworfen „*Neuere Entwicklungen in der Hochenergiephysik – das Ende des Reduktionismus?*"[15] Bei René Thom, einem der Begründer der mathematischen Katastrophentheorie, lesen wir:

> Und schließlich ist die Auswahl derjenigen Phänomene, die man als wissenschaftlich interessant betrachtet, ohne Zweifel weithin willkürlich. Die gegenwärtige Physik konstruiert riesige Apparate, um Zustände zu veranschaulichen, deren Lebensdauer nicht mehr als 10^{-23} Sekunden beträgt. Man hat zweifellos nicht Unrecht, wenn man unter Einsatz aller technisch verfügbaren Mittel eine Bestandsaufnahme sämtlicher experimentell zugänglicher Zustände vornehmen möchte. Dennoch kann man legitimerweise eine Frage stellen: Eine Menge von vertrauten Erscheinungen (so vertraut, daß sie gar nicht mehr beachtet werden) haben gleichwohl eine schwierige Theorie: Die Eidechsen auf einer alten Mauer, die Form einer Wolke, das Trudeln eines abgestorbenen Blattes, die Schaumkrone auf dem Glas Bier ... Wer weiß, ob eine etwas gründlichere mathematische Reflexion über derartige kleine Erscheinungen sich letztlich nicht als profitabler für die Wissenschaft erweisen würde?[16]

4) *Chemie ist mehr als Molekularchemie*

Die chemische *Moderne* versucht, alle chemischen Phänomene auf molekulare Strukturen zu reduzieren, die quantenmechanisch durch passend abgeänderte Schrödingergleichungen berechenbar sind. Historische Ansätze der Chemie wie z. B. Alchemie, aber auch in der neuzeitlichen Chemie der Qualitäten und Stoffe (Priestley, Lavoisier usw.) fallen aus diesem Raster heraus oder werden umgedeutet. Eine genaue Methodenanalyse zeigt aber, daß molekulare Strukturmodelle durch schrittweise Abstraktionen (Summenformel, Kerngerüst, Orbitalmodelle), also in be-

---

[15] H.-P. Dürr, Neuere Entwicklungen in der Hochenergiephysik – Das Ende des Reduktionismus?, in: A. Dress/H. Hendrichs/G. Küppers (Hrsg.), Selbstorganisation. Die Entstehung von Ordnung in Natur und Gesellschaft, München/Zürich 1986, S. 15–34.

[16] R. Thom, Stabilité structurelle et morphogenèse, Paris 1972, S. 26; vgl. auch ders., Paraboles et Catastrophes, Paris 1984.

stimmten Forschungskontexten erst entstehen. Der grandiose Erfolg der molekularen Sicht bis in die Biotechnologien und Medizin ist sicher unbestreitbar. Dennoch müssen die chemischen Probleme im Auge behalten werden, die durch diese Sicht der Dinge ausgeklammert werden. So würdigte Hans Primas in vielen Beiträgen nicht nur *historische Ansätze der Chemie* in ihrer Eigentümlichkeit, sondern zeigte auch Folgewirkungen der alten Fragen für die Gegenwart auf.[17] Er *relativiert* damit die *molekulare Sicht* der Dinge und öffnet die Augen wieder für eine komplexe *„Sicht von oben"* z. B. auf die makroskopischen Oberflächenstrukturen der Stoffe.

5) *Biologie ist mehr als Molekularbiologie*
Die biologische *Moderne* versucht, alle Lebensphänomene auf makromolekulare Strukturen zu reduzieren, die biochemisch und biophysikalisch erklärbar sind. Historische Ansätze der Biologie wie z. B. organische Modelle nach Aristoteles werden als anachronistisch ausgeblendet. Die *Kritik* und Diskussion um den *biologischen Rekuktionismus* ist voll entbrannt.[18] Die Biologie interessiert sich mittlerweile nicht nur für die molekularen Bausteine der Organismen und Populationen, sondern untersucht z. B. ökologische Zusammenhänge von Populationen in ihren natürlichen Umgebungen. Neben die molekulare *„Sicht von unten"* tritt die komplementäre *„Sicht von oben"* auf komplexe ökologische Ganzheiten, die gleichwohl durch neue Paradigmen (z. B. Theorie komplexer nicht-linearer Systeme) mathematisch beschreibbar sind.

Zusammenfassend läßt sich festhalten: Die *komplementäre Sicht* der Dinge ist eine Folge der *komplexen historischen Erfahrung* und der *komplexen Lebenswelt.* Die Pluralität der „points de vue" und „Kontexte", unter denen Natur erkannt wird, könnte im Sinne der erwähnten Autoren als „postmodern" bezeichnet werden.

---

[17] H. Primas, Kann Chemie auf Physik reduziert werden?, in: Chemie in unserer Zeit 19 1985, S. 109–119, 160–166.

[18] Vgl. auch H. Primas/W. Gans, Quantenmechanik, Biologie und Theoriereduktion, in: B. Kanitscheider (Hrsg.), Materie – Leben – Geist. Zum Problem der Reduktion der Wissenschaften, Berlin 1979, S. 15 ff.; B.-O. Küppers (Hrsg.), Leben = Physik + Chemie? Das Lebendige aus der Sicht bedeutender Physiker, München 1987.

Damit ist aber nicht das bloß unverbindliche Spiel mit Standpunkten gemeint, ebensowenig wie die Modebörse eines konzeptlosen Kunst- und Literaturbetriebes. Gemeint ist die alte Einsicht, daß erst viele Teilperspektiven das Ganze zeigen. Erst so erfassen wir den *Wandel,* aber auch die *Dauer* im historischen Selbstverständnis der Wissenschaftsphilosophie. Bei *Leibniz,* dem philosophischen Altmeister, der die *Einheit* immer nur in philosophischer *Vielheit* erkennen konnte, heißt es dazu prägnant (Brief an Remond vom 26. 8. 1714):

> Die Wahrheit ist weiter verbreitet als man meint; aber sie ist sehr oft geschminkt, häufig auch verhüllt, je entkräftet, verkümmert, verdorben durch Beiwerk, das sie schädigt oder ihren Nutzen mindert. Würde man die Spuren der Wahrheit bei den Alten oder — allgemeiner gesagt — bei den Früheren wieder kenntlich machen, so holte man Gold aus dem Schlamm, den Diamanten aus seiner Grube und das Licht aus der Finsternis: Das wäre dann in der Tat perennis quaedam philosophia.[19]

[19] Zitiert nach G. W. Leibniz, Vernunftsprinzipien der Natur und der Gnade. Einführung (H. Herring), Hamburg 1956, XII.

Wolfgang Balzer

Der Nutzen wissenschaftstheoretischer Analyse: dargestellt an der Frage der Gültigkeit und aus strukturalistischer Sicht

Ich möchte mich hier nicht zum *Sinn* der Wissenschaftstheorie äußern, das können andere Autoren in diesem Band besser. Ich möchte mich vielmehr auf den Nutzen beschränken und auch hier noch die Einschränkung vorausschicken, daß Untersuchungen darüber, welchen Nutzen bestimmte Aktivitäten haben, eigentlich in das Gebiet der Psychologie und Ökonomie fallen, und ich somit hier als Wissenschaftstheoretiker nur einige wenige dilettantische Bemerkungen machen kann. Die Abgrenzung von „Sinn" und „Nutzen" ist schwierig. Man muß unterscheiden zwischen dem Nutzen einer Handlung oder einer Sache *für ein Individuum* und *für eine Gruppe* (etwa „die Gesellschaft"), es geht hier nur um die zweite Bedeutung. Nützlichkeit liegt vor, wenn ein positiver Einfluß auf die materielle Ausstattung besteht, auf alles, was das Leben leichter und sicherer macht und wenn dieser Einfluß nicht durch parallelwirkende negative Einflüsse überwogen wird. Eine Handlung oder Sache kann dagegen auch dann sinnvoll sein, wenn sie ausschließlich die Sphäre des Geistigen (etwa des Religiösen oder des Ideologischen) betrifft. Der Sinn ist oft entscheidend von der Einstellung des ihn Beurteilenden abhängig und für verschiedene Betrachter kann „dieselbe" Sache oder Handlung auf ganz verschiedene Weisen sinnvoll sein. Ähnliches läßt sich auch für den Nutzen sagen (Stichwort: Sicherheit und Atomrüstung), aber es besteht doch ein Unterschied in der Häufigkeit der Fälle, bei denen gegensätzliche Meinungen über Nutzen und Schaden auftreten gegenüber denen, wo es um Sinn und Unsinn geht.

Wenn ein theoretischer Physiker über den Nutzen seiner Arbeit Auskunft geben soll, so kann er auf technische Anwendungen physikalischen Wissens verweisen, die allgemein als nützlich angesehen werden. Schwieriger ist dies schon etwa für den Nationalökonomen, dessen Theorie zur Herstellung von Artefakten ungeeignet ist, weil sie keine genauen Vorhersagen liefert. Er kann aber immerhin auf einige Fehlentwicklungen in der Vergangenheit hinweisen (wie z. B. die Weltwirtschaftskrise in den 20er Jahren), die man inzwischen theoretisch so weit versteht, daß man sie unter ähnlichen Bedingungen wird vermeiden können. Wiederum schwieriger ist es für den Soziologen, seine Nützlichkeit darzutun. Er wird etwa darauf hinweisen, daß die spieltheoretische Analyse des Gefangenendilemmas die Rüstungsentscheidungen beeinflussen wird, *sofern* die Politiker diese Analyse zur Kenntnis nehmen. Diese Skala von Beispielen soll helfen, die Wissenschaftstheorie richtig einzuordnen, d. h. in etwa *nach* der Soziologie, allgemein: *nach* den Sozial- und *vor* den Geisteswissenschaften. Der Wissenschaftstheoretiker kann weder auf technische Anwendungen noch auf definitive Fehlentwicklungen in der Vergangenheit hinweisen, die sich mit seiner Theorie hätten vermeiden lassen, und er kann keine Fälle angeben, in denen seine Theorie den Gang der Dinge ändern würde, falls nur die Beteiligten seine Theorie zur Kenntnis nähmen.

Worin besteht aber dann der Nutzen der Wissenschaftstheorie? Oder hat sie gar keinen? Ich werde versuchen, im folgenden einige Hinweise darauf zusammenzustellen, *daß* die Wissenschaftstheorie nützlich ist. Dabei beginne ich mit allgemeinen Überlegungen und werde nach und nach spezieller.

Der Ingenieur, der an der Planung eines neuen Chips mitarbeitet, trägt unmittelbar zum Nutzen bei, den der Chip in seiner Anwendung bringt; für den Physiker, der Halbleiter untersuchte, gilt dies nur noch mittelbar in dem Sinn, daß seine Arbeit sich nach weiteren Zwischenschritten (wie etwa dem Ingenieur) in einem nützlichen Produkt niederschlägt. Je theoretischer die Arbeit, desto weniger unmittelbar ist der Zusammenhang mit nützlichen Produkten oder Aktivitäten. Und wenn schon innerhalb naturwissenschaftlicher Disziplinen der Nutzennachweis schwierig sein kann, dann gilt dies erst recht für „weichere" Fächer und speziell auch für die Wissenschaftstheorie.

Hier ist ein Seitenblick auf die Ökonomie lehrreich, wo man bei Wertermittlung eines komplexen Gutes zwar die Summe seiner separat gefertigten Teile berücksichtigt, nicht jedoch den Wert wissenschaftlicher Erkenntnisse, die in der Produktion Anwendung finden (jedenfalls, solange keine Patente involviert sind) und auch nicht den Wert der Infrastruktur, z. B. der Schulbildung der Arbeiter, deren Fähigkeit, persönliche Konflikte ohne Beeinflussung der Produktion zu regeln etc. Bei globalerer theoretischer Betrachtung und auch bei Anwendung in Entwicklungsländern erweist sich die beschränkte ökonomische Wertbestimmung als inadäquat. Trotzdem bezieht man in der Ökonomie die erwähnten, zugegebenermaßen wichtigen Komponenten nicht in die Analyse mit ein, weil diese damit praktisch undurchführbar würde. Genauso verhält es sich mit der Nutzenanalyse bei wissenschaftlicher Aktivität. Man weiß zwar, daß auch theoretische Arbeit zu nützlichen Gütern und Aktivitäten beiträgt, aber man ist oft nicht in der Lage, einen solchen Beitrag genau anzugeben, einfach aus Komplexitätsgründen.

Eben dieser Fall liegt bei der Wissenschaftstheorie vor. Wissenschaftstheoretische Arbeit setzt sich nicht direkt in nützliche Produkte um. Sie beeinflußt in gewissem – ziemlich niedrigem – Grad andere Aktivitäten, die man allgemein als nützlich ansieht, wie etwa Didaktik und Grundlagenforschung.

Nach meinem Verständnis ist es das Hauptanliegen der Wissenschaftstheorie, den Überblick über die Gesamtunternehmung „Wissenschaft" zu behalten bzw. nicht zu verlieren. Die Wissenschaftstheorie versucht dies, indem sie systematisch die Gemeinsamkeiten, die in den verschiedenen Zweigen der Wissenschaft auftreten, in einem theoretischen Gesamtbild, eben in einer *Theorie,* zusammenfaßt.[1]

Nun ist Wissenschaft primär eine soziale Angelegenheit, es gibt soziologische, psychologische und sozialpsychologische Aspekte, die alle in den einschlägigen Disziplinen erfaßt werden. Eine Theorie, die all diese Aspekte berücksichtigt, ist zur Zeit nicht absehbar. Manche meinen, eine solche Theorie könne es gar nicht geben, eben weil das Phänomen „Wissenschaft" so komplex und

---

[1] Eine solche Wissenschafts*theorie,* eine Theorie über die Wissenschaft, scheint zur Zeit vor allem im deutschen Sprachraum günstige Bedingungen zu finden.

vielschichtig ist. Diese Meinung teile ich nicht, einmal, weil man mit derselben Begründung alle Sozial- und erst recht alle Geisteswissenschaften in die Ecke der nicht-theoriefähigen Disziplinen stellen würde, weil wir aber nichts dringender brauchen als ein theoretisches Verständnis sozialer Phänomene (weil wir uns sonst in naher Zukunft selbst auslöschen werden) und weil es z. B. in den Sozialwissenschaften bereits schöne Theorien gibt, zum anderen, weil es für die Wissenschaftstheorie schon jetzt eine stabile, „objektive" Datenbasis gibt, nämlich in der Form der gedruckten Bücher und ähnlicher dauerhafter Manifestationen wissenschaftlicher Aktivität. Mir scheint, daß diese Datenbasis allein schon reichhaltig und komplex genug ist, um eine theoretische Systematisierung zu rechtfertigen. Das Resultat ist eine Theorie über den dokumentierten Output wissenschaftlicher Aktivitäten, und diese Theorie nenne ich Wissenschaftstheorie. Diese Wissenschaftstheorie abstrahiert zugegebenermaßen von den sozialen und psychologischen Phänomenen in der Wissenschaft. Aber Abstraktion ist, wie man aus allen Wissenschaften weiß, immer gerechtfertigt, wenn sie zu „interessanten" Systematisierungen führt (was hier sicher der Fall ist). Natürlich kann man immer noch einwenden, daß durch die Wahl der Bezeichnung vorgetäuscht wird, man beschäftige sich mit dem Gesamtphänomen Wissenschaft in allen seinen Aspekten. Wem dieser Einwand wichtig scheint, der möge sich einen anderen Namen zurechtlegen.

Der Einfluß, den eine solche Wissenschaftstheorie auf andere, direkter nützliche Aktivitäten hat, ist wie gesagt nur graduell und von der allgemeinen Art, in der eine theoretische Vorstellung, ein hypothetisches Bild, unsere Handlungen leitet, obwohl man mit Hilfe des Bildes keine zutreffenden Voraussagen machen kann. Aber da man handeln *muß*, orientiert man sich an *irgendeiner*, und möglichst der besten, verfügbaren Vorstellung. Die Wissenschaftstheorie bietet solche theoretischen Bilder über die allgemeine Struktur und Methode empirischer Wissenschaften an, und indem solche Bilder andere nützliche Aktivitäten beeinflussen, ist auch die Wissenschaftstheorie nützlich. Die an einem theoretischen Bild orientierten Handlungen werden umso erfolgreicher sein, je „besser", genauer und adäquater das betreffende Bild ist.

Der Nutzen der Wissenschaftstheorie wird also umso größer sein, je besser und genauer das wissenschaftstheoretische Bild ist.[2]

Hier kommt nun der Einwand, daß es in der Wissenschaftstheorie ja mehrere verschiedene und *gegensätzliche* Bilder über Struktur und Methode der Wissenschaft gebe, und daß es deshalb nicht einzusehen wäre, wieso die Orientierung an *irgendeinem* von diesen nützlich sein könne, wo doch die Orientierung an einem anderen, gegensätzlichen vermutlich zu ganz anderen Handlungen führe. Hierzu ist folgendes zu sagen: Erstens sind die verschiedenen Ansätze und Schulen nicht *so* gegensätzlich, wie es die polemischen Auseinandersetzungen zwischen ihnen vermuten lassen. Sie haben vielmehr — so möchte ich behaupten, ohne dies hier genauer zu begründen — eine breite gemeinsame Basis. Um nur *ein* Beispiel zu nennen: Der in den letzten Jahren diskutierte Gegensatz von „statement view" und „non-statement view" betrifft weniger den Inhalt, als mehr die Hilfsmittel und Strategie wissenschaftstheoretischen Vorgehens.[3] Zweitens wird die Orientierung an *irgendeinem* wissenschaftstheoretischen Ansatz immer noch nützlichere Resultate hervorbringen, als ein theoretisch vollkommen ungeleitetes Verhalten. Drittens muß man die derzeitige Vielfalt als für die Wissenschaftstheorie selbst fruchtbar ansehen: Die Suche nach der „richtigen" Metatheorie ist in vollem Gang, und viele konkurrierende Ansätze sind — in Übereinstimmung mit Feyerabend — durchaus erwünscht.

Diese allgemeinen Vorbemerkungen lassen sich dahingehend zusammenfassen, daß Wissenschaftstheorie jeder Richtung nützlich ist, allerdings auf sehr vermittelte Art, und daß der Nutzen der Wissenschaftstheorie umso größer sein wird, je besser und genauer das theoretische Bild ist, das sie von Struktur und Methode der Wissenschaft macht.

Damit komme ich zum zweiten, mehr wissenschaftstheoretischen Teil, in dem ich die Vorzüge eines bestimmten Ansatzes, nämlich des strukturalistischen, anhand *eines* bestimmten Aspektes (aus einer Vielzahl möglicher anderer), nämlich anhand der Frage der Gültigkeit einer Theorie, aufzeigen möchte. Die Behauptung,

---

[2] Der hier eingehende Begriff von „besser und genauer" ist gerade Gegenstand der Wissenschaftstheorie.

[3] Man lese hierzu die einschlägigen Abschnitte von (Stegmüller, 1973) *genau*.

die sich hiermit konkreter verbindet, ist, daß das Bild, welches die strukturalistische Wissenschaftstheorie zeichnet, genauer und besser ist als das von anderen Ansätzen gelieferte. Aus dem vorher Gesagten folgt dann, daß der strukturalistische Ansatz auch einen Vorteil in Bezug auf Nützlichkeit hat. Die Einlösung dieser Behauptung muß allerdings dem Urteil des Lesers überlassen bleiben, weil ich mich hier auf eine (auch schon sehr gedrängte) Darstellung der Gültigkeitsfrage aus strukturalistischer Sicht beschränken muß und nicht auf alternative Ansätze eingehen kann.[4]

Zunächst seien einige Grundbegriffe des strukturalistischen Ansatzes kurz in Erinnerung gebracht.[5] Eine *empirische Theorie* T besteht demzufolge aus einem *formalen Kern* K und einer Menge I *intendierter Anwendungen,* welche aus realen Systemen „hervorgehen". Während der Kern K die Begriffe der Theorie und deren Grundannahmen umfaßt, repräsentiert die Menge I die Realität, die Welt, oder die für T relevanten Daten. Der Kern besteht aus drei Teilen: einer Klasse M_p von *potentiellen Modellen,* einer Klasse M von *Modellen* und der *Querverbindung* Q. Die potentiellen Modelle repräsentieren in etwa die Grundbegriffe, die Modelle und Querverbindungen die Axiome oder Hypothesen der Theorie. Genauer ist die Klasse M_p gegeben durch einen *Strukturtyp* $\tau = \langle k, m, \sigma_1, \ldots, \sigma_n\rangle$, welcher die Zahl k der *Objektsorten,* die Zahl m der Sorten *mathematischer Objekte* und die *Typen* (*Stellenzahlen* und *Stufen*) $\sigma_1, \ldots, \sigma_n$ der n verschiedenen Relations- und Funktionszeichen der Theorie beinhaltet.[6] Als potentielle Modelle

---

[4] Korrekterweise muß hier der Ansatz von (Ludwig, 1978), der auch von Scheibe vertreten wird, von meiner Behauptung ausgenommen werden. Die im folgenden entwickelte Ansicht ist vielmehr stark von Ludwigs Arbeiten beeinflußt.

[5] Eine zusammenfassende Darstellung auf neuestem Stand findet man in (Balzer, Moulines, Sneed, 1987).

[6] *Typen* sind hier induktiv definiert. 1) Jede Zahl $j \leq k+m$ ist ein Typ, 2) sind σ und σ' Typen, so auch $\mathbf{po}(\sigma)$ und $(\sigma * \sigma')$. Sind $u_1, \ldots, u_{k+m}$ Mengen und ist σ ein Typ, so wird die *Leitermenge* $\sigma(u_1, \ldots, u_{k+m})$ induktiv definiert: 1) ist $\sigma \equiv j$, so ist $\sigma(u_1, \ldots, u_{k+m}) = u_j$, 2) ist $\sigma \equiv \mathbf{po}(\sigma')$, so ist $\sigma(u_1, \ldots, u_{k+m}) = \mathrm{Pot}(\sigma'(u_1, \ldots, u_{k+m}))$, 3) ist $\sigma \equiv (\sigma_1 * \sigma_2)$, so ist $\sigma(u_1, \ldots, u_{k+m}) = \sigma_1(u_1, \ldots, u_{k+m}) \times \sigma_2(u_1, \ldots, u_{k+m})$. R heißt eine *Relation vom Typ* σ *über* $u_1, \ldots, u_{k+m}$, wenn gilt $R \in \sigma(u_1, \ldots, u_{k+m})$. Im Grenzfall $\sigma \equiv j$ werden hier *Individuen* aus Sparsamkeitsgründen auch als Relationen bezeichnet.

werden dann alle *Strukturen vom Typ* τ, d. h. alle mengentheoretischen Entitäten der Form

$$\langle D_1, \ldots, D_k; A_1, \ldots, A_m; R_1, \ldots, R_n \rangle$$

definiert, bei denen $D_1, \ldots, D_k$ Mengen, $A_1, \ldots, A_m$ Mengen mathematischer Objekte und $R_1, \ldots, R_n$ respektive Relationen der Typen $\sigma_1, \ldots, \sigma_n$ über den Mengen $D_1, \ldots, D_k, A_1, \ldots, A_m$ sind.[6] Für M und Q wird angenommen, daß $M \subseteq M_p$ und $Q \subseteq Pot(M_p)$, für weitere Annahmen sei auf (Balzer, Moulines, Sneed, 1987), Chap. II verwiesen.

Aus den potentiellen Modellen erhält man *Teilstrukturen*, indem man beliebige Teile so wegläßt, daß das Resultat immer noch eine Struktur ist. Ist $x = \langle D_1, \ldots, D_k; A_1, \ldots, A_m; R_1, \ldots, R_n \rangle$ eine Struktur vom Typ τ und hat y die Form $\langle D'_1, \ldots, D'_k; A'_1, \ldots, A'_m; R'_1, \ldots, R'_n \rangle$, so heißt y eine *Teilstruktur von* x (und x eine *Ergänzung von* y), in Zeichen: $y \sqsubseteq x$, wenn für alle $i \leq k$, $j \leq m$ und $r \leq n$ gilt: $D'_i \subseteq D_i$, $A'_j \subseteq A_j$ und $R'_r \subseteq R_r$ und wenn auch y eine Struktur vom Typ τ ist. Die Klasse aller Teilstrukturen potentieller Modelle wird mit M_{pp} bezeichnet, $M_{pp} = \{z / \exists x \in M_p (z \sqsubseteq x)\}$. Teilstrukturen können endlich sein, selbst wenn die ursprünglichen potentiellen Modelle, aus denen sie entstanden sind, unendlich waren. Teilstrukturen eignen sich gut zur Darstellung der an einem realen System erhobenen, abgelesenen oder gemessenen Daten, und es liegt nahe, die intendierten Anwendungen, die ja „die Welt", also reale Systeme in der Metatheorie repräsentieren sollen, als Teilstrukturen potentieller Modelle anzusetzen: $I \subseteq M_{pp}$. Die Annahme, daß intendierte Anwendungen Teilstrukturen potentieller Modelle sind, bedeutet erstens, daß man intendierte Anwendungen in der Begrifflichkeit der Theorie betrachtet, also nicht-einschlägige Begriffe, selbst wenn sie realisiert sein sollten, ignoriert, und zweitens, daß man an den für die Theorie relevanten realen Systemen gewisse Daten beobachtet und gemessen hat, die bei Beschreibung der entsprechenden Teilstruktur „zusammengefügt" werden. Dagegen impliziert die Annahme *nicht* schon die Geltung theoretischer Zusammenhänge; diese werden erst in den Modellen und durch die Querverbindungen ausgedrückt.

Diese Komponenten einer Theorie seien kurz am Beispiel der Wellenmechanik, wie sie von Schrödinger in seinen Mitteilungen[7]

---

[7] (Schrödinger, 1926). Die Darstellung erfolgt nach (Zoubek, 1987).

entworfen wurde, exemplifiziert.[8] Zum einen soll damit ein weiteres positives Beispiel für den strukturalistischen Theoriebegriff geliefert werden, zum anderen soll auf die relative Einfachheit der eingeführten Notation, die sich an diesem doch ziemlich komplexen Fall zeigt, hingewiesen werden.

Zur Definition der Modelle sind einige mathematische Erläuterungen nötig. Der *Hilbert-Raum* $L^2(\mathbb{R}^{3n}, \mathbb{C})$ hat als Elemente alle Funktionen $\varphi : \mathbb{R}^{3n} \rightarrow \mathbb{C}$ (modulo Gleichheit bis auf das Lebesgue-Maß λ^{3n}), für die φ^2 Lebesgue-integrabel ist. Diese Funktionen kann man argumentweise addieren und mit komplexen Faktoren multiplizieren, wodurch eine Vektorraumstruktur definiert wird. Mit $\varphi^*(a)$ bezeichnet man die zu $\varphi(a)$ konjugiert komplexe Zahl und mit φ^* die entsprechende Funktion. Durch $\langle\varphi, \psi\rangle := \int\varphi\psi^* d\lambda^{3n}$ wird in $L^2(\mathbb{R}^{3n}, \mathbb{C})$ ein Skalarprodukt (und damit auch ein Abstandsbegriff) definiert. Hinsichtlich der damit gegebenen Topologie ist der Raum vollständig, d. h. jede Cauchy-Folge von Funktionen konvergiert gegen einen Grenzwert in der Menge. Ein *linearer Operator* W in diesem Hilbert-Raum ist eine partielle, lineare Funktion. W heißt *symmetrisch,* wenn für alle $\langle\varphi,\psi\rangle \in$ Dom (W) gilt $\langle W\varphi, \psi\rangle = \langle\varphi, W\psi\rangle$. Für weitere Details sei auf (Achieser & Glasmann, 1968) verwiesen. Für $\varphi : \mathbb{R}^{3n} \times T \rightarrow \mathbb{C}$ und $t \in T$ sei φ_t die durch $\varphi_t(a) = \varphi(a,t)$ definierte Funktion. Analog ist für $W : L^2(\mathbb{R}^{3n}, \mathbb{C}) \rightarrow L^2(\mathbb{R}^{3n}, \mathbb{C})$, W_t oder $W(t)$ die Funktion, für die gilt $W_t(\varphi) = W(\varphi,t)$.

x ist ein *potentielles Modell der Schrödingerschen Wellen-Mechanik* ($x \in M_p$) gdw es n, P, T, k, p, m, K, ψ, W gibt, so daß $x = \langle P; T, \mathbb{R}, \mathbb{C}, \mathbb{N}_n; k, p, m, K, \psi, W\rangle$ und es gilt

1) P ist eine nicht-leere Menge mit genau n Elementen
2) $T \subseteq \mathbb{R}$ ist ein Intervall
3) $k : \mathbb{N}_n \rightarrow p$ ist bijektiv
4) $p : \mathbb{R}^{3n} \times T \rightarrow \mathbb{R}$
5) $m : P \rightarrow \mathbb{R}^+$
6) $K \in \mathbb{R}^+$
7) $\psi : \mathbb{R}^{3n} \times T \rightarrow \mathbb{C}$ erfüllt geeignete Stetigkeits- und Differenzierbarkeitsanforderungen[7] und für alle $t \in T$ gilt $\psi_t \in L^2(\mathbb{R}^{3n}, \mathbb{C})$ und $\int |\psi_t(q)|^2 dq \neq 0$

---

[8] Viele weitere Beispiele sind in ähnlicher Weise rekonstruiert worden, siehe etwa (Balzer, Moulines, Sneed, 1987), Chap. III, sowie auch die dort angegebene Literatur.

8) $W = L^2(\mathbb{R}^{3n}, \mathbb{C}) \times T \rightarrow L^2(\mathbb{R}^{3n}, \mathbb{C})$ und für alle $t \in T$ ist W_t ein linearer, symmetrischer Operator.

Interpretation: P ist eine Menge von „Mikro"-Teilchen, T ein Zeitintervall. k ist eine Abzählung der Zahlchen. p ist eine „Dichtefunktion". In Schrödingers erstem Ansatz wird p als Dichte der über den Raum verschmierten Ladung der Teilchen angesehen, d. h. Integration von p über ein kleines Raumgebiet liefert den „Anteil" der Ladung eines Teilchens, der in diesem Gebiet vorhanden ist. Diese Interpretation konnte sich bekanntlich nicht halten und wurde durch die sogenannte statistische Interpretation ersetzt, nach der p eine Dichte (im Sinne der Wahrscheinlichkeitstheorie) für die Aufenthaltswahrscheinlichkeit der Teilchen ist. m ist die Masse-Funktion, K die Plancksche Konstante (dividiert durch 2π). Zu jedem Zeitpunkt $t \in T$ stellt ψ_t die räumliche Verteilung der Teilchen dar. Hierzu muß man sich vor Augen halten, daß in der *Wellen*mechanik die „Teilchen" durch Wellen repräsentiert sind, also durch räumlich ausgedehnte Entitäten. Die räumliche Konfiguration dieser Wellen ist durch ψ_t (zur Zeit t) gegeben. Heute sagt man vorsichtiger: ψ_t ist eine Zusammenfassung all der Information, die man über ein Mikrosystem durch Messung zur Zeit t erhalten kann. Der Operator W_t schließlich entspricht in etwa dem Kraftbegriff der Mechanik: W ist der theoretische Term, mit dessen Hilfe man die Änderung des Systems in der Zeit (dargestellt durch die verschiedenen ψ_t, $t \in T$) beschreibt und erklärt. Diese Erläuterungen müssen letztlich unbefriedigend bleiben, weil die Wellenmechanik ja gerade wegen Interpretationsschwierigkeiten von der „klassischen" Formulierung der Quantenmechanik abgelöst wurde. Man beachte jedoch, daß der mathematische Formalismus der klassischen Formulierung gegenüber dem der Wellenmechanik keine dramatischen Unterschiede aufweist.

x ist ein *Modell der Schrödingerschen Wellenmechanik* ($x \in M$) gdw es n, P, T, k, p, m, K, ψ, W gibt, so daß

1) $x = \langle P; T, \mathbb{R}, \mathbb{C}, \mathbb{N}_n; k, p, m, K, \psi, W\rangle \in M_p$ und $K \in \mathbb{R}^+$
2) $p = |\psi|^2$
3) für alle $t \in T$ liegt ψ_t im Definitionsbereich von W_t
4) für alle $t \in T$ gilt

$$\sqrt{-1}\,(D_{3n+1}\psi)_t = -\sum_{j \leq n} \frac{K^2}{2m(k(j))}(D^2_{3j-2}, D^2_{3j-1}, D^2_{3j})\,\psi_t + W_t\psi_t$$

Bedingung 2) verknüft die „theoretische“ Zustandsfunktion mit den „beobachtbaren“ Werten von p. 3) stellt sicher, daß der Ausdruck $W_t\psi_t$ in 4) Sinn macht. 4) Schließlich ist die Schrödingersche Gleichung, in der die Zustandsfunktion einem dynamischen Gesetz unterworfen wird. Für gegebenen Operator W stellt 4) ein System von Differentialgleichungen für ψ dar. $D_j^2\psi_t$ bezeichnet dabei für $j \leq 3n$ die zweifache partielle Ableitung von ψ_t in Richtung j und $D_{3n+1}\psi$ die Ableitung von ψ nach dem letzten Argument („der Zeit“). Bezeichnen wir den Laplace-Operator $D_{3j-2}^2 + \cdots + D_{3j}^2$ wie üblich mit Δ_j, $m(k(j))$ mit m_j, $D_{3n+1}\psi$ mit $\partial/\partial_t\psi$, klammern auf der rechten Seite von 4) ψ_t aus und lassen schließlich den Index t einfach weg, so wird 4) zu einem Ausdruck, wie man ihn in physikalischen Darstellungen findet (mit $i = \sqrt{-1}$):

$$i\frac{\partial}{\partial_t}\psi = -\left[\sum_{j\leq n}\frac{K^2}{m_j}\Delta_j + W\right]\psi$$

Der Ausdruck in der eckigen Klammer ist der „Wellenoperator“, der sich aus einem „freien“ Teil $\sum\frac{K^2}{m_j}\Delta_j$ und dem „Wechselwirkungsteil“ W zusammensetzt, genau wie in der Mechanik die Energie aus kinetischer und potentieller.

Die Wellenmechanik weist eine ganze Anzahl von Querverbindungen auf, von denen hier nur zwei genannt seien. Eine Menge potentieller Modelle X erfüllt die *Identitätsquerverbindung* für m gdw $X \neq \emptyset$ und für alle $x, y \in X$ und alle $p \in P_x \cap P_y$ gilt: $m_x(p) = m_y(p)$. Dabei bezeichnen P_x und m_x die in $x = \langle P_x, \ldots, m_x, \ldots\rangle$ auftretende Teilchenmenge und Masse-Funktion (und analog für y). X erfüllt die *Identitätsquerverbindung* für K gdw $X \neq \emptyset$ und für alle $x, y \in X$: $K_x = K_y$.

Intendierte Anwendungen dieser Theorie sind beispielsweise die Experimente, in denen Atome mit α-Teilchen beschossen werden und diese ablenken. Die in einem solchen Experiment gewonnenen Daten (das Wirkungsspektrum sowie als bekannt vorausgesetzte Massen und Ladungen) ergeben eine Teilstruktur eines potentiellen Modells (zumindest, wenn man die Ladungen durch Existenzquantifikation einführt).

Ich komme nun zum angekündigten speziellen Thema der Gültigkeit von Theorien. Hier scheint es, daß Poppers hartnäckiges Bestehen auf der methodischen Unmöglichkeit der Bestätigung einer Theorie, Thomas Kuhns plausible Argumentation für die historische Nicht-Existenz entscheidender, theoriewiderlegender Experimente, sowie ein allgemeines Unbehagen an „der" Wahrheit von Theorien dazu geführt haben, daß die Frage nach der Richtigkeit oder Gültigkeit einer Theorie in ihrem *Anwendungsbereich* derzeit von Vielen als uninteressant oder gar als eine Frage angesehen wird, die an der Realität vorbeigeht. Demgegenüber lehrt ein Blick auf die Wissenschaftsgeschichte, daß die Akteure dort stets äußerst interessiert daran waren, „richtige" Theorien aufzustellen,[9] welche Feststellung ich für das weitere zum Ausgangspunkt wähle. Der Disput dreht sich dann darum, was „richtig" heißt. Die einfachste, mit Popper und Kuhn verträgliche Lösung ist, eine Theorie als *falsch* zu bezeichnen, wenn sie durch eine allgemeinere, bessere, erfolgreichere Theorie abgelöst wurde, und als richtig, wenn sie nicht falsch ist. Dieses Kriterium ist *kein rein* historisches, weil man strenge Bedingungen an den Begriff von „ist allgemeiner als" stellen kann, so daß die „alte" Theorie als Teil oder approximativ in der „neuen" enthalten ist. Ohne diesen Ansatz kritisieren zu wollen, möchte ich mich hier einer zweiten, schwierigeren Lösung zuwenden, die mindestens als Ergänzung der ersten wünschenswert erscheint. Es handelt sich dabei um eine „direkte" Definition dessen, was es heißt, eine Theorie sei in ihrem Anwendungsbereich gültig, „direkt" im Sinne von „ohne Rückgriff auf historische Vorgänger- und Nachfolgertheorien und den zugehörigen Verallgemeinerungsbegriff".

In einem ersten Versuch wird man Theorie T als *in ihrem Anwendungsbereich I näherungsweise gültig* definieren, wenn sich die intendierten Anwendungen aus I näherungsweise zu Modellen von T ergänzen lassen, so daß zwischen den entstehenden Modellen auch die Querverbindungen von T bestehen.

Diese Gültigkeitsdefinition befriedigt jedoch nicht. Erstens ist einzuwenden, daß zu I in der Regel nicht nur die tatsächlich untersuchten Systeme gerechnet werden, sondern auch solche, die diesen hinreichend ähnlich sind. Somit repräsentiert I nicht

[9] Was wiederum die Realisten unter den Philosophen (wie Putnam im Anschluß an Boyd) zu der Aussage führte, alle Theorien seien irgendwo, „approximativ" wahr.

nur die „vorliegenden Daten", sondern auch gewisse „hypothetische Daten", die man an gewissen realen Systemen erheben könnte, wenn man nur wollte. Die beabsichtigte Gültigkeitsdefinition rückt aber nur dadurch in den Bereich des derzeit Möglichen, daß solch hypothetische Elemente eliminiert werden. Dies ist leicht möglich. Wir ersetzen I durch die Teilmenge I_r der tatsächlich untersuchten Systeme und definieren: „T ist in I_r annähernd gültig". Dies läßt sich wie folgt präzisieren: Wir führen auf der Klasse M_{pp} der Teilstrukturen eine *uniforme Struktur* U ein,[10] $U \subseteq Pot(M_{pp} \times M_{pp})$, deren Elemente $u \in U$ abstrakte Ähnlichkeitsgrade sind. Wir definieren allgemein für eine Klasse X potentieller Modelle ($X \subseteq M_p$) : I_r *läßt sich im Grad* $u \in U$ *zu* X *ergänzen* gdw es eine Klasse Y von Teilstrukturen gibt (also $Y \subseteq M_{pp}$), so daß gilt:

1) Y und I_r sind im Grad u ähnlich
2) Y ist zu X ergänzbar.

Dabei bedeute bei Bedingung 1) genauer, daß es eine bijektive Abbildung f von Y auf I_r gebe, für die alle Paare ⟨Argument, Funktionswert⟩ im Grad u ähnlich sind ($\langle x,f(x)\rangle \in u$) und 2) bedeute, daß es zu jedem $y \in Y$ eine Ergänzung $x \in X$ mit $y \sqsubseteq x$ gebe. Schließlich definieren wir für gegebene Theorie T, gegebene Menge $I_r \subseteq I$ und gegebene Uniformität U auf M_{pp}: T *ist in* I_r *vom Grad* u *gültig* gdw es eine Klasse $X \subseteq M_p$ gibt, so daß gilt:

1) I_r läßt sich im Grad u zu X ergänzen
2) $X \subseteq M$ und $X \in Q$.

Das heißt, die real untersuchten Systeme sind gewissen, mengentheoretisch existenten Systemen, die eine Menge Y bilden, im Grad u ähnlich, und die Menge dieser „hypothetischen" Systeme läßt sich zu einer Menge X von Modellen ergänzen, für die auch die Querverbindungen gelten.

Ein dritter Grund, weshalb auch diese Gültigkeitsdefinition nicht befriedigt, liegt darin, daß über die Gegebenheitsweise der untersuchten intendierten Anwendungen I_r nichts weiter gesagt und vorausgesetzt wurde. Wie sind die Elemente von I_r gegeben? Die Grundidee ist hier, wie bereits gesagt, daß eine intendierte Anwendung die an einem realen System beobachteten oder gemessenen Daten zusammenfassend repräsentiert. Überlegen wir,

---

[10] Vergl. z. B. (Schubert, 1964), Kap. II.

wie an einem realen System Daten erhoben werden. In einigen wenigen Fällen erfolgt die Erhebung durch Sinneswahrnehmung. In der bei weitem überwiegenden Anzahl der Fälle und vor allem in quantitativen Theorien werden jedoch die Daten durch Messung gewonnen. Nach der Standardliteratur über Messung[11] besteht die Messung der Quantität eines Objektes a darin, durch Verkettung von Einheiten für die betreffende Quantität ein Objekt b herzustellen, welches die gleiche Quantität wie a hat, also etwa gleich groß oder gleich schwer ist wie a. Die gesuchte Quantität des Objektes a ist dann einfach durch Zählung der benötigten, verketteten Einheiten gegeben. Wenn Messung in der Wissenschaft immer so vor sich ginge, würde auch der Prozeß der Datenerhebung bei Gewinnung von intendierten Anwendungen keine Probleme für die Gültigkeitsdefinition aufwerfen: Man erhebt Daten durch direkte Beobachtung oder durch Messung (im Sinne von „Vergleich mit Einheiten"), man faßt diese Daten zu Teilstrukturen zusammen, und man prüft dann am Schreibtisch, ob für einen gegebenen Grad u die so gebildeten intendierten Anwendungen im Grad u zu Modellen ergänzbar sind. Wenn ja, ist die Theorie in I_r gültig vom Grad u.

Diese Geschichte ist jedoch zu schön, um wahr zu sein. Normalerweise, d. h. in der überwiegenden Zahl der Fälle, werden Daten auf *keine* der beiden angesprochenen Arten ermittelt. Der „normale" Vorgang ist vielmehr folgender. Man betrachtet das reale System, das durch den Meßvorgang gegeben ist, als Modell einer oder mehrerer relevanter, einschlägiger Theorien, und man benutzt die für diese Theorien charakteristischen Hypothesen dazu, den gesuchten Meßwert aus anderen, schon bekannten Daten zu berechnen. Im wellenmechanischen Beispiel kann man etwa die Masse eines Teilchens bestimmen oder messen, indem man durch ein Streuexperiment den Quotienten Ladung/Masse bestimmt und hieraus mittels des als bekannt vorausgesetzten Wertes für die Ladung auf die Masse schließt.

Natürlich kann man sich entschließen, das Wort „Messung" *nur* für die zuerst geschilderte Prozedur des Vergleichs mit Einheiten anzuwenden und für die zuletzt beschriebene Vorgehensweise, bei der theoretische Annahmen benutzt werden, ein anderes

11 Vergl. etwa (Krantz et al., 1971).

Wort einzuführen. Dies hätte aber zur Konsequenz, daß in der Wissenschaft mit Ausnahme einiger Zweige der experimentellen Psychologie kaum gemessen wird. Es scheint mir daher günstiger, das Wort „Messung" auch für die letztere, theoretische Art von Bestimmung von Daten zu benutzen. Auch möchte ich betonen, daß mit dem zuvor Gesagten nicht behauptet wird, es sei *im Prinzip* unmöglich, theoriegeleitete Meßverfahren auf Einheitenvergleich zurückzuführen. Ich stelle lediglich fest, daß eine solche Rückführung in der wissenschaftlichen Praxis kaum stattfindet.

Wenn wir das Wort „Messung" im angegebenen, weiteren Sinn benutzen, also als direkte Beobachtung oder als Vergleich mit Einheiten oder als Berechnung aus anderen Werten mittels gegebener Theorien, dann kann folgender Fall eintreten. Bei Ermittlung der Daten für eine intendierte Anwendung x der Theorie T *kann* es sein, daß die Theorie T selbst als Hypothese für die Berechnung dieser Daten benutzt wird. Bei der Erhebung von Daten für T wird also T schon benutzt und damit in gewisser Weise schon als gültig vorausgesetzt. Unsere bisherige Gültigkeitsdefinition läßt also pragmatische Zirkel zu: Um die Gültigkeit einer Theorie zu prüfen, muß man die Daten, aus denen die intendierten Anwendungen bestehen, ermitteln. Bei der Ermittlung kann jedoch die Theorie schon benutzt und damit als gültig vorausgesetzt werden. Kurzum: Um die Gültigkeit der Theorie zu prüfen, wird in solchen Fällen die Gültigkeit der Theorie schon vorausgesetzt.[12]

Ich möchte die Möglichkeit solch pragmatischer Zirkel als „Test-Problem" bezeichnen. Wenn beim Test derartige Zirkel gemacht werden, inwiefern kann man dann überhaupt noch von einem Test reden?

Man könnte das Test-Problem als Scheinproblem abtun mit dem Hinweis, daß es theorie*un*abhängige Daten überhaupt nicht gibt. Aus Philosophie und Alltagserfahrung wissen wir, daß Daten *immer theoriebeladen* sind. Wir „sehen" die Dinge immer schon im Licht bestimmter Voreinstellungen, Vorurteile oder Theorien.

---

[12] Dieser Zirkel ist zwar von derselben Art wie bei (Sneed, 1971), es ist aber zu beachten, daß hier und auch unten *nicht* vom „Problem der theoretischen Terme" die Rede ist, wie es bei Sneed formuliert wurde und auch in (Stegmüller, 1973) dargestellt wird.

„Fakten“, die wir theoretisch nicht erwarten, nehmen wir oft überhaupt nicht wahr. Es liegt mir fern, all dies zu bestreiten. Aber ich meine, daß der Hinweis auf solche Theoriebeladenheit der Daten nicht ausreicht, um die Idee einer theorie*un*abhängigen Datengewinnung völlig zu zerstören. Ein solcher Hinweis hat denselben Stellenwert wie die Behauptung einiger Gleichgewichtsökonomen, daß ihre Theorien im Prinzip *alle* ökonomischen Phänomene abdecken, oder wie die Aussage, alle Mathematik sei letztlich Mengenlehre (oder Kategorientheorie). Solche Behauptungen mögen im Prinzip richtig sein, sie sind aber praktisch irrelevant.

Gegen die prinzipielle Behauptung der Theoriebeladenheit stellen wir die Beobachtung, daß in konkreten Testsituationen ein recht klarer Unterschied gemacht werden kann zwischen Daten, die von einer gegebenen Theorie „wesentlich“ abhängen und solchen, die dies nicht tun (obwohl ein allgemeiner philosophischer Bedeutungszusammenhang der angesprochenen Art damit nicht geleugnet wird). Daten hängen von einer Theorie wesentlich ab, wenn die Theorie bei der Messung bzw. Erhebung dieser Daten unmittelbar benutzt wird. Das Test-Problem hat demnach zwei Versionen. Die erste, triviale Version fragt nach der Möglichkeit von zirkelfreien Tests in dem prinzipiellen Sinn, daß *keinerlei* Einfluß von der getesteten Theorie auf die Gewinnung der Daten ausgeht. Solche Tests gibt es nach der herrschenden philosophischen Auffassung nicht. Die zweite, nicht-triviale Version des Test-Problems, mit der ich mich hier befasse, besteht in der Frage, ob der Test einer Theorie *wesentlich* zirkulär sein kann, oder alternativ, ob es überhaupt wesentlich zirkelfreie Tests geben kann. Wesentlich zirkulär heißt dabei, daß die beim Test benutzten Daten wesentlich von der zu testenden Theorie abhängen (im vorher eingeführten Sinn, daß die Theorie bei der Gewinnung der Daten benutzt wird).

Dieses zweite Test-Problem hat zunächst eine oberflächliche Lösung: Wenn man Daten für eine Theorie erhebt, so muß man einfach darauf achten, dabei nicht eben dieselbe Theorie zu benutzen. So einfach und plausibel diese methodologische Regel klingt: Sie läuft aus mehreren Gründen Gefahr, verletzt zu werden. Erstens wird bei der Erhebung von Daten in der Regel nicht explizit gemacht, *für welche* Theorie diese Daten als Daten dienen sollen. Oft ist dies aus dem Kontext der Messung erschließbar, oder aber – und das ist ein häufiger Fall – man ist sich über die Theorie noch nicht im Klaren und ist zunächst einfach daran interessiert, zuverlässige Daten – wie auch immer – zu gewinnen. Die Wissenschaft verläuft nicht einfach nach Poppers Schema: Hypothese aufstellen, testen, verwerfen oder vorläufig akzeptieren. Die Ermittlung von Daten geht oft Hand in Hand mit der Aufstellung der Hypothese oder geht dieser sogar voraus. Jedenfalls lehrt ein Blick auf die experimentellen Zweige von Physik und Ökonomie, daß Datenermittlung durchaus ein eigenständiges Ziel wissenschaftlicher Aktivität bildet und keineswegs immer bloß eine Hilfsfunktion zur Überprüfung von gegebenen Theorien hat.[13] Deshalb werden die erhobenen Daten, wie gesagt, in der Regel nicht explizit als für eine bestimmte Theorie relevant gekennzeichnet. Wenn aber diese Kennzeichnung fehlt, dann kann es schon einmal vorkommen – „aus Versehen?" – daß sich unter die Daten für T, d. h. in die Systeme aus I_r, ein unzulässiger Wert einschmuggelt, der mit Hilfe von T selbst gemessen wurde.

Die Wahrscheinlichkeit für solch unzulässige Daten erhöht sich weiter, wenn man bedenkt, daß in reiferen Disziplinen, wie etwa der Physik, Messungen eine ganz beträchtliche Komplexität annehmen können und sich bei genauerer Analyse in *Meßketten,* d. h. Folgen von aufeinander aufbauenden Meßmodellen, die jedes einen Meßvorgang erfassen, mit bis zu 10 und mehr Zwischenschritten auflösen. Je länger solche Meßketten werden, desto eher kann es sein, daß in einem der Zwischenschritte, einem der Meßmodelle der Kette, die Theorie, für die der im Endglied der Kette schließlich gemessene Wert ein Datum sein soll, benutzt und vorausgesetzt wird.[14]

Es ist also insgesamt möglich und in gewissem Grad auch wahrscheinlich, daß bei Prüfung der Gültigkeit einer Theorie wesentliche pragmatische Zirkel der beschriebenen Art auftreten. Und es ist klar, an welcher Stelle im metatheoretischen Bild sich diese Möglichkeit eröffnet. Sie entsteht, weil man im Prozeß der Gewinnung der intendierten Anwendungen nicht berücksichtigt hat, daß die Daten, die in den intendierten Anwendungen einer

[13] Dieser Punkt ist auch in (Hacking, 1983) schön herausgearbeitet.

[14] Für ein komplexes Beispiel vergleiche (Balzer & Wollmershäuser, 1986).

Theorie integriert sind, *unabhängig* von eben dieser Theorie erhoben werden. Diese Lokalisierung des Problems legt auch gleich seine Lösung nahe. Man muß einfach die metatheoretische Hypothese aufstellen, daß die in den intendierten Anwendungen einer Theorie zusammengefaßten Daten alle unabhängig von dieser Theorie ermittelt werden in dem Sinn, daß bei ihrer Ermittlung diese Theorie an keiner Stelle benutzt wird.

Diese „Lösung" führt jedoch sofort auf die Frage nach dem Status einer derartigen metatheoretischen Hypothese: Handelt es sich um eine deskriptive, empirische Feststellung über die wissenschaftliche Praxis oder um eine normative Aussage, die den Wissenschaftlern eine bestimmte Vorgehensweise vorschreiben oder nahelegen möchte? Da ich Wissenschaftstheorie als empirische Unternehmung ansehe, sind normative Sätze für mich als metatheoretische Axiome nicht zulässig. Wenn man das betrachtete metatheoretische Axiom aber als empirische Aussage über die wissenschaftliche Praxis ansieht, dann ist nicht klar, ob es sich um eine richtige Aussage handelt. Wir sind derzeit kaum in der Lage, die Richtigkeit dieses Axioms anhand realer Fälle von Messungen und Meßketten, die im Zusammenhang mit dem Test einer Theorie stehen, ausreichend zu begründen. Hierzu wäre es nötig, mindestens einige solche Fälle im Detail unter genau diesem Aspekt zu untersuchen.

Es kommt mir hier aber *nicht* darauf an, eine definitive Aussage zu machen, ob die Wissenschaft im allgemeinen die geschilderten pragmatischen Zirkel vermeidet. Wichtig ist zunächst, daß diese Aussage sich als eine *empirisch überprüfbare* herausstellt. Dies ist nicht so selbstverständlich, wie es dem Nicht-Philosophen zunächst scheint: Fast alle bisherigen Metatheorien behandelten das betrachtete metatheoretische Axiom *nicht* als empirische Aussage, sondern als einen mehr analytischen Bestandteil des Begriffs der empirischen Wissenschaft.

Der strukturalistische Ansatz liefert einen geeigneten begrifflichen Rahmen, in dem sich das Test-Problem genauer analysieren läßt. Wir führen dazu einige Hilfsbegriffe ein.

Wir sagen, daß ein Modell $x = \langle D_1, .. ,D_k; A_1, .. ,A_m; R_1, .. ,R_n \rangle$ einer Theorie T ein *Meßmodell für* R_i sei, wenn es Sätze (unter ihnen gesetzesartige) gibt, in denen kein Zeichen für R_i auftritt, die in x gültig sind, R_i eindeutig durch die restlichen

Komponenten von x festlegen (eventuell bis auf gegebene Skalentransformationen) und R_i als stetige Funktion des „Restes" von x variieren lassen (relativ zu geeigneten, vorgegebenen Topologien). Darüberhinaus soll R_i (eventuell nach geeigneter Kodierung) aus einer endlichen Teilstruktur des „Restes" von x (d. h. $\langle D_1, \ldots, A_m; R_1, \ldots, R_{i-1}, R_{i+1}, \ldots, R_n\rangle$) berechenbar sein.[15] Unter einem *Term* einer Theorie verstehen wir jeden Typ σ_i der in den Modellen auftretenden i-ten Relation R_i (für $i \geq n$). Schließlich sagen wir, daß Theorie T′ *eine Vortheorie* von Theorie T sei, wenn beide Theorien einen gemeinsamen Term σ_i haben, so daß es in T′ Meßmodelle für R_i· gibt, in T jedoch nicht. Eine Vortheorie von T ist mit anderen Worten eine Theorie, in der man einen Term von T messen kann, den man in T selbst nicht messen kann. Solche Terme gibt es in der Tat[16] und der hierdurch gegebene Begriff der Vortheorie macht gewisse Abhängigkeitsverhältnisse im Netz der existierenden Theorien deutlich: Jede Theorie hängt von ihren Vortheorien ab, jedoch nicht notwendig umgekehrt. Die Daten, die Theorie T von einer Vortheorie T′ bezieht, sind im obigen Sinn wesentlich durch T′ beeinflußt, jedoch *nicht* durch T. Eine Menge von Theorien zusammen mit der gerade definierten Vortheorie-Relation bildet offenbar einen Graphen. Es liegt nahe, in diesem Graphen, ausgehend von einer gegebenen Theorie, zu deren Vortheorien überzugehen, von dort zu weiteren Vortheorien „2. Grades" und so weiter. Man erhält auf diese Weise Wege $\langle T_1, \ldots, T_n\rangle$ im Sinne der Graphentheorie, wobei T_1 den Ausgangspunkt bildet und alle T_i Vortheorien von T_{i-1} sind (für $1 < i \leq n$).

Betrachten wir in diesem Rahmen das Test-Problem in seiner nicht-trivialen Version. Können beim Test einer Theorie wesentliche pragmatische Zirkel auftreten? Kann es vorkommen, daß die zu testende Theorie die Daten, an denen sie getestet wird, wesentlich beeinflußt? Die bereits gegebene Antwort „ja" läßt sich nun präzisieren, indem wir genau angeben können, wie solche Zirkel aussehen. Zwei Fälle sind zu unterscheiden.

A) In die Beschreibung der intendierten Anwendungen I_r von T gehen Daten ein, die mittels T selbst bestimmt wurden, d. h.

[15] Vergleiche (Balzer, 1988) für Details.

[16] Siehe (Balzer, 1985) für drei konkrete Beispiele.

solche Daten wurden durch Meßmodelle ermittelt, die Modelle von T sind. Dies ist ein Zirkel „der Länge Null". Die zu testende Theorie wird unmittelbar zu ihrem eigenen Test benutzt.[17] Solche Zirkel lassen sich auf der Metaebene leicht ausschließen, indem man eine Unterscheidung zwischen T-theoretischen und T-nicht-theoretischen Termen einführt. T-nicht-theoretische Terme sind jene Terme von T, für die es in T keine Meßmodelle gibt. Solche Terme lassen sich nicht mit Hilfe von Modellen von T näher bestimmen. Fordert man, daß die zum Test von T verwandten Daten nur T-nicht-theoretische Terme betreffen, so können Zirkel der betrachteten Art nicht auftreten. Denn solche Daten können gar nicht mit Hilfe von T gewonnen worden sein und sind deshalb nicht wesentlich von T beeinflußt. In der Regel stammen solche Daten von Vortheorien von T, manchmal auch aus direkter Beobachtung.

B) In den Anwendungen I_r von T treten Daten auf, in deren Bestimmung eine ganze Kette von Vortheorien involviert ist, und unter diesen Vortheorien ist auch T selbst vertreten. Mit anderen Worten: Im Graphen der Vortheorien von T gibt es zirkuläre Wege der Form $\langle T_1, \ldots, T_n \rangle$, wobei $T_1 = T = T_i$ für ein i mit $1 < i \leq n$ und für alle solche i T_i eine Vortheorie von T_{i-1} ist. Es ist schwierig, allgemeine *und* handhabbare Regeln anzugeben, nach denen sich solche Zirkel vermeiden lassen.

Damit komme ich schließlich zum Problem der theoretischen Terme. Es ist in der Frage enthalten, ob es in einer gegebenen Theorie Terme gibt, die in Bezug auf die Gültigkeit der Theorie und in Bezug auf die Überprüfung der Gültigkeit einen Sonderstatus haben, einen Status, der eventuell bei der Überprüfung der Gültigkeit gewisse Schwierigkeiten macht. Ich habe diese etwas vage Formulierung absichtlich gewählt, weil sie besonders klar macht, daß ein „Problem theoretischer Terme" wesentlich damit zusammenhängt, was man unter theoretischen Termen genau versteht. Ich möchte hier nur kurz auf *eine* spezielle, bereits angedeutete, neue Auffassung hinweisen, die mir in Bezug auf die vorgeschlagene Gültigkeitsdefinition besonders relevant erscheint. Danach ist ein Term *in einer Theorie* T *theoretisch,* wenn

---

[17] Fälle dieser Art bildeten bei Sneed den Ausgangspunkt für sein „Problem der theoretischen Terme" (Sneed, 1971).

die Theorie Meßmöglichkeiten für diesen Term bietet. Anders gesagt: Die Axiome der Theorie enthalten Gleichungen, die man zur Bestimmung oder Berechnung des Terms benutzen kann. Oder noch anders: Einige der Modelle der Theorie sind Meßmodelle für den fraglichen Term. Diese Auffassung scheint mir mit dem historischen Gang der Wissenschaft am besten übereinzustimmen. Denn theoretische Terme werden stets im Zusammenhang mit einer neuen Theorie eingeführt, in der sie eine neue, spezielle, technische Bedeutung erlangen. Die neue Theorie liefert in der Regel auch mindestens *eine* neue Bestimmungsmethode oder Meßmethode für den Term.

Es stellt sich heraus, daß man diese Idee von theoretischen Termen zu einer rein formalen Unterscheidung verschärfen kann,[18] wenn man dabei die Invarianzen der fraglichen Theorie berücksichtigt, d. h. wenn die Meßmodelle hinsichtlich des betrachteten Terms die genau definierbare, gleiche Invarianz haben wie die „normalen" Modelle der Theorie. Es läßt sich zeigen, daß die angesprochene Definition äquivalent ist zu folgender einfacher Charakterisierung: Term t ist in Theorie T *theoretisch* gdw es in T Meßmodelle für die Interpretationen R_i von t gibt. Wir erhalten so eine formale Unterscheidung der Terme einer Theorie in „theoretische" und nicht-theoretische". Dieses Vorgehen wird nicht in allen Fällen zu einer echten Unterscheidung führen. Einige Theorien, wie etwa das ideale Gasgesetz, sind zu „lokal", in ihrem Anwendungsbereich zu beschränkt, als daß bei ihnen eine Unterscheidung in theoretische und nicht-theoretische Terme am Platz wäre. Auf der anderen Seite sind Theorien wie die Quantenmechanik von ihrem Gültigkeitsanspruch her so umfassend, daß auch bei ihnen die beschriebene Unterscheidung nicht angebracht scheint. Solche Theorien inkorporieren — zumindest dem Anspruch nach — alle ihre Vortheorien, so daß alle Meßmöglichkeiten, auch solche, die über Vortheorien laufen, letzten Endes zu Meßmodellen der umfassenden Theorie führen und somit alle Terme im eingeführten Sinn theoretisch werden.

Man muß also die Definition theoretischer Terme auf die „richtigen" Anwendungen relativieren, nämlich auf Theorien, die einerseits umfassender als bloß empirische Hypothesen wie das

[18] Vergleiche (Balzer, 1985) und (Balzer, 1986).

ideale Gasgesetz sind, andererseits aber noch nicht so universell, daß sie alle ihre Vortheorien „schlucken". Für Theorien dieser Art, also etwa für die klassische Partikelmechanik, die klassische Stoßmechanik, die phänomenologische Thermodynamik, aber auch die mikroökonomische Tauschtheorie, liefert das geschilderte formale Kriterium eine Unterscheidung in theoretische und nicht-theoretische Terme, die mit den Ansichten der Fachwissenschaftler darüber, welche Werte man sich zur Überprüfung der Theorie andernorts besorgen müsse, gut übereinstimmen.

Wenn man theoretische Terme in der angegebenen Weise definiert, dann besteht das *Problem* der theoretischen Terme in der schon angesprochenen Möglichkeit, daß bei Überprüfung der Gültigkeit der Theorie gewisse Messungen schon eben diese Theorie benutzen. Das Problem liegt mit anderen Worten darin, daß bei Überprüfung der Theorie pragmatische Zirkel auftreten *können* (allerdings nicht müssen). Es wurde vorher schon gesagt, daß man solche Zirkel per Axiom ausschließen kann und ausschließen möchte. Und es wurde darauf hingewiesen, daß aufgrund der Komplexität der involvierten Sachverhalte die empirische Überprüfung eines solchen Axioms schwierig ist.

Der Punkt, auf den es mir hier ankommt, ist, daß der begriffliche Rahmen der strukturalistischen Metatheorie eine natürliche und nicht-vereinfachende Analyse solcher Test-Situationen erlaubt. Die Frage, ob es in der empirischen Wissenschaft Zirkel gibt oder nicht, ist damit einer empirischen Untersuchung zugänglich gemacht. Wenn man sich vor Augen hält, daß solche Fragen bisher fast ausschließlich auf apriorischer Ebene und von bestimmten metaphysischen Vorentscheidungen aus diskutiert wurden, erkennt man in diesen zugegebenermaßen ziemlich abstrakten Überlegungen einen speziellen Beitrag zur Wissenschaftstheorie, der im Sinne meiner anfänglichen Bemerkungen auch einen Beitrag zum Nutzen der Wissenschaftstheorie darstellt.

Literatur

Achieser, N. J. und Glasman, J. M., 1968: *Theorie der linearen Operatoren im Hilbertraum*, Berlin: VEB

Balzer, W., 1985: „A New Definition of Theoreticity", *Dialectica* 39, 127–145

Balzer, W., 1986: „Theoretical Terms: A New Perspective“, *The Journal of Philosophy* 83, 71–90

Balzer, W., 1988: „The Structuralist View of Measurement: An Extension of Received Measurement Theories“, erscheint in *Minnesota Studies in the Philosophy of Science*

Balzer, W., Moulines, C. U. und Sneed, J. D., 1987: *An Architectonic for Science,* Dordrecht: Reidel

Balzer, W. und Wollmershäuser, F. R., 1986: „Chains of Measurement in Roemer's Determination of the Velocity of Light“, *Erkenntnis* 25, 323–344

Hacking, I., 1983: *Representing and Intervening,* Cambridge: UP

Krantz, D. H., Luce, R. D., Suppes, P. und Tversky, A., 1971: *Foundations of Measurement,* New York: Academic Press

Ludwig, G., 1978: *Die Grundstrukturen einer physikalischen Theorie,* Berlin etc: Springer

Schrödinger, E., 1926: „Quantisierung als Eigenwertproblem“, *Annalen der Physik* 79 (Teil 1: 361 ff., Teil 2: 489 ff.) und 81 (Teil 4: 109 ff.)

Schubert, H., 1964: *Topologie,* Stuttgart: Teubner

Sneed, J. D., 1971: *The Logical Structure of Mathematical Physics,* Dordrecht: Reidel

Stegmüller, W., 1973: *Theorie und Erfahrung, Zweiter Halbband,* Berlin etc.: Springer

Zoubek, G., 1987: „Zur Rekonstruktion der nichtrelativistischen Wellenmechanik“, unveröffentlichtes Manuskript in DFG-Projekt Ba 678/3–1

Ernst Specker

Kommentar

zum Beitrag von Wolfgang Balzer

Wissenschaftstheorie ist für W. Balzer die Theorie über den dokumentierten Output der wissenschaftlichen Aktivitäten; dabei wird von sozialen und psychologischen Phänomenen in der Wissenschaft abstrahiert. Die Nützlichkeit einer solchen Theorie wird dargestellt an der Frage nach der Gültigkeit physikalischer Theorien, und zwar aus strukturalistischer Sicht. In der Darstellung von W. Balzer kommt sehr schön zum Ausdruck, inwiefern diese Sicht es erlaubt, über die naive Auffassung von Theorien als Bilder der Wirklichkeit hinauszukommen. Zu einer empirischen Theorie soll nämlich außer einem „formalen Kern“ auch eine Menge von „intendierten Anwendungen“ gehören; in diesem Rahmen läßt sich — wie ja gezeigt wird — das Testproblem etwas genauer analysieren.

Woran mag es liegen, daß auch diese Analyse letztlich enttäuschend bleibt? Ich möchte vermuten, daß es an der zu engen Fassung des Begriffes „Wissenschaft“ liegt, und zwar in dem scharfen Sinn, daß bei einer solchen Fassung gar keine befriedigende Analyse möglich ist. Wenn nämlich gesagt wird, daß von sozialen und psychologischen Phänomenen abstrahiert wird, so bedeutet das nicht nur (wie man zunächst wohl annimmt), daß etwa außer Betracht fällt, warum die Gesellschaft Hochschulen einrichtet und warum junge Forscher so eifrig arbeiten, sondern es blendet auch aus, daß zu jeder Wissenschaft außer dem dokumentierten Output eine je eigene Welt gehört — die Welt des Physikers unterscheidet sich von der Welt des Chemikers wohl nicht weniger als die Welt des Hundes von der Welt des Hasen. Solche Welten aber mit Hilfe von noch so geschachtelten „Vortheorien“ auf die vorgeschlagene Art in den Griff zu bekommen, ist wohl aussichtslos; dies ist schon daran erkennbar, daß man sich in diesem Zusammenhang ja direkt scheut, den Begriff „Output“ auch nur zu verwenden.

Paul Hoyningen-Huene

Diskussionsbemerkung

zum Beitrag von Wolfgang Balzer

Zu Wolfgang Balzers Beitrag „Der Nutzen wissenschaftstheoretischer Analyse: dargestellt an der Frage der Gültigkeit und aus strukturalistischer Sicht" möchte ich vier kritische Bemerkungen machen.

1. Balzer äußert sich in seinem Beitrag zum möglichen Nutzen von Wissenschaftstheorie, und er bemerkt gleich anfangs einschränkend, daß er als Nicht-Psychologe und Nicht-Ökonom hierzu „nur einige wenige dilettantische Bemerkungen machen" könne (S. 53). Selbst ein Amateur in den angesprochenen Disziplinen, fällt mir doch auf, daß der von Ökonomen im Zusammenhang mit dem Begriff des Nutzens häufig verwendete Begriff der *Kosten* bei Balzer nicht wesentlich vorkommt. Meinem laienhaften Verständnis gemäß lassen sich bei Kosten *interne* und *externe* Kosten unterscheiden: interne Kosten fallen *innerhalb* des Unternehmens an, das das nützliche Gut produziert, externe Kosten *außerhalb*. Die Betrachtung des Nutzens der Wissenschaftstheorie scheint mir nun doch danach zu verlangen, auch einen Blick auf ihre internen und externen Kosten zu werfen, und diese Kosten – wenn möglich – mit ihrem Nutzen zu vergleichen.

Die internen Kosten der Wissenschaftstheorie bestehen primär in den Kosten, die an Universitäten oder anderen Forschungsinstitutionen für den Betrieb der entsprechenden Institute oder Lehrstühle anfallen. Ihr Vergleich mit dem Nutzen der Wissenschaftstheorie würde eine Analyse dieses Nutzens voraussetzen, die den Rahmen dieser Diskussionsbemerkung sprengen würde.

Von den externen Kosten der Wissenschaftstheorie fallen mir diejenigen besonders auf, die durch dilettantisch betriebene Wissenschaftstheorie vor allem im Bereich der Sozialwissenschaften entstehen. Wissenschaftstheorie wird hier vielfach so aufgefaßt, als könne man von ihr lernen, wie man auf ‚rationale‘ und besonders effiziente Weise Wissenschaft betreiben soll: als ein Rezeptbuch zur Verwandlung innerlich zerstrittener sozialwissenschaftlicher Gebiete in physikähnliche Disziplinen mit hoher akademischer Reputation. Jedenfalls im Moment scheinen mir solche Hoffnungen völlig illusionär. Im Gegenteil: Wird die heutige Wissenschaftstheorie so (miß-) verstanden, dann kann sie in den entsprechenden Disziplinen wohl fast nur Schaden anrichten.

Bekanntlich beschäftigt sich die allgemeine Wissenschaftstheorie mit Eigenschaften aller Wissenschaften oder denen bestimmter (großer) Wissenschaftsgruppen, etwa der empirischen Wissenschaften. Typische, aber sogar als Probleme z. T. kontroverse Fragestellungen sind etwa das Induktionsproblem, das Abgrenzungsproblem, das Problem der empirischen Basis, die Existenz und Charakterisierung normaler Wissenschaft, die Existenz und Charakterisierung wissenschaftlicher Revolutionen, die Charakterisierung degenerativer Forschungsprogramme, oder die Existenz einer einheitlichen wissenschaftlichen Methode. Die hier betretene Ebene von Allgemeinheit scheint mir so hoch, daß beispielsweise eine Pädagogin, die erfolgsversprechende Interventionen für eine bestimmte Erziehungssituation sucht, für ihre Aufgabe nichts profitieren kann. Zur *unmittelbaren* Beförderung konkreter Forschungsprojekte kann die heutige allgemeine Wissenschaftstheorie fast nichts beitragen – aber sie kann die Illusion erwecken, man könne aus wissenschaftstheoretischen Büchern lernen, wie man erfolgreich Wissenschaft betreibt. Genau dieser Eindruck scheint aber in den Sozialwissenschaften immer wieder zu entstehen. Den Studenten werden oberflächliche Darstellungen von Popper oder Habermas, von Dilthey oder Kuhn, von Lakatos oder Feyerabend präsentiert, damit sie anschließend auf Poppersche (oder Habermassche etc., je nach Institut und Professor(in)) Weise Wissenschaft betreiben können. Dies scheint mir ein ebenso gravierendes wie verbreitetes Mißverständnis der allgemeinen Wissenschaftstheorie, dessen Kosten vermutlich höher sind als der vermeintliche Nutzen.

Um nicht mißverstanden zu werden: mit dieser Bemerkung plädiere ich keineswegs dafür, Studenten der Sozialwissenschaften (oder auch der Naturwissenschaften) von der Wissenschaftstheorie fernzuhalten. Ich bin ebenfalls der Meinung, um eine Formulierung Balzers etwas zu variieren (S. 55), daß die Wissenschaftstheorie dazu dienen kann, einen Überblick über das Gesamtunternehmen Wissenschaft zu gewinnen bzw. nicht zu verlieren. Dies scheint mir für Studenten aller Fachrichtungen durchaus sinnvoll, und hierin besteht ihr sehr *mittelbarer* Nutzen auch für konkrete Forschungsprojekte. Ich wende mich nur gegen leider weit verbreitete Mißbräuche.

2. Im folgenden betrachte ich Balzers „nicht-triviale Version des Test-Problems“ (S. 67). Bevor ich mich in Punkt 3 den Details zuwende, stelle ich ein grundsätzliches Problem dar, das Balzers Verständnis der Wissenschaftstheorie betrifft, wie es bei seiner Formulierung des Test-Problems zum Ausdruck kommt.

Auf der einen Seite sieht Balzer „Wissenschaftstheorie als empirische Unternehmung“ an (S. 69). Dies impliziere, daß das Test-Problem (worin immer es genau besteht) nicht durch das Aufstellen einer normativen Aussage ‚gelöst‘ werden kann, „die den Wissenschaftlern eine bestimmte Vorgehensweise vorschreiben oder nahelegen möchte“ (S. 69). Anschließend expliziert Balzer das Test-Problem, und es komme ihm dabei „*nicht* darauf an, eine definitive Aussage zu machen, ob die Wissenschaft im allgemeinen die geschilderten pragmatischen Zirkel [= das Test-Problem, P. H.] vermeidet“ (S. 69, Hervorhbg. im Original). Vielmehr lasse sich mit Hilfe des strukturalistischen Ansatzes das Test-Problem genauer analysieren, so daß die Frage, „ob die Wissenschaft im allgemeinen die geschilderten pragmatischen Zirkel vermeidet“, empirisch überprüfbar wird (S. 69, ähnlich S. 73). Auf diese Weise, so scheint es, vermeidet Balzer die Pflicht zur Begründung normativer Aussagen, eben weil er keine normativen Aussagen macht.

Auf der anderen Seite aber verwendet Balzer bei der Charakterisierung seines Test-Problems eindeutig normatives Vokabular. Das Test-Problem entsteht bei Balzer ja dadurch, daß bei der Überprüfung der Gültigkeit einer Theorie an erhobenen Daten die Möglichkeit besteht, daß sich „ein *unzulässiger* Wert einschmuggelt“ (S. 68, Hervorhbg. von mir). Die Wahrscheinlichkeit für solch unzulässige Daten erhöhe sich in den reiferen Disziplinen, weil dort Messungen vielfach komplexe Meßketten seien. Warum nach Balzer bestimmte Daten unzulässig sind, braucht hier noch nicht zu interessieren; worauf es ankommt, ist, daß Balzer bestimmte Daten für die Überprüfung von Theorien als unzulässig bezeichnet, also diese Daten bewertet. Auch bei der Explikation der Art der Unzulässigkeit dieser Daten verwendet Balzer normatives Vokabular, wenn auch nur implizit. Er charakterisiert nämlich die pragmatischen Zirkel, deren mögliches Auftreten gerade das Test-Problem ausmachen, mit einer Formulierung, die sie als *vitiöse* Zirkel erkennbar machen: „Kurzum, um die Gültigkeit der Theorie zu prüfen, wird in solchen Fällen [= bei unzulässigen Daten] die Gültigkeit der Theorie schon vorausgesetzt" (S. 66, ähnlich S. 70f.). Deshalb „möchte . . . man solche Zirkel . . . ausschließen" oder „vermeiden" (S. 73, S. 71). „Man", das ist hier allem Anschein nach der Wissenschaftstheoretiker Balzer.

Wissenschaftstheorie, so wie Balzer sie versteht, ist also entgegen seiner eigenen Versicherung keineswegs ein normativ absolut unschuldiges Unternehmen, das eine *empirische* „Theorie über den dokumentierten Output wissenschaftlicher Aktivitäten" (S. 56) aufstellt. Vielmehr hat sie durchaus normative Ambitionen, indem sie zulässige Tests (für die Gültigkeit von Theorien) von unzulässigen, also Pseudo-Tests zu unterscheiden sucht. Empirisch ist diese Wissenschaftstheorie dann nur insofern, als sie es empirischen Untersuchungen überläßt, ob die real existierende Wissenschaft die von der Wissenschaftstheorie diagnostizierten Fehler vermeidet oder nicht. Das läuft aber nur darauf hinaus, daß man es in der Wissenschaftstheorie zwar besser weiß, es aber den Wissenschaftlern nicht mehr belehrend sagt. Ich habe in Balzers Arbeit jedenfalls keinen Hinweis darauf entdecken können, daß er seine normativen Beurteilungen zu revidieren bereit wäre, sollte sich herausstellen, daß man in den empirischen Wissenschaften sein Test-Problem (implizit) als Scheinproblem ansieht. Dies könnte den Grund haben, daß den grundlegenden Voraussetzungen für die Existenz des Test-Problems nicht zugestimmt wird, oder daß man die von Balzer als unzulässig beurteilten Daten für zulässig hält.

3. Das von Balzer diagnostizierte Test-Problem halte ich nun in der Tat für ein Scheinproblem. Dabei gehe ich nicht auf die (problematische) Voraussetzung für seine Existenz ein, nämlich die Suche nach einer befriedigenden Definition für die näherungs-

weise Gültigkeit einer Theorie in ihrem Anwendungsbereich; der Balzersche „Blick auf die Wissenschaftsgeschichte" (S. 63) liefert hier vielleicht doch keine abschließende Antwort. Stattdessen lasse ich mich auf Balzers Voraussetzung ein.

Das Test-Problem entsteht nach Balzer in der folgenden Situation: „Bei Ermittlung der Daten für eine intendierte Anwendung x der Theorie T *kann* es sein, daß die Theorie T selbst als Hypothese für die Berechnung dieser Daten benutzt wird" (S. 66). Tritt dieser im Zitat als möglich eingeschätzte Fall tatsächlich ein, so sind die auf diese Weise gewonnenen Daten nach Balzer „unzulässig" (S. 68). Unzulässig sind solche Daten deshalb, weil sie zur Überprüfung der Gültigkeit von eben der Theorie eingesetzt werden sollen, die bei der Ermittlung dieser Daten „schon benutzt und damit als gültig vorausgesetzt" wird (S. 66). Die Daten, als Argumente für die Gültigkeit der Theorie verwendet, setzen das, wofür argumentiert werden soll, bereits als gegeben voraus: offenbar ein schlechter Zirkel, den „man" folgerichtig „ausschließen möchte" (S. 73, ähnlich S. 71). Ein Test der Gültigkeit einer Theorie, der Daten verwendet, für deren Gewinnung eben dieselbe Theorie schon verwendet wurde, ist demnach, so die unausweichliche Folgerung, ein Pseudo-Test. Balzer spricht in seiner Arbeit diese Folgerung zwar nirgends explizit aus, aber sein schon angeführtes negativ bewertendes Vokabular hinsichtlich des pragmatischen Zirkels läßt nur den Schluß zu, daß er dieser Meinung ist. Zudem verteidigt er explizit „die Idee einer theorie*un*abhängigen Datengewinnung" (S. 67), und entsprechend laufen alle seine Lösungsversuche für das Test-*Problem* darauf hinaus, den pragmatischen Zirkel zu vermeiden (S. 67f., 71, 73).

Doch handelt es sich bei Test-Versuchen, bei denen der pragmatische Zirkel auftritt, wirklich um zu vermeidende Pseudo-Tests? Wenn das so ist, warum machen sich dann die Wissenschaftler, insbesondere die besonders stark gefährdeten Physiker (S. 68), diesbezüglich anscheinend keine Sorgen? Mir ist jedenfalls während meines 10jährigen Aufenthalts in der Physik (oder auch später) das Test-Problem Balzers niemals als *Problem* begegnet. Der Grund hierfür scheint mir zu sein, daß der von Balzer diagnostizierte Zirkel in der Wissenschaft i. a. als völlig harmlos eingeschätzt wird in dem Sinne, daß sein Auftreten das Testpotential des Theorie-Experiment-Vergleichs nicht einschränkt. (Ich lege dabei Balzers Voraussetzung zugrunde, wie schon am Beginn von Punkt 3 bemerkt, daß Theorien tatsächlich hinsichtlich ihrer Gültigkeit getestet werden; das folgende Argument kann aber an gewisse andere Voraussetzungen angepaßt werden). Balzer scheint zu befürchten, daß der auftretende pragmatische Zirkel den angeblichen Theorie-Test dem Test des Wahrheitsgehalts einer Zeitung durch Vergleich mit einem anderen Exemplar der gleichen Zeitung ähnlich macht (diesen Vergleich übernehme ich von Gerhard Vollmer). Doch dies ist keineswegs notwendig der Fall.

Schematisch dargestellt besteht der pragmatisch zirkuläre Test darin, daß zunächst mittels der zu testenden Theorie T (inklusive Anfangs- und Randbedingungen, Modellen, Näherungen etc.) eine bestimmte quantitative theoretische Voraussage t gemacht wird. Die Gültigkeit von T wird dann dadurch (punktuell) getestet, daß der theoretische Wert t mit dem entsprechenden experimentellen Ergebnis konfrontiert wird. Dazu wird eine Messung mit dem Zwischenergebnis z durchgeführt, in die der Einfachheit halber die Theorie T selbst *nicht* wesentlich eingehe (vgl. S. 67); andere Theorien mögen in z eingehen oder auch nicht (ich komme auf die Möglichkeit dieser Vereinfachung weiter unten zu sprechen). Das endgültige Datum d der Messung erhalte man nun, indem man d mittels T (und womöglich anderen Theorien) aus z ausrechnet. Der pragmatisch zirkuläre Test von T besteht nun im Vergleich von t mit d.

Unter welchen Umständen degeneriert dieser Test zum Pseudo-Test? Sicherlich dann, wenn d von z unabhängig ist, denn dann findet gar keine Konfrontation von t mit einem wenigstens unter anderem empirisch ermittelten Wert statt; metaphorisch gesprochen kann sich die Natur dann gar nicht gegen t und damit gegen T wehren. Wenn aber d wirklich von z abhängt, d. h. wenn Variationen des gemessenen Zwischenergebnisses z das endgültige Datum d spürbar beeinflussen, dann wird T tatsächlich getestet (solange die anderen beim Vergleich von t und d involvierten Elemente nicht zur Disposition stehen). Dieser Test hat aber weder die Form, die sich Balzer als leider meist unerreichbares Ideal eines Theorie-Tests vorstellt: nämlich als Vergleich von T mit unabhängigen Fakten oder mit ‚positiv Gegebenem' (S. 65). Er hat aber auch nicht die von Balzer nolens-volens akzeptierte Form, daß T mit Daten verglichen wird, in deren Gewinnung andere Theorien als T eingehen, so daß diese Daten von T unabhängig zu sein scheinen (ich verwende diese vorsichtige Formulierung, weil man wahrscheinlich bestimmte intertheoretische Relationen zwischen T und diesen anderen Theorien verlangen muß).

Hieraus wird nun sichtbar, daß in Balzers Vorstellung von einem Test stillschweigend eine Voraussetzung eingeht: daß ein Test in der Konfrontation eines *zu* Überprüfenden mit einem *davon unabhängigen* Überprüfenden zu bestehen hat (diese Vorstellung mag von einer Korrespondenztheorie der Wahrheit nahegelegt sein). Tatsächlich aber verdient auch eine Konfrontation von theoretischen Voraussagen mit experimentellen Daten den Namen ‚Test' (der Theorie), bei der die Theorie zwar die Daten mitbestimmt, aber dennoch Diskrepanzen zwischen den theoretischen Voraussagen und den Daten auftreten können (hier wird Kohärenz als eine notwendige Bedingung für die Gültigkeit einer Theorie vorausgesetzt).

Aber wo bleibt dann der von Balzer (implizit) konstatierte circulus vitiosus, der das Test-Problem zum Problem macht (vgl. Punkt 2)? Er verschwindet deshalb, weil die Balzersche Voraussetzung falsch ist, daß bei der Berechnung der Daten d mittels T „die Gültigkeit der Theorie schon vorausgesetzt" wird (S. 66). Vielmehr wird T hierbei *ebenso hypothetisch* verwendet wie bei der Berechnung des theoretischen Wertes t. Theoretische Werte *und* Daten sind hypothetisch, aber eine hinreichende Differenz zwischen ihnen zeigt an, daß etwas nicht in Ordnung ist.

Aber woher wissen Wissenschaftler, die sich auf Tests der eben genannten Art einlassen, daß tatsächlich zwischen t und d Diskrepanzen auftreten können? Genau hier, so scheint mir, liegt allenfalls das wissenschaftstheoretische Problem, das an die Stelle des Balzerschen Testproblems zu treten hätte. *Mit* der Vereinfachung, die ich bei der obigen schematischen Beschreibung des pragmatisch zirkulären Tests verwendet hatte, hat dieses Problem eine ganz einfache Lösung: man überprüft durch Rechnen, ob d hinreichend stark von z abhängt, so daß d *aufgrund von z* hinreichend verschieden von t sein kann. Bei Theorien mit sehr großem oder gar umfassendem Anwendungsbereich kann die genannte Vereinfachung allerdings unmöglich werden, und es *kann* dementsprechend der Verdacht auftreten, die Theorie sei immun gegen

Tests. Das wissenschaftliche Problem würde dann darin bestehen, in konkreten Fällen zu entscheiden, ob dies der Fall ist. Das wissenschaftstheoretische Problem könnte darin bestehen, allgemeine Kriterien zur Entscheidung solcher Fälle auszuarbeiten oder die Konsequenzen unvermeidbarer Zirkularitäten zu untersuchen, falls es solche gibt.

4. Meine abschließende Bemerkung ist eine Folgerung aus den vorangegangenen. Sollten diese kritischen Bemerkungen nicht nur auf Mißverständnissen beruhen, dann wird offenkundig, daß theoretische Wissenschaftsphilosophie sich jedenfalls nicht im formalen Teil des strukturalistischen Ansatzes erschöpfen kann. Denn die offenbar kontroversen Probleme, die ich diskutiert habe, liegen der möglichen Anwendung formaler Hilfsmittel voraus. Solche Probleme müssen analysiert, wenn nicht gelöst werden, bevor man mit formalen Hilfsmitteln sinnvolle Definitionen aufstellen und informative Theoreme beweisen kann. Andernfalls wird der durch formale Methoden ermöglichte Gewinn an Klarheit und Präzision durch die mangelnde Qualität der Fundamente nachhaltig in Frage gestellt. Die vorgängige Analyse aber muß sich in letzter Instanz im Medium der Alltagssprache bewegen – wie auch alle andere Philosophie seit eh und je.

Danksagung. Ich danke Ulrich Majer für seine kritische Lektüre einer früheren Version dieser Diskussionsbemerkung und seine konstruktiven Änderungsvorschläge.

Gerard Radnitzky

Wozu Wissenschaftstheorie? Die falsifikationistische Methodologie im Lichte des Ökonomischen Ansatzes

Vorschau

1. Eine rationale Diskussion des Generalthemas setzt voraus, daß zuerst Begriffe von „Wissenschaftsphilosophie" und „Wissenschaftstheorie" vorgeschlagen werden, die für unseren Zweck nützliche intellektuelle Werkzeuge sind, d. h. daß Explikata dieser Begriffe angeboten werden. Im folgenden werden Wissenschaftsphilosophie und Wissenschaftstheorie (Methodologie) voneinander unterschieden und *Methodologie wird als eine Art Technologie des Erkenntnisfortschritts aufgefaßt.* Die „Wozu?"-Frage kann dann beantwortet werden.
2. Von den verschiedenen Richtungen innerhalb der gegenwärtigen Wissenschaftstheorie erscheint mir *Karl Poppers FALSIFIKATIONISTISCHE METHODOLOGIE als die leistungsfähigste.* Ihre Grundzüge werden angegeben. Der Schlüsselbegriff dieser Methodologie, die Kritik ins Zentrum stellt, der Begriff der *Falsifikation,* muß so gefaßt sein, daß er mit dem *Fallibilismus,* der These von der prinzipiellen Fehlbarkeit des menschlichen Intellekts, vereinbar ist, und daß er trotz dieser Fehlbarkeit dazu beiträgt, *Erkenntnisfortschritt* zustande zu bringen. Ein systematischer Vergleich der Leistungsfähigkeit verschiedener Ansätze in der Methodologie, Performancevergleiche, müßten an Fallbeispielen untersuchen, was die miteinander konkurrierenden Ansätze dem Forscher zu bieten haben. Dies kann hier nur implizit geschehen.
3. Der *ökonomische Ansatz* verallgemeinert Grundbegriffe der Wirtschaftswissenschaften wie Knappheit, Präferenzen, Opportuni-

tätskosten usf., und wendet diese Begriffe und auch Theorien, in denen sie fungieren, auf die verschiedensten Wissensgebiete an. Dies hat oft zu prüfbaren Konsequenzen geführt, die sich bewährt und somit neue Einsichten ermöglicht haben — Einsichten, die mit anderen Ansätzen nicht zu erreichen gewesen wären. So hat der Ansatz eine interessante ökonomische Analyse der Politik, des Rechts, der Familie, der Kriminalität usf. möglich gemacht (vgl. z. B. [Radnitzky and Bernholz 1987], [Hirshleifer 1985], [Posner 1987]). Bei empirischer Wissenschaftsforschung ist der **Ö**konomische **A**nsatz unentbehrlich. Kann er auch in der Methodologie zu neuen Einsichten führen? Oder handelt es sich nur um anregende Metaphern oder bestenfalls darum, daß er uns zu sehen hilft, *welche Arten von Fragen in bestimmten Forschungssituationen wichtig sind?* Auch das wäre bereits ein gewisser Erkenntnisgewinn. Kurz, lohnt es sich, den Forscher idealtypisch als eine Art Unternehmer zu betrachten, dessen Nutzenfunktion Erkenntnisfortschritt ist? — als einen *„rational discovery-maximizing entrepreneur"*? Diese Frage soll an ein paar Beispielen untersucht werden.

Ich werde mich darauf konzentrieren, die Methodologie zu skizzieren, die mir als die zur Zeit beste erscheint, und werde deshalb Polemik gegen andere Positionen in der Wissenschaftstheorie weitgehend zwischen den Zeilen belassen.

1. Was ist und wozu betreibt man Wissenschaftstheorie?

1.1. Wissenschaftstheorie gegenüber Wissenschaftsphilosophie

Das Generalthema der Seminarreihe heißt „Wozu Wissenschaftsphilosophie?". Wenn ein Fach fragt, wozu es gut ist, ist das ein Zeichen von Unsicherheit. Eine naturwissenschaftliche Disziplin wird sich diese Frage kaum stellen. Die Philosophie nimmt eine Sonderstellung ein, denn es gehört zu ihren Aufgaben, in Frage zu stellen, was im Alltag selbstverständlich erscheint. Stellt man eine solche Frage, muß man, um Mißverständnisse zu vermeiden, zuerst klären, was unter dem Namen der betreffenden Disziplin zu verstehen ist. Wenn die Frage als eine „Was ist . . .?"-Frage formuliert wird, suggeriert dies Essentialismus, eine Suche nach dem „Wesen“ der Dinge. Es gibt nur zwei Möglichkeiten, die „Was-ist?“-Frage rational zu interpretieren: entweder als eine Frage nach dem Sprachgebrauch in bestimmten Texten bzw. bei bestimmten Autoren oder als eine Aufforderung, ein Explikat anzubieten, d. h. einen Vorschlag zu machen, wie ein intuitiver und vager Begriff durch einen besseren ersetzt werden könne – besser in dem Sinn, daß er für bestimmte Zwecke ein besseres intellektuelles Werkzeug darstellt als der intuitive Begriff. Da es sich im vorliegenden Fall um den Namen einer Disziplin handelt, wird man also entweder angeben, welches Programm bestimmte Autoren in der betreffenden Disziplin haben, oder man wird sein eigenes Programm für diese Disziplin vorstellen.

Was jemand unter ‚*Wissenschaftsphilosophie*‘ verstehen will, welches Programm er für diese Bindestrich-Philosophie für empfehlenswert hält, *wird von seiner philosophischen Grundposition abhängen*. Manchmal wird der Begriff so weit gefaßt, daß er die Wissenschaftstheorie einbezieht. Ich schließe mich diesem Sprachgebrauch nicht an, sondern plädiere für eine Arbeitsteilung und schlage vor, Wissenschaftstheorie oder Methodologie als eine selbständige Disziplin zu betrachten. Als Kern der Wissenschafts*philosophie* betrachte ich folgende Themenbereiche: 1. kulturphilosophische Reflexionen über das Verhältnis von Wissenschaft zu anderen Phänomenen unserer Kultur; 2. gewisse metaphysische Spekulationen, z. B. über die Frage „Was geschah vor dem Urknall?“ (die Wissenschaft liefert einen guten Bericht für das, was folgte, kann aber für die Zeit vorher nichts sagen), Gedankenexperimente um das anthropische Prinzip, Reflexionen über die Frage, ob der Geltungsbereich der physikalischen Gesetze aus der schnellen inflationären Expansion des Universums aus einem chaotischen Zustand hervorgegangen ist, welche die Gesetze wie auch die Naturkonstanten in einem großen Raumvolumen sozusagen einfror. Das heißt, sie befaßt sich mit Fragen, die mit dem auf Wissenschaft gestützten Weltbild zu tun haben, aber von der Wissenschaft selbst nicht beantwortet werden können.

Mit „Wissenschaft“ meine ich hier – als eine grobe Explikation – eine Tätigkeit, deren *Ziel* es ist, Theorien zu produzieren, die die Wirklichkeit besser und besser *darstellen und erklären* können und die deshalb durch *empirische Prüfung* kontrolliert werden müssen. Die *Logik* ist dabei ein Instrument, das hauptsächlich zwei Funktionen hat: 1. informationstheoretisch betrachtet, jeweils einen Teil der in den Prämissen enthaltenen Information herauszuholen und explizit zu machen — wobei hier Entdeckungen und Erkenntnisfortschritt möglich sind, obgleich in der Konklusion nur das vorkommen kann, was in den Prämissen bereits enthalten ist, enthalten im Sinne von abstrakten Entitäten (Poppers Welt-3); 2. beweistheoretisch gesehen, zu kontrollieren, ob eine bestimmte Ableitung gültig ist. Ich betrachte auch die Logik als eine eigenständige Disziplin. Wissenschaftslogische Untersuchungen können für die Methodologie sehr nützlich sein, wenn sie die Gefahr des Modellplatonismus (das geflügelte Wort stammt von Hans Albert) vermeiden. Dies ist nicht immer der Fall, wie zum Beispiel Mario Bunges klassische Kritik des Strukturalismus in der Wissenschaftstheorie zeigt.[1]

Methodologie fasse ich — mit Hans Albert — als eine Art *Technologie des Erkenntnisfortschritts* auf. Die Methodologie gibt Anleitungen in Form von *Daumenregeln* für Erkenntnisverfahren, d. h. für eine Tätigkeit, deren Ziel Erkenntnisfortschritt ist, die nach Entdeckungen strebt. Eine methodologische Regel kann etwa folgende Form haben: Da Ihr Ziel Erkenntnisfortschritt ist, empfiehlt Ihnen die Methodologie *MT* für den Fall, daß Sie sich in einer Forschungssituation vom Typ *S* befinden, gemäß Regel *R* zu verfahren. Festzustellen, ob Sie sich tatsächlich in dieser Art von Forschungssituation befinden, das ist Ihre Sache. Die Regel *R* wird empfohlen, weil, wenn Sie R folgen, Ihre Chancen, Ihr Ziel, Erkenntnisfortschritt zu erreichen, besser sind als sie es wären, wenn Sie einer mit *R* konkurrierenden methodologischen Regel *R'* folgen würden. Das heißt, es wird nicht mehr versprochen, als daß dieses Verhalten zur Zielrealisierung günstig ist. Kern einer Methodologie der wissenschaftlichen Forschung sind also Anweisungen. Unter ihnen kommt eine besonders wichtige Rolle denjenigen Anweisungen zu, die besagen, wie miteinander konkurrierende Problemlösungsvorschläge zu bewerten sind. Die *methodologischen* Bewertungen sind *instrumentelle* Bewertungen: Sie

[1] Eine kurze Übersicht bietet Bunges Rezension von Truesdell in *The British Journal for the Philosophy of Science* 37:520—532 (Dec. 1986), besonders seine Bemerkungen zum Kapitel „Suppesian stew" (über Suppes, Sneed, Stegmüller, Moulines, Mosterin usf.).

behaupten etwas über den Wert bestimmter Mittel zur Erreichung eines vorgegebenen Zieles, in diesem Fall des Erkenntnisfortschritts, eines Zieles also, das durch den Charakter der Tätigkeit, des Forschens, festgelegt ist. Bei den methodologischen Bewertungen geht es daher um *Sach*fragen, um Aussagen, die wahr oder falsch sein können; die fallibel, aber objektiv sind. Der Forscher muß ständig methodologische Entscheidungen und Bewertungen vornehmen: Er muß z. B. entscheiden, welcher von zwei konkurrierenden Problemlösungsvorschlägen der bessere ist, welche von zwei alternativen Erklärungen oder welche von zwei konkurrierenden Theorien vorzuziehen ist, welches Verfahren effektiver ist, usf. Und selbstverständlich muß er sich schließlich auch die Frage stellen, *welche von den zur Zeit angebotenen Methodologien die leistungsfähigste ist.*

Wie sieht die „Ökologie" der Wissenschaftstheorie, ihr Verhältnis zu den Nachbardisziplinen, aus? Die Methodologie ist eingebettet in eine Erkenntnistheorie (und diese gegebenenfalls in eine Ontologie). Sie kann ihrerseits auch Beiträge zur Erkenntnistheorie liefern, z. B. wenn sie anhand der Induktivismuskritik (von Hume zu Popper) zeigt, daß ein bestimmtes Erkenntnisideal utopisch ist und keine idée directrice abgeben kann. Aber sie ist nicht identisch mit Erkenntnistheorie und auch kein Teil der Erkenntnistheorie. Die Methodologie ist nicht unabhängig vom Stand des Wissens in den Erfahrungswissenschaften (z. B. der Perzeptionspsychologie und der Biologie); aber sie ist keine Erfahrungswissenschaft. Im Gegenteil, sie konzentriert sich auf methodologische Anweisungen, auf Bewertungen und Geltungsprobleme, und Entstehungsgeschichte und Wirkungsgeschichte sind für methodologische Fragen ebenso irrelevant wie Konsens. Die heute sehr populäre Richtung der sogenannten „sociology of knowledge" – die wohl besser ‚sociology of belief' genannt werden sollte – verneint das: das hat zum „sociological turn in the ‚philosophy of science'" geführt, der Reduktion der Methodologie auf Soziologie (vgl. z. B. Part III von [Bartley and Radnitzky 1987]). Die Methodologie ist keinesfalls nur logische Rekonstruktion; im Gegenteil, logische Rekonstruktionen liefern Ansatzpunkte für methodologische Überlegungen. Dabei kann die Logik manchmal auch zeigen, wo sie nichts mehr hinzufügen kann, und an solchen Stellen können methodologische Überlegungen manchmal noch ein Stück weiterhelfen. Kurz, die Methodologie versucht weder zu beschreiben noch zu erklären; und sie ist nicht angewandte Logik (wie es z. B. W. Stegmüller und seine Schüler sowie die Vertreter des Strukturalismus meinen). Sie ist eine Art Technologie. Sie kann keine Algorithmen und auch keine Erfolgsgarantie bieten, aber manchmal kann sie die Erfolgsaussichten des Forschers verbessern. Sie soll die Freiheitsgrade des Forschers nicht verringern, sondern erhöhen, indem sie ihm hilft zu erkennen, welche Arten von Fragen er sich bei gewissen Entscheidungsproblemen zu stellen hat, und welche Optionen er in einem bestimmten Fall hat.

Die Methodologie hat mit einer Technologie viele Gemeinsamkeiten. Aber im Unterschied zu Hans Albert meine ich, daß zwischen der Methodologie und einer typischen Technologie wichtige Unterschiede bestehen (vgl. z. B. [Radnitzky 1981], S. 47 f.). Die *negativen* Aspekte der *Analogie Methodologie/Technologie* sind m. E. insbesondere folgende: 1. Die Anwendung einer Technologie ist Routine, während eine Methodologie Raum für Kreativität lassen muß. 2. Eine effektive Technologie bietet ein sicheres[2] Verfahren zur Zielrealisierung, während die Methodo-

---

[2] Die Apokalyptiker unter den „Wissenschafts- und Technikphilosophen" und manche populärwissenschaftliche Erfolgsautoren (wie z. B. H. v. Ditfurth) werden hier einwenden, es gäbe ja keine *sichere* Technik. Das ist richtig. Aufgrund der Fallibilität des Menschen kann es eine risikofreie Technik ebensowenig geben wie sicheres Wissen im begründungsphilosophischen Sinn. Bei vielen Leuten führt die Einsicht, daß der Anspruch auf ein Leben ohne Risiko, eine Technik ohne Risiko, infantil ist, dazu, daß Heilsutopie in Schrekkensutopie, das Prinzip Hoffnung in das Prinzip Angst, umschlägt. (Eine metapolitische Fortschrittskritik erhält dann oft eine sehr reale antidemokratische Stoßrichtung.) Anstelle von Ernüchterung (Helmut Schelskys Prinzip der Erfahrung), kippt – aufgrund von Weltfremdheit (Odo Marquard) – Überhoffnung um in Massenhysterie, Fortschrittsgläubigkeit in Katastrophenangst, Verherrlichung der Technik in Verteufelung der Technik als Sündenfall. In beiden Fällen ist es derselbe begründungsphilosophisch-utopische Denkstil, nur mit umgekehrten Vorzeichen. Diese Stimmung wird durch die Komplizität von Medien und Politikern verstärkt: die Medien suggerieren eine „Krise" und die Politiker nutzen die Gelegenheit, sich als Retter in der Not aufzuspielen. Mediengeschürte Katastrophenhysterie wird zum taktischen Mittel der Tagespolitik. (Eine hervorragende Analyse von Beispielen dieses Zeitphä-

logie bestenfalls die Erfolgsaussichten verbessern kann. 3. Bei einer Technologie kann das Ziel angegeben werden, *ohne* daß diese Technologie selbst zur Zielangabe herangezogen wird. Dagegen gehört es zu den Aufgaben der Methodologie, das Ziel – Erkenntnisfortschritt – zu klären. 4. Verläßliche Technologien basieren auf hochbewährtem wissenschaftlichem Gesetzeswissen. Die Frage, ob eine bestimmte Gesetzeshypothese genügend bewährt ist, ist eine methodologische Bewertungsfrage. Außerdem kommt das Wissen, auf das sich methodologische Regeln stützen, teilweise aus methodologischen Untersuchungen. Wenn man den begründungsphilosophischen Denkstil vermeidet, dann brauchen diese Umstände jedoch nicht zu einem circulus vitiosus zu führen.

Mein Thema habe ich somit auf Methodologie eingegrenzt; über Wissenschaftsphilosophie werde ich mich im folgenden nicht mehr äußern.

1.2. Wozu Methodologie?

Eine Apologie der Methodologie hat zwei Ebenen zu berücksichtigen: diejenige des Forschers und die der Wissenschaftspolitik.

1.2.1. Verwendet man den **Ö**konomischen **A**nsatz, dann kann auf der *MIKROEBENE*, auf der Ebene des *einzelnen Forschers*, diesen auffassen als einen *Unternehmer* in Entdeckungen, als einen rationalen „discovery-maximizing producer", und ein *Forscherteam* als analog einer Firma. Die Methodologie soll dem Forscher bei der Allokation von knappen Ressourcen an Zeit, Arbeitskraft, Spezialkenntnissen, Methoden usf. helfen. Da bereits vorhandene Theorien, mathematische Kalküle, Betrachtungsweisen usf. epistemische Ressourcen, eine Art Kapital, darstellen, stellt sich bereits hier das Problem: Welche solcher Ressourcen lohnt es sich zu beschaffen? Und von Anfang an stellt sich auch das Problem der rationalen Problemauswahl. Da alle seine Ressourcen knapp sind, hat der Forscher zu entscheiden, welches von zwei um knappe Ressourcen konkurrierenden Problemen das „wissen-

---

nomens bietet [Efron 1984].) Die Wissenschaftstheorie kann hier dem lernfähigen Teil der Bevölkerung helfen, zu einer *nüchternen Beurteilung des Nutzen-Risiko-Verhältnisses* zurückzufinden.

schaftlich wichtigere" ist, d. h. dasjenige, von dem die höhere Rendite an neuem Wissen zu erhoffen ist. Wie bei jeder unternehmerischen Tätigkeit handelt es sich hier um riskante Investitionsentscheidungen (vgl. z. B. [Radnitzky 1980 b], S. 367). Ich möchte bereits an dieser Stelle erwähnen, *daß, wenn es darum geht, das Verhalten eines Forschers, eines Forscherteams oder der „scientific community" zu erklären oder vorauszusagen, der Ökonomische Ansatz unentbehrlich ist.* Seine Grundidee ist, daß, wenn die Nutzenfunktion eines rational Handelnden bekannt ist, überall die Kostenseite des Handelnden zu berücksichtigen ist. Die Kosten sind hauptsächlich Opportunitätskosten: entgangener Nutzen. *Lohnt es sich für den Forscher, auch in Methodologie Zeit zu investieren?*

In der wissenschaftstheoretischen Literatur gibt es zwei bekannte Argumente, warum sich das *nicht* lohne. Ich werde versuchen, sie zu entkräften. Es wird oft der Einwand gemacht, ein guter Forscher könne solche methodologischen Bewertungen mit schlafwandlerischer Sicherheit treffen. Der Einwand mag für Fächer, in denen sich bewährte Forschungstraditionen herauskristallisiert haben, begrenzt zutreffen. Diese Traditionen evoluieren wie eine spontane Ordnung; sie stellen implizites Wissen („tacit knowledge") dar und haben Entlastungsfunktion, indem sie bei Routineproblemen Entscheidungskosten und Informationskosten reduzieren. Sie sind eine Art „human capital". In Fächern, wo Theoriebildung durch empirische Prüfung effektiv kontrolliert wird, mögen sie bei gewissen Forschungsvorhaben als Entscheidungshilfen ausreichen. Je weiter eine Problemsituation sich jedoch von Routineproblemen entfernt, desto mehr wird es notwendig, Bewertungskriterien und andere methodologische Regeln explizit zu machen. Außerdem kann eine Regel nur dann kritisiert werden, wenn sie sprachlich formuliert worden ist, und nur wenn sie kritisierbar ist, kann sie gegebenenfalls verbessert werden. Je weiter sich der Forscher von Routineproblemen entfernt, desto deutlicher ist es, daß er nolens volens methodologische Entscheidungen zu treffen hat und insofern als sein eigener Methodologe fungiert. Wenn ihm das nicht bewußt wird, dann ist er eben ein méthodologicien malgré lui. Diejenigen, die behaupten, daß sie keiner bestimmten Forschungstradition folgten und ohne Methodologie auskämen, sind fast immer naive Positivisten, d. h. sie verwenden, ohne es zu wissen, eine längst überholte Methodologie.

Deshalb ist auch das zweite Argument, der Vorschlag von Paul Feyerabend und Thomas Kuhn, die methodologischen Probleme dem Forscher zurückzugeben mit dem Hinweis, daß jede Situation einmalig ist, keine Lösung. Zufall und Irrtum, manchmal fruchtbarer Irrtum, spielen gewiß eine Rolle, und jede historische Situation ist in einem gewissen Sinne einmalig. Aber daraus folgt nicht, daß sie nicht gewisse Gemeinsamkeiten mit anderen konkreten Problemsituationen haben könnte. Es ist Aufgabe der Methodologie, den Einfluß dieser historischen Kontingenzen zu reduzieren. Die Regeln der allgemeinen Methodologie müssen schematisch sein, um genügend Raum für die Kreativität zu lassen, die den Besonderheiten der jeweiligen einmaligen Problemsituation Rechnung trägt, und eine routinemäßige Anwendung von Regeln der allgemeinen Methodologie ist bereits aus diesem Grunde nicht möglich. *Wenn sich der Forscher mit einer selbstgebastelten Methodologie begnügt, dann wird er bei der Wahl seiner epistemischen Ressourcen insofern unwirtschaftlich gehandelt haben. Denn auch hier ist Arbeitsteilung effizienter,* und sobald sich die Methodologie als Spezialdisziplin entwickelt hat, darf man hoffen, daß zumindest gewisse Resultate dieser Disziplin eine bessere epistemische Ressource darstellen als eine unbewußt verwendete oder eine selbstgebastelte Methodologie. Wenn aber der Forscher selbst Zeit in die Entwicklung methodologischer Regeln investiert, dann agiert er nicht nur als angewandter Methodologe, sondern arbeitet insofern selbst als Methodologe.

Zusammenfassend: Für den Forscher, der sich nicht nur mit Routineproblemen befaßt, ist die Investition von Zeit und Energie in Methodologie leicht zu rechtfertigen. Da er in seiner täglichen Arbeit methodologische Entscheidungen und Bewertungen nicht vermeiden kann, und da Arbeitsteilung überall effizienter ist als keine Arbeitsteilung, wird es sich für ihn lohnen, sich mit dem Angebot an Methodologien vertraut zu machen. Dieses Argument kann auch dazu dienen, Investitionen von Ressourcen in die Verbesserung von Methodologien zu rechtfertigen. Diese Überlegung führt uns in das Gebiet der Wissenschaftspolitik.

1.2.2. Auf der *Makroebene,* der Ebene der *Wissenschaftspolitik,* ist es nicht mehr so einfach, eine Apologie der Methodologie zu geben. Welche intellektuell redlichen Argumente können vorgebracht werden dafür, daß Steuergelder – oder jedenfalls Gelder anderer – sowie auch Ressourcen an Humankapital wie zum Beispiel Forschungskapazitäten, für eine bestimmte Art von Forschung, im vorliegenden Fall für Methodologie, verwendet werden? (Wir sprechen hier nicht von opportunistischen Argumenten, mit denen man bestimmte Politiker oder die Allgemeinheit rhetorisch überzeugen kann, sondern von echten Argumenten.) Im Bezug auf die Mikroebene könnte man vielleicht etwas metaphorisch von einer „internen Forschungspolitik" des individuellen Forschers oder eines Forscherteams sprechen. Auf der Makroebene ist man jedoch berechtigt, von *Politik* zu sprechen, und die Wissenschaftspolitik ist ein Teil der Industrie- und Staatspolitik und für die moderne Industriegesellschaft ein Politikum ersten Ranges. Der künftige Wohlstand, wenn nicht sogar das Überleben einer Industrienation, wird ganz wesentlich davon abhängen, ob sie in Naturwissenschaft und Technik Spitzenleistungen erbringen kann. Aufwendungen für diese Bereiche sind daher leicht zu rechtfertigen. Dazu wäre allerdings zu bemerken, daß es wegen der Opportunitätskosten volkswirtschaftlich empfehlenswert ist, wenn die Selektion und Finanzierung von Projekten im Bereich der anwendungsbezogenen Forschung und Entwicklung den Marktmechanismen überlassen bleiben und der Staat sich auf Förderung von Grundlagenforschung beschränkt. Aufwendungen für Grundlagenforschung werden vor allem mit dem Hinweis gerechtfertigt, daß es in der Wissenschafts- und Technologiegeschichte unzählige Beispiele gibt, daß Resultate von Forschung, die nur um der Erkenntnis willen betrieben wurde, oft unerwartet größte Bedeutung für die Entwicklung neuer Technologien bekommen können (Alvin Weinbergs bekanntes „overhead argument"). Alle anderen Argumente sind weit weniger überzeugend.

‚Grundlagenforschung' oder *‚reine* Wissenschaft' definiere ich folgendermaßen: Ein Projekt stellt Grundlagenforschung dar in dem Ausmaß, in dem bei der Projektauswahl die vermutete Fruchtbarkeit der Probleme für den Erkenntnisfortschritt Priorität hat (vgl. z. B. [Radnitzky 1986 a]).

Das „overhead argument" ist selbstverständlich nur für Naturwissenschaften anwendbar. Ansprüche, die andere Disziplinen auf Steuergelder machen, sind viel problematischer. Besonders die Sozialwissenschaften haben sich, nicht zuletzt durch die Produktion fragwürdiger Soziallehren, einen Teil des goodwills, das man ihnen nach dem Krieg entgegenbrachte, wieder verscherzt (vgl. z. B. [Braeman 1987], S. 404). Da die Methodologie zu den Sozial- und Geisteswissenschaften gezählt wird, können Ausgaben für sie nur dann gerechtfertigt werden, wenn man plausibel machen kann, daß Methodologie für die Wissensproduktion, für die Erstellung von Humankapital, tatsächlich nützlich ist. Es geht dabei nicht nur um finanzielle Ressourcen; eine entscheidende Rolle spielen die *Opportunitätskosten,* denn Investitionen in ein Projekt verringern die Möglichkeit, Ressourcen und insbesondere Humankapital, in andere Projekte zu investieren, die vielleicht lohnender gewesen wären.

Die Probleme der Forschungspolitik – sei es der staatlichen oder derjenigen von Stiftungen oder anderer Träger – sind nicht nur das Rahmenbudget und die Allokation der Ressourcen innerhalb dieses Rahmens, sondern vor allem die Frage, *welche Institutionen bzw. Organisationsformen die Verbesserung des Humankapitals im weiten Sinne fördern.* Wenn es darum geht, institutionelle Rahmen zu schaffen, die der Erstellung von Humankapital sowohl im Sinne von neuem Wissen als auch von der Ausbildung von künftigen Produzenten neuen Wissens förderlich sind, braucht man Wissen über das System Wissenschaft. Dieses Wissen kommt von allen Disziplinen, die sich mit dem Phänomen Wissenschaft befassen, aber vor allem von der Methodologie. Denn zum Beispiel ein Wissenschaftshistoriker kann seine Arbeit nicht einmal beginnen, ehe er die Frage beantwortet hat, welche von der Unmenge von Ideenentwicklungen, die in der Geschichte vorkommen, von so großem wissenschaftlichem Interesse sind, daß es sich lohnt, sie näher zu untersuchen. Eine solche Entscheidung stützt sich auf methodologische Bewertungen.

Der Korpus des wissenschaftlichen Wissens *evoluiert* wie eine *spontane Ordnung,* d. h. er ist das Resultat planmäßiger Handlungen einzelner Individuen, die jedoch weder einzeln noch als Kollektiv beabsichtigen, gerade diesen Zustand herbeizuführen. Sie könnten das auch gar nicht, denn das relevante Wissen ist weitverstreut und vermutlich ist ein Teil des relevanten Könnens „tacit knowledge". Das System ist *selbstkorrigierend,* zumindest in denjenigen Bereichen, wo vorgeschlagene Problemlösungen laufend einer strengen empirischen Prüfung unterworfen werden. Dort ist die Theorienabfolge ein objektiver Prozeß: Langfristig verdrängt die bessere Theorie die schlechtere (Radnitzky 1987 a, S. 315 ff.). Betrachtet man den Korpus des Wissens als spontane Ordnung, und konzipiert man den Forscher als einen Unternehmer, dessen Nutzenfunktion – idealtypisch betrachtet (Radnitzky 1987 a, S. 288) – der Erkenntnisfortschritt ist, dann folgt daraus, daß diejenigen institutionellen Rahmen die Verbesserung des Humankapitals (wissenschaftliches Wissen und Ausbildung von Produzenten solchen Wissens) am besten fördern, die der marktwirtschaftlichen Ordnung am ähnlichsten sind.[3] So wie die marktwirtschaftliche Ordnung die Ausnutzung weitverstreuten lokalen Wissens ermöglicht – und nur sie kann dies –, *fungiert der freie Wettbewerb der Ideen im „Markt der Ideen" als Entdeckungs- und Selektionsverfahren* und ermöglicht Qualitätserhöhung. Und wie in der marktwirtschaftlichen Ordnung muß im Wissenschaftsbetrieb ein Zusammenhang zwischen Leistung und Belohnung – in welcher Form auch immer, von Reputation bis Remuneration – sichergestellt werden. Ohne entsprechende *Anreize* ist Produktivität und Effizienz nicht zu erreichen.[4] Anreize, wie auch der

---

[3] Diejenigen Nationen, die es zu Wohlstand gebracht haben, verdanken dies der marktwirtschaftlichen Ordnung. Technologische Errungenschaften spielen eine zunehmende Rolle bei der Erzeugung von materiellem Wohlstand. Aber auch sie gedeihen nur in einem institutionellen Rahmen, der der marktwirtschaftlichen Ordnung analog ist (vgl. z. B. [Brunner 1984]).

[4] Die UdSSR hat mehr Wissenschaftler und Technologen als jedes andere Land der Welt; dennoch ist Quantität keine Garantie für Qualität in einem ideologiedurchtränkten System, das keine entsprechende Anreizstruktur bietet. Die UdSSR beschäftigt zur Zeit etwa ein Viertel der Wissenschaftler der Welt und etwa die Hälfte der Ingenieure und hat eine ausgezeichnete Schulausbildung in den Naturwissenschaften. Dennoch ist sie weit davon entfernt, auf diesen Gebieten den westlichen Industrienationen ebenbürtig zu werden. Im letzten Jahrzehnt hat sie z. B. nur einen Nobelpreis bekommen: Pyotr Kapidza, der 13 Jahre in Rutherford's Laboratory in Cambridge, England, gearbeitet hat (vgl. [Mekler 1986]) – und der gesamte Ostblock hat kaum Patente. Vgl. z. B. auch Vladimirow, L. *The Russian Space Bluff.* London 1987 (Kurzfassung in *NZZ* 29. 9. 87).

Wettbewerb selbst, setzen property rights voraus: Der Forscher als Unternehmer in Entdeckungen muß gewisse Eigentumsrechte auf den Ertrag seiner Mühe haben. Allerdings sind Eigentumsrechte in Ideen und anderen abstrakten Entitäten durch copyright und Patentrechte nur sehr unvollständig gesichert, weshalb die Ideenproduktion meist externen Nutzen liefert.[5] Auch in der Grundlagenforschung erwartet der Forscher, da er seinen Kollegen neue epistemische Ressourcen zur Verfügung stellt, daß sie ihn dafür auch belohnen, z. B. durch Zitieren, Anerkennung für erbrachte Leistungen, Preise, Einladungen usf. Der Ökonomische Ansatz ist hier offensichtlich relevant. die Extra-Gehaltssteigerung im „merit-system" der amerikanischen Universitäten dient übrigens dem gleichen Zweck.

Dem freien Wettbewerb (innerhalb des gesetzlichen Rahmens) in der marktwirtschaftlichen Ordnung entspricht in der Wissenschaft der freie Wettbewerb der Ideen und *die unbehinderte Kritik konkurrierender Problemlösungsvorschläge* im Dienste der Fehlereliminierung. (Das setzt „freedom of speech" voraus [Posner 1987, S. 7].) Die natürliche Auslese im biologischen Bereich und der kulturelle Siebungsprozeß im Sinne von Friedrich von Hayek werden in der Forschung durch ein bewußtes und systematisches Ausleseverfahren ergänzt, das konkurrierende Problemlösungsvorschläge einer strengen empirischen Prüfung unterzieht. Den protektionistischen Maßnahmen in der Wirtschaft entsprechen die Kartellierungstendenzen im akademischen Bereich. In beiden Fällen wird die Verbesserung des Wohlstandes — in der Wirtschaft des Wohlstandes im materiellen und finanziellen Sinn und in der

[5] Das lokale Wissen, das für wirtschaftliches Handeln in einem Markt relevant ist, läßt sich — wie F. v. Hayek gezeigt hat — aus *epistemischen* Gründen nicht zentral sammeln und hantieren. Das ist der Grund, weshalb die Effizienz der marktwirtschaftlichen Ordnung von zentraler Planwirtschaft nicht simuliert werden kann. Aus diesem Grunde werden die Eigentumsrechte an solchem lokalen Wissen gewissermaßen nolens volens respektiert. Wieviele Auswirkungen das *Fehlen von Eigentumsrechten an Wissen (Informationen)* hat, beleuchtet schlaglichtartig die aktuelle Diskussion des Insider-Trading. Da die Forderung, daß alle gleichzeitig über das gleiche Wissen (Informationen) verfügen sollen, utopisch ist, bewirkt die Insider-Gesetzgebung ein Umverteilen zugunsten der „Floor-Traders", d. h. derjenigen, die die Information am Monitor zuerst empfangen.

Wissenschaft des Potentials an Humankapital — durch Behinderung des Wettbewerbs erschwert bzw. unmöglich gemacht. Die Kartellierungstendenzen sind desto gefährlicher, je weniger in der betreffenden Disziplin die Theorienbildung durch empirische Prüfung kontrolliert wird. In der Philosophie fungiert diese Kontrolle nur sehr selten, weshalb sich untaugliche Theorien durch die Jahrtausende halten können. In der Wissenschaftstheorie dagegen sollten sich langfristig diejenigen Richtungen durchsetzen, die diejenigen Gruppen, die sie verwenden, erfolgreicher machen als ihre Konkurrenten, die andere Methodologien verwenden. Auf diese Weise werden Regeln im kulturellen Siebungsprozeß ausgewählt, und die wissenschaftstheoretischen Richtungen sollten hier keine Ausnahme machen. Allerdings ist das Verwenden einer adäquaten Methodologie nur eine der notwendigen Bedingungen des Erfolgs. Der geniale Einfall ist eine zusätzliche und entscheidende Bedingung — und der ist nicht planbar.

Zusammenfassend: Zwei Arten von Rechtfertigungsargumenten für Ausgaben für Methodologie bieten sich an. 1. Methodologische „sophistication" ist für den Forscher nützlich und daher auch für die Forscherausbildung. 2. Eine gewisse Vertrautheit mit Methodologie ist für eine rationale Wissenschaftspolitik unentbehrlich. Erfolgskontrolle einer Forschungspolitik involviert, auf allen Ebenen, Qualitätskontrolle der Produkte, und das heißt methodologische Bewertungen. Diese Bewertungen sind selbstverständlich subtil und riskant, und meistens werden sie in der Praxis, faute de mieux, dem peer judgment zu überlassen sein. Meine These, daß die bessere Theorie (methodologische Bewertung) die schlechtere „verdrängt" (soziologische Aussage), gilt nur für Bereiche, in denen strenge empirische Prüfung zur Routine gehört, und auch dort nur langfristig. Aber Vertrautheit mit Methodologie schützt den Forschungspolitiker zumindest davor, auf schlechte Qualitätskriterien hereinzufallen. Sie hilft ihm zum Beispiel einzusehen, daß die Verwendung des populären Zitationsindex als Qualitätskriterium dem naiven Versuch gleicht, methodologische Bewertungen auf soziologische Aussagen zu reduzieren nach dem Motto „Wahr ist, was für wahr gehalten wird". Die fallibilistische Perspektive hilft dem Wissenschaftspolitiker und -administrator einzusehen, daß Forschung ein risikoreiches Unternehmen ist und daß es auf neue Ideen ankommt, d. h. daß die beste Hardware-Ausstattung nicht viel nützt, wenn die Forscher keine fruchtbaren Probleme haben, daß die Empirie von der Theorie angeleitet wird und nicht umgekehrt. Die fallibilistische Methodologie betont in ihrem methodischen Kritizismus mehr als alle anderen Methodologien, daß das objektive Ausleseverfahren durch empirische Prüfung den Kernbereich der Forschung darstellt. Deshalb folgt aus dieser Methodologie für die Wissenschaftspolitik, daß es zu den Aufgaben einer rationalen Wissenschaftspolitik gehört, Organisationsformen zu schaffen, die sicherstellen, daß möglichst viel Wettbewerb herrscht, daß Kartellierungstendenzen entgegenzuarbeiten ist, während im übrigen Interventionen in den Wissenschaftsbetrieb von außen zu vermeiden sind, da sie mehr Schaden als Nutzen stiften würden. Aus der kritizistischen Methodologie folgt auch, daß, trotz der prinzipiellen Fallibilität aller Bewertungen, eine Rangordnung der Universitäten nach erbrachter Leistung in einem bestimmten *Fach* ein unentbehrliches Mittel der Qualitätskontrolle für Forschungseinrichtungen und daher auch für Studenten eine unentbehrliche Informationsquelle für die rationale Wahl der Universität ist. Selbstverständlich ist nur ein fachbezogenes und gegebenenfalls fachteil-bezogenes „ranking“ sinnvoll. Die USA und Japan haben mit dem Prinzip des Wettbewerbs der Universitäten um die besten Studenten und des Wettbewerbs der Studenten um Platz an den besten Universitäten — d. h. der zur Zeit in ihrem *Fach* besten — ausgezeichnete Erfahrungen gemacht, während z. B. in der Bundesrepublik Deutschland diese Vorstellungen sich erst mühsam gegen „vested interests“ von Bürokraten und egalitären Ideologen durchsetzen müssen.[6] Im Wettbewerb der Methodologien sprechen auch diese Überlegungen für die falsifikationistische Methodologie. Im folgenden Abschnitt sollen zumindest ihre Grundzüge skizziert werden.

[6] Wie aktuell das Thema des Wettbewerbs zwischen Hochschulen für die Bundesrepublik geworden ist, zeigt das Juli-1987-Heft von *Freiheit der Wissenschaft*.

2. Die falsifikationistische Methodologie

2.1. Die falsifikationistische Methodologie ist eingebettet in den kritischen Rationalismus und gleichzeitig sein Kernstück

Das Grundprinzip des kritischen Rationalismus ist die *Idee der kritischen Prüfung,* und das Eigenschaftswort ‚kritisch' soll den Gegensatz zum klassischen Rationalismus und damit zu allen Varianten der Begründungsphilosophie betonen. Im Kontext des kritischen Rationalismus dient Kritik nämlich niemals dem Ziel, Sätze zu beweisen — in der Hoffnung, diese Sätze dann als unkritisierbare Ausgangspunkte, als epistemischer Felsgrund, verwenden zu können —, sondern Kritik dient ausschließlich der Fehlereliminierung.[7]

Die falsifikationistische Methodologie ist eingebettet[8] in die Erkenntnistheorie des kritischen Rationalismus, die oft ‚evolutionäre Erkenntnistheorie' genannt wird.[9] Es ist die *erste vereinheitlichende Erkenntnistheorie.* Sie befaßt sich unter anderem mit komparativen Analysen von Erkenntnisapparaten verschiedener Spezies und mit der Entstehung solcher Erkenntnisapparate. Sie ist vereinheitlichend, denn sie geht von der Auffassung aus, daß alles Leben Problemlösen involviert und allem erfolgreichen Problemlösungsverhalten ein gemeinsames Schema zugrundeliegt, nämlich Kreativität und Kritik — in verschiedener Form, z. B. auf der biologischen Ebene in der Form von Genrekombination und natürlicher Auslese, in der kulturellen Evolution von Innovationsversuchen und Erprobung durch den kulturellen Siebungsprozeß (F. v. Hayek), und in der Forschung in der Form von kreativer Vermutung und empirischer Prüfung.

---

[7] Vgl. z. B. die im Literaturverzeichnis angegebenen Arbeiten von Popper, Albert, Bartley, Andersson und Pähler sowie den Sammelband (Radnitzky and Bartley 1987).

[8] Man kann viele Spezialprobleme der Methodologie behandeln, ohne sich um Erkenntnistheorie und Ontologie zu kümmern. Aber für ein tieferes Verständnis einer bestimmten methodologischen Richtung ist es notwendig, die Erkenntnistheorie und auch die Ontologie zu kennen, die den Rahmen dieser Richtung bilden.

[9] Vgl. z. B. die Beiträge von Donald Campbell, Popper, Bartley und Radnitzky in (Radnitzky and Bartley 1987), Part I sowie (Radnitzky 1987 b).

Die Maxime der Kritik verbietet es, irgendetwas – sei es eine beschreibende Aussage, eine Theorie, ein Kriterium, einen Gesichtspunkt usf. – zu dogmatisieren, *einschließlich* dieser Maxime. (W. W. Bartley, III, hat hier Poppers Ansatz zum „pancritical rationalism" erweitert.) Es kann nämlich gezeigt werden, daß die Anwendung der Maxime auf sich selbst nicht zu semantischen Paradoxen zu führen braucht, wie früher vielfach angenommen wurde (s. z. B. [Radnitzky and Bartley 1987], Part II).

Der wichtigste Aspekt der Vorstellung vom menschlichen Erkenntnisvermögen, die der kritische Rationalismus sich zu eigen gemacht hat, ist die These von der prinzipiellen *Fallibilität* des menschlichen Erkenntnisvermögens. Besonders wichtig ist es, daß alle Verfahren zur Ermittlung des Wahrheitswertes beschreibender Sätze prinzipiell fallibel sind. Es gibt keine Sicherheit, weder eine Wahrheitsgarantie noch eine Falschheitsgarantie. Der dabei angesprochene Wahrheitsbegriff ist der Begriff der zutreffenden Darstellung, wobei der komparative Begriff der „zutreffenderen Darstellung als" besonders wichtig ist.

Trotz der prinzipiellen Fehlbarkeit des menschlichen Intellekts ist jedoch Erkenntnisfortschritt möglich, und zwar mittels des eben angesprochenen Verfahrens des rationalen Problemlösens. In der kulturellen Evolution haben sich – als spontane Ordnungen – institutionelle Rahmen entwickelt, die es erlauben, in bestimmten Bereichen den kulturellen Siebungsprozeß durch ein *bewußtes* Selektieren zu ergänzen (s. z. B. [Radnitzky 1987 c], S. 58). Dies gilt insbesondere für die Tätigkeitsbereiche des Wirtschaftens und der wissenschaftlichen Forschung.

Die Methodologie des kritischen Rationalismus, die falsifikationistische Methodologie, betrachtet *Theorien als fallible Vermutungen*. Sie betont, daß selbst die einfachsten beschreibenden Aussagen die unmittelbare Erfahrung überschreiten. Die Möglichkeiten unserer unmittelbaren Erfahrung sind begrenzt durch den Erkenntnisapparat – Sinnesorgane und zentrales Nervensystem – mit dem der Mensch ausgestattet ist. Dieser Erkenntnisapparat ermöglicht der Spezies Mensch zunächst das Überleben im „Mesokosmos" (Gerhard Vollmer). Es ist die Welt der mittleren Dimensionen, in denen der Mensch und seine Primaten-Vorfahren von Anfang an agiert haben. An diesen Ausschnitt der Wirklichkeit hat sich unser Erkenntnisapparat im Laufe der Evolution angepaßt, und auch unsere Umgangssprache ist auf ihn zugeschnitten. (Vgl. dazu z. B. [Radnitzky and Bartley 1987], Part I, und die Beiträge von Vollmer und Radnitzky in [Riedl und Wuketits 1987].) Mit Hilfe von wissenschaftlichen Theorien und der hardware, die wiederum auf verschiedenen wissenschaftlichen Theorien basiert ist, kann der Mensch den Mesokosmos, an den er durch seine Sinnesorgane gebunden ist, überschreiten und Behauptungen über die Mikrowelt und die Welt der kosmischen Distanzen empirisch überprüfen.

Weil wir mit unseren wissenschaftlichen Theorien *viel erklären* können wollen, *bevorzugen wir solche,* die viel aussagen, d. h. solche, *die weit über die unmittelbare Erfahrung hinausgehen. Aber diese Theorien müssen durch empirische Prüfung, durch den Test der Erfahrung, kontrolliert werden.* Das ist das Kennzeichen der Wissenschaft. In der Grundlagenforschung (vgl. Abschnitt 1.2.2) dient das Ableiten von Prognosen, von prüfbaren Konsequenzen, ausschließlich dem empirischen Testen der Theorie. Sobald die Prognose selbst das primäre Ziel eines Forschungsvorhabens ist, ist das betreffende Vorhaben eo ipso insofern anwendungsbezogene Forschung.[10] Wenn eine Theorie bei der empirischen Prüfung nicht falsifiziert

[10] Vom Anfang der kulturellen Evolution an ist das Ziel der Erkenntnisbestrebungen, Erwartungen zu entwickeln, die sich bewähren und die Überlebenswert haben, d. h. Wissen über Kausalzusammenhänge zu erwerben, das es dem Menschen ermöglicht, vorauszusagen und manchmal den Gang der Dinge zu beeinflussen. Aber von Anfang an wird solches Wissen und dieses Ziel auch verbunden mit dem Ziel, Vorstellungen über die Welt und ihr Verhältnis zur Welt der Götter sowie ein Menschenbild zu entwickeln. Das Ziel des *wissenschaftlichen* Erkenntnisstrebens und gleichzeitig ein Kennzeichen dieser Art von Tätigkeit ist die ständige Verbesserung des empirisch überprüfbaren Wissens über Welt und Mensch. Ein Versuch, dieses Ziel zu reduzieren auf ein sogenanntes „technisches Erkenntnisinteresse" (als „transzendentales" Interesse, d. h. als Bedingung der Möglichkeit, für die Naturwissenschaft), wie die sogenannte Frankfurter Schule (J. Habermas, K.-O. Apel usf.) es tut, verkennt völlig den Charakter wissenschaftlicher Tätigkeit. Hans Albert hat dies immer betont. Selbst im psychologischen Bereich — der weder für die Methodologie noch für die „transzendentalphilosophischen" Thesen maßgebend ist — ist die sogenannte „intrinsic motivation", das Interesse für ein Problem als solches abgesehen von eventuellen technischen Anwendungen der Problemlösung, die effektivste Art von psychologischer Motivation.

wird, dann sagen wir, daß sie sich insofern bewährt hat. Aber analog dem, was für die biologische Evolution gilt, nämlich daß der bisherige biologische Erfolg einer Spezies nicht ihr künftiges Überleben garantiert, gibt es in der Wissenschaft keine Garantie, daß eine bisher sehr erfolgreiche Theorie auch in Zukunft empirischen Prüfungen standhalten wird. Das folgt bereits aus der These des prinzipiellen Fallibilismus. Aber durch das Eliminieren von Irrtümern, durch den Wettbewerb konkurrierender Theorien mit der empirischen Prüfung als Ausleseverfahren können wir doch manchmal Erkenntnisfortschritt erreichen, und das heißt – da wir unseren Theorien eine Darstellungsfunktion zuschreiben – daß wir manchmal der Wahrheit näher kommen können. Allerdings ohne je beweisen zu können, daß eine solche Annäherung tatsächlich stattgefunden hat. Denn der Versuch, einen solchen Beweis zu erbringen, würde uns in den begründungsphilosophischen Denkstil zurückwerfen, den wir mit dem kritischen Rationalismus überwunden haben.

2.2. Der Begriff der Falsifikation

Wenn man in der Umgangssprache behauptet, eine bestimmte Aussage sei falsifiziert worden, dann will man damit sagen, es wäre bewiesen worden, daß die Aussage falsch ist. Die Umgangssprache ist durchtränkt von Sedimenten jahrhundertelangen begründungsphilosophischen Denkens. Dieser Begriff der Falsifikation kann keinen Ausgangspunkt für einen in der Methodologie brauchbaren Begriff bieten. Gemäß dem Gebrauch der Umgangssprache ist ein Satz *S* falsifizier-*bar* genau dann, wenn es im Prinzip möglich ist, *S* zu falsifizieren – was wiederum nur möglich ist, wenn *S* tatsächlich falsch ist (wir aber gegebenenfalls noch nicht haben demonstrieren können, daß dem so ist). Auch dieser Begriff ist als Ausgangspunkt für einen methodologischen Begriff wertlos. Popper hat für seine technischen Begriffe „Falsifizierbarkeit" und „Falsifikation", die mit den umgangssprachlichen nichts zu tun haben, keine neuen Fachausdrücke eingeführt. Das hat oft zu Mißverständnissen geführt – bei Leuten, die den Text nur schlampig gelesen haben und dann, was nahe liegt, auf umgangssprachliche Assoziationen zurückgreifen.

Nach Poppers berühmten Begriff der Falsifizierbarkeit ist eine Aussage falsifizier*bar,* wenn sie etwas über die Wirklichkeit aussagt und diese Aussage im Prinzip empirisch prüfbar ist. Genauer gesagt: Ein theoretisches System *TS* ist falsifizier*bar* (in einer bestimmten Sprache *L*) dann und nur dann, wenn in *L* ein Satz *B* (,Basissatz' oder ,Prüfsatz' genannt) formuliert werden kann, der erstens einen logisch möglichen Vorgang beschreibt, zweitens es logisch möglich ist, daß dieser Vorgang beobachtet werden könnte, und drittens *B S* widerspricht. Falsifizierbarkeit ist also eine *logische* Relation zwischen Klassen von Sätzen, und hat mit tatsächlichem empirischem Testen nichts zu tun. Für die Methodologie ist aber der Begriff der Falsifikation weitaus wichtiger als der der Falsifizierbarkeit. Er muß so gefaßt sein, daß er mit dem prinzipiellen Fallibilismus vereinbar ist und in einem Unternehmen, dessen Ziel Erkenntnisfortschritt (trotz prinzipieller Fehlbarkeit) ist, ein nützliches Instrument ist.

Eine gute Theorie kondensiert viel empirische Information. Man kann sie nur dadurch empirisch prüfen, indem man — mit Hilfe der Logik — Informationsmengen herauszieht bzw. ableitet, die so klein sind, daß man sie empirisch prüfen kann. Im Standardfall wird aus Prämissen, bestehend aus einer oder mehreren Theorien *T,* zusammen mit Hilfshypothesen *H* und singulären Sätzen *R,* die die Randbedingungen beschreiben, eine *Prognose P,* ein Prüfsatz, abgeleitet. *P* ist ein singulärer Satz, der direkt, d. h. unabhängig von den Prämissen, dem theoretischen System *TS* (also der Konjunktion von *T, H* und *R*) empirisch prüfbar ist. Im Standardfall ist nur die Prognose *P* unabhängig von den Prämissen, dem theoretischen System *TS,* prüfbar. Wenn die Prognose *P* sich als falsch herausstellt, dann folgt, daß mindestens eine der Komponenten der Prämissenmenge falsch sein muß — vielleicht mehrere, möglicherweise alle. *Mehr kann die Logik nicht sagen.* Dieses metalogische Argument, das auf der Rückübertragung der Falschheit von der Konklusion auf die Konjunktion der Prämissen beruht, könnte man ,Falsifikationsargument' nennen.[11] (Popper behandelt nur zwei Typen von Falsifikationsmu-

[11] Wenn ,⊢' für „logisch ableitbar" steht und ,¬' für Negation, dann ist die Form des Standardtyps der Falsifikation demnach: (T & H & R) ⊢ P; [P* wird beobachtet]; P* ⊢ ¬ P ; ¬ P ⊢ ¬ (T & H & R). Sind die Randbedingungen zur Zeit unproblematisch, dann ist die Situation: (¬ P & R) ⊢ ¬ (T & H).

stern, und die metalogische Legitimation gibt er nur für eines davon, nämlich für den Spezialfall, für den es relevant ist, daß ein Allsatz mit einem Es-gibt-Satz logisch äquivalent ist. G. Andersson in (Andersson 1988) bietet eine Typologie von Falsifikationsmustern sowie – m. W. zum erstenmal – die metalogischen Beweise für die verschiedenen Muster. Hier begnüge ich mich mit zwei Abwandlungen des Standardtyps, wobei meine Darstellung der Anderssons im Prinzip folgt.)

Falsifikation ist kein logischer, sondern ein *methodologischer* Begriff. Ich schlage folgende Definition vor:

> Ein theoretisches System *TS* ist falsifiziert durch die falsifizierenden Prämissen *FP* genau dann, wenn erstens (nach dem Stand der Forschung) *FP weniger problematisch ist als TS* und zweitens *FP* dem *TS* logisch widerspricht.

Es ist dabei vorausgesetzt, daß die in *FP* eingehende Hypothese, aus der (zusammen mit den anderen zurzeit als unproblematisch angesehenen Komponenten von *FP*) die Negation der Prognose *P* folgt, einen reproduzierbaren Effekt beschreibt, d. h. intersubjektiv prüfbar ist. Denn nur so können die falsifizierenden Prämissen *FP* weniger problematisch sein (zur Zeit) als das betreffende theoretische System *TS*. Eine Falsifikation ist also *logisch zwingend, aber hypothetisch,* das heißt, sie gilt nur, solange die falsifizierenden Prämissen tatsächlich weniger problematisch sind als das betreffende theoretische System. Deshalb ist sie auch *fallibel* und im Prinzip revidierbar.

Welche Form ein Falsifikationsargument hat, hängt davon ab, wieviel man in die falsifizierenden Prämissen hineinpackt. Die Logik sagt nur, daß *wenn* die falsifizierenden Prämissen wahr sind, das theoretische System falsch ist – sowie, daß die Logik nichts darüber sagen kann, wo der Fehler stecken könnte. W. O. Quines berühmtes Dictum, das man überall ändern darf, ist methodologisch uninteressant.

Die Methodologie kann hier einen Schritt weiterhelfen. Da es absurd ist anzunehmen, daß alle Komponenten der Prämissenmenge gleichermaßen problematisch sind, gibt sie die *methodologische Anweisung, das Zielgebiet der Falsifikation möglichst klein zu machen.* Suchen Sie, wo der Fehler steckt! Mehr kann auch die Methodologie hier nicht sagen.

Der Forscher sieht sich jetzt mit einem *praktischen* Problem konfrontiert, nämlich mit einer *riskanten Investitionsentscheidung,* für die weder Logik noch Methodologie Empfehlungen anbieten können. Er kann gar nicht anders vorgehen, als es mit kreativen Vermutungen zu probieren und diese sodann empirisch zu testen. (Commonsensemäßig bietet es sich an, wenn zwei Komponenten der Prämissen gleich problematisch-unproblematisch sein sollten, diejenige zuerst zu prüfen, deren Überprüfung am wenigsten „kostet".) Der Forscher steht vor dem Problem, seine knappen Ressourcen an Zeit und Energie möglichst effizient zu allozieren. Lohnt es sich, sich auf die Theorie zu konzentrieren, oder wäre es besser, zunächst die Hilfshypothesen zu überprüfen und gegebenenfalls zu modifizieren, oder sollte man lieber zuerst die Randbedingungshypothesen nochmals durchchecken? Wie bei jeder rationalen Investitionsentscheidung hat der Forscher abzuwägen zwischen den vermuteten künftigen Erträgen an Erkenntnisfortschritt, die eine Investition von Zeit in ein bestimmtes Forschungsvorhaben zu versprechen scheint, und dem geschätzten entgangenen Nutzen an Erkenntnisfortschritt, den eine Investition dieser Zeit in das „nächstbeste" Projekt vermutlich bringen würde, d. h. den *Opportunitätskosten* seiner Entscheidung. Die Bewertung der Opportunitätskosten ist selbstverständlich *subjektiv.* Das Allokationsproblem des Forschers wird normalerweise mehrere zusammenhängende Investitionsentscheidungen involvieren und einen bestimmten zeitlichen Planungshorizont haben. Auch das unterscheidet die in Rede stehende Problemsituation von einer methodologischen Fragestellung. Die wissenschaftliche Forschung als solche ist ein offener Prozeß, ein „unended quest", wie Popper das Vorhaben oder die Aufgabe nennt, denn das Erfolgsrezept der Wissenschaft ist: semper reformanda. Im Zusammenhang mit diesem *praktischen* Problem – das kein methodologisches Problem ist – ist die Anwendung des **Ö**konomischen **A**nsatzes zur Strukturisierung der Problemsituation unentbehrlich.

Gemäß der falsifikationistischen Methodologie folgt aus der Falsifikation lediglich, daß (solange die Falsifikation nicht widerlegt ist), das *theoretische System TS* geändert werden *muß.* Wo und wie, das ist ein empirisches Problem, ein Problem, dessen Lösung Kreativität erfordert und für das es deshalb keine Regeln geben kann. Wenn die Prognose, die Hilfshypothesen und Randbedingungsbeschreibungen alle direkt überprüfbar sind, und wir meinen, gute Gründe zu haben, die Prognose als falsch, die Hilfshypothesen und Randbedingungen jedoch als unproblematisch anzusehen, dann ist die zu prüfende Theorie *T alleine* falsifiziert. (Wir nehmen an, daß die Abteilung der Prämissen, die Theorien enthält, diesmal nur eine einzige Theorie enthält.) In diesem Fall sagt die falsifikationistische Methodologie, *daß die Theorie T* geändert werden *muß*. Ob es sich lohnt zu versuchen, die „alte" Theorie zu modifizieren, oder ob man es mit einem ganz neuen Ansatz versuchen soll – vorausgesetzt, daß einem ein solcher überhaupt einfällt (!) – das ist wiederum eine riskante Investitionsentscheidung, zu der weder Logik noch Methodologie etwas zu sagen haben. Aus dem Umstand, daß eine Falsifikation vorliegt, folgt nichts in Bezug auf diese praktische Frage. In der wissenschaftstheoretischen Literatur werden allerdings das methodologische Problem und das Allokationsproblem oft konfundiert, obgleich die methodologische Frage, ob eine Theorie (zur Zeit) falsifiziert ist, und die praktische Frage, ob man diese Theorie „verwerfen" soll in dem Sinn, daß man nicht mehr versucht, sie zu verbessern, Fragen verschiedener Art sind.

Im Gegensatz zu Popper argumentiert Andersson, daß, falls der Forscher meint, herausgefunden zu haben, daß nur ein bestimmter Teil der Theorie *T* an der falschen Prognose schuld ist, es erlaubt sein muß, diesen Teil zu eliminieren. Das ist richtig, und deshalb erscheint Poppers prinzipielles Verbot gegen Verminderung an empirischem Gehalt als zu streng. Allerdings kann man die Maßnahme, denjenigen Teil der Theorie wegzunehmen, der die Falsifikation der Prognose verschuldet hat, nicht als „standing order" verwenden, denn sonst würde die Theorie *T* schließlich allen empirischen Gehalts entleert und damit uninteressant werden. Das ist wohl das einzige, was die Methodologie zu dieser Frage sagen kann. Alles andere bleibt dem Fingerspitzengefühl des Forschers überlassen.

Eine Falsifikation ist, wie gesagt, zwar logisch zwingend, aber hypothetisch: Ein theoretisches System ist falsifiziert relativ zu bestimmten falsifizierenden Prämissen. Das heißt, eine Falsifikation bleibt nur so lange aufrechterhalten, wie die falsifizierenden Prämissen *weniger problematisch sind* als das betreffende theoretische

System. Die Metalogik spricht sich nur über das Verhältnis der Satzgruppen aus. Die Methodologie fügt hinzu, daß eine Falsifikation nur dann methodologisch relevant ist, wenn es *objektiv* zutrifft, *daß* die falsifizierenden Prämissen weniger problematisch sind als das zu prüfende theoretische System. Der hier relevante Begriff der Objektivität ist nichts anderes als *intersubjektive Nachprüfbarkeit*. So ist eine Aussage, wie z. B. daß Gold schwerer als Eisen ist, objektiv zutreffend, ausschließlich deswegen, weil „jeder, der die Technik des betreffenden Gebietes beherrscht, imstande ist, sie nachzuprüfen" (Popper 1934, S. 65). Daß ich die entsprechende Erfahrung selbst gemacht habe, ist epistemologisch ebenso unerheblich wie der Umstand, daß Konsens über die Wahrheit der Aussage besteht. *Entscheidend ist einzig und allein, daß im Prinzip jedermann selbst nachprüfen kann.* Ob zur Zeit bezüglich einer bestimmten Theorie ein Konsens unter „Fachleuten" besteht oder unter „allen mehr oder weniger vernünftigen Menschen", das kann nur den Laien interessieren – wobei in diesem Fall natürlich jeder Laie ist, der sich nicht selbst als Forscher mit der betreffenden Theorie befaßt. Für den erkenntnistheoretischen Status einer Aussage ist Konsens irrelevant, denn selbstverständlich können sich alle irren.

In dem oben als Standardtyp angesprochenen Falsifikationsmuster, in dem nur die Prognose direkt empirisch überprüft werden kann, liegt eine Falsifikation im relevanten Sinn, und das heißt *im methodologischen Sinn,* also dann und nur dann vor, wenn der Vorgang, den der Prognosesatz beschreibt, ein *reproduzierbarer* Effekt ist – wenn „jeder, der die Technik des betreffenden Gebietes beherrscht, imstande ist, ihn nachzuprüfen" und dabei zum gleichen Resultat kommt. Erst dann hat sich die negierte Prognose – ursprünglich ein singulärer Satz, der ein einmaliges Ereignis beschreibt – in eine „falsifizierende Hypothese" des betreffenden theoretischen Systems verwandelt: Aus dem logisch relevanten potentiellen Falsifikator wurde eine methodologisch relevante falsifizierende Hypothese, d. h. eine low-level-Hypothese, die nunmehr einen reproduzierbaren Effekt, eine Regelmäßigkeit beschreibt. *Nur dank der Objektivität/Intersubjektivität der empirischen Prüfungen, der Falsifikationsversuche, kann die Wissenschaft ein selbstkorrigierendes System sein.*

In Disziplinen, wo Theorien intensiv durch empirische Prüfung kontrolliert werden, verdrängt die bessere Theorie mittel- bis langfristig die weniger gute Theorie – und dieser Vorgang ist ein *objektiver* Prozeß. (Im folgenden Abschnitt werde ich argumentieren, daß dies wegen der zunehmenden Nachteile der Fall ist, die ein Festhalten an der schlechteren Theorie mit sich bringt, wobei die entgangenen Erklärungs- und Voraussagemöglichkeiten als „Kosten" betrachtet werden.) Wenn ich behaupte, daß in solchen Fällen die Theorienabfolge ein *objektiver* Prozeß ist, dann will ich damit sagen, daß der Prozeß *unabhängig* ist davon, ob die Wissenschaftler oder die Menschen im allgemeinen dies wünschen, unabhängig von den institutionellen Rahmenbedingungen usf. Und obgleich die Falsifikation im Prinzip *fallibel* und daher im Prinzip immer revidierbar ist, so ist sie *dennoch in manchen Fällen so endgültig, wie es mit der menschlichen Fehlbarkeit vereinbar ist.* Die Falsifikation der Theorie, daß die Erde flach ist, ist in diesem Sinne endgültig. Ob bezüglich dieser Falsifikation Konsens besteht, ist epistemologisch ebenso irrelevant wie der Hinweis, daß es eine „flat earth society" gibt.

Prominente zeitgenössische Wissenschaftstheoretiker haben behauptet, daß es diese Objektivität der Prognosen, d. h. der aus einem theoretischen System abgeleiteten singulären Prüfsätze, nicht geben könne, weil angeblich diese Prüfsätze von den zu prüfenden theoretischen Systemen beziehungsweise von der zu prüfenden Theorie nicht genügend unabhängig seien. Sie kommen so zur „Inkommensurabilitätsthese" (Thomas Kuhn, Paul Feyerabend, Kurt Hübner usf.). Die Inkommensurabilitätsthese scheint aus der Übertreibung von zwei richtigen Thesen zu folgen: der These von der prinzipiellen Theorienabhängigkeit selbst der einfachsten Beobachtungssätze und der These von der prinzipiellen Fehlbarkeit aller Prüfungen. Letzten Endes dürfte diese Übertreibung auf den Ansatz in der Spätphilosophie Wittgensteins zurückgehen, den Popper den „Mythos des Rahmens" genannt hat. Der „Rahmen", das sind die „letzten Voraussetzungen" der jeweiligen Lebensform und Denkform; und der Mythos kommt zustande durch die Behauptung, daß diese Voraussetzungen nicht kritisiert werden könnten, eben weil sie als die Voraussetzungen der betreffenden Denkform fungierten. Es handelt sich dabei also um einen kognitiven Protektionismus (vgl. z. B. [Munz

1985], S. 82, 282; [Radnitzky 1987 d], Chapitre 5). Diese falsche Einschätzung der Falsifikation hat zu einer Welle von Relativismus und zum „sociological turn in the ‚philosophy of science'" geführt (vgl. z. B. Part II und Part III in [Radnitzky and Bartley 1987]).[12] In (Andersson 1988) werden die klassischen Fallstudien von Thomas Kuhn, Imre Lakatos und Paul Feyerabend analysiert, und es wird gezeigt, daß die Falsifikation keinesfalls durch den Fallibilismus sozusagen zahnlos geworden ist, und daß auch die schwächere Behauptung, daß die Wissenschaftsgeschichte zeige, daß Falsifikation eine untergeordnete Rolle spiele, falsch ist.

Auch die populäre These, daß, wenn Hilfshypothesen mit Hilfe der falsifizierenden Beobachtung modifiziert werden, dies zur Immunisierung der zu prüfenden Theorie führen müsse, stellt sich als unrichtig heraus (Andersson 1988, Kap. 7). Die zweite Abwandlung des Standardtyps von Falsifikation, die ich hier kurz vorstellen will, kann das illustrieren. Wenn die Negation der Prognose und die Randbedingungsbeschreibungen weniger problematisch sind als das theoretische System — das nunmehr nur aus der Theorie T und der Hilfshypothese H besteht, wobei T und H selbstverständlich auch eine Konjunktion von Theorien bzw. Hilfshypothesen sein können —, dann ist die Konjunktion

---

[12] Dieser Mythos des *Rahmens,* die angeblich nicht-hintergehbare Art des *„framings* of a situation" in einer bestimmten Lebensform, lieferte eine späte philosophische Stütze für die kulturanthropologische Schule (Franz Boas, Ruth Benedict, Margaret Mead usf.), die das Dogma des Kulturrelativismus lange gepflegt hat: „primitive (im deskriptiven Sinn) Lebensweisen sind als gleichwertig mit anderen Kulturschemata und als untereinander gleichwertig zu betrachten." Eine Art Historismus, der mehr von egalitären Vorstellungen geprägt ist als von den wissenschaftlichen Analysen und manchmal, wie bei Margaret Mead, zur Projektion eines völlig falschen Bildes von der untersuchten Lebensform geführt hat. Dieses Bild hat sich jedoch großer Beliebtheit erfreut — wobei die „scientific community" der Sozialwissenschaftler sich erst kürzlich dazu bequemt hat, die vernichtende Kritik einiger Fachleute (kürzlich z. B. D. Freemans) ernst zu nehmen. Vgl. (Flew 1985), S. 8f., der viele Beispiele von Fällen bringt, in denen „peer-group pressures" nicht oder nur sehr langsam fungiert haben und die Wissenschaft (außerhalb der Naturwissenschaften) deshalb nur sehr langfristig ein selbstkorrigierendes System ist. Langfristig gilt aber auch in diesen Disziplinen: magna est veritas et praevalebit.

von *T* und *H* falsifiziert, und zwar durch die Negation der Prognose *P* zusammen mit den Randbedingungen *R*. Die Methodologie kann zu diesem Fall nur sagen, daß entweder *T* oder *H* oder beide falsch sind (wenn das Resultat nicht-*P* objektiv feststellbar ist und man an *R* festhält).

Nehmen wir an, daß die Prognose *P* die Beschreibung der Bahnkurve des Uranus ist, die abgeleitet wird aus Newtons Theorie, Randbedingungssätzen (singuläre Aussagen über die Position etc. bestimmter Planeten zu einem bestimmten Zeitpunkt) und einer Hilfshypothese *H,* die das Planetensystem ohne Neptun beschreibt und implizit behauptet, die so beschriebenen Planeten wären sämtliche hier relevanten Planeten. Die tatsächlich beobachtete Bahnkurve des Uranus stimmt nicht mit der berechneten Bahn überein, d. h. die Prognosen *P* werden falsifiziert. Entweder ist also Newtons Theorie falsifiziert oder die Hilfshypothese *H* (oder beide). Nun hat ein Astronom einen genialen Einfall: Er vermutet, daß die Abweichungen durch den Einfluß eines zusätzlichen Planeten erklärt werden könnten (falls es ihn gibt, versteht sich). Man tauft ihn hypothetisch ‚Neptun'. Aus den Abweichungen des Uranus, d. h. aus dem Explanadum, wird mit Hilfe der Newtonschen Himmelsmechanik berechnet, welche Masse und welche Bahnkurve der hypothetische Neptun haben müsse, um die beobachtete Abweichung der Uranusbahn durch seine Gravitationswirkung zu verursachen. Dann macht man nochmals die Ableitung mit *T* und *R,* aber jetzt mit einer modifizierten Hilfshypothese *H'*. (*H'* enthält nun auch die Neptun-Hypothese, und die Annahme, daß die alte Hilfshypothese *H* alle relevanten Planeten beschreibt, wird natürlich zurückgezogen.) Die korrekte Beschreibung der Uranus-Bahn wird jetzt abgeleitet, d. h. genaugenommen werden singuläre Prognosen abgeleitet, die sich bewähren. Die Neptun-Hypothese ist kein singulärer Satz (Prüfsatz), sondern eine „low-level-hypothesis“: Sie beschreibt eine Regelmäßigkeit, aus der (mit entsprechenden Randbedingungen und *T,* der Newtonschen Himmelsmechanik) beliebig viele singuläre Prüfsätze ableitbar sind. Der Standardeinwand zu diesem Verfahren ist, daß es zunächst „ad hoc“ ist. Andersson argumentiert mit Recht, daß der Vorwurf nicht triftig ist. Wann und zu welchem Zweck eine Hypothese – hier die Neptun-Hypothese – eingeführt wurde, ist für die Frage des Wahrheitswerts dieser Hypothese irrelevant. Es kommt nur auf ihren empirischen Gehalt an: wie sie empirische Prüfungen besteht. Wer diese Fragen nicht auseinanderhält, konfundiert empirische und geschichtliche Fragen einerseits und Geltungsfragen andererseits, verwechselt Entstehungs- und Wirkungsgeschichte mit Methodologie.

Machen wir ein Gedankenexperiment. Welches Verhalten wäre methodologisch richtig gewesen, falls man, trotz aller Bemühungen, Neptun im Fernrohr nicht gesehen hätte, d. h. falls die Neptun-Hypothese nicht isoliert prüfbar gewesen wäre (was sie 1846 wurde). Die falsifikationistische Methodologie sagt, bzw. sollte sagen, daß es hier nur darauf ankommt, ob aus dem theoretischen System, bestehend aus T, der modifizierten Hilfshypothese H' und R Prüfsätze über die Positionen des Uranus ableitbar sind. Wenn ja, dann ist die Neptun-Hypothese *als Teil* des theoretischen Systems prüfbar, und falls sich die abgeleiteten Prüfsätze bewähren, dann sind die Uranusabweichungen erklärt. Andersson argumentiert, m. E. ganz richtig, daß das alles ist, was die Methodologie verlangen kann, und daß die Forderung nach isolierter Prüfbarkeit der neuen Hilfshypothese zu streng wäre, um nützlich zu sein. Würde man isolierte Prüfung (und Bewährung) der Hilfshypothese, hier der Neptun-Hypothese, verlangen, dann fielen m. E. folgende „Kosten“ an: Die Uranus-Abweichungen könnten noch immer nicht erklärt werden (und korrekte Voraussagen bzgl. der Uranus-Bahn könnten auch nicht gemacht werden), und außerdem bliebe der unberechtigte Verdacht bestehen, daß die Newtonsche Himmelsmechanik durch diese Abweichungen falsifiziert wird. Es handelt sich dabei um Kosten anderer Art als diejenigen, die sich bei der Allokation knapper Ressourcen an Zeit ergeben und die im entgangenen Nutzen an möglichem Erkenntnisfortschritt bestehen, den die Investition der betreffenden Arbeitszeit in das „nächstbeste“ Projekt erbracht *hätte*. Hier handelt es sich um einen realisierten Verlust an epistemischen Ressourcen: Wenn man die Neptun-Hypothese nicht zulassen würde aus dem alleinigen Grund, weil sie nicht *isoliert* prüfbar ist, dann wäre vor allem eine gute Erklärung, die sonst zur Verfügung stünde, nicht mehr verfügbar. Das kann man commonsensemäßig als „Kosten“ bzw. als Entwertung von kognitiven Kapital ansprechen.

Wir haben den Ökonomischen Ansatz also bereits verwendet. Bei den Kosten in der Form von entgangenem Ertrag an möglichem neuen Wissen handelt es sich um *Opportunitätskosten einer Investition.* Hier ist der Ökonomische Ansatz selbstverständlich unentbehrlich. Das Argument hat mit Methodologie nichts zu tun, aber *es hilft, die praktischen Fragen von den methodologischen zu unterscheiden.* Bei dem Gedankenexperiment mit der Neptun-Hypothese handelt es sich dagegen um einen Fall, bei dem ein *Verlust an epistemischen Ressourcen eintritt, und der Hinweis auf diese „Kosten" dient dazu, vorzuschlagen, eine Poppersche methodologische Regel zu ändern.* Es ist Zeit, sich näher anzusehen, was es mit dem Ökonomischen Ansatz auf sich hat.

3. Kann der Ökonomische Ansatz bei der Behandlung von methodologischen Problemen helfen?

3.0. Der Ökonomische Ansatz

Begriffe wie Knappheit, Nutzen, Präferenzen, Opportunitäten, Kosten, usf. sind bei der Beschreibung und Erklärung sozialer Phänomene unentbehrlich und auch bei der Analyse biologischer Phänomene nützlich (vgl. z. B. [Hirshleifer 1985], [Radnitzky and Bernholz 1987], [Posner 1987]). Diese Begriffe sind Zentralbegriffe der Wirtschaftswissenschaften. Wenn sie entsprechend *generalisiert* werden, dann können sie — und die Theorien, die ihren Zusammenhang behandeln — auf Wissensgebiete angewandt werden, die außerhalb des traditionellen Gegenstandsbereichs der Ökonomie liegen. Die Anwendung der generalisierten Begriffe (und Theorien) auf verschiedenste Wissensgebiete hat zu prüfbaren Konsequenzen und manchmal zu interessanten Einsichten geführt, die man mit einem anderen Ansatz als dem sogenannten *Economic Approach* nicht hätte bekommen können. Die ökonomische Analyse der Politik ist ein blühendes Forschungsfeld, ebenso die ökonomische Theorie des Rechts, der Familie, usf.

Das Modell des homo oeconomicus, das den Kern der Mikroökonomie bildet, wird *verallgemeinert* zum REMM-Modell: „*re*sourceful-*e*valuating-*m*aximizing-*m*an" ([Brunner and Meckling 1977], [Brunner 1983]). Es handelt sich um ein Schema, auf dem eine allgemeine Handlungstheorie aufgebaut werden soll. Was die Argumente der Nutzenfunktion sind, das bleibt offen. In monetären Einheiten ausdrückbarer Profit ist *nur eine* von vielen möglichen Arten von Nutzen, und die Kosten können ebenso eine entgangene Freude einbeziehen wie z. B. Gewissensbisse.

Das REMM-Modell enthält in nuce folgende Thesen: Der handelnde Mensch ist *r*esourceful, d. h. er verfügt u. a. über epistemische Ressourcen, Wissen und Können, einschließlich Wissen über die Beschränkungen, über die constraints, die durch den institutionellen Rahmen, in dem er handelt, sowie durch die Unvollständigkeit und Unsicherheit seines Wissens gegeben sind. Er ist *e*valuating, d. h. das Individuum selbst ist locus der Bewertung und zieht es vor, selbst entscheiden zu dürfen.[13] Das Individuum wird manchmal versuchen, seine Nutzenfunktion zu *m*aximieren („maximizing" des Modells). Aber dieser Aspekt des Modells kann auch weiter gefaßt werden, nämlich als die *These, daß das handelnde Individuum ein rationales Problemlösungsverhalten tatsächlich praktiziert,* d. h. daß es von dem „rational-problem-solving approach" (dem Schema von Kosten-Nutzenüberlegungen), das zu seinen epistemischen Ressourcen gehört, tatsächlich Gebrauch macht. Rationales Verhalten berücksichtigt nämlich die Kosten, die der Versuch die optimale Lösung zu finden, mit sich bringen würde. Es wird also die Annahme gemacht, daß die Menschen versuchen, ihre Situation zu verbessern (je nach ihren subjektiven Bewertungen) und dabei, wenn sie schon nicht als rationale Maximierer dessen, was sie als ihren Nutzen bzw. als erstrebenswert bewerten, agieren, so doch zumindest als rationale

[13] Die *moralisierende* Distinktion zwischen „altruistischem" und „egistischem" Handeln ist für eine *wissenschaftliche* Handlungstheorie unbrauchbar. Die auf dem REMM-Modell aufgebaute allgemeine Handlungstheorie bietet deshalb an ihrer Stelle eine andere Distinktion an: Eine Handlung ist *nicht-selbstorientiert* (not-self-oriented) in dem Ausmaß, in dem der Handelnde den möglichen oder aktuellen Folgen seiner Handlung auf *andere* einen *Nutzen* zuschreibt — wobei die Art des „Nutzens" offen bleibt und subjektiv auf einem *Spektrum von Benevolenz bis Malevolenz* geordnet werden kann. „Selbstzentriertes Handeln" ist dann solches, das *nicht* nicht-selbstorientiert ist, also die eventuellen oder aktuellen Konsequenzen der betreffenden Handlung auf andere in die (subjektiven) Bewertungen, die im Zusammenhang mit der Handlung vorgenommen werden, nicht miteinbezieht.

Problemlöser sich dieser Aufgabe unterziehen – und daß sie dies auch bei solchen Entscheidungen tun, die mit einem kommerziellen Markt nichts zu tun haben (bei „nonmarket decisions") wie z. B. bei der Frage, ob sie heiraten oder nicht heiraten sollen, ob sie ein Verbrechen begehen oder davon Abstand nehmen sollen, ob sie vorsichtig oder unvorsichtig autofahren, usw. usf. Sie berücksichtigen dabei relative Kosten (nach ihrer subjektiven Bewertung), gleichgültig ob sie dies explizit tun oder weitgehend intuitiv machen. Diese Annahme halten alle diejenigen für contraintuitiv, die sich nicht vorstellen können, daß Menschen sich außerhalb von expliziten Marktsituationen als Nutzen-Maximierer oder als rationale-Problemlöser verhalten. (Für eine Kritik dieses Vorurteils vgl. z. B. [Posner 1987], S. 5). Diese Kritiker des **Ö**konomischen **A**nsatzes vergessen dabei immer wieder, daß Begriffe wie Nutzen, Kosten usf. verallgemeinert wurden und daß derjenige, der den **Ö**konomischen **A**nsatz verwendet, in der betreffenden Untersuchung nicht mehr sinnvoll von ‚ökonomischer' Motivation sprechen kann (sondern allenfalls von einem Streben nach finanziellem Nutzen usf.).

Akzeptiert man dieses Menschenbild des REMM als *Kern* einer allgemeinen Handlungstheorie, dann können Theorien der Wirtschaftswissenschaften, in entsprechend generalisierter Form, herangezogen werden, um Phänomene zu untersuchen, von denen man annahm, daß sie außerhalb des Anwendungsbereichs wirtschaftswissenschaftlicher Denkmodelle lägen. Man kann z. B. die Analogie zwischen Firma einerseits und Haushalt und Ehe andererseits heranziehen – nämlich daß beide als ein Bündel von Verträgen aufgefaßt werden können – um *prüfbare Konsequenzen* und interessante neue Einsichten zu gewinnen. Die preistheoretische Perspektive der Neoklassik kann so z. B. auf politisches Handeln, Seitenspringen, Betrug usw., d. h. kurz auf alle menschlichen Aktivitäten angewandt werden: Sie werden umso mehr nachgefragt, je geringer ihr relativer Preis ist. Es ergeben sich interessante Vergleiche zwischen einem ökonomischen Markt und einem politischen Markt im Rahmen des demokratischen Systems usf. Der **Ö**konomische **A**nsatz war in vielen Bereichen sehr erfolgreich. Bringt der Versuch etwas, den **Ö**konomischen **A**nsatz auf die Forschung und insbesondere auf die Methodologie als Disziplin anzuwenden?

3.1. Die speziellen Probleme der Anwendung des Ökonomischen Ansatzes in der Methodologie

Rationales Wählen macht es notwendig, Nutzen und Kosten abzuwägen. Genaugenommen wird ein bestimmter Nutzen mit dem höchsten Nutzen verglichen, der einem entgangen ist, eben weil man sich entschieden hat, seine Ressourcen anders einzusetzen. Jedenfalls sind die sogenannten Opportunitätskosten die wichtigsten. Wenn man das in der Ökonomie beheimatete Kosten-Nutzen-Analyse-Schema generalisiert, sieht man ein, daß wir in *allen* Lebensbereichen, *insofern wir „überlegt", d. h. rational bzw. situationsgerecht handeln,* zumindest implizit von einer verallgemeinerten Kosten-Nutzen-Analyse Gebrauch machen. Diese implizite Analyse explizit zu machen sollte Vorteile bringen, denn erst wenn Fragen und Argumente klar formuliert sind, können sie kritisiert werden.

Versuchen wir, das KNA-Schema auf die Situation eines konkreten individuellen Forschers anzuwenden. Die persönliche Nutzenfunktion eines Forschers kann selbstverständlich verschiedenste Ziele haben, wie z. B. Geld verdienen, Ruhm, Beförderung usw. Wenn aber jemand meint, daß Produktion von neuem Wissen das geeignete Mittel zur Erreichung seiner übergeordneten Ziele ist, dann wird Erkenntnisfortschritt zu einem Interim-Ziel, und wir können in seinem Fall von Erkenntnisfortschritt als einer indirekten Nutzenfunktion sprechen. Unabhängig davon, was also die primäre Zielsetzung einer Person ist, paßt für denjenigen Sektor seiner Tätigkeit, der auf Wissensproduktion hinzielt, das Modell des rationalen „discovery-maximizing-producer". Was er als Opportunitätskosten ansieht, hängt davon ab, was er sich vorstellen kann; dies und wie er diese Kosten bewertet, ist *subjektiv.* Um Verhalten zu erklären oder vorauszusagen, müssen wir, wenn wir die Präferenzen kennen, die jeweilige Kostensituation des Handelnden berücksichtigen.

Es empfiehlt sich deshalb, zwischen *zwei Arten von Erfolg zu unterscheiden:* Reputationserhöhung als Erfolg im *soziologischen* Sinn und Erkenntnisfortschritt als Erfolg im *abstrakten* Sinn. Besonders bei einem kurzfristigen Planungshorizont können im individuellen Fall gewisse Spannungen zwischen beiden Arten von Zielen auftreten. Nehmen wir beispielsweise einen Forscher, der überzeugt ist, daß ein neues „Paradigma" leistungsfähiger ist als das alte, auf das er eingearbeitet ist. Wenn er kurzfristig plant und Reputationserhöhung Priorität gibt, dann wird es für ihn oft rational sein, dennoch mit dem alten „Paradigma" weiterzuarbeiten, weil die Umstellung Opportunitätskosten mit sich bringen würde, die er nicht bereit ist zu tragen. (Es würden z. B. Techniken, die er mühsam gelernt hat, plötzlich entwertet [„sunk costs"], und das Umlernen würde vielleicht ein paar Jahre dauern, so daß er während dieser Zeit gar keine Fachartikel veröffentlichen könnte.) Die beiden Arten von Erfolg werden langfristig korrelieren, aber nur in solchen Fächern, wo Theoriebildung streng durch empirische Prüfung überwacht wird. Das Beispiel zeigt, daß man, wenn man das *Verhalten* eines konkreten einzelnen Forschers oder auch der scientific community *voraussagen oder erklären* will, die Präferenzen des Handelnden bzw. der Handelnden kennen muß, und daß es eine empfehlenswerte Strategie ist, zunächst anzunehmen, daß der Handelnde sich rational, d. h. im Sinne des REMM-Modells verhält. Werden Prognosen falsifiziert, dann ist die methodologische Problemsituation genau dieselbe wie bei naturwissenschaftlichen Voraussagen.

Daß gewisse Forscher eine Außenseiterrolle wählen, indem sie mit Theorien arbeiten, die sich zur Zeit keiner Beliebtheit erfreuen, kann vom Standpunkt der scientific community oft rational sein, denn der **Ö**konomische **A**nsatz legt nahe, daß dies wie eine Risikodiversifizierungsmaßnahme fungieren kann. Auch — um ein weiteres Beispiel anzudeuten — daß es kräftige Sanktionen gegen verfälschte oder frisierte Daten gibt, läßt sich mit Hilfe des **Ö**konomischen **A**nsatzes als eine rationale Verhaltensnorm erklären. Die Resultate des einen Forschers fungieren nämlich als Input, als epistemische Ressource für den nächsten Forscher und, wenn es sich herausstellt, daß sie unverläßlich sind (weil ungenügend empirisch getestet oder gar verfälscht), meint der nächste Forscher mit Recht, man hätte ihm eine schlechte Ware „verkauft". Die scientific community reagiert darauf mit entsprechenden Sanktionen wie Reputationsverlust usw. Man verlangt, daß derjenige, der Forschungsresultate veröffentlicht, sie den anderen Forschern als epistemische Ressource anbietet, diese sorgfältig geprüft hat, d. h. man verlangt, daß die Kosten der Qualitätskontrolle privatisiert werden: Der Forscher, der Anerkennung für die von ihm erbrachte Leistung erwartet, soll diese „Kosten“ (an Zeit und Anstrengung) selbst tragen (Pähler 1986). Kurz, *wenn es um Erklären und Voraussagen des Verhaltens von einzelnen Forschern oder der scientific community geht, ist der Ökonomische Ansatz nützlich bis unentbehrlich.* Aber das hat, wie gesagt, mit Methodologie nichts zu tun.

Versuchen wir jetzt, das KNA-Schema auf die Methodologie als Disziplin anzuwenden. Die Methodologie beschäftigt sich nicht mit Beschreiben und Erklären, und die Motivation eines konkreten Forschers ist für sie irrelevant. Falls man also in einem methodologischen Kontext überhaupt von einem Forscher spricht, so bezieht man sich metaphorisch auf einen Idealtypus, d. h. auf jemanden, dessen Priorität Erkenntnisfortschritt ist. Angesprochen wird dann das REMM-Schema, wobei jedoch die Präferenzskala durch eben diese Priorität — Erkenntnisfortschritt — inhaltlich ausgefüllt ist. Methodologische Regeln werden nur nach ihrem instrumentellen Wert für Annäherung an das Ziel Erkenntnisfortschritt bewertet. Deshalb kann die Bewertung von Nutzen und Kosten objektiv sein. Sie ist zwar fallibel, aber objektiv, d. h. intersubjektiv, weil sie von den subjektiven Wertungen des einzelnen Forschers unabhängig ist. Aussagen über instrumentellen Wert sind deskriptive Aussagen, und sie sind objektiv, weil im Prinzip jedermann ihre Richtigkeit selbst nachprüfen kann. Das gleiche gilt selbstverständlich für Hypothesen über den möglichen Nutzen des KNA-Schemas als einem Mittel, Situationen zu konzeptualisieren bzw. die Wahrnehmung von Situationen zu strukturieren, unter anderem durch Deutlichmachen des Referenzrahmens (was Psychologen manchmal ‚framing‘ nennen). Kann das KNA-Schema nützlich sein in Situationen, für deren Behandlung die Methodologie keine Regeln anbieten kann? In Abschnitt 2 wurden einige Beispiele von solchen Situationen genannt. Im folgenden werde ich versuchen, dieser Frage anhand von zwei zentralen Problemen der Wissenschaftstheorie nachzugehen. Dies kann allerdings nur andeutungsweise geschehen.

3.2. Das KNA-Schema angewandt auf das traditionelle Problem der empirischen „Basis“

Es geht hier um die rationale Handhabung von einfachen beschreibenden Sätzen. Ein sogenannter Basissatz beschreibt ein Ereignis, das logisch möglich ist, außerdem muß seine Beobachtung logisch möglich sein und es muß individuiert sein – also z. B. der Satz: ‚In der Raum-Zeit-Region *k* passiert *E*‘ –, und der Satz muß einem allgemeinen Satz widersprechen können, damit er gegebenenfalls als potentieller Falsifikator dieses allgemeinen Satzes fungieren kann. Das heißt, es geht um die Verankerung unserer Theorien in der Erfahrung, bzw. um die Kontrolle dieser Theorien durch intersubjektive Erfahrung.

Das begründungsphilosophische Denken sieht hier ein Dilemma: Entweder geben Basissätze einen erkenntnistheoretischen Felsgrund ab, oder sie sind nichts als Konventionen. Diese philosophische Tradition hat zuerst die Basissätze als theorienunabhängig aufgefaßt, hat aber dann die Einsicht, daß selbst die einfachsten beschreibenden Prädikate theorienbeladen sind und die Einsicht, daß selbst die einfachsten beschreibenden Sätze fallibel sind, so übertrieben, daß man schließlich meinte, es käme auf eine arbiträre Entscheidung an oder auf den Konsens der Wissenschaftler, ob ein bestimmter Basissatz „angenommen" würde.

Popper hat die Problemsituation neu strukturiert. Vom erkenntnistheoretischen Standpunkt aus gibt es keinen qualitativen Unterschied zwischen einem Basissatz und einem allgemeinen Satz, einer Theorie. Beide sind fallibel, revidierbar, verbesserungsfähig. Aus methodologischer Sicht besteht ein Unterschied darin, daß Basissätze leichter zu überprüfen sind als Theorien und in diesem Sinne unserer Erfahrung näher sind. (‚Erfahrung‘ braucht hier nicht problematisiert zu werden und soll es auch nicht, denn sonst verschiebt man das Problem.) Beobachtung wird zur Überprüfung verwendet und *Basissätze bilden dabei einen Ausgangspunkt für die Beschreibung eines reproduzierbaren Effektes:* potentielle Falsifikatoren bilden den Ausgangspunkt für falsifizierende Hypothesen. Basissätze oder Prüfsätze sind nur Rohmaterial: Sie werden in den Korpus des wissenschaftlichen Wissens nicht inkorporiert. Der Prozeß der Überprüfung ist potentiell unendlich; aber da kein Versuch unternommen wird, eine Theorie oder einen Basissatz als falsch zu beweisen (und erst recht nicht als wahr), braucht ein unendlicher Regreß nicht zu entstehen.

In der *Forschungspraxis,* ebenso wie im Alltagsleben, wirft der Umgang mit Basissätzen keinerlei Probleme auf. Von einem bestimmten Augenblick an betrachten wir einen bestimmten Basissatz als unproblematisch, weil wir überzeugt sind. Überzeugt sein geht nicht auf einen Entscheidungsakt zurück (I cannot decide to be convinced); aber erlebte Gewißheit ist erkenntnistheoretisch irrelevant. Wenn ein Basissatz problematisch ist, dann hängt es von der *subjektiven* Einschätzung des Handelnden ab – nämlich davon, wieviel er meint, daß für ihn auf dem Spiel stehe –, wieviel Zeit und Mühe er in die erneute Überprüfung des Satzes investiert. Das involviert selbstverständlich eine Kosten-Nutzen-Analyse, aber sie bleibt implizit. Von einer Entscheidung kann man hier kaum sprechen.

In der *methodologischen Rekonstruktion* der Forschungspraxis ist es empfehlenswert, das Hantieren mit Basissätzen als einen Entscheidungsprozeß zu rekonstruieren. Es ist zu entscheiden, ob ein bestimmter Satz zur Zeit unproblematisch ist oder nicht. Ein Satz kann jedoch unproblematisch sein nur im Lichte gewisser anderer Sätze, die vorausgesetzt werden. Und diese werden vorausgesetzt, weil bei früheren Gelegenheiten entschieden wurde, daß sie unproblematisch sind, und bisher keine konkreten Gründe für eine Revision dieser Entscheidungen aufgetaucht sind. Der Entscheidungsprozeß wird als eine KNA rekonstruiert, in der der geschätzte Grenznutzen einer erneuten Überprüfung des Satzes ebenso berücksichtigt wird wie die involvierten Kosten, insbesondere die Opportunitätskosten einer erneuten Überprüfung. Aber das sind praktische Fragen: Investitionsentscheidungen.

Vom methodologischen Standpunkt sind die wichtigen Fragen vor allem: *Wie läßt sich ein bestimmter Basissatz kritisieren? Welches sind die Kosten der Verteidigung eines Satzes* (sei er singulär oder universell), *der „problematisch" ist?* Basissätze kritisiert man, genau wie Theorien, dadurch, daß man von ihnen, zusammen mit Hilfshypothesen, weitere Prüfsätze ableitet. Dieser Prozeß hat prinzipiell keinen Abschluß. Man hört auf damit, wenn man meint (aufgrund einer Kosten-Nutzen-Analyse), daß es lohnender ist, diese Zeit in andere Vorhaben zu investieren. Ein einfacher beschreibender Satz wie zum Beispiel „Zum Zeitpunkt *t* steht der Zeiger auf dieser Skala der Ziffer 2 gegenüber" (b_0) ist nur dann von Interesse, wenn er als eine Randbedingung in eine Prämissenmenge eingeht, von der ein beschreibender Satz abgeleitet werden kann, der mehr theoretische Implikationen hat und daher auch größere Intersubjektivität besitzt als der erstgenannte Satz. So zum Beispiel könnten wir aus dem vorgenannten Satz über die Zeigerstellung, zusammen mit Hilfshypothesen über die Beschaffenheit des verwendeten Meßinstrumentes (low-level Hypothesen) und den allgemeinen Theorien, die der Konstruktion des Instrumentes zugrunde liegen, als zusätzlichen Hilfshypothesen, einen Basissatz ableiten von der Form: „Zum Zeitpunkt *t* ist der Druck in Atmosphären in diesem Behälter 2" (kurz: ‚b_1'). In der Forschung ist dieser Meßdatensatz wiederum nur dann von Interesse, wenn wir ihn als Ausgangspunkt verwenden wollen, um eine falsifizierende Hypothese für eine zu prüfende Theorie zu bilden. In diesem Fall könnte die falsifizierende Hypothese folgende Form haben: „Immer wenn Experiment *X* durchgeführt wird, dann b_1 (dann wird der Druck in Atmosphären in dieser Art von Behälter den und den Wert haben)". Dieser Satz ist intersubjektiv nachprüfbar, so daß er, wenn er dem zu prüfenden theoretischen System widerspricht, als falsifizierende Hypothese fungieren kann. Dagegen kann der Satz, der nur etwas über einen bestimmten Zeitpunkt aussagt, nicht nachkontrolliert werden. Er kann daher nur als Ausgangspunkt für einen Satz mit ausreichender intersubjektiver Überprüfbarkeit von Interesse sein.

KNA-Überlegungen können z. B. zeigen, daß die Freiheit des Forschers, in einer bestimmten Situation einen bestimmten Datensatz zu negieren, nicht unbegrenzt ist — weil dann gewisse Folge-„Kosten" anfallen würden. Wie bei jedem Falsifikationsmuster kommt es darauf an, was zusammen mit dem negierten Datensatz in die Prämissen genommen wird. Wenn in dem soeben angedeuteten Beispiel die Hilfshypothesen über das verwendete Exemplar von Meßinstrument, die Randbedingungsbeschreibungen und auch die Aussage über die Zeigerstellung als unproblematisch behandelt werden, aber der Meßdatensatz negiert wird, dann impliziert die Konjunktion dieser Prämissen die Negation der restlichen Hilfshypothesen — im vorliegenden Fall der Theorie, die dieser Art von Instrument zugrundeliegt. Selbstverständlich ist der springende Punkt immer, ob diese Theorie wahr ist. Aber gerade denjenigen Satz zu problematisieren, der von den Prämissen des ursprünglichen Arguments am schwierigsten zu überprüfen ist, ist eine Investitionsentscheidung, die man bei einer Falsifikation normalerweise zuletzt machen würde. Kurz, wenn man in dieser Situation – *ohne* daß besondere *konkrete* Gründe dafür vorliegen – den in Rede stehenden Meßdatensatz verneinen würde, so bedeutete das, daß man, ohne vorher entsprechende KNA-Überlegungen angestellt zu haben, eine Investition tätigt – hier Investition von Zeit in die Überprüfung der allgemeinen Theorie –, die viel „kostet" und die (solange keine konkreten Gründe dafür vorliegen) eine verschwindend kleine Aussicht auf künftige Rendite an Erkenntnisfortschritt bietet. Kurz, man hat ein praktisches Problem nicht rational behandelt. Daß sich das so verhält, ist eine objektive Aussage, die mit der subjektiven Bewertung von Opportunitätskosten nichts zu tun hat.

Zusammenfassend: Das herkömmliche Problem der empirischen „Basis" spielt in der Forschungspraxis kaum eine Rolle. In der methodologischen Rekonstruktion dieser Praxis erscheint es zweckmäßig, ein rationales Hantieren mit Basissätzen als Investitonsentscheidungen zu rekonstruieren, was dazu führt, daß die betreffenden Kosten-Nutzen-Überlegungen explizit gemacht werden. Das Kosten-Nutzen-Analyse-Schema kann dabei helfen, die Problemsituation zu strukturieren. Prüfsätze sind weder erkenntnistheoretischer Felsgrund noch arbiträr oder konventionell. Es ist eine praktische Frage, ob es sich lohnt, einen Basissatz nochmals zu überprüfen. Die Methodologie sagt nur, daß, *wenn* uns ein Basissatz problematisch erscheint, wir ihn überprüfen müssen. Ein Basissatz ist nur von Interesse als *Ausgangspunkt* für die Erstellung einer falsifizierenden Hypothese, d. h. eines Satzes, der einen reproduzierbaren Effekt beschreibt. Der Basissatz selbst dient nur als Rohmaterial.

Das traditionelle Problem der empirischen „Basis" ist ein erkenntnistheoretisches Problem. Es läßt sich nicht umgehen, weil wir Theorien, falsifizierende Hypothesen dieser Theorien, Hilfshypothesen usf. durch Prüfsätze testen und diese Prüfsätze selbst dadurch testen, daß wir aus ihnen, zusammen mit entsprechenden Hilfshypothesen, wiederum andere Prüfsätze ableiten. Die Methodologie darf folglich annehmen, daß das epistemologische Problem innerhalb des Fallibilismus gelöst ist oder lösbar ist. Erkenntnis im objektiven Sinn ist nur deswegen möglich, weil es Basissätze, Testsätze gibt, die im Augenblick unproblematisch sind.

3.3. Die Anwendung des Ökonomischen Ansatzes auf das Problem der rationalen Theorienpräferenz

In der Forschungspraxis und in der Methodologie geht es um Theorienpräferenz und nicht um die Annahme von Theorien. Bei der *technischen Anwendung* wissenschaftlicher Theorien verhält sich das anders. Dort lautet die zu stellende Frage in der Tat, ob eine Theorie akzeptiert werden soll oder nicht, d. h. ob man erwarten darf, daß die auf der Theorie beruhende Technologie einem bei der Verwirklichung eines bestimmten praktischen Zieles helfen wird. Eine derartige Vermutung ist insofern berechtigt, wie die betreffende Theorie geprüft ist und sich bewährt hat. Es muß nicht die beste Theorie sein, sondern die Theorie soll für den vorliegenden praktischen Zweck *genügend* gut bewährt sein, und deshalb braucht sie nicht genauer zu sein, als es für den praktischen Zweck erforderlich ist. Eine über diesen Grad hinausgehende Genauigkeit würde nur unnötig hohe Manipulationskosten bringen. Daß bei der technischen Anwendung KNA-Denken unentbehrlich ist, ist selbstverständlich.

In der *Grundlagenforschung* ist es irreführend, vom Akzeptieren einer Theorie zu sprechen. 1. Wir betrachten niemals eine Theorie isoliert. Wir gehen immer schon von einigen Vorannahmen aus, und in diesem Sinn besteht in jeder Problemsituation ein gewisser *Wettbewerb zwischen Theorien.* Wettbewerb zwischen möglichen Problemlösungen ist der Nährboden für wissenschaftlichen Fortschritt. Dies ist der eine Grund, warum in Bezug auf Theorien das Schlüsselproblem nicht das Problem der Annahme oder Ablehnung einer isoliert betrachteten Theorie ist, sondern das Problem der Theorienpräferenz. Selbstverständlich stellt sich die Frage der Präferenz nur bei miteinander *konkurrierenden* Theorien. Theorien stehen miteinander im Wettbewerb, wenn sie nicht nur logisch inkompatibel sind, sondern einander auch ersetzen können. (Z. B. sind die Darwinsche Evolutionstheorie und die Thermodynamik des 19. Jahrhunderts konfligierende Theorien, stehen aber nicht miteinander in Wettbewerb, da sie einander nicht ersetzen können.) Theorien stehen im engen Sinn des Wortes in Wettbewerb, wenn sie unvereinbare Lösungen für dieselben Erklärungsprobleme oder für einander weitgehend überdeckende Mengen von Erklärungsproblemen anbieten. Theorien stehen im weiten Sinn miteinander in Wettbewerb, wenn sich ihre Anwendungsbereiche überschneiden, d.h. wenn sie über dieselbe Art von Phänomenen reden, aber die eine mehr erklären kann als die andere. 2. Im Bezug auf Theorien ist es irreführend, von der Annahme einer Theorie zu sprechen, denn dies impliziert, daß die Forschung ein „natürliches" Ende haben könnte, und damit stellt sie das Problem der Theorienbewertung in einen begründungsphilosophischen Kontext. Forschung ist aber ein Unternehmen ohne Ende, weil gelöste Probleme zu neuen Problemen führen. Solange wir eine Theorie als Problemlösung ernstnehmen, versuchen wir, sie zu verbessern, und das können wir nur dadurch, daß wir sie strengen empirischen Prüfungen unterziehen. Prognosen sind daher (wie bereits erwähnt) in der Grundlagenforschung nur ein Mittel, um Theorien empirisch zu prüfen. Insofern die Prognose Selbstzweck ist, ist das betreffende Forschungsvorhaben eo ipso insoweit anwendungsbezogen.

Es gibt eine interessante Parallele in der Haltung der Begründungsphilosophen gegenüber dem Basisproblem und gegenüber dem Problem der Theorienwahl. Die enttäuschten Begründungsphilosophen, die einsahen, daß es Basissätze, die einen erkenntnistheoretischen Felsgrund darstellen, nicht geben könne, aber am Erkenntnisideal des sicheren Wissens festhielten, kamen schließlich zur Auffassung, daß Basissätze willkürlich oder konventionell seien. Ganz ähnlich geschah es im Bezug auf Theorien. Die enttäuschten Begründungsphilosophen, die einsahen, daß die Wahrheit bzw. der Probabilifizierungsgrad einer Theorie nicht bewiesen werden konnte, d. h. daß das induktivistische Programm gescheitert war, aber an ihrem Erkenntnisideal festhielten, kamen auch hier von der ursprünglichen extremen Auffassung zu einer ihr konträren Auffassung, nämlich zu der These, daß Theorien nichts anderes seien als Instrumente, um Ableitungen zu machen, und daß sie keine Darstellungsfunktion hätten.

Die Poppersche Methodologie hat die Frage „Wie kann eine Theorie bewiesen werden?" („How can we prove a theory?") durch die Frage ersetzt „Wie können wir Theorien verbessern?" („How can we *im*prove a theory?"). Das wesentliche ist der Übergang von einem begründungsphilosophischen zu einem fallibilistisch-präferenzialistischen Kontext. Nur in diesem Kontext haben Kosten-Nutzen-Analyse-Überlegungen einen Platz.

Über die mögliche Rolle des KNA-Schemas nach einer Falsifikation wurde im Abschnitt 2 gesprochen. Da es sich letzten Endes um Allokation knapper Ressourcen an Zeit, Energie usf. handelt, ist eine KNA unentbehrlich. Allerdings können solche Überlegungen wohl kaum mehr tun als die Wahrnehmung der Situation zu strukturieren.

Wenn Theorien*präferenz* das Schlüsselproblem bezüglich Theorien ist, dann ist es die Aufgabe der Methodologie, Daumenregeln für den Vergleich konkurrierender Theorien zu formulieren. Welche guten Gründe lassen sich für die methodologische Entscheidung anführen, daß eine Theorie T' einer Theorie T vorzuziehen ist? Als guter Grund kommt nur die Vermutung in Frage, daß die Problemlösungskapazität von T' größer ist als diejenige von T. Diese Vermutung kann sich nur auf einen Performancevergleich der beiden Konkurrenten stützen. Aufgrund eines Vergleichs der bisherigen Leistungen der Konkurrenten stellen wir eine fallible aber objektive Vermutung über ihre relative Leistungsfähigkeit auf. (Die Dimensionen der Kritik und die verwendeten Kriterien müssen natürlich explizit gemacht werden (s. z. B. [Radnitzky 1974], bes. Abb. 4 auf S. 90).) Explizite methodologische Bewertungskriterien reduzieren die Entscheidungskosten des Forschers. *Alle* verfügbare Information sollte zur Kritik der Theorien herangezogen werden, einschließlich der Beurteilung der „wissenschaftlichen Wichtigkeit" der Probleme, die die Theorie lösen kann oder nicht lösen konnte. Ein Problem ist „wissenschaftlich wichtiger als" ein anderes oder „fruchtbarer", insofern man erwartet, daß seine korrekte Lösung einen größeren Beitrag zum wissenschaftlichen Erkenntnisfortschritt der betreffenden Disziplin machen wird als die Lösung des anderen Problems, daß seine künftige Rendite an neuem Wissen größer sein wird. Der komparative Begriff muß also ein objektiver Begriff sein, der nichts mit den subjektiven Interessen oder Vorlieben einzelner Wissenschaftler zu tun hat (s. z. B. Radnitzky in [Radnitzky and Andersson 1979] S. 244–249, [Radnitzky 1980 a] S. 221–227).[14] Die Vermutungen über das relative Leistungsver-

[14] Zu welchen Fehlinterpretationen ein Vorurteil gegen den Ökonomischen Ansatz verleiten kann, zeigt folgendes Zitat: „Das Wort ‚Markt' bringt mich zu einer abschließenden Bemerkung zum Vortrag: Der wissenschaftliche Er-

mögen und die künftigen Leistungen von Theorien gestützt auf Performancevergleiche sind selbstverständlich riskant, und das damit verbundene Risiko könnte nur dann reduziert werden, wenn das logische Problem der Induktion positiv gelöst werden könnte. Da das bekanntlich nicht der Fall ist, ist das mit Theorienpräferenz verbundene Risiko unvermeidlich.

Auf der Grundlage einer realistischen Deutung von Theorien erklären wir (hypothetisch – wie bei allen Erklärungen) das größere Problemlösungsvermögen derjenigen Theorie, die alle oder mehr Tests als ihre Rivalinnen bestanden hat, damit, daß sie der Wahrheit näher ist, d. h. eine größere Fähigkeit besitzt, gewisse Aspekte der Wirklichkeit zutreffend darzustellen als ihre Konkurrenten. für den Theorieninstrumentalisten bleibt dieses verschiedene Leistungsvermögen ein unlösbares Rätsel.

Theorienwandel ist ein objektiver Prozeß. In Forschungsbereichen, in denen Theorienbildung eng mit empirischer Prüfung verbunden ist, verdrängt mittel- bis langfristig die bessere Theorie die weniger gute – und bei den guten Gründen dafür spielen eine Art „Kosten“ eine wichtige Rolle. Für diese These läßt sich am besten argumentieren, indem man sie durch ein möglichst einfaches Beispiel illustriert. Ich kann mir kein besseres und einfacheres Beispiel denken als das von George Schlesinger in einer kürzlich erschienenen Rezension von einer Arbeit von Thomas Kuhn

---

folg einer Theorie bemißt sich nicht, wie GERARD RADNITZKY in seinem ökonomischen Modell annimmt, nach der Zahl ihrer Vertreter oder Proselyten, ...“ (F. v. Kutschera in [Riedl und Wuketits 1987], S. 135). Die Interpretation ist insofern amüsant, da sie genau das Gegenteil meiner Position kritisiert und außerdem die marktwirtschaftliche Ordnung (hier setzt sich im Normalfall dasjenige Angebot durch, das einen bestimmten Bedarf am [objektiv] besten deckt) mit der demokratischen Entscheidungsmethode konfundiert. Kutscheras Kommentar entbehrt auch nicht der Pikanterie, da gerade von Vertretern des Ökonomischen Ansatzes immer wieder betont wird der *Unterschied* zwischen Erfolg im *soziologischen* Sinn und Erfolg im *abstrakten* Sinn (i. S. von Erkenntnisfortschritt, Poppers Welt-3 Entitäten), z. B. M. Ghiselin, K. Pähler; vgl. auch (Radnitzky 1987 a), S. 289 und in diesem Essay. Abschn. 3.0, die Kritik des „sociological turn in the ‚philosophy of science‘ “ in Abschn. 1.1 (sowie in Part III von [Radnitzky and Bartley 1987]), und Abschn. 2.2 mit dem Hinweis, daß Konsens für den epistemischen Status einer Aussage irrelevant ist.

verwendete ([Schlesinger 1981], S. 458 f.). Es handelt sich um das Beispiel, wie die Theorie, daß die Erde eine Kugel ist, die Theorie, daß die Erde eine Scheibe ist, überflügelte. Zunächst beleidigte die Kugeltheorie den common sense auf eine Weise, in der die Scheibentheorie dies nicht tat (z. B. Antipoden). Es gab immer Beobachtungen, die Material für eine falsifizierende Hypothese der Scheibentheorie abgaben, wie z. B. die Beobachtung, daß die Segel eines sich nähernden Schiffes gesehen werden, bevor der Rumpf sichtbar wird. Solche Basissätze sind – entgegen der Auffassung von Thomas Kuhn, Paul Feyerabend usf. – völlig neutral gegenüber den konkurrierenden Theorien und für jeden beliebigen Beobachter *unproblematisch*. Sie sind unabhängig vom Weltbild des Beobachters, von seiner „Lebensform". Diese Art von Naturbeobachtungen sind intersubjektiv übereinstimmend, was natürlich nicht hindert, daß die Interpretationen differieren können und dies oft tun. Mit der Kugeltheorie der Erde läßt sich die Beobachtung leicht erklären; um sie mit der Scheibentheorie zu erklären, muß man die Prämissen modifizieren, nämlich die Hilfshypothese, daß Lichtstrahlen geradlinig gehen, ersetzen durch die Hilfshypothese, daß sie entsprechend gebeugt werden. D. h. die Scheibentheorie kann verteidigt werden, aber nur zu bestimmten Kosten. Mit Hilfe der Kugeltheorie läßt sich leicht erklären, warum Mondfinsternisse rund sind. Um die Scheibentheorie zu verteidigen, muß man bestreiten, daß es die Erde ist, die einen Schatten wirft. Die objektiven Kosten dieses Schachzugs bestehen zusätzlich darin, daß man in der Konsequenz auch die Theorie ablehnen muß, die erklärt, warum Mondfinsternisse in der Mitte des Mondmonats stattfinden (wenn die Linien von Sonne zur Erde und von Erde zum Mond einen Winkel von 180 Grad bilden). Dieses Muster wiederholt sich wieder und wieder, z. B. die Erdumseglung muß wegerklärt werden, bis schließlich die Konfrontation mit Satellitenbildern der Erde die Kosten der Verteidigung der Scheibentheorie untragbar hoch macht. Die relevanten Bewertungen der Kosten sind objektiv, und diese Kosten führten schließlich in einem objektiven Prozeß zu einem Theorienwandel. Wir drücken das aus, wenn wir sagen, die Falsifikation der Theorie (Scheibentheorie) sei so endgültig, wie es mit dem prinzipiellen Fallibilismus vereinbar ist.

Weitere Beispiele, die die These illustrieren, daß die Bevorzugung der Theorie mit der geringeren Erklärungskraft „Kosten“ verursacht, gibt es reichlich. Die Ptolemäische Theorie gegenüber der Kopernikanischen Theorie (Sexl 1985), die Äthertheorie (zumindest in der Form, die sie im Newtonschen Ansatz hatte) gegenüber der Relativitätstheorie usw. In der Untersuchung des Beispiels Hohlwelttheorie gegenüber Kopernikanischer Theorie weist Roman Sexl nach, daß nicht einmal in diesem Falle die Experimentalergebnisse *allein* eine Entscheidung zwischen den beiden konkurrierenden Theorien erzwingen können, weil die Verteidiger der falsifizierten Theorie sie durch entsprechende Modifikationen der Prämissen und gewisse mathematische Transformationen an die neuen Entdeckungen „anpassen“ können (Sexl 1985). Die entscheidende Frage ist, welche „Kosten“ — in Form von nicht mehr verfügbaren oder entgangenen epistemischen Ressourcen — die Verteidigung der schlechteren Theorie mit sich bringt. Diese Frage kann ohne methodologische Überlegungen nicht adäquat beantwortet werden.

Die Erklärung des Vorlaufens des Perihels des Planeten Merkur ist ein gutes Beispiel für die mögliche Höhe der „Kosten“ der Verteidigung der schlechteren Theorie. Man kann das Vorlaufen des Perihels des Merkur klassisch erklären, wenn man die Prämissen so modifiziert, daß die Hilfshypothese über die Sonne eine nicht streng kugelförmige Massenverteilung annimmt oder daß ein zusätzlicher Planet postuliert wird (‚Vulcan‘, 1859). Damit wird die Falsifikation der Newtonschen Theorie abgewendet. Die Hilfshypothesenmodifikationen (insbesondere die Vulcan-Hypothese) stellten sich bald als falsch heraus. In der Literatur wird meist die Auffassung vertreten, daß, als Einstein 1915 zeigte, daß aus seiner Allgemeinen Relativitätstheorie eine Perihelverschiebung des Merkur von genau 43 Bogensekunden pro Jahrhundert folgt, die „Kosten“ der Verteidigung der Newtonschen Himmelsmechanik plötzlich in die Höhe schnellten, nämlich dadurch, daß man nunmehr in Konsequenz auch die Theorie, die unser gesamtes Weltbild neu gestaltete, hätte verwerfen müssen. Dieser Hinweis erscheint mir richtig und interessant. Zu bemerken wäre dazu, daß 1915 die Erklärung des Vorlaufens des Merkur-Perihels die erste experimentelle Bewährung der Allgemeinen Relativitätstheorie war. Vom Standpunkt der Methodologie wäre auch zu bemerken, daß es durchaus möglich ist, *daß der Wettbewerb zwischen konkurrierenden Erklärungen einige Zeit unentschieden bleibt, und das heißt auch, daß während dieser Zeit eine rationale Präferenz zwischen den konkurrierenden Theorien nicht möglich ist.* Z. B., daß in unserem Beispiel zunächst der Wettbewerb zwischen einer Erklärung mit der Hilfshypothese der Abplattung der Sonne und einer Erklärung mit Hilfe der Allgemeinen Relativitätstheorie nicht gleich hätte entschieden werden können. Die Hilfshypothesenmodifikationen sind immerhin empirisch prüfbar (und man meint heute, daß etwa 10% des Wertes des Vorlaufens einer Abplattung der Sonne zugeschrieben werden könnte, die unter dem Schirm von blendendem Gas schwer feststellbar ist). Aber auch dieses Beispiel beleuchtet besonders deutlich, daß es nicht möglich ist, die Theorie mit der geringeren Erklärungskraft zu bevorzugen, ohne dabei Verluste an epistemischen Ressourcen in Kauf nehmen zu müssen. Ob man diese Verluste als „Kosten“ verbuchen soll – wie ich es hier vorgeschlagen habe – ist vielleicht letzten Endes eine terminologische Frage.

Zusammenfassend: Ich habe hier von „Kosten“ gesprochen in zwei Fällen. Erstens im Zusammenhang mit dem praktischen Problem des Forschers, seine Zeit möglichst effizient zu allozieren. Der Kostenbegriff ist der entgangene Nutzen an möglichem Erkenntnisfortschritt, den eine Investition in ein anderes Vorhaben vermutlich gebracht hätte, d. h. es handelt sich um *Opportunitätskosten:* entgangener Erkenntnisfortschritt, der (wie man vermutet) möglich gewesen *wäre.* Zweitens habe ich von Kosten gesprochen im Zusammenhang mit Theorienpräferenz, nämlich mit der Bevorzugung derjenigen Theorie, die geringere Erklärungskraft hat als ihre Konkurrentin. Was kostet es, die Theorie mit der wesentlich geringeren Erklärungskraft vorzuziehen? Diese Kosten sind Verluste an epistemischen Ressourcen, die im Markt der Ideen *bereits angeboten werden,* vor allem der Verlust der guten Erklärungen, die mit Hilfe der rivalisierenden Theorie konstruiert werden können, sowie der Umstand, daß mit diesen Erklärungen in Konsequenz auch die Theorie abgelehnt wird, die diese Erklärungen ermöglicht hat. Es handelt sich also um einen Verlust an kognitivem Kapital. Diese Kosten können objektiv bewertet werden.

Eine Einbeziehung eines generalisierten Kosten-Nutzen-Schemas kann uns helfen, die Problemsituation gedanklich zu strukturieren. Sie erlaubt es uns, die verschiedenen Schritte des Entscheidungsprozesses besser zu artikulieren und sie folglich besser kritisierbar zu machen. Die Einführung des Kosten-Nutzen-Denkens löst kein methodologisches Problem. Aber es kann uns vermutlich helfen zu erkennen, worin die Probleme genau bestehen und welche Optionen es in einer bestimmten Situation gibt.

Literaturhinweise

Albert, H., 1968. *Traktat über kritische Vernunft.* Tübingen: J. C. B. Mohr.

Albert, H., 1978. *Traktat über rationale Praxis.* Tübingen: J. C. B. Mohr.

Albert, H., 1982. *Die Wissenschaft und die Fehlbarkeit der Vernunft.* Tübingen: J. C. B. Mohr.

Andersson, G., 1984 a. „How to accept fallible test statements? Popper's criticist solution", in (Andersson 1984 c), S. 47–68.

Andersson, G., 1984 b. „Creativity and Criticism in Science and Politics", in (Andersson 1984 c), S. 1–14. Abdruck einer gekürzten Fassung in *Universitas: A Quarterly German Review of the Arts and Sciences* 29:193–199 (1987).

Andersson, G., 1984 c. *Rationality in Science and Politics.* (*Boston Studies in Philosophy of Science,* Vol. 79). Dordrecht: Reidel.

Andersson, G., 1988. *Kritik und Wissenschaftsgeschichte. Kuhns, Lakatos' und Feyerabends Kritik des kritischen Rationalismus.* Tübingen: J. C. B. Mohr, *im Druck.*

Bartley, W. W., III., 1964. *The Retreat to Commitment.* New York, NY: Alfred A. Knopf; 2nd ed. with 100-pgs Appendix, La Salle, IL: Open Court 1984.

Bartley, W. W., III., 1987. „Philosophy of biology *versus* philosophy of physics", in (Radnitzky and Bartley 1987), S. 7–45.

Braeman, J., 1987. „Financing the knowledge industry". *The Word & I. A Chronicle of Our Changing Era* (Washington, DC) 2:394–404 (Book Review Section in der Mai-Ausgabe 1987).

Brunner, K., 1983. „The perception of man and justice and the conception of political institutions", in Machlup F. *et al.* 1983. *Reflections on a Troubled World Economy. Essays in Honor of Herbert Giersch.* New York, NY: St. Martin's Press, S. 327–355.

Brunner, K., 1984. *Technological Change: Challenge and Consequences.* (*Working Paper Series,* No. GPB-84-4). Rochester, NY: Center for Research in Government and Business. University of Rochester.

Brunner, K. and Meckling, W., 1977. „The perception of man and the conception of government", *Journal of Money, Credit and Banking* 9:70–85.

Efron, E., 1984. *The Apocalyptics. Cancer and the Big Lie: How Environmental Politics Controls What We Know About Cancer.* New York, NY: Simon & Schuster (dt. im Goldmann Verlag, München 1987, *im Druck*).

Flew, A., 1985. *Thinking about Social Thinking. The Philosophy of the Social Sciences.* Oxford: Blackwell.

Grmek, J., Cohen, R. and Cimino, G. (eds.), 1981. *On Scientific Discovery. The Erice Lectures 1977.* (*Boston Studies in the Philosophy of Science,* Vol. 34). Dordrecht: Reidel.

Hirshleifer, J., 1985. „The expanding domain of economics", *The American Economic Review* 75:53–68.

Hoyningen-Huene, P., 1987. „On the distinction between the ‚context' of discovery and the ‚context' of justification", *Epistemologia* 10:81–88.

Mekler, Y., 1986. „Soviet science: How good is it?", *Discovery,* August 1986, S. 36–59.

Munz, P., 1985. *Our Knowledge of the Growth of Knowledge.* London: Routledge & Kegan Paul.

Pähler, Kl., 1986. *Qualitätsmerkmale wissenschaftlicher Theorien.* Tübingen: J. C. B. Mohr.

Popper, K., 1934. *Logik der Forschung.* Wien: Springer; 7. verb. Aufl., Tübingen: J. C. B. Mohr 1982.

Popper, K., 1972. *Objective Knowledge.* Oxford: Clarendon Press; 5. verb. Aufl. 1979.

Posner, R., 1987. „The law and economics movement", *The American Economic Review* 77:1–13.

Radnitzky, G., 1974. „From logic of science to theory of research", *Communication and Cognition* 7:61–124.

Radnitzky, G., 1980 a. „From justifying a theory to comparing theories and selecting questions", *Revue Internationale de Philosophie* 34:179–228.

Radnitzky, G., 1980 b. „Theorienbegründung oder begründete Theorienpräferenz. Vom Induktivismus zum Kritizismus Karl Poppers" in (Radnitzky und Andersson 1980), S. 317–370.

Radnitzky, G., 1981. „Progress and rationality in research", in (Grmek *et al.* 1981), S. 43–102.

Radnitzky, G., 1986 a. „Responsibility in science and in the decisions about the use or non-use of technologies" in Neumaier, O. (Hrsg.). 1986. *Wissen und Gewissen.* Wien: VWGÖ, S. 99–124; auch in *The World & I. A Chronicle of Our Changing Era* (Washington, DC) 1:649–675 (May 1986).

Radnitzky, G., 1986 b. *L'Epistemologia di Popper e la Ricerca Scientifica.* Roma: Edizioni Borla.

Radnitzky, G., 1987 a. „Cost-benefit thinking in the methodology of research", in (Radnitzky and Bernholz 1987), S. 283–331.

Radnitzky, G., 1987 b. „Erkenntnistheoretische Probleme im Lichte von Evolutionstheorie und Ökonomie: Die Entwicklung von Erkenntnisapparaten und epistemischen Ressourcen", in (Riedl und Wuketits 1987), S. 115–132.

Radnitzky, G., 1987 c. „An economic theory of the rise of civilization and its policy implications: Hayek's account generalized", *Ordo* 38:47–90 (1987).

Radnitzky, G., 1987 d. *Entre Wittgenstein et Popper: Détours vers la Découverte – Le Vrai, le Faux, et l'Hypothèse*. Paris: Vrin.

Radnitzky, G., 1987 e. „The ‚Economic' Approach to the philosophy of science", *The British Journal for the Philosphy of Science* 38:159–179.

Radnitzky, G. and Andersson, G. (eds.), 1979. *The Structure and Development of Science*. (*Boston Studies in the Philosophy of Science*, Vol. 59). Dordrecht: Reidel.

Radnitzky, G. und Andersson, G. (eds.), 1980. *Fortschritt und Rationalität der Wissenschaft*. Tübingen: J. C. B. Mohr.

Radnitzky, G. and Bartley, W. W., III. (eds.), 1987. *Evolutionary Epistemology, Rationality, and the Sociology of Knowledge*. La Salle, IL: Open Court.

Radnitzky, G. and Bernholz, P. (eds.), 1987. *Economic Imperialism: The Economic Method Applied Outside the Field of Economics*. New York, NY: Paragon House Publishers.

Riedl, R. und Wuketits, F. (Hrsg.), 1987. *Die Evolutionäre Erkenntnistheorie*. Berlin/Hamburg: Paul Parey.

Salamun, K., 1988. *Die Philosophie des kritischen Rationalismus*. Amsterdam: Rodopi.

Schlesinger, G., 1981. „THE ESSENTIAL TENSION: SELECTED STUDIES IN SCIENTIFIC TRADITION AND CHANGE, by Thomas Kuhn. The University of Chicago Press, 1977", *Philosophia* (Israel) 9:455–467.

Seifert, H. und Radnitzky, G. (Hrsg.), 1988. *Handlexikon zur Wissenschaftstheorie*. München: Ehrenwirth.

Sexl, R., 1983. „Die Hohlweltheorie", *Der Mathematische und Naturwissenschaftliche Unterricht* 36:453–460 (Heft 8).

Vollmer, G., 1987. „Was evolutionäre Erkenntnistheorie nicht ist", in (Riedl und Wuketits 1987), S. 140–155.

GERHARD HUBER

Wider eine reduzierte Vernunft

Kommentar zum Beitrag von Gerard Radnitzky

Ich denke, daß wir von Herrn Radnitzky ein sehr klares Referat gehört haben, das mit Entschiedenheit eine bestimmte Position vertritt: einen durch den Ökonomischen Ansatz modifizierten Popperianismus. Mit meiner kommentierenden Stellungnahme möchte ich – nach den in dieser Veranstaltung geltenden Spielregeln – nicht vor allem die verdiente höfliche Anerkennung des Gehörten aussprechen, sondern zur Diskussion provozieren.

Meine Stellungnahme deute ich zunächst durch ein Zitat an:

> Es will mir scheinen, daß in diesen denkökonomischen Theorien wohlberechtigte und in passender Beschränkung sehr fruchtbare Gedanken eine Wendung erhalten, die im Falle allgemeiner Annahme den Verderb aller echten Logik und Erkenntnistheorie (...) bedeuten würde.

Der zitierte Satz stammt von Edmund Husserl und ist seinem epochalen Werk, den „Logischen Untersuchungen", deren erster Band 1900 erschien, entnommen (S. 196 der Neuausgabe von E. Holenstein, 1975). Husserl bezieht sich kritisch auf die biologische Begründung der Logik und Erkenntnistheorie durch Richard Avenarius und insbesondere durch Ernst Mach und dessen „Prinzip von der Ökonomie des Denkens". Das Zitat soll andeuten, daß das vom Referenten Vorgetragene im Zusammenhang einer längeren Vorgeschichte steht, und von dieser her die partiellen Meriten eines solchen Ansatzes und zugleich dessen prinzipielle Fragwürdigkeit zum Ausdruck bringen.

Herr Radnitzky hat uns den Ansatz seiner Wissenschaftstheorie vorgetragen, die sich als Methodologie und diese wiederum als Technologie des wissenschaftlichen Erkenntnisfortschrittes versteht. Hauptwerkzeug dieser Methodologie ist die quasiökonomische Kosten-Nutzen-Analyse. Diesen wissenschaftstheoretischen Ansatz möchte ich im folgenden unter drei Gesichtspunkten kritisch beleuchten:

1. das Verständnis dessen, was Rationalität — insbesondere wissenschaftliche Rationalität — ist;
2. das Menschenbild, das dahinter steht;
3. die geistige Atmosphäre, die damit der Wissenschaft und ihrer möglichen weiteren Entwicklung bereitet wird.

1. Rationalität

Herr Radnitzky sieht die Wissenschaft als Prozeß im Zeichen des Fortschrittes einer mehr oder weniger kontinuierlichen Annäherung an die Wahrheit. Wahrheit ist dabei verstanden als Darstellung von Aspekten der Wirklichkeit — eine Darstellung, die der ständigen Verbesserung fähig ist. Dies Fortschrittsprinzip soll gelten, obwohl die Wahrheit die wissenschaftlichen Theorien nur in der negativen Gestalt der möglichen Falsifikation heimsucht. Bei kritischer Überprüfung sichert das Ausbleiben der Falsifikation den falliblen Wahrheitsgehalt der fortschreitenden Wissenschaft offenbar hinlänglich.

Demgegenüber gilt es nun, darauf hinzuweisen, daß dieser (bereits prekäre) Fortschritt der Wissenschaft seinen Preis in einem parallel laufenden Prozeß hat, den ich als *„Schrumpfung der Rationalität"* bezeichnen möchte: Schrumpfung einer ursprünglich in sehr viel umfassenderem und tieferem Sinne verstandenen Rationalität.

Nach dem positivistischen Schema, das mächtig fortwirkt, wird in der Entwicklung des menschlichen Geistes die mythische Deutung der Welt und des Menschen abgelöst von der Begrifflichkeit der philosophischen Vernunft und diese wiederum von der wissenschaftlichen Ratio, die den gesetzmäßigen Zusammenhang positiver Tatsachen erkennt. Dies aber — und dem gilt mein kritischer Hinweis — ist im Resultat erkauft durch ein reduzierendes Verständnis von Rationalität. Man kann diese Reduktion beschreiben als Quantifizierung des Qualitativen (oder gar des Wesenhaften), Instrumentalisierung sinngerichteter Vernünftigkeit und schließlich Ökonomisierung der Handlungsrationalität. *Quan-*

tifizierung meint, daß der qualitative Reichtum der Inhalte menschlicher Welt- und Selbsterfahrung auf die Aspekte des Meßbaren und Rechenhaften zurückgeführt wird. Infolge der *Instrumentalisierung* ist die Vernunft (auch und gerade in Gestalt der sogenannten Zweckrationalität) nicht mehr eine Vernunft der Zwecke oder Ziele, auf die sinnvolles Handeln sich ausrichtet, sondern nur noch Rationalität des Mittelgebrauchs für Ziele, die entweder beliebig-willkürlich gesetzt oder als bloß faktisch auferlegte vorgegeben sind. Die *Ökonomisierung* schließlich, die bei unserem Referenten besonders drastisch zur Geltung kommt, reduziert vollends die Handlungsrationalität auf einen egoistischen Kosten-Nutzen-Kalkül, durch den der Eigennutzen in Konkurrenzsituationen maximiert werden soll.

Diese reduzierte Rationalität ist, gemessen an dem, was Vernunft auf der Höhe großer Philosophie einmal war (und vielleicht immer noch sein kann), eine höchst fragwürdige Schrumpfform der Rationalität.

2. Menschenbild

Herr Radnitzky hat das seine Methodologie begründende Menschenbild mit wünschbarer Deutlichkeit umrissen: es ist das des *homo oeconomicus,* dessen geistige Aktivität im rationalen Lösen von Problemen besteht (wobei „rational" eben im Sinne der angedeuteten Kümmerform des Vernünftigen verstanden werden muß). Die verfügbaren Ressourcen materieller und epistemischer Art werden vom einzelnen Individuum bewertet und der damit erzielbare Nutzen funktional maximiert.

Was insbesondere den Wissenschafter, der ja auch ein Mensch ist, betrifft, so tritt er in der Charaktermaske des „discovery maximizing producer" auf: als Unternehmer in wissenschaftlichen Entdeckungen, der zum Ziel kommt, indem er seine Kosten berechnet, einschließlich des ihm möglicherweise entgehenden größeren Nutzens von alternativen Unternehmungen.

Dies ist ein sehr einseitiges Bild einer bestimmten Art von wissenschaftlicher Intellektualität, die es heute gibt – aber sicher nicht das, was die paradigmatische Gestalt des wissenschaftlichen Menschen ausmacht: eher ein Zerrbild denn Realität, und schon gar nicht ein Wunschbild. Ich vermag nicht zu sehen, wie daraus ein Aufschluß über die Art wissenschaftlicher Diskussionsführung gewonnen werden könnte, geschweige denn eine Grundlage für das Verständnis wirklicher Forschungsprozesse. Gewiß sind Konkurrenz und Wettstreit psychologisch treibende Mechanismen im Forschungsprozeß und Publicity und Reisediplomatie Formen der wissenschaftlichen Sales promotion. Aber dies betrifft mehr das menschlich-allzumenschliche Beziehungsgeflecht als die den Gang der Wissenschaft wirklich vorantreibenden Kräfte — als da sind Einfallsreichtum, Beharrlichkeit in der Verfolgung einer neuen Idee bis in ihre Verzweigungen hinein, das Wunder einer genialen Durchbrechung herkömmlicher Vorstellungsweisen, die Fähigkeit zu abwägender Selbstinfragestellung usw.

3. Geistige Atmosphäre der Wissenschaft

Nach dem Verständnis unseres Referenten hat Wissenschaftstheorie eine Methodologie zu sein, die als eine Art Technologie dem einzelnen Wissenschafter Faustregeln an die Hand gibt, mit deren Hilfe er seine Forschungsentscheide so treffen kann, daß sie dem Erkenntnisfortschritt insgesamt eher förderlich sind. Welches ist die geistige Atmosphäre, die damit von der Philosophie her dem Tun des Wissenschafters bereitet wird? Diese Atmosphäre scheint mir durch eine eigentümliche *Sterilität* gekennzeichnet. Was darin sichtbar wird, ist weniger das Ereignis bedeutender Forschung und Erkenntnis, als vielmehr die Außenseite eines Wissenschaftsbetriebes, der heute zwar stattfindet und auch finanziert wird, der aber mit Recht sich auch wachsender Kritik ausgesetzt sieht — angesichts der für die Wissenschaften heute tatsächlich bestehenden Gefahr, daß hinter dem Betrieb die eigentliche Erkenntnis und die Leistungen, die dazu führen, verloren gehen. Ich neige daher zu dem Urteil, daß die hier vorgeführte Methodologie der Wissenschaften eine konformistische Abbildung des Wissenschaftsbetriebes sei, worin das eigentlich Wissenschaftliche zu verschwinden droht.

Dies wird deutlich auch am leitenden Wahrheitsbegriff: Wahrheit ist, was auf dem Weg der Nutzenmaximierung erreicht wird. Das Ethos der Forschung (wenn von einem solchen überhaupt die Rede sein kann) expliziert sich hier in einem Ökonomismus der Vorteilsgewinnung, der einen betont amoralischen Charakter hat. So etwas wie die grundlegende Verantwortung für die Wahrheit wissenschaftlicher Aussagen kommt nicht zur Geltung – jedenfalls, wie mir scheint, nicht in angemessener Weise. Vielmehr soll das Vertrauen in den quasibiologischen Selektionswert von Marktmechanismen gestärkt werden. Dies scheint mir nicht die geistige Atmosphäre zu sein, worin Wissenschaft heute gedeihen kann und die auch ihrer Kritik förderlich wäre.

Wir sind heute nicht nur staunende Zeugen großartiger wissenschaftlicher Erkenntnisfortschritte, sondern auch die Menschen, die von der Einseitigkeit wissenschaftlicher Denkweisen bedroht und durch die Folgen sorgloser technischer Anwendung ihrer Resultate bis in unsere Existenz hinein gefährdet sind. Die Menschheit als ganze samt der sie umgebenden belebten Natur ist heute dieser äußersten Bedrohung ausgesetzt. In dieser Situation bedürfen wir eines Wissenschaftsverständnisses, das uns wenigstens grundsätzlich befähigt, als die Wissenschafter, die wir sind, gegen diese existentielle Bedrohung anzugehen. Eine Wissenschaftstheorie, die von dieser existentiellen Dimension von vornherein absieht, scheint mir das, was Wissenschaft heute ist, im Kern zu verfehlen und daher unangemessen zu sein.

4. Wozu Wissenschaftsphilosophie?

Wenn meine Kritik in ihrer Grundtendenz zutrifft, so ergibt sich aus den Darlegungen unseres Referenten keine starke Evidenz dafür, daß Wissenschaftsphilosophie mehr ist als eine einigermaßen diffizile Disziplin für ihre eigenen Adepten. Insbesondere ergibt sich keine Evidenz dafür, daß der Wissenschafter in seinem Tun durch solche methodologischen Theorien erheblich gefördert wird.

In der Leitfrage dieser Veranstaltungsreihe „Wozu Wissenschaftsphilosophie?“ ist auch die umfassendere Frage nach dem Nutzen von Philosophie überhaupt für die Wissenschaften beschlossen. In Übereinstimmung mit dem Votum von Ulrich Müller-Herold an einer früheren Veranstaltung dieser Reihe (s. oben Seite 218) möchte ich meiner Überzeugung Ausdruck geben: Von wirklichem Nutzen für den Wissenschafter und sein Tun wäre die intensive Beschäftigung mit eigentlicher Philosophie in den großen Gestalten der Vergangenheit (etwa von Platon bis Hegel – denen Gleichrangiges in der Gegenwart sich leider nicht an die Seite stellen läßt). Weniger lohnend scheint mir die Beschäftigung mit heutiger Wissenschaftsphilosophie zu sein, die eher eine Mimikry von Wissenschaften (sei es nun Physik oder Ökonomie oder was immer) in philosophisch sein wollender Gestalt darstellt als wirkliche Philosophie jenes hohen Ranges.

Werner Flach

Karl Poppers wissenschaftsphilosophische Intention

Wenn man Karl Poppers wissenschaftsphilosophische Intention zu beurteilen hat, so kommt man nicht umhin, zwei Hauptziele aus Poppers Werk herauszulesen. Erstens und zuvörderst will Popper eine Attitüde propagieren, die Attitüde, die man als die wissenschaftliche zu betrachten habe. Diese Attitüde ist die der Behauptung gegenstandsbezüglicher Aussagen, der Respektierung der in diesen involvierten Probleme und des Versuches der Lösung eben dieser Probleme in der erneuten Behauptung gegenstandsbezüglicher Aussagen, Aussagenmengen, geordneter Aussagenmengen = Argumentationsketten, Theorien. Wissenschaft ist so, das läßt sich nicht übersehen, mit einer Art zu denken ineinsgesetzt. Konsequenterweise rückt die Denkungsart, die Methode, in den Mittelpunkt des Interesses. Erfolg in dem Bemühen, was Wissenschaft originärerweise ist, auf den Begriff zu bringen, kann es nur geben, wenn es gelingt, diesen zentralen Punkt aufzuklären. Die philosophische Hauptaufgabe ist die der Erhellung und der Klärung der Methodenbestimmtheit der Erkenntnis.

Zweitens will Popper durch seine Ausführungen die Einsicht vermitteln, daß die Methodenbestimmtheit der Erkenntnis, dem Erstehen, dem Aufnehmen, dem Lösen, dem erneuten Erstehen von Problemen gleich ist, und daß die Erkenntnis insofern als ein eigener Bereich mit eigenen Ordnungsprinzipien und eigener Dynamik, die von Popper so genannte ‚Welt 3', anzusehen ist. Bei einer solchen Charakteristik der Erkenntnis sind die Probleme und ihre Lösungen sowie die Kritik der Problemstellungen und der Problemlösungen das, woran die Analyse der Erkenntnis jeweils anzusetzen hat.

Angesichts dieser doppelten Intention vermag die erste kommentierende Aussage nur beifällig auszufallen. Philosophie in dem strikten und anfänglichen Verständnis der Erörterung dessen, was Erkenntnis, wissenschaftliche Erkenntnis insbesondere, ist, ist Problemanalyse und qua Problemanalyse Methodenanalyse. Die doppelte Frage: Was ist das Problem? und: Wie ist das Problem zu behandeln, wie ist es zu lösen? ist die genuine Frage der Philosophie. Sie ist eine kritische Frage. Sie ist die Frage nach den Rechtsgründen, nach den Rechtsgründen eben der und nicht einer anderen Problemstellung und eben der und nicht einer anderen Problembehandlung, Problemlösung. Sie ist die Frage nach der die Sachkonzeption leitenden Methode bzw. Methodik.

Wer die Philosophiegeschichte kennt und wer die spärlichen Ausführungen Poppers zu den positiven Einflüssen auf sein Denken beachtet, wird angesichts dieser Popperschen Intention an Kant denken. Poppers Intention ist der Tradition des kantischen Kritizismus verpflichtet. Wie ich mich schon in meiner Rezension der Popperschen „Die beiden Grundprobleme der Erkenntnistheorie"[1] (in Übereinstimmung mit anderen, Anhängern und Kritikern Poppers) darzulegen genötigt gesehen habe, ist offenkundig: Poppers philosophische Intention ist durch das erkenntniskritische Motiv, das durch die kritische Erkenntnislehre Kants in die Philosophie gekommen ist, gespeist. Ebenso offenkundig ist: Die Speisung durch dieses Motiv führt nicht einfach zu einer Wiederholung der von Kant konzipierten kritischen Selbstprüfung der Vernunft, sondern es resultiert eine kritische Prüfung eigener Prägung. Die wird daran ersichtlich, was Popper in seinem Werk konkret als Probleme und deren Lösungen herausstellt.

Es ist dementsprechend die weitere Aufgabe des Kommentators der Popperschen wissenschaftsphilosophischen Intention, der Frage nachzugehen, wie konsequent Popper in der Verfolgung seiner grundlegenden Fragestellungen ist und wie stringent seine Antworten bzw. Auskünfte jeweils sind, wie die in dem angegebenen Sinne kritische Frage und Antwort angelegt und ausgeführt sind. Hiermit werden die einzelnen Punkte, die von Popper angesprochen werden, thematisch, das Problem, das dabei jeweils

[1] Vgl. Vf.: Der Kritizismus als Triebkraft der Entwicklung des modernen Empirismus. Philosophische Rundschau 28. Jg. 1981, S. 84–100.

aufgeworfen ist, und das Angebot seiner Behandlung, seiner Lösung (das gemäß dem Kritikbegriff Poppers selbstverständlich nicht als absolutes, sondern als relatives Angebot zu betrachten ist). Die Überprüfung der Tragfähigkeit der Popperschen Aussagen in allen diesen Punkten wird zur grundlegenden erkenntniskritischen Frage zurückführen und das kommentierende Endurteil bedingen. In Anerkennung dessen, daß die Fragestellungen und zugehörigen Antworten der Popperschen Philosophie auf die angedeuteten fundamentalmethodologischen Überlegungen zurückgehen, die methodologischen (wissenschaftstheoretischen, erkenntnislogischen) Punkte also die Hauptpunkte ausmachen, beziehe ich mich auf diese. Ihre Systematik bedingt die Abfolge der Behandlung.

(1) Insofern das kritische Denken die Qualifikation der Erkenntnis in der Gegenständlichkeit (Gegenstandsbezüglichkeit) der Aussage sieht, steht für es die objektive Realität der Erkenntnis fest. Die Welt der Erkenntnis (= die Welt, die uns durch die Erkenntnis wie auch immer erschlossen ist) ist von objektiver Realität. Das beinhaltet: Die Bestimmungen, in welchen uns die Welt verfügbar ist, sind Bestimmungen, die wir Menschen, wir Menschen als erkennendes Subjekt, erarbeiten. Weil sie nur zu erarbeiten sind, indem wir uns auf die Anforderungen des Begriffes der Erkenntnis einlassen, interessiert nur ihre Eigenbestimmtheit. Die ist als Gegenständlichkeit, Geltungswertigkeit, Geltungsdifferenz zu fassen. Von dieser her bzw. rücksichtlich dieser ist deshalb jede Aussage zu thematisieren, die als Erkenntnis in Frage soll kommen können. Popper hat insofern recht, wenn er seine ‚Welt 3' als objektive Welt begreift. Er irrt, wenn er meint, sie einer ersten (materiellen) und einer zweiten (bewußtseinsmäßigen) Welt gegenüberstellen zu müssen. Denn weder gibt es materielle Dinge, die nicht zu erkennen, erkennbar, teils erkannt, teils nicht erkannt wären, noch gibt es ein Bewußtsein, das nicht der Erkenntnisleistung fähig wäre und das nicht der Erkenntnisorientierung unterläge. Das Reich der Gedanken ist ein System, das mit seiner Selbstregulation auch die Regulation seines Umgebungssystems bewerkstelligt. Darum hat die Erkenntnis nicht nur ihre noematische, sondern auch ihre noetische und ihre (im Sinne des antiken Pragma-Begriffes) pragmatische

Seite. Mit allen diesen Seiten verweist sie auf die Geltungsqualifikation.

Kant hat das durchschaut. Darum lehrt er, daß der Begriff der Erkenntnis uns ebenso mit dem Problem des Dinges an sich, wie mit dem der Erscheinung, wie mit dem der Empfindung, dem der Anschauung, dem des Verstandes, dem der Vernunft konfrontiert. Eine Lehre von der Erkenntnis muß die Geltungsqualifikation der Aussage in der Totalität ihrer Momente in den Blick nehmen. Popper sucht sich diesem Zwang zu entziehen. Sein metaphysischer Realismus und sein Mißverständnis dessen, was für Kant die ermöglichenden Bedingungen der realitas objectiva sind, sind die Konsequenz. Der metaphysische Realismus ist nicht besonders irritierend. Denn wenn man seine Metaphysikkomponente, die nicht prüfbare Aufgliederung der Welt in drei Welten, einklammert, bleibt ein positiv zu beurteilender methodischer Realismus (Realismus der Methode) zurück. Das Mißverständnis des Kantischen Prinzipiengedankens, des Gedankens von den Bedingungen der Möglichkeit der Erfahrung, ist dagegen schwerwiegend. Schränkt es doch Poppers Blickwinkel auf die deduktivistische (formallogische) und empiristische (antiaprioristische) Analyse der Erfahrung ein.

(2) Diese Blickverengung der Erkenntnislehre zur deduktivistisch-empiristischen Erkenntnislogik bestimmt wesentlich Poppers eigenes, vom Kantischen Kritikkonzept abweichendes Kritikkonzept. Dieses Kritikkonzept läßt all die im Kantischen Kritikbegriff involvierten Untersuchungen der transzendentalen Rahmenbedingungen von Erfahrung außer Betracht und kümmert sich einzig und allein darum, die Erfahrung, die wissenschaftliche Erfahrung, durch die Methode zu kennzeichnen. Man kann diese Spezifikation des Kritizismus sehr gut verstehen, wenn man berücksichtigt, daß Popper das von Kant herkommende Kritikkonzept in einer philosophiegeschichtlichen Lage behauptet bzw. durchzusetzen sucht, die vom logischen Empirismus beherrscht ist. Indem er die wissenschaftliche Erfahrung durch die Methode kennzeichnet, vermeidet Popper die Alternative, die Analyse der Erfahrung als logische Analyse (der Sprache) oder als empirische (psychologische) Deskription fassen zu müssen. Indem er die Methode als regulative Funktion mit der schlußfolgernden Deduktion als Organon der Begründung faßt, kann er den kritischen

Begründungsgedanken, der die Analyse der Erfahrung an die Logik verweist, festhalten, ohne die Kantische Durchführung des Gedankens sich zu eigen machen zu müssen, d. h. ohne die transzendentale Logik Kants, die in dieser skizzierte Konstitutionslehre mit ihrem Zwang zur prinzipientheoretischen Deduktion des apriorisch-formalen (rein kategorial bestimmten) Naturbegriffes teilen zu müssen. Die Erfahrung wird schlicht als die Methodik der Entscheidung über die Wahrheit oder die Falschheit einer Wirklichkeits(Tatsachen)aussage interpretierbar, einer allgemeinen Wirklichkeits(Tatsachen)aussage.

(3) Die Interpretation der Erfahrung als Methodik der Entscheidung über die Wahrheit oder die Falschheit einer allgemeinen Wirklichkeits(Tatsachen)aussage bedingt die Formation des Popperschen Begriffes der wissenschaftlichen Erkenntnis. Popper argumentiert sehr richtig: Wenn Wissenschaft verbindliches Wissen soll sein können, so ist für ihre Behauptungen der Erweis ihrer Geltung zu verlangen. Diesem Erfordernis nachzukommen, heißt eine Entscheidung über den Geltungsmodus der jeweiligen Behauptung treffen. Diese Entscheidung, so lehrt Popper weiter, kann von der Art sein, daß die Behauptung voll und ganz als wahr oder falsch ausgewiesen ist. Es handelt sich dann bei der fraglichen Behauptung um vollentscheidbares Wissen. In Bezug auf dieses gibt es die Verifikation und die Falsifikation. Anders liegt die Sache, wenn die fragliche Behauptung nicht die totale, sondern nur die partiale Entscheidung zuläßt. In diesem Falle des nicht voll-, sondern nur teilentscheidbaren Wissens haben wir es mit einer Entscheidung bloß der Verifikation oder bloß der Falsifikation zu tun. Die Unterscheidung und Gegenüberstellung ist Poppers Aufbereitung der Kantischen Unterscheidung und Gegenüberstellung von analytischem und synthetischem Wissen. Im Sinne dieser Unterscheidung argumentiert er denn auch weiter: Vollentscheidbares Wissen stellt rein formalwissenschaftliche, logische oder mathematische Erkenntnis dar; teilentscheidbares Wissen stellt Wirklichkeitserkenntnis dar, Erkenntnis der Wirklichkeitswissenschaften, empirische Erkenntnis.

Die empirische Erkenntnis ist somit als der vollen Geltungsentscheidung entzogene Erkenntnis charakterisiert. Letzte Sicherheit, wie bei logischen Aussagen, ist ihr fremd. Weil ihr diese fremd ist, weil sie aber dennoch dem Begründungsgedanken verbunden ist und weil drittens als Organon der Begründung nur die Logik in Frage kommt, stellt sich schließlich und endlich für die empirische Erkenntnis die berühmte Asymmetrie von Verifizierbarkeit und Falsifizierbarkeit heraus. Empirische Erkenntnis ist lediglich falsifizierbare, sie ist nicht verifizierbare Erkenntnis. Poppers Formulierung des Begriffs der wissenschaftlichen Erkenntnis führt also direkt auf sein Abgrenzungskriterium. Mit diesem bezieht Popper eine eindeutige Position. Nach dieser Position sind Aussagen der empirischen Erkenntnis und damit den empirischen Wissenschaften zuzurechnen nur unter der Bedingung, daß sie der Falsifizierbarkeit unterliegen, und zwar notwendigerweise. Aussagen, die nicht falsifizierbar sind und die nicht notwendigerweise der Falsifizierbarkeit unterliegen, sind nicht der empirischen Erkenntnis zuzurechnen; sie zählen nicht zu den Aussagen einer Wirklichkeitswissenschaft.

(4) Der Poppersche Wissenschaftsbegriff stellt nach all dem ein Plädoyer für den Gedanken begründeter Wirklichkeitserkenntnis dar. Dazu ist die Begründung, die ins Auge gefaßt ist, nicht certistisch, sondern fallibilistisch gedacht. Das ist ein Positivum. Denn Wirklichkeitserkenntnis, die in einem absoluten Sinn gesichert oder auch nur zu sichern wäre, das war schon Kant klar, kann es nicht geben. Popper bleibt also mit seinem fallibilistischen Begründungskonzept an der Seite Kants. Nicht mehr an der Seite Kants, sondern im Gegensatz zu Kant befindet sich Popper im Punkte der internen Bestimmung des fallibilistisch gedachten Begründungskonzepts. Popper stimmt mit Kant noch darin überein, daß das um die logische Folgerung als Organon der Begründung herum konstruierte fallibilistische Begründungsverhältnis die Gültigkeit der Gesetzesaussage zum Angelpunkt der Wirklichkeitserkenntnis macht. Denn die gemäß dem fallibilistischen Begründungsverhältnis begründete Wirklichkeitsaussage (Aussage bezüglich der zu erkennenden, erkennbaren, teils erkannten, teils unerkannten Welt) ist wie Kants wissenschaftliche Aussage von der Natur notwendig Gesetzesaussage. Sie ist notwendig Gesetzesaussage, weil Gesetzesaussage zu sein besagt, die zu erkennende, erkennbare, teils erkannte, teils unerkannte Welt betreffende Regelmäßigkeiten behaupten und diese Behauptungen ungeachtet der sonstigen Differenz des Wissens festhalten, wiederholen zu können und sie dadurch zu überprüfen.

Die Überprüfung der Gesetzesaussage, die ja auf nichts anderes verweist als darauf, daß es beim wissenschaftlichen Wissen auf Verläßlichkeit der Aussage ankommt, ist der entscheidende Punkt. Bezüglich dieses Punktes hat Popper seine eigene, weit von der bekannten Kantischen Lehre abweichende, streng deduktivistische Meinung. Popper lehrt, Gesetzesaussagen sind nur über die Deduktion von Aussagen aus ihnen und die Verwendung dieser Aussagen als erklärende oder prognostische Auslegung von elementaren, vereinzelten, unmittelbaren Wirklichkeitsbezug beanspruchenden Erfahrungsaussagen zu überprüfen. Die Überprüfung ist der ernsthafte Versuch, eine Gesetzesaussage an singulären Aussagen, einschlägigen, d. h. in die deduktive Systematik der Gesetzesaussage einordenbaren singulären Aussagen selbstverständlich, scheitern zu lassen. Das ist als methodologische Aussage gemeint. Man muß sich also nicht an der Verwendung des Wortes „ernsthaft" in diesem Kontext stören. Man muß jedoch danach fragen, was hiermit letztlich angesprochen ist. Zweierlei. Zum einen ist die logische Stimmigkeit bzw. Unstimmigkeit eines Deduktionszusammenhanges angesprochen. Das ist etwas rein Logisches. Zum anderen ist etwas angesprochen, das, wenn man es kantisch ausdrücken will, die transzendentale Funktion zumindest gewisser singulärer Wirklichkeitsaussagen genannt werden muß. Gewissen Wirklichkeitsaussagen wenigstens ist nach Popper die Funktion der empirischen Basis zuzuerkennen. Empirische Basis heißt, Widerlegungsinstanz für Gesetzesaussagen zu sein. Die Gesetzesaussage kann solange festgehalten werden, solange sie mit ihren möglichen Widerlegungsinstanzen nicht in Widerspruch gerät, solange sich das auf sie gegründete deduktive System als konsistent (und empirisch gehaltvoll) erweist. Bewiesen ist sie hiermit nicht. Bewiesen kann sie nicht werden. Sie ist ja nicht vollentscheidbare Aussage. Sie kann nur falsifiziert werden. Darum spricht ihr Popper grundsätzlich hypothetischen Charakter zu. Empirische Erkenntnis ist hypothetisch-deduktive Erkenntnis.

Den rein logischen Punkt, der in Poppers Überprüfungskonzept angesprochen ist, brauchen wir nicht zu untersuchen. Er betrifft als solcher etwas, gegen das nichts einzuwenden ist, wenigstens solange nicht, als ihm keine transzendentale Funktion zugedacht wird, was Popper ja ausdrücklich beansprucht. Anders steht es mit der transzendentalen Funktion der Basisaussagen (Prüfaussagen, Beobachtungsaussagen, elementaren Erfahrungsaussagen). Woraus ist sie methodologisch zu begreifen? Was macht eine konkrete Erfahrungsaussage zur möglichen Widerlegungsinstanz für eine Gesetzesaussage? Popper hat auf diese Frage nur eine höchst unzureichende Auskunft bereitgestellt, die Auskunft, daß ein methodisch geregelter Beschluß, eine Festsetzung, das sei, was eine Wirklichkeitsaussage oder eine gewisse Menge von Wirklichkeitsaussagen für eine Gesetzesaussage zur Widerlegungsinstanz mache. Das ist eine konventionalistische Auskunft. Popper räumt das ein und betont es sogar. Aber er meint zugleich, da es sich um einen methodisch geregelten Beschluß handele und da für diesen Beschluß nur solche Wirklichkeitsaussagen in Frage kommen, bezüglich derer keinerlei methodisch begründeter Zweifel zulässig ist, bezüglich derer also der methodische Konsens besteht, sei jeder Dogmatismus vermieden. Das ist ein Irrtum. Denn sosehr jeder Voraussetzungsdogmatismus vermieden ist, sowenig ist doch jeder Dogmatismus überhaupt vermieden. Popper setzt bei seiner kritischen Methodologie der Erfahrung voll und ganz auf den (bei dem Leitgedanken, die wissenschaftliche Erfahrung durch die Methode zu charakterisieren, nächstliegenden) Dogmatismus der Methode. Der konsensuale methodische Befund, und das heißt: der in Beziehung auf das vorliegende Hintergrundwissen unstrittige und insoweit unproblematische methodische Ansatz ist für ihn das, was bei der Überprüfung der Gesetzesaussage die Prüfinstanz abgibt. Wenn man einmal durchschaut hat, daß und wie sehr der Begriff der wissenschaftlichen Erkenntnis mit dem des Problems verknüpft ist, daß die wissenschaftliche Erkenntnis mit dem Problem beginnt, in der Lösung des Problems voranschreitet, beim Problem endet, so ihre eigene Dynamik entfaltet, was ja alles auch von Popper betont wird, und wenn man darüber hinaus noch durchschaut, daß die Bestimmtheit des Problems im Zentrum der Methodenbestimmtheit der Erkenntnis steht, daß das Problem sozusagen nichts anderes als die veränderliche Zäsur zwischen der Erkenntnis als Erkenntnis des Erkannten und der Erkenntnis als Erkenntnis des noch Unerkannten ist, so muß sich einem dieser Poppersche Dogmatismus der Methode als Eingeständnis der Ausweglosigkeit darstellen. Popper endet mit seinem auf die rein deduktive (= jeglicher transzendentalen Funktion baren) Zuordnung zweier Aussagenmengen, der Menge der Gesetzesaussagen und der Menge der Basisaussagen, die zudem noch relativ ist, denn Gesetzesaussage und Basisaussage sind ja nur in der Beziehung zueinander als Allaussage und als singuläre Aussage einander gegenübergestellt, gegründeten Überprüfungskonzept – die Lehre von den Graden der Prüfbarkeit bzw. der Steigerung des empirischen Gehaltes ändert daran nichts – in der Sackgasse, der konsensualen, eingestandenermaßen nur noch wissenschaftssoziologisch, also transkritisch diskutierbaren Problemexklusion die Funktion der entscheidenden Instanz zuerkennen zu müssen.

Das ist wider sein eigenes kritisches Programm. Dessen Durchführung ist also nur bedingt kritisch zu nennen. Kants Begründungskonzept, das ja nicht einfach ein aprioristisches ist, wie es auch von Popper dargestellt wird, sondern eines, das den apriorischen wie den aposteriorischen Momenten der Erfahrungserkenntnis Rechnung zu tragen sucht, ist da weit kritischer. Es ist freilich zwangsläufig auch weit differenzierter und darum weniger eingängig. Die Negation jeglicher Relevanz des subjektiven wie des intersubjektiven Konsenses innerhalb der methodischen Fundierung der Erfahrungserkenntnis erzwingt jenes von Kant aufgezeigte komplizierte Fundierungsverhältnis, das vom in transzendentaler Deduktion abgeleiteten formalen Naturbegriff als prinzipiellem Bestimmungssubstrat und den ihn in seiner Bestimmbarkeit definierenden Begriffen (den Kategorien) bzw. Grundsätzen (den reinen Verstandesgrundsätzen) über die abgeleiteten Verstandesbegriffe (Prädikabilien), die Integration der Konstruktion (der mathematischen Bestimmung), die Hierarchie der empirischen Gesetze unter den reinen Verstandesgrundsätzen bis zum exakten naturwissenschaftlichen Begriff reicht.

Hiermit komme ich zum zusammenfassenden Schluß meiner kommentierenden Bemerkungen. Popper beansprucht für seine Erkenntnislogik mit gutem Grunde, das kritische Motiv zur Geltung zu bringen. Doch sein Kritizismus ist dem Kantischen Kritizismus, aus dem er seine Motivation bezieht, merklich unterlegen. Er simplifiziert die kritische Begründung der wissenschaftlichen Erfahrung, die dieser in und bei all ihrer Relativität ihre eigene logische und methodische, die Stabilität wie die Flexibilität zusammenbringende und insofern die Erkenntniskontinuation wie die Erkenntnisinnovation (die Erkenntnisinnovation in der Erkenntniskontinuation) verständlich machende Gegründetheit aufweist, zu einem die Unmöglichkeit der vollen Entscheidbarkeit der Geltung empirischer Bestimmung einräumenden Nachweis der Konsistenz. Er simplifiziert die konstitutiven und regulativen Prinzipienverhältnisse zur Zuordnung zweier Aussagenmengen, der Menge der allgemeinen Gesetzesaussagen und der Menge der auf Beschluß festgesetzten singulären (besonderen) Basisaussagen im modus tollens. Er simplifiziert die Verbindung von Apodiktizität und Kontingenz in der Fallibilität des erfahrungswissenschaftlichen Wissens zur unüberwindbaren Hypothetizität desselben. Er simplifiziert die durch das Wechselspiel von formalem und materialem Naturbegriff und allem, was darin mitspielt, unausweichliche Dynamik der erfahrungswissenschaftlichen Erkenntnis zu einem evolutionären Prozeß von Versuch und Irrtum, der eigentümlicherweise die Annäherung an die Wahrheit erbringen soll, in der Pluralität der Versuche und der Irrtümer (etwas als Irrtum erkennen, ist das Lernen, von dem Popper spricht). Die Probleme und Lösungen, die Popper anbietet, sind eben Probleme und Lösungen, die im Zusammenhang mit dem modernen Empirismus zu sehen sind. Gegen dessen Begründungspositivismus, dessen Unhaltbarkeit Popper von Anfang an durchschaut, bringen sie das kritische Motiv zur Geltung. Sie bringen das kritische Motiv zur Geltung. Doch den Anforderungen, die dieses Motiv mit sich bringt, zeigen sie sich letztendlich nicht gewachsen. Deshalb meine Feststellung: Es ist höchst lehrreich, die Problemstellungen und Problemlösungen der Popperschen Erkenntnislogik zu studieren. Aber als Fortentwicklung des kritischen Begründungsgedankens sind sie nicht zu betrachten. Der kritische Begründungsgedanke ist nicht durch die Simplifikation, sondern nur durch die Präzision und die Perfektion der kantischen Probleme und Lösungen fortzuentwikkeln. Gelingt dies, so werden wir auch die originäre Bestimmtheit der Wissenschaft(en) besser durchschauen können. Denn dazu, die *originäre* Bestimmtheit dessen, was Wissenschaft ist, zu durchschauen, darin müssen wir mit Popper völlig einig gehen, ist die Wissenschaftsphilosophie da.

Erhard Scheibe

Paul Feyerabend und die rationalen Rekonstruktionen

I.

Der Umstand, daß dieser Vortrag in einer Reihe mit dem Generalthema „Wozu Wissenschaftsphilosophie?" gehalten wird, verlangt wohl zunächst ein Wort darüber, inwiefern ich mit den folgenden Ausführungen die Generalfrage tatsächlich beantworten will. Im vorliegenden Fall ist ein Wort hierzu gleich zu Beginn sogar eine Sache der Redlichkeit. Denn ich habe jedenfalls nicht die Absicht, die Frage „Wozu Wissenschaftsphilosophie?" auf der Ebene zu beantworten oder auch nur aufzunehmen, auf der sie gestellt ist. Trotzdem hoffe ich, daß meine Ausführungen als ein Beitrag, ein gleichsam auf niederer Ebene dargebrachter Beitrag zur Beantwortung jener Frage verstanden werden kann.

Meine Abneigung, mich der Frage direkt zu stellen – und es geht hier um eine Abneigung –, rührt wohl von daher, daß ich befürchten muß, mit einem selbstverständlichen, gar beflissenen Eingehen auf sie den Eindruck zu erwecken, ich sei der Meinung, meine durch öffentliche Gelder ermöglichte Beschäftigung mit der Wissenschaftsphilosophie bedürfe einer *besonderen* Rechtfertigung, – einer Rechtfertigung, die ich *nicht* zu geben hätte, wenn ich Professor der Medizin wäre oder Ministerialdirigent oder General. Es liegt nahe, daß der Eindruck, unsereins müsse jener Meinung sein, vor allem bei denjenigen entsteht, die die Frage nicht selbst zu beantworten haben. Die eigentlich Betroffenen aber werden in der Mehrheit eben gar nicht der Meinung sein, sie hätten sich als Wissenschaftsphilosophen in besonderem Maße zu legitimieren. Ja, einigen von ihnen würde es sogar unangenehm sein, daß jenes Mißverständnis entstünde. Und es war in diesem Sinne, daß ich soeben von einer Befürchtung sprach.

Dies alles gilt allerdings nur nach außen hin: gegenüber der sogenannten Öffentlichkeit. Und es ist gegenüber dieser, soweit hier vertreten, daß ich gleich zu Anfang habe sagen wollen: Ich stehe hier *nicht,* weil ich der Meinung wäre, meine Fachdisziplin im Unterschied zu anderen, vergleichbaren solchen *nach außen* rechtfertigen zu müssen. Vielmehr ergreife ich diese Gelegenheit, um ein paar Bemerkungen zu einer wissenschaftsinternen Auseinandersetzung zu machen, wenn auch einer von besonderer Art. Jeder Wissenschaftler weiß, daß in der Wissenschaft nicht nur Auseinandersetzungen in Sachen der Wahrheit eine Rolle spielen. Es geht nicht nur um die eher harmlose Art von Dissenz, in der der eine A sagt und der andere Nicht-A. Es geht auch und wesentlich auch um die Durchsetzung von Interessen, nicht im Sinne einer Entgegensetzung von Interesse und Erkenntnis, sondern im Sinne einer Verabsolutierung von Interessen an *gewissen* Erkenntnissen im Unterschied zu anderen. Und natürlich sind mit wissenschaftlichen Interessen auch Wertungen verbunden und mit der Verabsolutierung jener eine Verabsolutierung dieser. Im Konkurrenzfalle wird dann allzu leicht aus dem *für mich* Uninteressanten das *überhaupt* Uninteressante, aus dem, was ich für unwichtig halte, das überhaupt Unwichtige, ja Wertlose. Und darüber kann es dann zum Streit kommen.

Eine Auseinandersetzung dieser Art — ein intellektueller Interessenkampf — hat sich in den letzten dreißig Jahren in der Wissenschaftsphilosophie abgespielt. Es ging dabei um einen Angriff auf die Methode der *logischen Analyse* der Wissenschaft mit dem Ziel ihrer *rationalen Rekonstruktion,* wie beides als grundlegende Methode und Zielsetzung vom logischen Empirismus der dreißiger und vierziger Jahre neu formuliert, empfohlen und praktiziert worden war. Die Kritiker griffen vor allem auf die Geschichte der Erkenntnisgewinnung, insbesondere auf die Geschichte der Naturwissenschaften, zurück und versuchten zu zeigen, daß entscheidende Schritte in der Entwicklung etwa der Physik in den rationalen Rekonstruktionen der Wissenschaftstheoretiker überhaupt nicht vorkämen, während umgekehrt Hauptstücke dieser Rekonstruktionen nicht in der eigentlichen Wissenschaftswirklichkeit zu finden wären. Im Blick auf diese seien jene irreführende Entstellungen und bestenfalls irrelevant. „Carnaps System der induktiven Logik – schreibt z. B. St. Toulmin[1] – wurde entwickelt nicht an Hand von lebenswahren wissenschaftlichen Beispielen, sondern in einem formalisierten logischen Symbolismus, dessen Relevanz für die wirklichen Wissenschaftssprachen immer nur angenommen, aber nie erwiesen wurde." Auch nach dem Urteil von Thomas Kuhn[2] geht die rekonstruktionistisch orientierte Wissenschaftstheorie am Wesentlichen vorbei. Vorwiegend orientiert an Lehrbuchdarstellungen und einer Handvoll Klassiker der Naturwissenschaft ist „die auf [*solchen* Quellen] beruhende Rekonstruktion der Wissenschaft durch den Philosophen im allgemeinen weder für den Wissenschaftshistoriker noch für den Wissenschaftler selbst als Wissenschaft wiedererkennbar." Dabei richtet sich Kuhns Kritik nicht einmal gegen rationale Rekonstruktionen im weiten Sinne des Wortes. Die gebe auch der Historiker und der Fachwissenschaftler. „Die Schwierigkeit liegt vielmehr darin, was das Wesentliche ist. Dem ... Historiker scheint der Wissenschaftstheoretiker oft einige ausgewählte Elemente mit dem Ganzen zu verwechseln und ihnen dann Funktionen anzusinnen, für die sie grundsätzlich ungeeignet sein dürften und die sie in der Praxis gewiß nicht erfüllen ..."

In dem Streit, wo zwischen den widerstreitenden Idealen logischer Rekonstruktion und historischer Wirklichkeitstreue die Wissenschaftstheorie ihren Weg zu wählen hat, hat Paul Feyerabend eine herausragende Rolle gespielt. Auch er gehört zu den Kritikern der orthodoxen Wissenschaftstheorie, die – in seinen Worten[3] – ein „Märchen" darüber erzählt, wie die Erfolge der Wissenschaft zustande kommen. Aus bekannten Gründen ist es schwierig, Feyerabend eine bestimmte Position zuzuordnen und diese konsistent darzulegen. Das also will ich hier gar nicht erst versuchen. Dieselben Gründe rechtfertigen es, sich einige von ihm (und im übrigen auch von anderen Kritikern) entwickelte Gesichtspunkte nach Belieben herauszugreifen und je nach eigener Einschätzung entweder zu einer Gegenkritik zu schreiten oder

---

[1] St. Toulmin: Human Understanding. Oxford 1972, S. 62.

[2] Th. Kuhn: Die Entstehung des Neuen. Frankfurt 1977, S. 65.

[3] P. Feyerabend: Wider den Methodenzwang. Frankfurt 1976, S. 399ff.

sie positiv aufzunehmen und weiterzuentwickeln. In diesem Sinne möchte ich im folgenden den Versuch einer Vermittlung andeuten zwischen dem logischen Rekonstruktionismus und der Zielsetzung der sogenannten *Einheit der Wissenschaft,* wie sie methodisch bzw. inhaltlich den logischen Empirismus kennzeichnen, und andererseits dem Anti-Logismus und insoweit Anti-Rekonstruktionismus der in Rede stehenden kritischen Bewegung *und* dem besonders von Feyerabend vertretenen sogenannten *theoretischen Pluralismus* als Anti-These zur Einheit der Wissenschaft. Ein Beitrag zur Frage nach dem Zweck der Wissenschaftsphilosophie werden die folgenden Überlegungen insofern sein, als die Gegensätzlichkeit, die ich hier aufgreife, wie gesagt nicht eine solche zwischen Wahrheit und Falschheit ist, sondern — so scheint es zumindest — zwischen dem, was als interessant zu gelten hat und was nicht, was wesentlich ist und was nicht, was relevant ist und was nicht und welche Ziele die Philosophie der Wissenschaft setzen kann.

II.

Der *logische Rekonstruktionismus* oder — genauer — die Methode der logischen Analyse zum Zwecke einer rationalen Rekonstruktion der Wissenschaft ist von seinen positivistischen Vertretern nie in größerer Ausführlichkeit dargestellt worden. Und es ist nicht einmal dann zu einer prinzipiellen Besinnung auf seine Grundlagen gekommen, als die Kritik Feyerabends und anderer vorlag. Die einzige Reaktion war eine mehr oder weniger geglückte Assimilation existierender Rekonstruktionen an die eine oder andere der von den Kritikern entwickelten Gegenvorstellungen. In diesem Vortrag kann es ohnehin nur um eine kurze Vergegenwärtigung des wohl hauptsächlichen Gegensatzes gehen. Erinnern wir uns daher zuerst an eine versuchte Charakterisierung des Rekonstruktionismus von Reichenbach:[4]

> Die Erkenntnistheorie betrachtet nicht die Denkprozesse in ihrem tatsächlichen Auftreten; diese Aufgabe bleibt gänzlich der Psychologie überlassen ... Die

[4] H. Reichenbach: Experience and Prediction. Chicago 1938, S. 5 f.

> Erkenntnistheorie . . . betrachtet ein logisches Substitut anstelle der wirklichen Prozesse. Für dieses . . . ist der Name *rationale Rekonstruktion* eingeführt worden . . . Diese ist . . . gewissermaßen eine bessere Art zu denken. Angesichts einer rationalen Rekonstruktion haben wir das Gefühl, daß wir erst mit ihr verstanden haben, was wir denken.

Eine typische Reaktion der Kritik auf die hiermit postulierte Trennung des logischen Begründungszusammenhanges und des psychosoziologischen Entdeckungszusammenhanges war nun, *beide* Zusammenhänge in die *tatsächliche* Entwicklung einer Wissenschaft, z. B. der Physik, einzuordnen, also insbesondere *auch* den Begründungszusammenhang. Wenn dieser Schritt einmal vollzogen ist, dann kann man *natürlich* mit Recht argumentieren, wie etwa Feyerabend,[5] daß z. B. die Grundsätze der Begründung . . . oft Schritte in der Geschichte der Wissenschaft verbieten, die man heute dem Entdeckungszusammenhang zurechnet, die Wissenschaft aber nur bestehe, weil man auf diesen Schritten beharrt, daß mithin eine Wechselwirkung zwischen den beiden Bereichen bestehe, die eine strikte Unterscheidung illusorisch mache. *Oder* man kann hergehen und, wiederum nach Feyerabend,[6] aber nun geradezu *umgekehrt,* „unter ‚Logik' . . . auch die Untersuchung eines bestimmten und von der Geschichte getrennten Systems verstehen [wie es] den meisten Logikern und Wissenschaftstheoretikern vorzuschweben [scheint], wenn sie das Wort ‚Logik' verwenden." Und dann kann es leicht scheinen, als ob die mit dieser isolierten Logik versuchte Rekonstruktion der Wissenschaft zu nichts führen kann.

Gegen diese Art von Kritik – gegen beide Vorwürfe – möchte ich den logischen Rekonstruktionismus durch zwei Überlegungen verteidigen.[7] Zunächst einmal wendet sich der Rekonstruktionismus im allgemeinen gegen jede Art von absolutistischer Interpretation der Wissenschaft. Er geht davon aus, daß es eine Illusion wäre zu meinen, man könnte für die Geschichte der Wissenschaft sagen „wie es wirklich gewesen ist". Natürlich wer-

---

[5] Anm. 3, S. 231.

[6] ibid. S. 349.

[7] Vgl. dazu die ausführlichere Behandlung in E. Scheibe: Zur Rehabilitierung des Rekonstruktionismus. In: Rationalität. Philosophische Beiträge. Hrsg. H. Schnädelbach. Frankfurt 1984. S. 94–116.

den seine Gegner und werden alle Wissenschaftshistoriker sagen, das wüßten sie auch. Dennoch sind sie in einer viel größeren Gefahr, dieser Illusion unmerklich zu erliegen. Denn sie argumentieren gegenüber den rationalen Rekonstruktionen: *So* jedenfalls sieht die Wissenschaft nicht aus, und dann geben sie an, was ihrer Meinung nach historisch wirklich wichtig war. Demgegenüber ist für den Rekonstruktionisten die entscheidende Frage nicht die absolute: Ist dies eine angemessene Rekonstruktion der Wissenschaft? Vielmehr ist es die relative Frage: Ist dies eine Rekonstruktion eines Stücks Wissenschaft in jenem, ebenfalls vorzugebenden Rekonstruktionsrahmen, z. B. einer bestimmten Logik? Der Rahmen, in den hinein die Rekonstruktion erfolgt, ist zusammen mit den Prinzipien, gemäß denen sie erfolgt, möglichst explizit zu machen, und am Ende ist der einzige Anspruch, der mit einer vorgelegten Rekonstruktion erhoben wird, ein *bedingter: Wenn* wir die und die Rahmen und Prinzipien wählen, dann nimmt das Stück Wissenschaft, das unser Original war, die und die Gestalt an. Der Wissenschaftsrekonstrukteur ist mithin nicht ausschließlich an seinem jeweiligen Original selbst, sondern an dessen *Beziehung* zu einem ausdrücklich zu machenden *Darstellungsmittel* interessiert, und seine Rekonstruktionen sind im gewissen Sinne Kunstprodukte. Der Vorwurf, ein solches Kunstprodukt sei seinem Original nicht ähnlich, ist hier genau so abwegig wie der Vorwurf gegenüber einem Maler, die Landschaft sehe ja gar nicht so aus wie auf seinem Bild.

Es versteht sich von selbst, daß der Rekonstruktionismus sich vielen Fragen zu stellen hat, Fragen darüber, ob vorgelegte Rekonstruktionen als gelungen anzusehen sind, ob man nicht besser einen anderen Rekonstruktionsrahmen hätte wählen sollen und gewiß auch, ob man Wissenschaftsrekonstruktionen überhaupt benötige. Keine Frage ist, daß Rekonstruktionen im hier gemeinten Sinn ein jeweils mehr oder weniger enthistorisiertes Bild von der Wissenschaft ergeben. Ein in einem Rekonstruktionsrahmen auftretender Begründungszusammenhang ist als solcher nicht *Gegenstand* historischer Analyse. Vielmehr ist er Bestandteil dieses Rahmens und wird mit diesem für eine bestimmte *Verwendung* in der Wissenschaft vorgeschlagen. Das heißt aber noch lange nicht, daß die gewählten Rekonstruktionsrahmen unhistorische Gebilde sein müßten, ja auch nur sein könnten. Gehören

Logik und Mathematik etwa nicht in die Geschichte der Wissenschaft? Und doch ist die Logik eine wichtige Rahmentheorie für die Mathematik und diese für die Physik geworden. Hier bestehen noch Beziehungen, die der systematischen Untersuchung zugänglich sind, und es ist ganz unverständlich, wie gerade Feyerabends Vision vom Ganzen der Wissenschaft, in dem alles zu Worte kommen soll, ihn auf einmal gewisse Aufgaben ausschließen läßt. Machen wir doch die schwache rekonstruktionistische Wissenschaftsphilosophie stärker als die Chemie, und laden wir sie ein, am Wettbewerb teilzunehmen und das Ihre zur Bereicherung unserer Kultur beizutragen![8]

Aber ich will – in einer zweiten Überlegung – genauer werden. Im Ganzen unserer Wissenschaften besteht eine systematische Kontinuität, die es nicht gestattet, ohne erhebliche Willkür gewisse Teile gegenüber anderen als irrelevant für den jeweiligen Rest abzutrennen. Man kann Linien ziehen, ausgehend von der Konkretheit unserer Sinnesempfindungen bis hin zur Abstraktheit logischen Schließens, die an jeder Stelle mit demselben Recht oder Unrecht wie an jeder anderen abgebrochen werden können. Gehen wir z. B. von unserer Wärmeempfindung aus, so findet diese in einem ersten Schritt ihre Explikation in Meßinstrumenten für die Temperatur. Die logischen Empiristen haben dazu gesagt, daß die umgangssprachlichen Begriffe von warm und kalt durch den Temperaturbegriff expliziert würden. Natürlich hat dies mit Philosophie überhaupt nichts zu tun. Vielmehr sind wir jetzt erst bei der Experimentalphysik, und diese Explikation geht auf ihr Konto. Dann aber kam die kinetische Gastheorie, und diese erzählt uns, die Temperatur sei die mittlere kinetische Energie der Moleküle. Damit wird der Temperaturbegriff in ein kompliziertes Theoriengeflecht eingeführt und die Möglichkeit eröffnet, auch entlegene Temperaturen zu bestimmen: durch Messung *und* Rechnung. In diesem Stadium der Explizierung des Temperaturbegriffs ist schon viel Mathematik im Spiel und damit – im letzten Schritt – die Logik. Insbesondere gibt es keine indirekte Bestimmung der Temperatur oder irgendeiner physikalischen Größe, ohne daß der Wert schließlich errechnet und damit *erschlossen* würde.

---

[8] Anm. 3, S. 48 f.

Wo wollte man nun hier ohne Willkür einen Schlußpunkt setzen, ehe man zumindest die Logik erreicht hat? Die Menschheit ist lange genug ohne Thermometer ausgekommen, noch heute gibt es Experimentalphysiker, die Theorien nur mit großer Skepsis gegenüberstehen, immer wieder begegnet man theoretischen Physikern, die sich nur zu sparsamster Verwendung der Mathematik bereitfinden, und viele Mathematiker von Descartes bis auf den heutigen Tag wollten und wollen nichts von der Logik wissen. Daraus ersehen wir, daß mit den wissenschaftstheoretischen Versuchen, gewissen metaphysikalischen Begriffen durch Explikation einen präzisen logischen Status zu verleihen, nicht etwas schlechthin Unerhörtes geschieht, das einen Legitimationszwang auszuüben berechtigte, der anderswo nicht ebenso angebracht wäre. Die rekonstruktive Wissenschaftstheorie und die von ihr verwendete Logik sind so viel oder so wenig „von der Geschichte getrennt" wie man es haben will. Und auf keinen Fall ist sie, richtig verstanden, eine Abstrusität auf dem Jahrmarkt der philosophisch-wissenschaftlichen Ausstellungsstücke.

III.

Aber es geht beim Rekonstruktionismus nur um ein methodologisches Problem, und wir müssen jetzt zu dem anderen Hauptproblem, dem inhaltlichen, kommen, das im Unterschied zu dem methodologischen Problem von Feyerabend im wesentlichen allein geschaffen wurde. Ging es bei jenem Problem um den Gegensatz von logischer Rekonstruktion und historischer Treue, so haben wir es von jetzt an mit dem ontologischen Problem des Gegensatzes von Einheit und Vielheit zu tun. Dieses Problem kennen wir seit der Antike, aber wir werden im folgenden nur mit seiner jüngsten Version befaßt sein: mit Feyerabends *radikalem theoretischem Pluralismus* als Gegenentwurf zu dem logisch-empiristischen Programm der Einheit der Wissenschaft. Es wird das Ziel meiner Überlegungen hierzu sein zu zeigen, daß auch dieser Pluralismus durch irgend etwas zusammengehalten werden muß, wenn er nicht in eine Trivialität ausarten soll. Und dieser Zusammenhalt wird auch ihm eine Einheit geben, freilich nicht jene, gegen die er aufgestellt wurde.

Jede Konzeption einer Einheit des menschlichen Wissens muß der historischen Tatsache Rechnung tragen, daß eine solche Einheit noch nicht existiert. In Vergangenheit und Gegenwart sind wir konfrontiert mit einer im übrigen erdrückenden Vielheit von Begriffen, Theorien, Auffassungen, Problemen usw. Es ist nun gerade von Feyerabend[9] betont worden, daß dieses intellektuelle Material in kaum einem Falle *eindeutig* vorliegt. Für seine Weiterentwicklung haben wir daher angesichts seiner Vielheit einen gewissen Spielraum und insbesondere zwei einander entgegengesetzte Möglichkeiten: die *Assimilation* und die *Entfremdung*. Wir können versuchen, Theorien einander anzunähern, wir können aber die bestehenden Differenzen auch zu vertiefen suchen. Dies sind zwei entgegengesetzte *Tendenzen*, die noch gar nichts darüber besagen, in welcher Richtung wir *von der Sache her* Erfolg haben werden.

Einheitsbestrebungen im konventionellen Sinn werden natürlich den Weg der Assimilation gehen. Zum fachlichen Schlüsselbegriff ist hier der Begriff der *Reduktion* geworden. Man versucht, Begriffe und Theorien aufeinander zu reduzieren, und man versucht, die Entwicklung der Wissenschaften als eine Entwicklung zur Einheit zumindest in dem Sinne zu verstehen, daß ältere Begriffe und Theorien auf ihre nachfolgenden Verbesserungen reduziert werden können, und zwar nach Möglichkeit in einem Ausmaß, daß ihre Gesamtzahl verringert. Wesentliche solcher Reduktionen wären z. B. die Reduktion der Chemie auf die Physik oder der Biologie auf die Chemie. Als gelungene Reduktionen können heute gelten die Reduktion der Astronomie auf die Physik oder der Mathematik auf die Mengenlehre.

Damit zwei Theorien auf eine dritte reduzierbar sind, müssen sie, wie man gesagt hat, *kommensurabel* sein oder – angesichts des erwähnten Spielraums – kommensurabel *gemacht* werden können. Obwohl es keine letztlich befriedigende Definition ist, können wir hier zwei Theorien als kommensurabel ansehen, wenn es eine dritte Theorie gibt, in die sie sich (im weiten Sinne des Wortes) einbetten lassen und wenn entsprechend ihre beiden Anwendungsbereiche als Teile des Anwendungsbereichs jener dritten Theorie aufgefaßt werden können. Natürlich muß für diesen

---

[9] ibid. S. 348.

Vorgang der Reduktion die jeweilige *Sach-* und *Spracheinheit* der reduzierenden Theorie, ja von Theorien als eben den hier in Anspruch genommenen Einheiten überhaupt, gesichert sein. Während dies im Rahmen des logischen Rekonstruktionismus auch nicht problematisch ist, haben die Autoren der letzten, noch in der logisch-empiristischen Tradition des Einheitsprogramms stehenden Arbeit[10] beklagt, daß wir eigentlich keinen Begriff davon haben, was in einem positiven und jedenfalls weit über die bloße Forderung der Widerspruchsfreiheit hinausgehenden Sinne die Einheit des *Aussagengehalts* einer Theorie sein könnte. Auch heute — dreißig Jahre später — wissen wir darüber nicht viel mehr. Vom rekonstruktionistischen Standpunkt aus steht es also nicht besonders gut mit dem Begriff einer Einheitswissenschaft, zu schweigen von ihrer historischen Realisierung. Und das muß fairerweise gesagt werden angesichts verschiedentlicher Vorwürfe einer bislang nicht hinreichend verdeutlichten Vorstellung davon, worin denn der Begriff des Theorienpluralismus bestehen soll.

Sowohl gegen die historische Möglichkeit als auch die theoretische Wünschbarkeit gewisser Reduktionen im orthodoxen Sinn hat sich nun Feyerabend gewandt. Und er hat darüber hinaus dem Einheitsgedanken im üblichen Sinn seine Forderung nach dem theoretischen Pluralismus im *echten* Sinne gegenübergestellt:[11]

> Die Pluralität von Theorien darf nicht als ein vorläufiges Stadium des Wissens angesehen werden, das irgendwann einmal ersetzt wird durch „die eine wahre Theorie". Der theoretische Pluralismus ist vielmehr anzusehen als ein *wesentlicher* Zug alles Wissens, das den Anspruch erhebt, objektiv zu sein.

Der hiermit skizzierte Theorienpluralismus ist methodisch von Interesse — wie ich nun hervorheben möchte — *gerade* für den logischen Rekonstruktionisten, weil er für ihn eine Herausforderung darstellt, deren Annahme kaum anders als durch einen Triumph oder ein Scheitern beendet sein dürfte. Die Position ist darüberhinaus von sachlichem Interesse vor allem aus zwei Grün-

---

[10] Oppenheim, P. und H. Putnam: Einheit der Wissenschaft als Arbeitshypothese (1958), deutsch in: Erkenntnisprobleme der Naturwissenschaften. Hrsg: L. Krüger. Köln 1970. 339—71, hier S. 340.

[11] P. Feyerabend: Problems of Empiricism. In: Beyond the Edge of Certainty. Hrsg. R. G. Colodny. Englewood Cliffs, N.J., 1965, 145—260, hier S. 149.

den. Wir beachten zunächst, daß hier der Theoriebegriff ja nicht vermieden, sondern ausdrücklich benutzt wird. Aber es wird dann zum einen gesagt, daß das *Gesamtbild,* das wir uns von der Welt machen können, *notwendig* nicht mehr durch eine Theorie, wie sie für *Teile* der Welt immerhin brauchbar ist, sondern nur noch durch ein Konglomerat von Theorien gegeben ist. Wie nicht unmittelbar aus dem zitierten Text, wohl aber seinem weiteren Kontext hervorgeht, ist diese Situation nun zweitens in dem Sinne notwendig, daß sich einige Theorien, die wir haben können, in einem besonders intrikaten Sinne einerseits *ausschließen* und als solche nicht in einer höheren Theorie aufgehen können, dieser Ausschluß aber nicht etwa meint, wir könnten auf die Theorien bis auf eine derselben verzichten, also gewissermaßen eine Reduktion „nach unten" vornehmen, sondern vielmehr zugleich eine gegenseitige *Ergänzung* der Theorien vorliegt und ihr Wegfall unser Weltbild unvollständig machen würde.

Zum Schlüsselbegriff des theoretischen Pluralismus wird daher der Begriff der *Inkommensurabilität* von Theorien zur Erfassung eben der Beziehung, in der irreduzible Theorien innerhalb eines Weltbildes notwendig stehen. Ich benutze hier das Wort „Weltbild", anders als üblich, gerade für die einer Theorie übergeordnete Einheit *mehrerer* inkommensurabler Theorien. Denn es ist mir wichtig, gerade diese Einheiten näher ins Auge zu fassen und einen Namen dafür zu besitzen. Auch betone ich schon hier, daß ich mit Inkommensurabilität die doppelte Beziehung von Ausschluß *und* Ergänzung meine und nicht nur den Ausschluß, wie das Wort selbst und seine versuchten Definitionen nahelegen. Man kann die positive Rolle eines theoretischen Pluralismus nicht verstehen, solange man nicht diesen Vollständigkeitsaspekt ständig mitdenkt. Nur auf diese Weise kann nämlich verständlich werden, warum man nicht doch mit *einer* Theorie auskommt.

IV.

Zunächst aber wollen wir uns die negative und offizielle Seite der Inkommensurabilität ansehen und fragen, ob sie tatsächlich so furchterregend ist, wie sie bisweilen hingestellt wird.[12] Wir

---

[12] Neben den hier von Feyerabend zitierten Arbeiten siehe vor allem Th. Kuhn: The Structure of Scientific Revolutions. ²Chicago 1970.

müssen hier die versuchten Definitionen des Begriffs der Inkommensurabilität unterscheiden von den bisher nachgewiesenen Inkommensurabilitäten selbst, und beim Begriff müssen wir unterscheiden zwischen der radikalen Tendenz Feyerabends und der viel gemäßigteren seines Inkommensurabilitätspartners Thomas Kuhn. Die uns geläufige Unvereinbarkeit zweier Theorien besteht darin, daß sie sich widersprechen. Sofern die Wahrheitsfrage sinnvoll gestellt werden kann, folgt daraus, daß nicht beide Theorien wahr sein können. Sie stehen also in Wahrheitskonkurrenz. Es leuchtet wohl ein – und kann ganz allgemein bewiesen werden –, daß die Theorien unter diesen Umständen ein Stück Sprache mit derselben Interpretation gemeinsam haben müssen. Gerade in diesem Punkt geht nun Feyerabends extreme Inkommensurabilität einen Schritt weiter, indem sie *schon die Gemeinsamkeit möglicher Interpretationen* ausschließt. Zwei inkommensurable Theorien machen sich nicht ihre Wahrheit streitig, sondern ihren gemeinsamen Sinn. Und zwar tun sie dies gewissermaßen durch und durch. Eine Definition lautet:[13]

> Zwei Theorien werden inkommensurabel genannt, wenn der Sinn ihrer wesentlichen deskriptiven Terme auf sich widersprechenden Prinzipien beruht.

Nach dieser Definition sind es nota bene nicht die Theorien selbst, die sich widersprechen, sondern die semantischen Prinzipien, auf denen sie beruhen. Wir werden aber sehen, daß in harmloseren Fällen diese Prinzipien auch einfach die Axiome der betreffenden Theorien sein können. Etwas ausführlicher beschreibt Feyerabend seinen Extremfall so:[14]

> Es gibt Theorien, von denen man intuitiv sagen würde, daß sie ‚über dieselben Dinge reden', und die doch keinen einzigen Satz miteinander gemeinsam haben. Das geschieht nicht einfach darum, weil die Theorien verschiedene Bereiche beschreiben . . ., sondern weil die Verwendung des begrifflichen Apparats der einen Theorie Bedingungen setzt, die die Verwendung des begrifflichen Apparats der anderen Theorie vereiteln (die Theorien sind *inkommensurabel*).

[13] Anm. 11, S. 227 (Anm. 19).

[14] P. Feyerabend: Die Wissenschaftstheorie – eine bisher unbekannte Form des Irrsinns? In: Natur und Geschichte. X. Deutscher Kongreß für Philosophie. Hrsg. K. Hübner und A. Menne. Hamburg 1973, 88–124, hier S. 98.

Hier wird besonders durch die Forderung, inkommensurable Theorien, obwohl in irgendeinem Sinne Theorien derselben Wirklichkeit, hätten doch *keinen* Satz gemeinsam, deutlich, daß wir es mit einer *extremen* Version von Inkommensurabilität zu tun haben. Warum haben sie nicht einige Sätze gemeinsam, wenn auch andere nicht? Es ist a priori unwahrscheinlich, daß uns die Wissenschaft neben kommensurablen Theorien sogleich und vielleicht sogar nur extrem inkommensurable Theorien präsentiert. Feyerabend gerät hier durch seine stark normative Tendenz in genau dieselbe Gefahr, in der er den logischen Rekonstruktionismus sieht, in die Gefahr nämlich, sich Fälle zu basteln, die es in der Wissenschaft gar nicht gibt oder die zumindest nicht die typischen Fälle sind. Einen viel schwächeren Begriff von Inkommensurabilität beschreibt Kuhn als vorsichtiger Historiker in einer neueren Arbeit:[15]

> Die meisten, beiden Theorien gemeinsamen Terme fungieren in derselben Weise; ihr Sinn, was immer er sein mag, bleibt bewahrt; ihre Übersetzung ist einfach homophon. Nur für eine kleine Untergruppe von . . . Termen und für Sätze, die sie enthalten, treten Übersetzungsprobleme auf. Die Behauptung, daß zwei Theorien inkommensurabel sind, ist bescheidener als viele ihrer Kritiker angenommen haben.

Kuhn schlägt für die so beschriebene Situation die Bezeichnung „lokale Inkommensurabilität" vor. Aber man sieht sofort, daß die Beschreibung durch Dichotomien nun irreführend wäre, weil die ganze Angelegenheit mehr eine Sache des Grades wird mit so etwas wie totaler Kommensurabilität und totaler Inkommensurabilität als Extrempunkten.

Was sich in dieser Dimension des Näheren abspielt, will ich jetzt durch eine exemplarische Betrachtung zeigen, für die ich keine bessere Kennzeichnung wüßte, als daß es dabei um eine logische Analyse geht. Zwei Sätze vor der eben zitierten Beschreibung lokaler Inkommensurabilität gibt Kuhn folgende Definition:

---

[15] Th. Kuhn: Commensurability, Comparability, Communicability. In: PSA 1982. Hrsg. P. D. Asquith und T. Nickles. East Lansing, Mich., 1983. 669–88, hier S. 670 f.

> Die Behauptung, daß zwei Theorien inkommensurabel sind, ist ... die Behauptung, daß es keine Sprache gibt ... in welche beide Theorien, aufgefaßt als Mengen von Sätzen, ohne Rest oder Verlust übersetzt werden können.

Ich will jetzt zeigen, daß jene lokale Inkommensurabilität, von der Kuhn dann spricht, gerade schon unter den im Sinne *dieser* Definition *kommensurablen* Fällen auftreten kann. Und dies wird sich zeigen an Hand des Nachweises, daß einer der sowohl von Kuhn als auch von Feyerabend als inkommensurabel eingestuften Fälle aus der Physik, das Verhältnis der minkowskischen zur galileischen Raumzeittheorie, kommensurabel im Sinne der Kuhnschen Definition ist.

Natürlich lassen sich derartige Nachweise nur erbringen, wenn die an sich noch vage Definition Kuhns in bestimmter Weise ausgelegt wird. Und eine solche Interpretation (oder eben: Rekonstruktion) kann die Intention des ursprünglichen Vorschlages mißverstehen. Aber wir können nicht anders vorgehen,[16] und es scheint mir nahezuliegen, Kuhns Begriff der Kommensurabilität folgendermaßen zu fixieren: Wir gehen aus von zwei Theorien S' und T', die in den Begriffen α bzw. β (jeweils mehrere zugelassen) irreduzibel formuliert sind. Kommensurabilität liegt vor genau dann, wenn es Begriffe γ gibt, jeweils interdefinierbar mit den α bzw. β, und Theorien S und T, *beide* irreduzibel formuliert in γ, so daß die Äquivalenzen

$$(1) \quad \begin{cases} S'[\alpha] \simeq S[\gamma], & \gamma = P[\alpha], \quad \alpha = P^{-1}[\gamma] \\ T'[\beta] \simeq T[\gamma], & \gamma = Q[\beta], \quad \beta = Q^{-1}[\gamma] \end{cases}$$

bestehen. Die Interdefinierbarkeit (oder: Übersetzbarkeit) ist dabei in dem weiten Sinne zu verstehen, daß die jeweils benutzten Definitionen nicht nur Logik und Mengenlehre, *sondern auch die jeweiligen Theorien* voraussetzen dürfen. Diese, wie sich zeigen wird, entscheidende Annahme scheint mir eine der am besten gesicherten wissenschaftlichen Praktiken auf begrifflicher Ebene zu sein.

Sehen wir uns nun die minkowskische Geometrie der Raumzeit (als Teil der speziellen Relativitätstheorie) in ihrem Verhältnis zur

---

[16] Vgl. zum Folgenden E. Scheibe: The Comparison of Scientific Theories. Interdisciplinary Science Reviews 11 (1986), 148–52.

galileischen Geometrie (als Teil der vorrelativistischen Physik) an. Feyerabend sagt hierzu (im wesentlichen):[17]

> Die neuen Gesetze haben nicht nur eine andere *Form*, sondern auch einen anderen *Inhalt* als die vorherigen klassischen Gesetze ... *Kein einziger deskriptiver Grundbegriff [der letzteren] läßt sich in [erstere] übernehmen.* ... wir sagen, daß der Sinn aller deskriptiven Begriffe der beiden Theorien ... verschieden ist.

Dies ist nun gewiß stark übertrieben. Tatsächlich liegt ein Fall von Kommensurabilität im Sinne der gegebenen Definition vor, wenn auch die Bezeichnung des Definierten als Kommensurabilität unglücklich ist. Aber diese Bezeichnung stammt von Kuhn. In unserem Beispiel gibt es mehrere gemeinsame begriffliche Basen γ. Man kann beide Theorien als Theorien über die Raumzeit versehen mit einer ausgezeichneten Klasse von Inertialsystemen formulieren. In dieser Formulierung machen die beiden Theorien insgesamt einfach verschiedene und sogar sich widersprechende Aussagen über diese Klasse.[18] Auf andere Weise kann man beide Theorien als Theorien über zwei (konstante) Tensorfelder (ein 2-fach kovariantes und ein 2-fach kontravariantes) sowie ein (konstantes) Skalar formulieren.[19] In diesem Falle kann ihre Differenz in dem numerischen Wert dieses Skalars lokalisiert werden:

$$(2) \qquad \begin{cases} S[\gamma] \equiv R[\gamma] \wedge \gamma_0 = 0 \\ T[\gamma] \equiv R[\gamma] \wedge \gamma_0 = c^{-2} \end{cases}$$

mit γ_0 als einem der γ und c als Lichtgeschwindigkeit. Der Unterschied kommt hier also in etwa auf den Unterschied zwischen der euklidischen und der hyperbolischen Geometrie hinaus.

Wo ist nun, wenn irgendwo, die Inkommensurabilität geblieben? Soweit vorhanden, können wir sie wiederfinden, indem wir

---

[17] P. Feyerabend: Probleme des Empirismus. Ausgewählte Schriften 2. Braunschweig 1981. Hier S. 140 ff. Streng genommen, geht es dort um die allgemeine Relativitätstheorie, für die jedoch ähnlich wie im Text argumentiert werden kann.

[18] E. Scheibe: Invariance and Covariance. In: Scientific Philosophy To-day. Essays in Honor of Mario Bunge. Hrsg. J. Agassi und R. S. Cohen. Dordrecht 1982, 311–31.

[19] J. Ehlers: On limit relations between, and approximative explanations of, physical theories. In: Logic, Methodology, and Philosophy of Science VII. Hrsg. R. Barcan Marcus et al. Amsterdam 1986, 387–403.

uns klar machen, daß die sich auf gemeinsamer begrifflicher Grundlage widersprechenden Annahmen der beiden Theorien es gestatten, in jeder der beiden Theorien Begriffe zu definieren, deren Definition in der jeweils anderen Theorie unmöglich ist. In der galileischen Geometrie kann eine vom Inertialsystem unabhängige Zeit eingeführt werden, in der minkowskischen nicht. Dafür ist in letzterer eine absolute (endliche) Geschwindigkeit definierbar, die in der galileischen Geometrie nicht existiert. Lokal, d. h. in einem oder anderen Einzelfall, passiert hier in der Tat genau das, wovon Feyerabend redet, wenn er sagt, daß sich widersprechende sinngebende Prinzipien die Begriffe inkommensurabler Theorien wechselseitig außer Kraft setzen. Im diskutierten Beispiel sind diese Prinzipien einfach die Theorieannahmen *selbst*. Ja, man kann sogar begriffliche Basen α und β in die beiden Theorien einführen (im Sinne von (1)), so daß die *Bedeutungen* aller α sowie diejenigen aller β im Sinne der jeweils anderen Theorie nicht existieren. Insoweit kann die Wahrheitskonkurrenz (bei gemeinsamem γ) in eine Interpretationskonkurrenz transformiert werden. Aber diese semantische Katastrophe ist eben keineswegs total. Und warum sollte sie es auch sein?

Wir wollen uns also, wie gesagt, lieber darauf einstellen, daß wir es hier mit einem ganzen Spektrum von Unverträglichkeiten zu tun haben, die Feyerabends extremen Fall nur mehr oder weniger aufweisen. Totale Kommensurabilität, bei der nicht einmal die eben besprochenen Erscheinungen auftreten können, liegt vor, wenn S und T in (1) verträglich oder gar identisch, also S' und T' äquivalent, sind. Der soeben exemplifizierte Fall, in dem S und T sich widersprechen, ist insofern schon ziemlich hart, als zwar noch die Übersetzung in eine gemeinsame Sprache, aber nicht ohne weiteres die Einbettung in eine gemeinsame Theorie möglich ist. Wenn man hier auch, was im Hinblick auf die physikalischen Beispiele ohnehin nötig ist, approximative Einbettungen zuläßt, ist (1) womöglich nur ein Spezialfall von der (im vorigen Abschnitt) schon verwendeten Formulierung

$$(3) \qquad \begin{cases} S'[\alpha] \preccurlyeq U[\gamma], & \alpha = P'[\gamma] \\ T'[\beta] \preccurlyeq U[\gamma], & \beta = Q'[\gamma] \end{cases}$$

mit U als einbettender Theorie und der Möglichkeit von Approximationen in allen vier Beziehungen. Erst das Nichterreichen dieses Falles dürfte ernstere Inkommensurabilitäten ins Spiel bringen, wenn auch (immer noch) nicht notwendig Feyerabends Extremfall.

Ich möchte diesen Abschnitt nicht beschließen, ohne zum Ausdruck gebracht zu haben, daß ich mit der zuletzt vorgetragenen Analyse keineswegs zufrieden bin. Die soeben aufgewiesenen lokalen Inkommensurabilitäten sind für sich genommen trivial, und es kommt alles darauf an, *was davon betroffen wird*. Wenn uns ein Gesetz sagt, daß sich ein Körper in einer Ellipse bzw. Hyperbel bewegt, dann können wir zur Formulierung weiterer Aussagen die Begriffe der Achsen (der Ellipse) bzw. der Asymptoten (der Hyperbel) einführen. Jeder dieser Begriffe ist in der jeweils anderen Theorie bedeutungslos, und niemand würde sich darüber aufregen. Das wird erst anders, wenn es auf einmal um so fundamentale Begriffe wie Raum und Zeit geht. Aber *daß* diese Begriffe fundamental sind, nämlich im Hinblick auf das *Ganze* der Naturbeschreibung, das kann nicht als eine Eigenschaft der Theorien ausgedrückt werden, in denen wir über Raum und Zeit *isoliert* reden.

V.

Vielleicht gibt es aber doch eine Möglichkeit, die Fundamentalität einer physikalischen Theorie mit dem Auftreten echter Inkommensurabilitäten zu verbinden. Mit dieser Frage vor Augen möchte ich – und muß ich – in einem letzten Abschnitt über Feyerabends, wie mir scheint, etwas gespaltenes Verhältnis zur Kopenhagener Deutung der Quantenmechanik und ihren Urhebern, Bohr und Heisenberg, sprechen.[20] Zunächst einmal ist zur Kenntnis zu nehmen, daß es Bohr und Heisenberg waren – und nicht erst Feyerabend und Kuhn –, die im Zusammenhang mit der Aufstellung der Quantenmechanik Ende der zwanziger Jahre

---

[20] Siehe vor allem Kap. 17 und 18 von P. Feyerabend: Probleme des Empirismus. Ausgewählte Schriften, Bd. 2. Braunschweig 1981.

die Inkommensurabilität von Theorien erfunden haben.[21] Für Bohr scheint sich Feyerabend auch dessen bewußt zu sein, nicht aber für Heisenberg. Und dies wäre, wie sich sogleich zeigen wird, im Sinne unserer Leitfrage wichtiger gewesen. In seinen der Kopenhagener Deutung günstigen Äußerungen hat Feyerabend jedoch anderes hervorgehoben, und für seine Kritik hat er sich etwas herausgesucht, das dem Gedanken der Inkommensurabilität gerade zu widersprechen scheint: Überlegungen zur Endgültigkeit der Quantentheorie in gewisser Hinsicht und die Forderung der klassischen Beschreibbarkeit der Meßinstrumente, also insgesamt konservative Züge der Kopenhagener Deutung. Noch merkwürdiger aber ist ein zweiter Punkt: Feyerabends Verhältnis zu Bohrs Begriff der Komplementarität.[22] Auch hier haben wir in mehreren Arbeiten eine eingehende Auseinandersetzung. Aber eine auffällige strukturelle Ähnlichkeit zwischen diesem Begriff und jenem der Theorieninkommensurabilität erscheint in dieser Auseinandersetzung nicht. Und doch ist gerade sie von Nutzen für eine rationale Explikation des theoretischen Pluralismus.

Was den ersten Punkt angeht – die diesen Abschnitt einleitende Frage –, so vergegenwärtigen wir uns zuerst einen gut durchschaubaren Parallelfall. Die Beziehung, daß zwei Theorien sich widersprechen, ist schon mehrfach herangezogen worden. Diesmal fragen wir uns: Gibt es eine Eigenschaft von Theorien, so daß zwei Theorien, die beide diese Eigenschaft haben und *verschieden* sind, sich bereits *widersprechen*? Die formale Vollständigkeit einer Theorie ist gewiß eine solche Eigenschaft. Denn wenn jede von zwei Theorien jede (einschlägige) Aussage entweder beweist oder widerlegt und wenn eine Aussage A in der einen, aber nicht der anderen Theorie beweisbar ist, dann ist sie eben in letzterer widerlegbar, und wir haben den Widerspruch. Entsprechend ist nun die uns eigentlich interessierende Frage: Gibt es eine Eigenschaft von Theorien, so daß zwei Theorien, die diese Eigenschaft haben und *verschieden* sind, bereits *inkommensurabel* sind? Im Parallelfall des Widerspruchs war es nun eine

[21] E. Scheibe: The Physicists' Conception of Progress. Erscheint in Studies in History and Philosophy of Science.

[22] Neben Anm. 20 siehe hierzu auch E. Scheibe: Die Kopenhagener Schule. Erscheint in „Klassiker der Naturphilosophie". Hrsg. G. Böhme.

Vollständigkeitseigenschaft, die unsere Bedingung erfüllte. Können wir erwarten, daß Entsprechendes auch für die Inkommensurabilität gilt?

Gerade dies scheint Feyerabends Meinung zu sein, wenn er sagt,[23] Inkommensurabilitäten in seinem Sinne würden wohl am ehesten bei *universalen* Theorien auftreten, und damit Theorien meint, „die Mittel zur Beschreibung jeden Prozesses enthalten, der in ihrem Bereich möglich ist, und die uns erlauben, die Meßoperationen zu definieren, die zu ihrer eigenen Prüfung verwendet werden." Dies ist offensichtlich eine Vollständigkeitsforderung, und das automatische Auftreten von Inkommensurabilitäten in ihrem Zusammenhang kann kaum etwas anderes heißen, als daß für universale Theorien Verschiedenheit schon zur Inkommensurabilität wird. Eigentlich noch viel direkter hat nun eben Heisenberg dieselbe Sache mit seinem Begriff der *abgeschlossenen* Theorie einzufangen versucht.

Zunächst muß hervorgehoben werden, daß für Heisenberg der Übergang von der Newtonschen Mechanik zur Quantenmechanik ein revolutionärer Schritt war, den er wiederholt als einen „radikalen Umbau der begrifflichen Grundlagen" bezeichnet hat.[24] Von dieser Auffassung wird auch nicht viel abgezogen, wenn man Bohrs Forderung der klassischen Beschreibbarkeit der Meßgeräte Rechnung trägt, wie Heisenberg es zweifellos, wenn auch etwas halbherzig, getan hat: die abstrakt bleibenden Grundbegriffe der Theorie unterliegen trotzdem jenem radikalen Umbau.[25] Daran gab es für ihn nichts zu rütteln, und etwas Derartiges hatte sich in der Physik bis in unser Jahrhundert hinein nicht ereignet. Welche Umstände konnten nun dazu führen, daß es schließlich geschah? Als Physiker stehen für Heisenberg im Mittelpunkt natürlich die *Gesetze* der Physik, und jede entscheidende Änderung wird wesentlich *sie* betreffen. Wenn es nun aber doch einmal angemessener ist, die Änderung primär als einen Begriffswandel zu beschreiben, dann kann das einfach daran liegen, daß in einigen Theorien die Anwendbarkeit ihrer Grundbegriffe schon *determi-*

---

[23] Anm. 14, S. 101.

[24] Für die einschlägigen Stellen siehe Anm. 21.

[25] Zum Verhältnis Bohr — Heisenberg siehe H. J. Folse: The Philosophy of Niels Bohr. Amsterdam 1985, hier Kap. 3, §§ 7 und 8.

niert, welche Gesetze im selben Anwendungsbereich gelten. In einem solchen Fall können die Gesetze gar nicht anders verbessert werden, als durch eine Änderung der Begriffe, in denen sie formuliert sind.

Hier legen sich gleich zwei, äquivalente Formulierungen des Begriffs der *abgeschlossenen Theorie* nahe. In der von Heisenberg ursprünglich gewählten Formulierung geht es um folgendes:[26]

> Sofern man irgendwelche Erscheinungen mit den Begriffen der [abgeschlossenen Theorie T] beschreiben kann, so gelten auch die [Gesetze von T] in aller Strenge ... Präziser ... vielleicht ...: Mit dem Grad von Genauigkeit, mit dem sich Erscheinungen mit den [Begriffen von T] beschreiben lassen, gelten auch die [Gesetze von T].

Eine im wesentlichen äquivalente, mehr an der Idee des Theorienwandels orientierte Formulierung hat C. F. von Weizsäcker gegeben.[27] Danach ist eine Theorie abgeschlossen, wenn sie nicht durch kleine Änderungen verbessert werden kann. Und große Änderungen sind, im Unterschied zur Anbringung von Korrekturgliedern, hier eben Änderungen der Grundbegriffe der betreffenden Theorie. Die Ähnlichkeit mit Feyerabends Inkommensurabilität ist offensichtlich, nur daß im einen Fall der 1-stellige (Abgeschlossenheit), im anderen Fall der 2-stellige Begriff (Inkommensurabilität) in den Vordergrund gestellt wird. Auch scheint mir in der Heisenbergschen Version erneut eine Vollständigkeit formuliert zu sein, die bisher noch schlechter verstanden ist als die (wahrscheinlich) ganz andere in Feyerabends Begriff der universalen Theorie. In jedem Falle geht es hier um Musterfälle bislang unanalysierter Begriffe, die gleichwohl an einer für unser Verständnis der Physik und ihrer Entwicklung zentralen Stelle auftreten. Die Frage „Wozu Wissenschaftsphilosophie?" beantwortet sich für mich, beiläufig gesagt, an Hand eines solchen Falltyps ziemlich mühelos. Und ich bin im Blick auf Feyerabend

---

[26] W. Heisenberg: Der Teil und das Ganze. München 1969. S. 135. Die originale Formulierung betrifft die Newtonsche Mechanik.

[27] Mündliche Mitteilung Weizsäckers. Vgl. W. Heisenberg: Die Richtigkeitskriterien der abgeschlossenen Theorien in der Physik. In: Einheit und Vielheit. Festschrift zum 60. Geburtstag C. F. von Weizsäckers. Hrsg. E. Scheibe und G. Süßmann. Göttingen 1973. 140–4.

besonders dankbar, daß es *diesen* Fall auch ohne ihn, ja vielleicht ohne alle Philosophie gäbe.

Sehen wir nun, ganz am Schluß, noch zu jener anderen vernachlässigten Beziehung hinüber: der Beziehung zu *Bohrs Komplementarität*. Wie ich schon sagte, ist der theoretische Pluralismus eine Trivialität, solange er nicht mit angibt, was eine Pluralität von Theorien zusammenhält: eine Vielheit von in ihrer gegenseitigen Beziehung unverstanden bleibenden Meinungen können wir *immer* haben, das ist keine Kunst. Das spezifische Können wissenschaftlicher Forschung, ja aller geistigen Betätigung überhaupt, kann nicht ohne Rückgriff auf ein einheitsstiftendes Element zureichend beschrieben werden. Damit ist nicht gesagt, daß auf der Hand läge, worin die jeweils zu stiftende Einheit besteht, und natürlich auch nicht, daß in jeder solchen Einheit alle Pluralität unterginge. Im Gegenteil: Hier haben wir den nicht-trivialen Teil pluralistischen Denkens vor uns, und es war ein großer Einfall, daß die Einheit unseres Weltbildes nicht ohne den Preis von Inkommensurabilitäten zu haben sein könnte. Eben dieser Gedanke ist jedoch – so scheint mir – bereits von Bohr entwickelt worden, nur daß er dafür das Wort „Komplementarität" verwendet hat. Stärker als durch das Konkurrenzwort „Inkommensurabilität" wird durch jenes andere der positive Aspekt der Beziehung hervorgehoben: Es geht nicht nur um ein Verhältnis der *Ausschließung*, sondern auch der *Ergänzung*. Diese Akzentuierung entspricht ganz der Grundbefürchtung des theoretischen Pluralismus, eine monistische Einstellung geriete zu leicht in die Gefahr, entlegene und doch wichtige Aspekte der Wirklichkeit einfach zu übersehen.

Das bekannteste Beispiel, das die Quantentheorie zur Illustration von Inkommensurabilität und Komplementarität beigetragen hat, ist der sog. Wellen-Teilchen-Dualismus, also die Entdeckung, daß Elektronen Welleneigenschaften und das Licht Teilcheneigenschaften haben. Leider wird jedoch in den meisten Darstellungen (auch bei Feyerabend![28]) schon gleich zu Anfang der Fehler gemacht, das Verhältnis von klassischem Teilchenbild und klassischem Wellenbild als das eines *Widerspruchs* hinzustellen: Man sagt, diese Bilder widersprächen sich. Diese Auffassung ist

---

[28] Anm. 20, S. 446.

aber nicht nur falsch, sondern man begibt sich damit eines der klarsten Illustrationsbeispiele für Inkommensurabilität in ihrer extremen Gestalt. Noch niemals hat jemand aus einer logisch einwandfrei formulierten Teilchentheorie eine Aussage A abgeleitet und zugleich aus einer einwandfrei formulierten Wellentheorie die Aussage Nicht-A. Und doch wäre *nur* so das Verhältnis des Widerspruchs im logisch üblichen Sinne hergestellt. Tatsächlich liegt hier aber auch gar kein Widerspruch vor, sondern die Inkommensurabilität zweier Formalismen, deren übliche Interpretationsregeln *keine gemeinsame Interpretation* gestatten. Zu dieser rein negativen Feststellung muß man nun aber positiv hinzufügen, *daß wir eine Theorie haben,* eben die Quantentheorie, in der die Zweiheit dieser beiden inkommensurablen klassischen Vorstellungen in komplementärer Weise *vereint* ist. Allerdings wird diese Vereinigung mit dem Preis bezahlt, daß die Quantentheorie in wesentlichen Punkten eine Theorie anderer Art ist als die klassischen Theorien, deren komplementäre Vereinigung sie ermöglicht.

Dies kann man besonders deutlich an dem einfacheren, schon innerhalb der gewöhnlichen Quantenmechanik auftretenden Beispiel der Inkommensurabilität gewisser Observablen, z. B. von Ort und Impuls, sehen. Inkommensurabilität quantenmechanischer Observablen meint übrigens erst einmal genau das, was das Wort sagt: Unmöglichkeit gemeinsamer Messung. Eine Analyse dessen, was dies in der Quantenmechanik heißt, zeigt aber sofort, daß wir es hier zugleich mit einem Fall Feyerabendscher Inkommensurabilität zu tun haben. In der Quantenmechanik ist die Ontologie der Aussagen, mit denen wir einzelnen Objekten kontingente Eigenschaften zuschreiben, problematisch geworden. In der Kopenhagener Deutung drückt man das dadurch aus, daß man diesen Aussagen keinen von einer tatsächlich durchgeführten Messung unabhängigen Sinn zubilligt. Die Existenz inkommensurabler Observablen zeigt, daß dieser Verzicht nicht freiwillig ist. Hat man ihn aber einmal akzeptiert, so kann man die entstehenden Verhältnisse haargenau im Sinne der Inkommensurabilität Feyerabends beschreiben: Zwei kontingente Aussagen wie „Teilchen E hat den Ort x“ und „Teilchen E hat den Impuls p“ sind inkommensurabel, indem die ihnen Sinn verleihenden Präsuppositionen sich (physikalisch) ausschließen. Diese Präsuppositionen sind nämlich, daß über jene Aussagen durch Messung entschieden ist. Eine gemeinsame Entscheidung wird aber (im vorliegenden Fall) durch die Quantenmechanik gerade ausgeschlossen. Eben diesen Ausschluß drückt ihr Begriff der Inkommensurabilität aus. Die beiden erwähnten Sätze haben keine gemeinsame Interpretation. Dennoch mußten sie *beide* in die quantenmechanische Beschreibung eines Objekts aufgenommen werden. Tatsächlich hat dieser Schritt uns eine Theorie geliefert, in der *unendlich viele* inkommensurable Teilsprachen gewissermaßen unter einem Dach vereint sind. Nur eine Handvoll davon haben wir bisher verstehen gelernt.

Der aus der Quantentheorie bekannt gewordene Typus von Komplementaritätsverhältnissen ist in den letzten Jahren von Hans Primas[29] als Vorbild für ein allgemeineres Programm komplementär-pluralistischen Denkens in den Naturwissenschaften eingesetzt worden. Soweit tunlich, hat sich Primas dabei den Umstand zunutze gemacht, daß diese Komplementaritätsverhältnisse heute in der Theorie der orthokomplementären Verbände gut formalisiert vorliegen. Schon deswegen wäre ich der letzte, der ein solches Unternehmen nicht begrüßen würde. Wir müssen uns jedoch darüber im klaren sein, daß die Gesamtproblematik von Inkommensurabilität, Komplementarität und Pluralismus, die ich in diesem Vortrag behandelt habe, ein inhaltlich sehr reiches Thema ist, das sich nicht so leicht in ein einfaches formales Schema bringen läßt. So grundlegende, aber auch verschiedene Begriffe wie Fortschritt, Reduktion, Logik, Theorie und Sprache werden in dieser Problematik miteinander verwickelt, und es ist weder eine inhaltliche Verwirrtheit noch eine formale Klarheit, sondern eine Verbindung beider, die unserem Thema seinen Reiz verleiht.

---

[29] H. Primas: Chemistry, Quantum Mechanics, and Reductionism. Berlin 1981. Kap. 5 und 6.

Hans Primas

Zum Theorienpluralismus in den Naturwissenschaften

Kommentar zum Beitrag von Erhard Scheibe

Die Ausführungen von Professor Scheibe waren so wohlabgewogen und liberal, daß ich mich – von ein paar wenigen Ausnahmen abgesehen – mit allem grundsätzlich einverstanden erklären kann. Nun haben allerdings Philosophen und Naturwissenschafter meist nicht dieselben Interessen, so daß ich häufig Schwerpunkte und Wertungen wesentlich anders setzen würde. Beispielsweise würde ich manche von Scheibe verteidigten Wissenschaftstheoretiker viel härter anfassen, denn allzuoft erhält man als Naturwissenschafter beim Studium wissenschaftstheoretischer Arbeiten den Eindruck einer mit Allquantoren angereicherten Unterstufenphysik, die eben doch am naturwissenschaftlich Wesentlichen vorbeigeht.

Aus der Sicht des Naturwissenschafters bedarf der Rekonstruktionismus keiner Rehabilitierung, denn Rekonstruktionen gehören mit zu den wesentlichen Aufgaben eines theoretisch arbeitenden Naturwissenschafters. Daher befinden sich auch die wohletablierten naturwissenschaftlichen Theorien in einem *permanenten Umbau.* Dies scheinen allerdings nicht alle Wissenschaftsphilosophen zu wissen, denn sonst würden sie jeweils genau angeben, welchen Umbauzustand sie meinen, wenn sie von speziellen naturwissenschaftlichen Theorien sprechen.

Ich denke dabei etwa an die *klassische Mechanik*. Natürlich ist im Keim bei Newton, Lagrange und Hamilton vieles vorhanden, aber aus meiner Sicht ist die klassische Mechanik weder eine abgeschlossene noch eine überholte Theorie. Aus verschiedenen Gründen gibt es seit einigen Jahrzehnten eine eigentliche Renaissance der klassischen Mechanik, und wir haben heute gegenüber der historischen Sicht eine völlig andere Bewertung der Relevanz dieser Theorie. Daß wir heute die gleichen Gleichungen benützen wie unsere Vorgänger, heißt noch lange nicht, daß wir damit auch dieselben Vorstellungen assoziieren.

Solange man mir nicht genau erklärt, was man unter klassischer Mechanik versteht, etwa ob man nur den mathematischen Formalismus oder eine vollinterpretierte Theorie meint, ob etwa die Kontinuumsmechanik und die Rheologie dazugehört oder nicht, weiß ich wirklich nicht, was Heisenbergs Behauptung, die klassische Mechanik sei eine *abgeschlossene* Theorie, heißen soll.

Oder, falls die Quantenmechanik eine abgeschlossene Theorie sein soll, was ist dann eine kleine Änderung (im Sinne von Weizsäckers) dieser Theorie? Ist beispielsweise die Einführung von Superauswahlregeln, d. h. der Verzicht auf die universelle Gültigkeit des Superpositionsprinzips, eine „kleine Verbesserung" dieser Theorie? Egal, ob man diese Frage mit Ja oder mit Nein beantwortet, kommt man zu gravierenden Schwierigkeiten mit dem Begriff „abgeschlossene Theorie".

Wir sind uns einig, daß Rekonstruktionen wichtig sind. Warum aber ist es so wichtig, daß diese Rekonstruktionen *rational* sind? Als Theoretiker weiß ich durchaus um die Bedeutung rationaler Konstruktionen. Trotzdem stört es mich sehr, daß in der Wissenschaftstheorie die Rationalität als Gegenpol einer rein pejorativ verstandenen Irrationalität aufgefaßt wird. Naturwissenschaft ist ebensowenig wie Kunst ein rein rationales Unternehmen. Jede schöpferische Tätigkeit hat einen *irrationalen Aspekt,* und ich finde es grundfalsch, wenn man willkürlich die rationalen Aspekte abtrennt und dann dieses kastrierte Konstrukt als *die* eigentliche Naturwissenschaft betrachtet. Bei dieser unmotivierten Auftrennung in rationale und irrationale Aspekte geht für das Verständnis der Naturwissenschaften Wesentliches verloren. Beispielsweise führt diese Trennung zur Illusion, man könne Naturwissenschaften aus Lehrbüchern lernen. Fleiß und Vernunft reichen aber nicht aus, um tiefere naturwissenschaftliche Einsichten zu gewinnen. Das zeigen beispielsweise manche Irrwege berühmter Wissenschaftstheoretiker, denen man mangelnde Kenntnisse der Logik gewiß nicht vorwerfen kann.

Aus diesen Gründen habe ich auch Mühe, in der logischen Einheit der Wissenschaft ein erstrebenswertes Ziel zu sehen. Der Wunsch, alles einheitlich und rational zu erklären, ist selbst irrational, was hier durchaus nicht abwertend gemeint ist. Ist es wirklich so interessant zu fragen, welche von zwei rivalisierenden Theorien die bessere ist? Vielleicht kann ich meine Bedenken mit einer etwas grotesken Analogie verständlich machen. Nehmen wir einmal an, ein *Musikphilosoph* postuliere eine *Einheitsmusik*, zusammen mit den dazugehörigen Ideen vom *Fortschritt in der Musik* und der *Kommensurabilität* aller Musikrichtungen. Im Rahmen eines solchen Forschungsprogrammes käme man dann in natürlicher Weise auf die Idee, die Musik berühmter Repräsentanten, wie etwa Monteverdi, Bach, Mozart, Weber *linear* zu ordnen, und etwa zu behaupten, Monteverdi sei durch Bach überholt, oder Mozarts Musik sei besser als diejenige Bachs (oder umgekehrt). Sie werden mir zustimmen, daß so etwas Unfug wäre. Aber warum ist dasselbe Vorgehen in den Naturwissenschaften *kein* Unfug? Warum soll die Entwicklung der Naturwissenschaften linear und kumulativ sein, etwa im Sinne, daß gute neuere Theorien *besser* sein sollen als gute alte Theorien? Natürlich gibt es einen Wandel und eine Evolution des naturwissenschaftlichen Weltbilds, aber was wir Fortschritt nennen, gibt es nur innerhalb spezieller Wissenschaften mit festem Horizont.

Genausowenig wie etwa die Musik von Bach läßt sich beispielsweise die klassische Mechanik durch Fortschritte überholen. Wenn heute jemand im Ernst behauptet, die klassische Mechanik sei durch die Quantenmechanik überholt, so hat er die begrifflichen Grundlagen der Quantenmechanik nicht verstanden. Um bei meiner etwas kühnen Analogie zu bleiben, könnte man vielleicht sagen, daß man die atonale Musik Schönbergs nicht würdigen kann, wenn man mit der Tonalität der Klassik nicht von Haus aus vertraut ist. Falls dem so ist, dann hat die Atonalität die Tonalität als Vorbedingung. Genau so *hat die Quantenmechanik die klassische Mechanik als Vorbedingung*. Man kann die Prinzipien der Quantenmechanik überhaupt nicht formulieren, ohne auf die Experimentaltechnik der klassischen Physik Bezug zu nehmen. Da sich klassische Mechanik und Quantenmechanik auf ein- und dieselbe Realität beziehen, bestehen zwischen diesen zwei Theorien intertheoretische *Konsistenzbeziehungen*. Es wäre aber nicht korrekt zu sagen, daß die klassische Mechanik einfach ein Spezialfall der Quantenmechanik sei. In einem formal präzise faßbaren Sinn sind klassische Mechanik und Quantenmechanik Beispiele *inkommensurabler Theorien.* Von Widerspruch ist dabei keine Rede, diese zwei Theorien stehen nicht in globaler Wahrheitskonkurrenz. So ist etwa die klassische Mechanik nicht zuständig für die Beschreibung der Atome, und die Quantenmechanik (in ihrer originalen Formulierung) ist nicht zuständig für die Beschreibung der Meßapparaturen. Es wäre ein grundsätzliches Mißverständnis, die Quantenmechanik als die relativ zur klassischen Mechanik richtigere Theorie zu betrachten. *Beide Theorien sind notwendig, keine kommt ohne die andere aus, keine ist richtiger als die andere.* In einer solchen Situation sprechen wir in Anlehnung an Bohr von *komplementären Theorien.* Komplementäre Theorien können durchaus in eine „globale Muttertheorie" eingebettet werden. Das ist auch wesentlich für das Studium der intertheoretischen Relationen zwischen komplementären Theorien, eliminiert aber nicht den in der Wissenschaftspraxis unvermeidlichen Theorienpluralismus.

Ein weiteres Beispiel für komplementäre und damit inkommensurable Beschreibungen geben die Theorie der Stoffe und die Theorie der Moleküle. Immer wenn ein Kontext vorliegt, bei dem die Anwendung thermodynamischer Begriffe (wie etwa der Temperaturbegriff) sinnvoll ist, dann ist in dem gleichen Kontext eine molekulartheoretische Beschreibung *nicht* angebracht, und umgekehrt. Um ein umfassendes Verständnis des Verhaltens der Materie zu bekommen, ist man wiederum genötigt, beide Sichtweisen als legitim und gleichberechtigt anzuerkennen. Die Tatsache, daß man je nach Kontext makroskopische Materie sowohl thermodynamisch als auch molekulartheoretisch beschreiben kann, impliziert wiederum die Existenz von Konsistenzrelation zwischen den beiden Theorien, aber keineswegs, daß Stoffe aus Molekülen aufgebaut sind, oder daß Moleküle eine Temperatur haben.

Die beiläufige Bemerkung von Herrn Scheibe, die kinetische Gastheorie erzähle uns, „die Temperatur sei die mittlere kinetische Energie der Moleküle" war an physikalische Laien gerichtet, um diesen eine intuitive Vorstellung zu geben, um was es bei einer Explikation des phänomenologischen Temperaturbegriffs etwa gehen könnte. Allerdings ist *diese* Explikation nun doch zu offensichtlich physikalisch unhaltbar, als daß man sie ernst nehmen könnte. Wesentlich ist mir hier aber nicht, daß die Details nicht stimmen, sondern daß die intertheoretischen Relationen zwischen der makroskopischen Thermodynamik und der Mechanik der Mikroobjekte keineswegs in das bei den Erkenntnistheoretikern so beliebte Reduktionsschema von Nagel [1, 2] oder Kemeny und Oppenheim [3] passen. Einige heute von naturwissenschaftlicher Seite recht gut untersuchte intertheoretische Beziehungen im Bereich Molekularphysik, Chemie und Thermodynamik zeigen mit aller nur wünschbaren Klarheit, daß etwa die von Sneed [4] gestellte Forderung, das Vokabular der reduzierenden Theorie müsse mindestens so reich sein wie dasjenige der reduzierten Theorie, mit Sicherheit *nicht* erfüllt ist. Begriffsbildungen, wie Temperatur, Entropie oder Gestalt spielen in den Naturwissenschaften eine zentrale Rolle, sind aber auf dem Niveau der ersten Prinzipien der Quantenmechanik weder erklärt noch sinnvoll definierbar. Trotzdem hatten Kemeny und Oppenheim [3] die Kühnheit zu behaupten, die Reduktion der Wärmelehre auf die statistische Mechanik sei gelungen. Schlimm ist dabei nicht die Tatsache, daß diese Behauptung falsch ist, sondern daß diese Philosophen nicht einmal gemerkt haben, daß eine solche Behauptung beweispflichtig ist. Ein Beweis, der den Anforderungen der *Naturwissenschafter* genügt, hätte neben vielem anderen auch zu zeigen, daß der Nullte Hauptsatz der Thermodynamik (eine Transitivitätsforderung für das thermische Gleichgewicht) aus den ersten Prinzipien der Quantenmechanik folgt. Doch davon kann keine Rede sein. Man kann natürlich annehmen, daß es eine Klasse von Quantensystemen gibt, welche den Nullten Hauptsatz erfüllen, und die Reduktionsdiskussionen auf solche speziellen Systeme einschränken. Das ist aber nur ein unredlicher Trick, denn damit schmuggelt man einen der entscheidenden neuen Begriffe einfach über eine Reduktionsbedingung ein.

Es ist unbestritten, daß der Reduktionismus eine entscheidende Rolle für die *Motivierung* naturwissenschaftlicher Forschung gespielt hat und heute noch spielt. Die Idee der Reduzierbarkeit aller naturwissenschaftlichen Disziplinen auf erste Prinzipien der Physik hat zu großartigen Erfolgen, aber auch — und das darf nicht übersehen werden — zu einer unglaublichen Verengung der naturwissenschaftlichen Sicht geführt. Die erfolgreiche Methode der „Vereinheitlichung durch Horizontbeschränkung" hat uns blind werden lassen für globale Zusammenhänge, und wir haben das ungeteilte Ganze längst aus den Augen verloren. Kurz, wir sind ernsthaft in eine Sackgasse geraten.

Überraschenderweise hat jedoch gerade das über Jahrhunderte stur verfolgte mechanistische Reduktionsprogramm schlußendlich zu der weitherum anerkannten Quantenmechanik geführt, welche – sofern wir sie als korrekt akzeptieren – alle unsere bisherigen Ideen zum Atomismus und Reduktionismus ad absurdum führt. Im Rahmen der Quantenmechanik kann eine Reduktion gemäß dem Schema von Nagel [1, 2] oder den modifizierten Versionen von Kemeny und Oppenheim [3], Popper [5, 6] oder Sneed [4] prinzipiell nicht durchgeführt werden, denn gemäß der Quantentheorie ist eine vollständige Kenntnis aller Teilsysteme und ihrer Wechselwirkungen grundsätzlich unzureichend, um das Ganze zu beschreiben. Rein fachtechnisch wissen wir heute über diese ganzheitliche Struktur der materiellen Welt vieles und wesentliches, aber wir haben aus diesem Wissen bisher kaum Konsequenzen gezogen, sondern sind nach wie vor in der Bacon-Cartesischen Tradition befangen. Was ich mir daher wünschen würde – und ich stehe mit diesem Wunsch sicher nicht allein – wäre eine Philosophie der Wissenschaften, die uns hilft, mit neuen Begriffsbildungen aus dieser Sackgasse heraus zu kommen. Ob dazu der logische Positivismus, Empirismus und verwandte Richtungen angemessen sind, wage ich zu bezweifeln. Bisher war der Einfluß dieser Schulen auf die Naturwissenschaften jedenfalls kaum erfreulich, wurden doch viele Forscher derart eingeschüchtert, daß sie jeden philosophischen Ehrgeiz verloren haben. Zudem stehen die stillschweigenden Annahmen vieler wissenschaftstheoretischer Ansätze dieser Richtungen, nämlich, daß die materielle Welt in einem absoluten Sinn bereits strukturiert sei und somit der Naturforscher einfach diese Strukturen zu entdecken und zu beschreiben habe, in schroffem Widerspruch zu den Erkenntnissen aus der Quantenmechanik. Danach ist die materielle Welt ein ungeteiltes Ganzes, das heißt, ein Ganzes, das *nicht* aus Teilen besteht. *Wir* können die Welt zerlegen, und zwar auf *viele* verschiedene Arten. In dieser Weise kommen wir unausweichlich zu gleichberechtigten, aber gegenseitig sich ausschließenden *komplementären* Naturbeschreibungen.

Ich glaube, wir haben diese Tatsache zu akzeptieren und eben zu *lernen,* pluralistisch mit komplementären Naturbeschreibungen zu leben. Da wir alle ständig in Gefahr sind, die Dogmen der heutigen Naturwissenschaften nicht als solche zu erkennen, ist die Beschäftigung eines Naturwissenschafters oder Ingenieurs mit allgemeinen philosophischen Fragen mehr als nur wünschbar. Dabei haben wir aber ein gesundes Mißtrauen gegenüber den von den Wissenschaftstheorien vorschnell angebotenen Vereinheitlichungsideologien zu pflegen. Die Krise der modernen Naturwissenschaften dürfte kaum durch eine weitere Horizontverengung durch Vereinheitlichung überwunden werden. Dagegen könnte das gleichberechtigte Geltenlassen komplementärer Naturbeschreibungen wieder zu einem Ganzheitsbezug und damit zu einer naturwissenschaftlichen Bewußtseinserweiterung führen, wie sie mir im Rahmen der ursprünglichen Idee einer Einheitswissenschaft nicht denkbar erscheint.

Literatur

[1] E. Nagel, „The meaning of reduction in the natural sciences". In: „Science and Civilization", ed. by R. C. Stauffer, Madison, Wisconsin, 1949, pp. 99–145.

[2] E. Nagel, „The Structure of Science", Harcourt, Brace and World, New York, 1961.

[3] J. G. Kemeny, P. Oppenheim, „On reduction", Philosophical Studies *7,* 6–19 (1956).

[4] J. D. Sneed, „The Logical Structure of Mathematical Physics", Reidel, Dordrecht, 1971; p. 220.

[5] K. Popper, „Naturgesetze und theoretische Systeme". In: „Gesetz und Wirklichkeit", hg. von S. Moser, Innsbruck, 1949, pp. 43–60.

[6] K. Popper, „Conjectures and Refutations", Routledge and Kegan Paul, London, 1963; chapter 10.

Jürgen Mittelstrass

Philosophische Grundlagen der Wissenschaften

Über wissenschaftstheoretischen Historismus, Konstruktivismus und Mythen des wissenschaftlichen Geistes

1. Wohin mit der Philosophie?

Wo heute von philosophischen Grundlagen der Wissenschaften gesprochen wird, meldet sich die Wissenschaftstheorie zu Wort. Mit der Wissenschaftstheorie sucht die Philosophie den immer breiter werdenden Graben zwischen den Wissenschaften und ihr selbst, zwischen Forschung und Reflexion, Natur und Geist, wie sie gerne sagt, zu überbrücken. Die Wissenschaften sehen dem teils ungerührt, teils amüsiert zu. Gelegentlich mit einem guten Rat verbunden. Der lautet dann ‚Schuster bleib bei deinen Leisten', vor allem dort, wo die Philosophie den Wissenschaften dreinzureden beginnt, von philosophischen Grundlagen spricht und dieses Dreinreden eben Wissenschaftstheorie nennt. Diese macht dann die Philosophie vielleicht weltläufiger, aber die Wissenschaften, so ein häufiger Einwand, nicht gescheiter. Es ist eben vermeintlich wie im Sport: Die einen rennen sich die Lunge aus dem Hals, die anderen schauen zu. Die einen tun, worüber die anderen reden. Statt Leistung Kommentar.

In dieser Situation ist es nicht einfach, die Position der Philosophie zu vertreten, aus der Perspektive der Philosophie etwas über die Wissenschaft zu sagen. Trotzdem handelt es sich dabei um eine sinnvolle Aufgabe. Nicht weil der Philosoph in der Rolle des Wissenschaftstheoretikers der bessere Wissenschaftler ist, sondern weil die Wissenschaft, wie jede andere menschliche Tätigkeit auch, nicht nur aus Tun, hier einem forschenden Tun, besteht, sondern auch aus Vorstellungen, die dieses Tun begleiten und häufig Eingang in die Darstellungs- oder Theorieform der Wissenschaften finden. Es sind diese manchmal gar nicht einfach zu durchschauenden, manchmal auch unbewußt wirkenden Vorstellungen, denen — so die Hoffnung des Philosophen — ein wenig Philosophie gut täte. Philosophie nicht in Gestalt von Tiefsinn und Spekulation, sondern als Erweiterung der Wahrnehmung, auch der wissenschaftlichen Wahrnehmung. In diesem Sinne im Folgenden einige Bemerkungen sowohl über neuere Trends der Wissenschaftstheorie als auch über moderne Selbst- und Situationsverständnisse der Wissenschaft, insbesondere der Naturwissenschaften. Diese Bemerkungen werden weniger technisch und analytisch als vielmehr beurteilend und zu einer gewissen Reorganisation mancher Denkweisen auffordernd sein. Damit ist *Aufklärung* angezeigt, also etwas seiner Natur nach Optimistisches, undurchschaute Abhängigkeiten durch vernünftige Unabhängigkeiten Ersetzendes, und darin eben auch Philosophisches. Philosophie ist, trotz mancher ihrer Vergangenheiten, nicht Dunkelheit und Tiefsinn, sondern Klarheit und Aufklärung. Es wäre schön, wenn sie das auch als Wissenschaftstheorie werden könnte.

Die neuere Lage eines Nachdenkens über Wissenschaft läßt sich grob durch zwei Gesichtspunkte charakterisieren: (1) Durch den Rückzug der Wissenschaftstheorie aus der Philosophie, wenn man diese entsprechend ihrer ursprünglichen (europäischen) Idee als ein begründungsorientiertes, d. h. *normatives* Unternehmen versteht; (2) durch eine ungewöhnliche Konjunktur wissenschafts*historischer* Analysen im Rahmen wissenschafts*theoretischer* Analysen. Nach dem ersten Gesichtspunkt sieht es manchmal so aus, als hätte ein zweiter Auszug des exakten Denkens aus der Philosophie stattgefunden (nach dem Auszug der Wissenschaften im 18. und 19. Jahrhundert). Nach dem zweiten Gesichtspunkt sieht es manchmal so aus, als habe die Wissenschaftstheorie ein in den Wissenschaften dominierendes ‚naturalistisches' Verständnis auf deren eigenen Gang bezogen: Wissenschaft wird, insbesondere im Hinblick auf ihre Entwicklung, in der Wissenschaftstheorie zu einem empirischen Objekt, das man in gleicher Weise erforscht, wie die Wissenschaft ihre Objekte erforscht. Philosophie hingegen, die nicht so sehr beschreibt, was ist, als vielmehr das, was ist, vernünftig machen will, ist heute wenig gefragt — und wie man sagt: aus wissenschaftlichen Gründen. Die Frage ist, ob wir es hier mit Wahrheit zu tun haben oder mit dogmatischem Schein.

Ich werde diese Frage nicht beantworten, aber versuchen, zu ihrer Beantwortung beizutragen, indem ich einige Schwierigkeiten erwähne und diskutiere: Schwierigkeiten mit dem wissenschaftlichen Geist, der im Begriff der *empirischen Forschung* oder im Begriff der *apriorischen Darstellung* die totale Verständlichkeit der Welt zu postulieren scheint, und Schwierigkeiten mit dem wissenschaftlichen Geist, der sich selbst erforscht, indem die Wissenschaftstheorie die Wissenschaft erforscht und sich dabei zur Wissenschaft so verhält, wie sich die Wissenschaft zu den von ihr erforschten Gegenständen verhält, oder: der sich selbst erforscht, indem er seine Entwicklung, die Genese und die Geschichte wissenschaftlicher Theoriebildungen, erforscht.

Bevor ich auf die zuletzt genannte wissenschaftstheoretische Orientierung zu sprechen komme, um anschließend wissenschaftsbezogene Formen eines philosophischen Empirismus und Apriorismus zu erörtern, eine kurze Bemerkung zum Begriff *philosophische Grundlagen* der Wissenschaften.

Dieser Begriff kann sich (1) auf bestimmte inhaltliche Vorstellungen beziehen, denen wissenschaftliche Theorien entsprechen sollen und die z. B. einige von G. Holtons *Themata* einschließen.[1] Zu ihnen gehört z. B. die Vorstellung einer grundsätzlichen Kontinuität oder Diskontinuität aller Naturvorgänge, ferner die Newtonsche Idee einer ‚Analogie der Natur', also die Annahme, die Naturprozesse liefen bei allen Größenverhältnissen, d. h. im Ma-

[1] G. Holton, Thematische Analyse der Wissenschaft. Die Physik Einsteins und seiner Zeit, Frankfurt 1981 (Übersetzung überarbeiteter Teile aus: G. Holton, Thematic Origins of Scientific Thought. Kepler to Einstein, Cambridge Mass. 1973, und ders., The Scientific Imagination. Case Studies, Cambridge 1978), S. 18–49 (Themata im naturwissenschaftlichen Denken). ‚Themata' bezeichnen nach Holton ‚konstante Faktoren' oder ‚Kontinuitäten' in der Wissenschaftsentwicklung, d. h. „vergleichsweise festgefügte Strukturen, deren Beständigkeit über angebliche Revolutionen hinaus und auch im Konkurrenzkampf scheinbar inkommensurabler Theorien vorhält" (a. a. O., S. 8 f.). Im einzelnen werden Themata in Begriffsform (z. B. Symmetrie), methodologische Themata (z. B. Darstellung von Gesetzmäßigkeiten durch Konstanten) und thematische Aussagen oder Hypothesen (z. B. spezielles Relativitätsprinzip und Konstanz der Lichtgeschwindigkeit) unterschieden.

kro- wie im Mikrokosmos, nach identischen Gesetzmäßigkeiten ab. Derart inhaltliche Vorstellungen können dogmatische Geltung gewinnen und zum Ausschluß konkurrierender Theorien führen, wie z. B. im Falle der im Marxismus häufig als ‚bürgerlich' bezeichneten und insofern verworfenen Kopenhagener Deutung der Quantentheorie. Philosophische Theorien werden hier in Gestalt naturphilosophischer Überzeugungen Fundament und Rechtfertigungs- bzw. Beurteilungsinstanz wissenschaftlicher Theorien.

Mit dem Begriff philosophischer Grundlagen der Wissenschaften können (2) spezielle Elemente wissenschaftlicher Theoriebildung gemeint sein, die auch im methodologischen Sinne als konstitutiv für diese Theorien gelten, jedoch von einer wissenschaftlichen Theorie bzw. der entsprechenden Wissenschaft nicht bereitgestellt werden können. In diese Kategorie gehören etwa spezielle methodische Forderungen. So würde z. B. jeder Physiker eine Feldgleichung, die nicht aus einem Variationsprinzip ableitbar wäre, mit Mißtrauen betrachten. Hierbei handelt es sich jedoch nicht um Grundlagen, die allgemein, d. h. für alle wissenschaftlichen Theoriebildungen gelten, die also auch nicht *philosophische* Grundlagen in dem Sinne sind, daß hier eine – stets als Einheit betrachtete – philosophische Rationalität den wissenschaftlichen Rationalitäten (Theorierationalitäten) gegenüberträte. Protophysik und Protoethik z. B., die im Rahmen des Konstruktivismus beide beanspruchen, philosophische Elemente fachwissenschaftlicher Theorien zu sein, besitzen wohl eine gemeinsame philosophische Orientierung, aber keine gemeinsamen methodologischen Stücke.[2] Die Rede von philosophischen Grundlagen wird, in beiden zuvor benannten Fällen, unscharf.

---

[2] Zur Konzeption einer Protophysik (und zur wissenschaftstheoretischen Kontroverse über diese Konzeption) vgl. P. Janich (Ed.), Protophysik heute, Philosophia Naturalis. Archiv für Naturphilosophie und die philosophischen Grenzgebiete der exakten Wissenschaften und Wissenschaftsgeschichte 22 (1985), Heft 1, ferner P. Janich, Die Protophysik der Zeit. Konstruktive Begründung und Geschichte der Zeitmessung, Frankfurt 1980; zur Idee einer Protoethik C. F. Gethmann, Proto-Ethik. Zur formalen Pragmatik von Rechtfertigungsdiskursen, in: H. Stachowiak u. a. (Eds.), Bedürfnisse, Werte und Normen im Wandel I (Grundlagen, Modelle und Prospektiven, ed. H. Stachowiak/T. Ellwein), München/Paderborn/Wien/Zürich 1982, S. 113–143, ferner P. Lorenzen/O. Schwemmer, Konstruktive Logik, Ethik und Wissenschaftstheorie, Mannheim/Wien/Zürich [2]1975.

Den Schwierigkeiten, die sich auf diese Weise, bezogen auf die beiden erläuterten Bedeutungen, mit einem philosophischen Grundlagenbegriff verbinden, soll im Folgenden durch einen anderen Begriff, den Begriff der *Orientierung,* begegnet werden. Es wird von Orientierungen die Rede sein, die als philosophische Orientierungen in die wissenschaftliche Grundlagenproblematik eingreifen – nicht *ideologisch* im Sinne einer philosophischen Theorie, die sich zwischen eine (lebensweltliche) Praxis und (wissenschaftliche) Theorien zu schieben sucht, und nicht *methodologisch* im Sinne materialer wissenschaftlicher Begriffs- und Theoriebildungen, sondern *erkenntnistheoretisch.* Ins Auge gefaßt ist eine mittlere Ebene zwischen allgemeinen philosophischen und ideologischen Vorstellungen auf der einen Seite und speziellen methodologischen Vorstellungen auf der anderen Seite.

Diese Ebene betrifft die Frage, in welcher allgemeinen Form eine Theorie aufgebaut und begründet sein soll. Es geht (a) um Anforderungen an die *Struktur wissenschaftlicher Theorien* unter einer Begründungsperspektive und (b) um Anforderungen an die *Semantik der Wissenschaftssprache* unter der Perspektive einer argumentativen Sicherung eines bestimmten Sprachgebrauchs. Die Rede ist also von allgemeinen Prinzipien und Grundsätzen, die den speziellen Forderungen der Ebene (2) methodisch vorausgehen. Daß damit wiederum kein philosophisches Wolkenkuckucksheim gemeint ist, macht die wissenschaftliche Praxis selbst deutlich. So werden Theorien häufig in axiomatischer Weise formuliert. Axiomatisierungen aber sind nicht konkurrenzlos, wie z. B. der Blick auf die Vielzahl von Axiomatisierungen der speziellen und der allgemeinen Relativitätstheorie zeigt. Die Wahl einer bestimmten Axiomatisierung und damit die Auszeichnung einer bestimmten Menge von Behauptungen als grundlegend ist dann ihrerseits nicht von der Sache selbst diktiert, sondern steht in einer systematischen – von den Begründern derartiger Axiomatisierungen in der Regel unbemerkten – Abhängigkeit zu Vorstellungen über den richtigen Aufbau von Theorien und die saubere Einführung wissenschaftlicher Begriffe. Die Wahl einer bestimmten Axiomatisierung verweist damit auf genau diejenige erkenntnistheoretische Zwischenebene, um deren Klärung es hier gehen soll. Doch zunächst zu modernen Wegen der Selbsterforschung des wissenschaftlichen Geistes – in wissenschaftstheoretischer Form.

2. Von Popper zu Kuhn oder: ein neuer Historismus entsteht

Am Anfang steht Poppers Logik der Forschung[3], am (vorläufigen) Ende eine falsche Konsequenz, die aus dieser Logik gezogen wird. Gegen klassische Begründungsprogramme innerhalb der Wissenschaftstheorie, wie sie etwa noch der Logische Empirismus verfolgt, vertritt Popper die These ihrer Undurchführbarkeit. In einer Explikation des sogenannten Basisproblems und der Kennzeichnung von Basissätzen als durch Festsetzungen gewonnene Prämissen einer empirischen Falsifikation entfällt die Annahme, begriffliche Konstruktionen (Theorien) könnten jemals die ‚Wirklichkeit' adäquat, d. h. abschließend, erfassen. Statt begründeter Wissenschaftskonstruktionen empfiehlt Popper einen ‚Anfang von oben': Wegen der logischen Unmöglichkeit von Induktionsschlüssen in empirischen Wissenschaften und der daraus folgenden Asymmetrie von Verifikation und Falsifikation wird die Falsifizierbarkeit einer Aussage zum Abgrenzungskriterium für wissenschaftliche Rationalität; aus einer Begründungsrationalität wird eine *Bewährungsrationalität*.[4] Der Grad der Bewährung einer Theorie hängt wiederum nicht so sehr von der Anzahl bewährter Fälle als vielmehr von ihrem Falsifikationsgrad ab. Der Falsifikationsgrad ist durch den empirischen Gehalt dieser Theorie, also durch die Klasse der Basissätze, die mit ihr logisch unverträglich sind, bestimmt.

Unter Gesichtspunkten des älteren, nunmehr preisgegebenen Begriffs der Begründung, den die Wissenschaftstheorie zunächst noch mit der Philosophie teilte, bedeutet das, daß sich wissenschaftliche Rationalitäten in ihren Theorieaspekten nicht mehr am Aufbau von Theorien, sondern an Verfahren ihrer Kritik zu orientieren haben. Die Rationalität von Wissenschaftskonstruk-

---

[3] K. R. Popper, Logik der Forschung, Wien 1935, Tübingen 1966, [8]1984.

[4] Zur Rationalitätsidee der modernen Wissenschaftstheorie, deren Diskussion auch die folgende Darstellung bestimmt, vgl. J. Mittelstraß, Forschung, Begründung, Rekonstruktion. Wege aus dem Begründungsstreit, in: H. Schnädelbach (Ed.), Rationalität. Philosophische Beiträge, Frankfurt 1984, S. 117–140 (überarbeitete englische Fassung: Scientific Rationality and Its Reconstruction, in: N. Rescher [Ed.], Reason and Rationality in Natural Science. A Group of Essays, Lanham/New York 1985, S. 83–102).

tionen weicht der Rationalität von Prüfungsmechanismen; ‚begründet' ist keine mögliche Eigenschaft von Theorien mehr, sondern allein noch von Feststellungen der Art ‚eine Theorie T ist mit dem Grad x bewährt'.

Entscheidungen für bzw. gegen eine Theorie fallen damit letztlich auf einer Basis, die selbst Produkt einer theoretischen Entwicklung ist. Das wiederum führt dazu, daß der Begriff der rationalen (wissenschaftlichen) Erklärung, und damit auch der Wissenschaftsbegriff selbst, historische Züge annimmt. Dabei ist unerheblich, daß bei Popper nur Theorien, nicht empirische Verhältnisse oder historische Entwicklungen beurteilt werden sollen. Unter Gesichtspunkten von Theoriegenese und Theoriebewährung, wie sie Poppers Logik der Forschung ausarbeitet, ist eine Rekonstruktion von Geltungsansprüchen wissenschaftlicher Theorien letztlich nur auf der Basis faktischer theoretischer Entwicklungen möglich. Genau das aber bedeutet: der Wissenschaftsbegriff wird *historisiert*. Wissenschaftshistorische Reflexionen ersetzen einen wesentlichen Teil der älteren Begründungsbemühungen.

Diese Orientierung ist vor allem von Kuhn ausgearbeitet worden.[5] Nach Kuhn lassen sich wissenschaftliche Entwicklungen weder als *Fortschrittsgeschichte* noch als *Begründungsgeschichte* schreiben. Der Grund dafür liegt nicht in dem Umstand, daß wissenschaftliche Entwicklungen faktisch nicht so sind — das könnte ja eine historisch zutreffende Behauptung sein —, sondern darin, daß eine Beurteilung der historischen Verlaufsformen wissenschaftlichen Wissens auf Maßstäbe angewiesen ist, die selbst Teil eben dieser Entwicklungen sind. Wollte man derartige Beurteilungen außerhalb von Entwicklungen ansiedeln, würde das im Rahmen dieses Rationalitätsmodells bedeuten, wieder den Illusionen älterer Begründungsprogramme (wie etwa des Logischen Empirismus) erliegen. Deshalb ist aber auch Poppers Erklärung, Kuhn habe aus seiner ‚Logik der Forschung' eine ‚Logik des

[5] Th. S. Kuhn, The Structure of Scientific Revolutions, Chicago 1962, [2]1970 (dt. Die Struktur wissenschaftlicher Revolutionen, Frankfurt 1967, rev. [2]1976 [mit Postskriptum von 1969]).

historischen Relativismus' gemacht[6], im Grunde unberechtigt. Popper übersieht, daß seine ,Logik der Forschung' unter Begründungsgesichtspunkten immer schon ,relativistisch' war. Kuhn zieht aus diesem Umstand nur die wissenschaftshistorischen Konsequenzen. Der *Historismus* nimmt seinen Eingang in die Wissenschaftstheorie.

Kuhns Terminologie ist bekannt. Ich beschränke mich daher auch an dieser Stelle auf eine Skizze lediglich der wichtigsten Elemente: Nach Kuhn bilden *modellhaft abgrenzbare Traditionen der Theoriebildung* innerhalb der wissenschaftlichen Forschung die Struktur *normaler Wissenschaft.* Diese Traditionen der Theoriebildung heißen *Paradigmen* oder *disziplinäre Matrizen.* Genauer unterscheidet Kuhn bei der Bildung derartiger Traditionen zwischen einem *vor-paradigmatischen* Stadium, in dem mehrere Paradigmenanwärter noch unentschieden in Konkurrenz liegen, einem *paradigmatischen* Stadium, in dem die Konkurrenz zugunsten einer sich nun weiter ausbildenden Tradition der Theorieentwicklung entschieden ist, und einem *revolutionären* Stadium, in dem sich nach vorausgehender Zunahme von *Anomalien* (unerklärbaren Fakten) und *Krisen* (angesichts eines unzureichenden Lösungspotentials von Theorien) die Ablösung eines Paradigmas durch ein anderes vollzieht. Dies geschieht ,revolutionär' oder auch (bei Anwendung entsprechender Strategien) ,persuasiv', jedenfalls nicht ,diskursiv', weil Paradigmen nach Kuhn zueinander *inkommensurabel* sind, d. h. zu keiner gemeinsamen Sprache finden können.[7]

Wo ,Revolutionen' nicht nur historisch konstatiert, sondern systematisch gefordert werden, führt eine solche Vorstellung der Wissenschaftsentwicklung zwangsläufig zur Forderung nach einem Theorienpluralismus (Popper), d. h. zur Aufforderung an

---

[6] Normal Science and Its Dangers, in: I. Lakatos/A. Musgrave (Eds.), Criticism and the Growth of Knowledge (Proceedings of the International Colloquium in the Philosophy of Science, London 1965, IV), Cambridge 1970, S. 55 (dt. Die Normalwissenschaft und ihre Gefahren, in: dies., Kritik und Erkenntnisfortschritt, Braunschweig 1974, S. 55).

[7] Die sprachliche Inkommensurabilität ist für Kuhn nur ein Grund für den Glaubensrest bei einer Theoriekonversion. Sie tritt neben ein weiter unten erwähntes methodologisches Dilemma (,Kuhnsches Dilemma').

die Wissenschaft, möglichst viele konkurrierende Theorien zu generieren, oder, wenn sich diese Forderung auch auf eine zu bildende Pluralität von Methoden bezieht, zu einem wissenschaftstheoretischen (oder erkenntnistheoretischen) Anarchismus (Feyerabend), in dem methodische Vorschriften generell als wissenschafts- und fortschrittshemmend bezeichnet werden.[8] Hier wird das von Kuhn noch festgehaltene ‚Prinzip der Beharrlichkeit' (principle of tenacity), bezogen auf das Stadium einer paradigmenbestimmten normalen Wissenschaft, durch ein ‚Wucherungsprinzip' (principle of proliferation) ersetzt.[9] Gemeinsam wiederum ist beiden Positionen, daß sie den Begriff einer metaparadigmatischen oder transparadigmatischen Rationalität, bezogen auf wissenschaftliche Theorien und allgemeinere Orientierungen, explizit ausschließen. Das aber bedeutet nicht nur die Propagierung eines faktischen, sondern darüber hinaus auch die Propagierung eines *methodischen Historismus.*

Sieht man hier einmal von den methodologischen Weiterungen Feyerabends ab, so besteht der systematisch relevante Unterschied zwischen den Positionen Poppers und Kuhns unter dem Stichwort ‚Historismus' darin, daß Popper an allgemeinen theorieunabhängigen, in der hier gewählten Terminologie: transparadigmatischen Maßstäben festhält und Wissenschaftstheorie in der oben benannten Weise als eine philosophische Veranstaltung für möglich hält. Dafür steht eine in der Regel eindeutige methodologische Einschätzung empirischer Theorien. Kuhn hingegen bestreitet die Existenz derartiger Maßstäbe und ersetzt Philosophie in der Gestalt von Wissenschaftstheorie durch Wissenschaftsgeschichte. An die Stelle der Popperschen Einschätzungsrationalität tritt das ‚Kuhnsche Dilemma'[10]: theorieneutrale, transparadigmatische

---

[8] P. K. Feyerabend, Against Method. Outline of an Anarchistic Theory of Knowledge, London 1975, Atlantic Highlands N.J. 1975, ^{2}1978 (dt. [überarbeitet und erweitert] Wider den Methodenzwang. Skizze einer anarchistischen Erkenntnistheorie, Frankfurt 1976).

[9] Dazu auch P. K. Feyerabend, Consolations for the Specialist, in: I. Lakatos/ A. Musgrave (Eds.), Criticism and the Growth of Knowledge (vgl. Anm. 6), S. 197–230 (dt. Kuhns Struktur wissenschaftlicher Revolutionen – ein Trostbüchlein für Spezialisten?, a. a. O., S. 191–222).

[10] Vgl. M. Carrier, Newton's Ideas on the Structure of Matter and Their Impact

Einschätzungskriterien sind nicht entscheidungseffektiv, und entscheidungseffektive Kriterien sind theorieabhängig.[11] Trotzdem ist nach dem zuvor Gesagten auch die Poppersche Position nicht frei von (wissenschaftstheoretischem) Historismus. Dieser besteht in diesem Falle in der ungeklärten ‚Herkunft' theorieunabhängiger Maßstäbe und in der Ersetzung des Begriffs der Begründungsrationalität durch den Begriff der Bewährungsrationalität.

Historismus darf in diesem Falle natürlich nicht mit der Einsicht verwechselt werden, daß auch die Wissenschaft, wie jedes andere Stück menschlicher Arbeit, eine *historische* Seite besitzt, die ihr nicht ‚äußerlich' ist, die also auch die Theorieentwicklung unmittelbar beeinflußt. Historismus im wissenschaftstheoretischen Zusammenhang besagt (noch einmal), daß Geltungsansprüche auf faktische Entwicklungen als Basis ihrer Entscheidbarkeit rekurrieren müssen. Wo diese Vorstellung auch die inhaltliche Fassung methodologischer Maßstäbe sowie die Begründung derartiger Maßstäbe erfaßt, wird die Idee der Begründung, die hier

---

on Eighteenth-Century Chemistry: Some Historical and Methodological Remarks, International Studies in the Philosophy of Science 1 (1986), S. 85—105, hier S. 100 f.

[11] Daß sich auch Vertreter unterschiedlicher Paradigmen auf gewisse Kriterien, z. B. Tatsachenkonformität, Verträglichkeit mit anderen akzeptierten Theorien, Relevanz einer Theorie für die Entdeckung neuartiger Gesetzmäßigkeiten, einigen können, spricht nicht gegen die Formulierung eines derartigen Dilemmas. Zum einen sind im Anwendungsfall Präzisierungen und Gewichtungen derartiger Kriterien erforderlich, zum anderen spielen für eine Theoriebeurteilung meist ganz andere Kriterien eine Rolle, und dann eben auch solche, die die zu beurteilende Theorie selbst spezifiziert. Gemeint sind Kriterien der Art, wie sie oben unter dem Stichwort ‚philosophische Grundlagen' mit den Ebenen (1) und (2) kenntlich gemacht wurden. Als Beispiel (für die Ebene (1)) mag hier der Anspruch dienen, daß jede adäquate Theorie elektrischer und magnetischer Erscheinungen diese letztlich als mechanische Prozesse ausweisen müsse. Vor einem solchen Anspruch besteht natürlich nur eine Äthertheorie, keine Einsteinsche Theorie. Ein anderes Beispiel (für die Ebene (2)) stellt der Anspruch dar, daß alle chemischen Elemente empirisch aufweisbare Substanzen sein müssen (und nicht abstrakte Erklärungsprinzipien für Substanzeigenschaften). Die alte Prinzipienchemie wäre vor einem solchen Anspruch unmöglich. In beiden Fällen ist die Eindeutigkeit von Theorieentscheidungen durch bestreitbare Grundlagenentscheidungen erkauft.

den Gegensatz zur Idee des wissenschaftstheoretischen Historismus bildet, in Analogie zu ‚naturgeschichtlichen' Verhältnissen bzw. methodologisch in eine Bewährungsrationalität aufgelöst. Der Hinweis auf das historische Schicksal menschlicher Arbeit besagt daher in unserem Zusammenhang auch nur, daß auch Wissenschaft kein von historischen Entwicklungen unabhängiges, allein an der Instanz einer praxisfernen ‚Wahrheit' oder dergleichen orientiertes Unternehmen ist. Der Unterschied zwischen Poppers Festhalten an theorieunabhängigen oder transparadigmatischen Maßstäben und dem konstruktivistischen Festhalten an einer auch auf wissenschaftliche Theoriebildungen bezogenen Begründungsrationalität besteht dann im übrigen darin, daß Poppers ‚Begründungen' der gewählten Maßstäbe auf ein ‚Ziel der Wissenschaft'[12], später auf eine problematische Wahrheitstheorie[13], rekurrieren, konstruktivistische Alternativen auf eine pragmatische bzw. operative Lösung des Begründungsproblems.[14]

Die hier skizzierte Entwicklung, die als Logik der Forschung (bei Popper) begonnen hatte und sich als Logik der Wissenschaftsentwicklung (bei Kuhn) an die Stelle von Wissenschaftstheorie im älteren Sinne zu setzen beginnt, ist eine problematische Entwicklung. Eine solche Beurteilung schließt auch die Transformation der Kuhnschen Vorstellungen in eine *modelltheoretische* Konzeption der Theoriebildung, wie sie Sneed[15] und Stegmüller[16] vorgenommen haben, ein. In dieser Konzeption treten wissenschaftstheoretisch reflektierte Strukturen an die Stelle historistisch gedeuteter Entwicklungen, wobei allerdings der Gedanke einer

---

[12] Logik der Forschung, ^{8}1984, S. 22 ff., 48 f. u. ö.

[13] Conjectures and Refutations. The Growth of Scientific Knowledge, London 1963, ^{4}1972, S. 215–250 (Truth, Rationality, and the Growth of Scientific Knowledge).

[14] Vgl. die Darstellung konstruktivistischer Konzeptionen auf dem Hintergrund der modernen wissenschaftstheoretischen Entwicklung in: P. Janich/F. Kambartel/J. Mittelstraß, Wissenschaftstheorie als Wissenschaftskritik, Frankfurt 1974.

[15] J. D. Sneed, The Logical Structure of Mathematical Physics, Dordrecht 1971, ^{2}1979.

[16] W. Stegmüller, Probleme und Resultate der Wissenschaftstheorie und Analytischen Philosophie II/2 (Theorienstrukturen und Theoriendynamik), Berlin/Heidelberg/New York 1973, ^{2}1985.

metaparadigmatischen oder transparadigmatischen wissenschaftlichen Rationalität wieder an Bedeutung gewinnt.[17] In Kuhns Inkommensurabilitätsmodell hatte dieser Gedanke keinen Platz[18], womit sich im übrigen auch der Begriff einer unvernünftigen wissenschaftlichen Praxis, eben weil er meta- oder transparadigmatische Beurteilungsmaßstäbe voraussetzt, nicht mehr bilden läßt. Also scheint, immer zugunsten einer bestehenden Wissenschaftspraxis, alles in bester Ordnung zu sein. Wer will es da Feyerabend verübeln, wenn dieser ein wenig Anarchismus in diese affirmativen Vorstellungen zu bringen sucht. Doch auch das ist nicht die richtige Antwort. Kuhn beschreibt schließlich die herrschende Wissenschaftspraxis alles in allem korrekt, auch wenn bei näherem Hinsehen ‚normale' Wissenschaft weit mehr ‚theorierevisionistische' Elemente und ‚revolutionäre' Wissenschaft weit mehr ‚konservative' Elemente aufweisen, als Kuhns Unterscheidungen dies nahelegen.[19] Was fehlt, ist ein ceterum censeo: *scientiam esse emendandam,* und zwar *methodice* und *practice.*

---

[17] Vgl. W. Stegmüller, Akzidenteller (‚nichtsubstantieller') Theorienwandel und Theorienverdrängung, in: ders., Rationale Rekonstruktion von Wissenschaft und ihrem Wandel. Mit einer autobiographischen Einleitung, Stuttgart 1979, S. 131–176.

[18] In diesem Punkte verhalten sich die Konzeptionen Stegmüllers und Kuhns komplementär zueinander. Stegmüller weist nahezu ausschließlich transparadigmatische Normen aus (nämlich Reduzierbarkeit); Normen, die die Rationalität innerparadigmatischer Entwicklungen sichern könnten, treten nicht auf. Das heißt, nach Stegmüller läßt sich wissenschaftstheoretisch nicht entscheiden, wie man im Falle von zwei alternativen Kernspezialisierungen oder im Falle einer Alternative zwischen Kernspezialisierung und Erweiterung eines Anwendungsbereichs vorgehen soll (Stegmüller unterscheidet zwischen einem sogenannten Strukturkern von Theorien und dessen theoretischen Erweiterungen, wobei die mathematische Struktur im Sinne des sogenannten ‚non-statement-view' durch ein mengentheoretisches Prädikat beschrieben wird). In einer solchen als ‚Fortschrittsverzweigung' bezeichneten Situation „kann weder die Theorie noch die Erfahrung, noch irgendein logisches Räsonieren helfen. Vielmehr muß sich der Wissenschaftler *aufgrund von Werturteilen* entscheiden" (a. a. O., S. 147, vgl. S. 165). In Kuhns Konzeption liegen die Dinge gerade umgekehrt: Innerparadigmatische Entwicklungen sind rational beurteilbar, nämlich mit Hilfe theorieabhängiger Normen, Paradigmenwechsel, deren Beurteilung transparadigmatische Maßstäbe voraussetzte, nicht.

[19] Vgl. S. Toulmin, Does the Distinction between Normal and Revolutionary

Was Kuhn affirmativ beschreibt, bezeichnet man gemeinhin auch mit der Formel ‚Normativität des Faktischen'. Damit ist die Orientierungsfunktion bestimmter Zustände gemeint, die ihr Zustandekommen der Existenz von Gewohnheiten (das sind in Geltung befindliche Handlungsregeln) und Institutionen verdanken. Von Normativität ist hier die Rede, insofern man in den genannten Fällen einen Zusammenhang mit begründeten Beurteilungen, Beurteilungen von Gewohnheiten und Institutionen, unterstellt. Wo dieser Zusammenhang fehlt, etwas, nur weil es so ist, wie es ist, auch so sein soll, wie es ist, liegt in Wahrheit gar keine aufgeklärte Praxis vor, können ‚Fakten' keine Normativität beanspruchen.

Im Folgenden seien drei Elemente herausgegriffen, die in diesem Sinne Fakten ohne Anspruch auf Normativität darstellen *und* von denen die beiden ersten durch Kuhns Theorie der Wissenschaftsentwicklung stabilisiert werden. Diese Elemente, die zugleich Schwierigkeiten mit dem wissenschaftlichen Geist darstellen, nenne ich *Mythen des wissenschaftlichen Geistes*. Dies ist eine Bezeichnung, die auf den ersten Blick Verwirrung anzuzeigen scheint. Wo Mythen sind, so haben wir gelernt, ist der wissenschaftliche Geist noch nicht zu sich selbst gekommen; wo der wissenschaftliche Geist herrscht, bleiben Mythen vor der Tür. Die europäische Rationalität, zumal die wissenschaftliche, hat in diesem Sinne auf ihren langen Wegen durch mehr als zwei Jahrtausende klare Verhältnisse geschaffen. Ihr Haus, so scheint es, ist mythenfrei.

Vielleicht nicht ganz. Tatsache ist, daß der wissenschaftliche Geist, vor allem in seinen modernen Erscheinungsformen, Vorstellungen ausgebildet hat, die zwar von denjenigen, die wir mythisch nennen, eben durch die Herrschaft eines ungewöhnlichen Vertrauens in die Leistungsfähigkeit rationaler Orientierungen wie Feuer und Wasser geschieden sind, die jedoch manch-

---

Science Hold Water?, in: I. Lakatos/A. Musgrave (Eds.), Criticism and the Growth of Knowledge (vgl. Anm. 6), S. 39–47, hier S. 44f. (dt. Ist die Unterscheidung zwischen Normalwissenschaft und revolutionärer Wissenschaft stichhaltig?, a. a. O., S. 39–47, hier S. 44f.); L. Laudan, Progress and Its Problems. Toward a Theory of Scientific Growth, Berkeley/Los Angeles/London 1977, S. 133ff. (mit historischen Beispielen).

mal dazu führen, daß das Subjekt der Wissensbildung, d. i. der rationale Mensch, wie hinter einer übermächtigen, sich selbst organisierenden Macht zu verschwinden beginnt. Die Wissenschaftstheorie auf ihrem geschilderten Weg in den Historismus hat das ihre dazugetan, diese Vorstellung zu verstärken. Wissenschaft erscheint immer häufiger als etwas, das hinter unserem Rücken, auch dem Rücken des Wissenschaftlers, agiert, das nicht uns gehört, sondern dem wir gehören. Diese Vorstellung aber hat viel mit dem gemein, was wir *mythisch* nennen.

3. Mythen des wissenschaftlichen Geistes I: der Mythos der Verständlichkeit

Nach Kuhn weiß die ‚scientific community', wie die Welt beschaffen ist. Was sie im einzelnen (noch) nicht weiß, betreibt sie paradigmenbezogen als das Lösen von Rätseln. Daß wissenschaftliche Probleme die Form von Rätseln haben, heißt, daß sie (mindestens) eine Lösung haben und daß die Wissenschaftler nur der eigene Mangel an Scharfsinn oder intellektuelle Trägheit daran hindern könnten, sie auch wirklich zu lösen. Diese Terminologie, die nach Kuhn das Wesen der normalen Wissenschaft beschreibt[20], ist griffig, unmittelbar verständlich und macht den Wissenschaftler auch für das nicht-wissenschaftliche Bewußtsein zu einem vertrauten Nachbarn. Dabei suggeriert sie aber, daß Forschungsprozesse generell die Struktur von Rätsellösungen haben und sich die Welt, in Rätseln dargeboten, beliebig *verwissenschaftlichen* läßt. Verwissenschaftlichung der Verhältnisse bedeutet wiederum weniger einen Gewinn an *Orientierungswissen* — unter dem Ziel einer Annäherung an das, was man in der Philosophie das vernünftige Leben genannt hat — als vielmehr einen Gewinn an *Verfügungswissen* in Bereichen, über die wir, nach Art technischer Rationalitäten, ohnehin verfügen. Dadurch wird aber, wenn dies nicht klar ist, der Schein gefördert, die Welt und ein vernünftiges Leben stünden uns, mit wissenschaftlicher Gewißheit, vollständig zur Verfügung. Das aber ist ganz einfach eine Illusion. Um diese Illusion abzuarbeiten, bedarf es denn auch nicht der Wissenschaft

[20] The Structure of Scientific Revolutions, S. 35—42 (dt. S. 49—56).

– die sie ja gerade aufbaut! –, sondern des Wiedererwerbs einer Rationalität, die nicht Rätsel löst, die Welt Stück für Stück in theoretischen Koordinaten abhakt, sondern verläßliche und gerechtfertigte Orientierungen – auch für wissenschaftliche Rationalitäten – schafft.

Kuhns Hinweis, daß die Wissenschaftler wissen, wie die Welt ist, gibt faktische Wissenschaftsverständnisse zutreffend wieder. Er fördert aber eben auch das Mißverständnis, daß die Welt etwas ist, das sich dem wissenschaftlichen Bewußtsein nach Art von Rätsellösungsprozessen, im Prinzip vollständig, erschließt.[21] Eine derartige Vorstellung, die Vorstellung von der Ausschöpfbarkeit der Welt durch Wissenschaft, ist im Grunde oberflächlicher noch als Wittgensteins wenigstens von der Logik gedeckter Satz, daß die Welt alles ist, was der Fall ist[22]. Dieser Satz beschränkt sich nicht auf wissenschaftliche ‚Fakten' und unterstellt auch nicht jene universale Verständlichkeit der Welt, die durch das Bild des Wissenschaftlers in der Rolle des Entdeckers bzw. des Rätselfreundes irrtümlich nahegelegt wird. Allerdings geht auch der Wittgenstein des „Tractatus" von der Annahme aus, daß zwischen den ‚Dingen dieser Welt' (ihrem ‚Wesen') und ihren sprachlichen bzw. wissenschaftlichen Repräsentationen ein Isomorphieverhältnis (strukturelle Abbildlichkeit) besteht, etwas, das immerhin auch hier nahelegen könnte, daß die Welt ‚ohne Rest' in sprachliche, damit auch theoretische, Objektivationen auflösbar ist.

Wissenschaftstheoretisch stehen hinter derartigen Vorstellungen die Fragen: Kommen wissenschaftliche Entdeckungen einmal an ein absolutes Ende, ein Ende, an dem alles entdeckt ist, an dem es nichts mehr zu entdecken gibt? Erreichen technische Entwicklungen dereinst einen Punkt, an dem es keine (neuen) Zwecke mehr gibt, denen Entwicklungen folgen könnten, und keine weiteren Realisierungsmöglichkeiten? Diese Fragen diskutiert die Wissenschaftstheorie, meist bezogen auf die Naturwis-

[21] Kuhn selbst fällt diesem Mißverständnis nicht zum Opfer, insofern er keine teleologische Wissenschaftsvorstellung, etwa im Popperschen Sinne einer allmählichen Annäherung an die Wahrheit, vertritt.

[22] L. Wittgenstein, Tractatus logico-philosophicus [1921] 1.

senschaften, in Form zweier Thesen[23]: (1) Die These von der vollständigen oder asymptotischen *Ausschöpfung der Natur*. Nach dieser These wäre die Geschichte der wissenschaftlichen Entdekkungen entweder absolut endlich oder ginge irgendwann einmal in eine asymptotische Annäherung an das, was man überhaupt wissen kann, über. Die Stelle von Innovationen nähmen Ausarbeitungen und Präzisierungen ein. Wissenschaft hätte also irgendwann keine Zukunft mehr, weil alles entdeckt wäre, was es zu entdecken gibt, und alles erklärt wäre, wozu es wissenschaftlicher Erklärung bedarf. Auch die ,Aufräumungsarbeiten', das Rechnen hinter dem Komma, das Einordnen weiterer, nichts wesentlich Neues mehr besagender Fälle, kämen allmählich zum Abschluß. (2) Die These von der vollständigen oder asymptotischen *Ausschöpfung der Informationskapazitäten*. Nach dieser These wären wissenschaftliche Informationsmöglichkeiten entweder wieder absolut endlich oder gingen irgendwann in eine asymptotische Annäherung an absolute Informationsgrenzen über. Auch hier wären es dann im wesentlichen Ausarbeitungen und Präzisierungen, die an die Stelle von Innovationen zu treten hätten. Wissenschaft hätte ihre eigenen Forschungs- und Artikulationsmöglichkeiten ausgeschöpft, zwischen ihr und einer möglicherweise nicht ausgeschöpften Natur stünde eine unüberwindliche ,Informationsbarriere'.

Nun sind die gestellten Fragen, etwa in die Frage ,hat der (wissenschaftliche) Fortschritt noch eine Zukunft?' zusammengezogen, auch in den Grenzen beider Thesen in Wahrheit unbeantwortbar. Das macht schon ein Hinweis auf den Zusammenhang von Forschungsprogrammen und Zwecken deutlich. Wenn Forschung nicht allein durch den jeweils erreichten Forschungsstand (etwa hinsichtlich des Lösens von Rätseln), sondern auch durch (interne und externe) Zwecke bestimmt ist, dann würde die Vorstellung von einem Ende der Wissensbildung, von einem Ende des Fortschritts, nicht nur die Behauptung ,wir wissen alles (was wir wissen können)', sondern auch die Behauptung ,wir

[23] Vgl. N. Rescher, Scientific Progress. A Philosophical Essay on the Economics of Research in Natural Science, Oxford 1978, S. 6 ff. (dt. Wissenschaftlicher Fortschritt. Eine Studie über die Ökonomie der Forschung, Berlin/New York 1982, S. 7 ff.).

kennen alle Zwecke (die wir haben können)' einschließen. Deren Zahl aber ist unbegrenzt.[24] Mit anderen Worten: Um die Frage ‚hat der (wissenschaftliche) Fortschritt noch eine Zukunft?' beantworten zu können, müßten wir in gewisser Weise schon wissen, was wir jetzt nicht wissen — was nur der (wissenschaftliche) Fortschritt oder sein Ausbleiben zeigen können.

Hinzu kommt noch etwas anderes: Die Wissenschaften — jedenfalls diejenigen, von denen die moderne Wissenschaftstheorie meistens spricht, nämlich die Naturwissenschaften in Form von Laborwissenschaften — *stellen* ihre Gegenstände weitgehend selbst *her,* um sie dann, nach oder im Zuge ihrer Herstellung, zu *erforschen.* Das heißt: naturwissenschaftliche ‚Entdeckungen' verdanken sich heute wesentlich den Bedingungen einer technischen (‚experimentellen') Praxis. Zugleich werden derartige Laborwissenschaften, wie im Falle der Physik, in großen Teilen selbst zu ‚Technikwissenschaften'.[25] Nur in Disziplinen wie der Astronomie und der Meteorologie werden im strengen Sinne noch ‚natürliche', auch zu unserer Lebenswelt gehörige Gegenstände, in diesem Falle z. B. Planeten und Kaltluftfronten, erforscht. Auch hier also:

---

[24] Diese Feststellung bedarf natürlich weiterer Präzisierungen. So müßte im Sinne einer Erläuterung der Rede von (internen und externen) Zwecken der Wissenschaft an dieser Stelle etwa zwischen der Vorstellung unbegrenzter *Anwendungen* der Wissenschaft, die mit der Vorstellung einer Ausschöpfbarkeit der Welt durch Wissenschaft durchaus noch verträglich wäre, und der Vorstellung einer Variierbarkeit der *Ziele* der Wissenschaft, die, jedenfalls unter Rationalitätsgesichtspunkten, nicht unbegrenzt sein kann (sonst wäre z. B. auch Alchemie mit dem Ziel einer Psychotherapie des Naturforschers Wissenschaft), unterschieden werden. In dieser Unterscheidung geht (aus den genannten Gründen) die Bedeutung des Begriffs wissenschaftlicher Zweck nicht auf, wenn dieser, wie hier geschehen, mit einer Behauptung über die Abschließbarkeit bzw. Nichtabschließbarkeit des Wissens verbunden wird. Gemeint ist daher auch die Bindung von Zwecken, darunter auch wissenschaftlichen Zwecken, an mögliche rationale oder (im Sinne des Vernunftbegriffs Kants) vernünftige Praxen, die vorab allenfalls ‚formal', nämlich hinsichtlich einer Bestimmung von Rationalität bzw. Vernünftigkeit, niemals aber ‚material', hinsichtlich einer faktischen Organisation von Bedürfnissen und Zwekken, zur Verfügung stehen.

[25] Vgl. P. Janich, Zweck und Methode der Physik aus philosophischer Sicht, Konstanz 1973 (Konstanzer Universitätsreden 65).

Welchen Sinn macht es, sich die Welt als ein Reservoir von Rätseln vorzustellen, damit als etwas, das uns in der Rolle von Rätsellösern prinzipiell vollständig zur Verfügung steht? Was der Fall ist, ist immer auch etwas, was wir *machen,* nicht allein etwas, was wir *entdecken.*

Auch ein wissenschaftstheoretischer Historismus schützt, wie man sieht, nicht vor einem falschen Objektivismus. Das Problem ist, wissenschaftstheoretisch gesehen, wesentlich differenzierter, und es sitzt, anthropologisch betrachtet, wesentlich tiefer. Gemeint ist, jenseits von Methodologie und Wissenschaftstheorie, das Folgende: Wir verlieren uns *und die Welt* in unseren wissenschaftlichen Objektivationen, wenn wir die Idee des Menschen als eines Vernunftwesens ‚technisch' in der Rätselecke unseres wissenschaftlichen Bewußtseins anzusiedeln beginnen. Die Verständlichkeit der Welt in dem hier formulierten Sinne ist ein Mythos, den sich der wissenschaftliche Geist selber schafft, um nicht — in einem weiteren als nur biologischen Sinne — auf die wissenschaftliche Unverständlichkeit des Lebens zu treffen.

4. Mythen des wissenschaftlichen Geistes II: der Mythos der Empirie

Mit dem Mythos der Verständlichkeit der Welt hängt ein anderer Mythos, der *Mythos der Empirie,* aufs engste zusammen. Die Rätsel, die sich dem wissenschaftlichen Geist stellen, sind ja nicht — so will es die geschilderte Ideologie — Rätsel, die sich dieser Geist ‚ausdenkt', an deren Auftreten er zumindest mit seiner ‚Sicht der Dinge' beteiligt ist, sondern Rätsel, die die Welt gewissermaßen selbst, wenn auch im Rahmen ‚paradigmatischer Verhältnisse', offeriert. Damit sind sie per definitionem *empirische* Rätsel, und auch ihre Lösung, in Form einer Feststellung oder Erhebung des Bestehenden, ist in einem weiteren, methodologisch bestimmten Sinne empirisch. Tatsächlich hat sich in der Wissenschaftspraxis die Überzeugung festgesetzt, daß an den Naturwissenschaften alles empirisch sei, daß dies für Elemente der Theorie ebenso gelte wie für Elemente der Forschung, und daß sich Theorien, wenn sie schon ‚die Wirklichkeit' nicht völlig adäquat,

d. h. abschließend, erfassen können, der Wirklichkeit doch empirisch zunehmend nähern.

Als empirisch gilt hier ein Vorgehen, das von der Bereitstellung von *Messungen* über die Aufstellung *theoretischer Ansätze* und die Herleitung von *Folgerungen* aus diesen Ansätzen, die die ursprünglichen Meßdaten wieder ergeben, zu einer *Erklärung* des diesen Daten zugrunde liegenden Vorgangs führt. Ein solches Vorgehen heißt *empirisch,* weil es auf Messungen beruht, und es heißt darüber hinaus *hypothetisch,* weil die hier eingehenden theoretischen Ansätze Annahmen sind, die sich über geeignete Folgerungen wiederum empirisch bewähren sollen. Die Identifikation dieser Methode mit wissenschaftlicher Rationalität hat dann häufig die Disqualifikation einer nunmehr als Rationalismus, Deduktivismus oder Apriorismus verdächtigten Bemühung zur Folge, *nicht-empirische* Bedingungen auch empirischer Wissenschaften zu formulieren.

Diese Disqualifikation, die heute weitgehend Teil des methodologischen Selbstverständnisses empirischer Wissenschaften ist und Ausdruck in einem wissenschaftstheoretischen Empirismus findet, ist voreilig. Sie führt in Form einer Verallgemeinerung auf alle empirischen Wissenschaften, also z. B. auch auf die Sozialwissenschaften, nicht nur häufig dazu, daß das (im übrigen viel billigere) *Nachdenken* durch aufwendige empirische Forschungsprogramme ersetzt wird, sie übersieht auch, daß sich auch empirische Wissenschaften nicht auf ein unzweideutiges Erfahrungswissen zu stützen vermögen: „Was ist nicht alles gemessen worden. Die geozentrischen Astronomen maßen das Verhältnis von Epizykel- und Deferentenradius, G. E. Stahl bestimmte empirisch den Phlogistonanteil im Schwefel, J. B. Richter den Anteil des Sauerstoffs in der Salzsäure. Es ist wichtig zu sehen, daß es sich bei diesen Tatsachen nicht einfach um Kuriositäten oder um schlichte experimentelle Irrtümer handelt. Vielmehr sind sie Ergebnis der systematischen Anwendung von in ihrer Zeit wohlbewährten Theorien.“[26]

---

[26] M. Carrier, Empirische Wissenschaft und methodologische Normen, in: J. Klein/H. D. Erlinger (Eds.), Wahrheit, Richtigkeit und Exaktheit, Essen 1986 (Siegener Studien 40), S. 45.

Die ‚Unzuverlässigkeit' des Erfahrungswissens betrifft dabei sowohl genetische als auch Geltungsfragen. So lassen sich Theorien weder direkt der Erfahrung entnehmen, wie sich z. B. im Blick auf die Astronomiegeschichte belegen ließe, noch sind sie durch Rekurs auf Erfahrung eindeutig beurteilbar – sowohl im starken Sinne einer Sicherung der ‚Wahrheit' einer Theorie durch Nachweis ihrer Übereinstimmung mit der Erfahrung als auch im schwachen Sinne bewiesener Falschheit bei mangelnder Übereinstimmung mit der Erfahrung. Dagegen stehen schon die griechischen Einsichten, daß miteinander unverträgliche Theorien empirischen Sachverhalten in gleicher Weise entsprechen können bzw. Duhems[27] Einsicht, daß nicht einzelne wissenschaftliche Sätze, sondern nur ganze wissenschaftliche Theorien durch Rekurs auf Erfahrung widerlegt werden können.[28]

Mit der Festlegung wissenschaftlicher Rationalität auf das Diktum der Empirie stimmt also etwas nicht. Dies ließe sich auch im Detail unter Rekurs auf moderne wissenschaftstheoretische Analysen nachweisen – z. B. durch die Analyse der (holistischen) Duhem-Quine-These und deren Ergänzung bei Stegmüller um die beiden Thesen, daß sich (1) zwischen den empirischen Behauptungen einer Theorie, ihrem empirischen Gehalt, und empirischen Daten, die sie stützen, nicht unterscheiden läßt, und daß (2) auch die theoretischen Terme einer Theorie vom Gehalt der Theorie abhängig sind.[29] Statt diesen Nachweis zu führen, hier nun umgekehrt ein direkter *erkenntnistheoretischer* Hinweis auf die Existenz nicht-empirischer Bedingungen wissenschaftlicher Empirie.[30]

Jede wissenschaftliche Theorie und Empirie macht, zumal in ihrem methodischen Aufbau, von Unterscheidungen Gebrauch. Unterscheidungen und die Fähigkeit, Unterscheidungen zu tref-

---

[27] P. Duhem, La théorie physique, son objet et sa structure, Paris 1906, ^{2}1914 (dt. Ziel und Struktur der physikalischen Theorien, Leipzig 1908, Neudruck, ed. L. Schäfer, Hamburg 1978).

[28] Vgl. M. Carrier, a. a. O., S. 42 ff.

[29] W. Stegmüller, Probleme und Resultate der Wissenschaftstheorie und Analytischen Philosophie II/2 (vgl. Anm. 16), S. 266 ff.

[30] Näher ausgeführt in: J. Mittelstraß, Die Möglichkeit von Wissenschaft, Frankfurt 1974, S. 69 ff.

fen, konstituieren dabei bereits eine vor-theoretische, nämlich lebensweltliche Praxis, die ihrerseits durch ineinandergreifende Lehr- und Lernsituationen charakterisierbar ist. In diesen Situationen werden einfache Sprechhandlungen wie das Unterscheiden *pragmatisch* in gleicher Weise beherrscht und kontrolliert wie z. B. auch sprachfreie Orientierungshandlungen, etwa das räumliche Sehen. Die *Normierung* einer faktischen Unterscheidungspraxis beliebiger Komplexität durch eine methodisch ins Werk gesetzte Einführungspraxis (Redeeinführungspraxis) führt zu einer *Rekonstruktion* des mit dieser Praxis gegebenen Unterscheidungswissens. Diese Rekonstruktion schließt auch elementare Begründungshandlungen wie die argumentative Sicherung von Elementaraussagen ein, durch die bereits erste einfache Geltungsfragen beantwortet werden. Umgekehrt setzt jedes theoretische Wissen eben diese elementare Praxis des Unterscheidens, Unterscheidungen-Verwendens und des Argumentierens für oder gegen unterscheidungsabhängige Behauptungen schon voraus. Es gibt eben keinen Anfang einer begründenden Rede, der sich außerhalb von Unterscheidungen stellen könnte, auch keinen wissenschaftlichen Anfang.

Das heißt: auch wissenschaftliche (theoretische) Zusammenhänge basieren auf einem elementaren Unterscheidungs- und Orientierungswissen, methodisch formuliert: auf dem mit der elementaren Prädikation bzw. den dieser zugeordneten Elementaraussagen und ihren logischen Verknüpfungen gegebenen Wissen. Da das theoretische Wissen die elementare Prädikation weder zu erklären noch zu begründen vermag, ohne selbst schon von ihr Gebrauch zu machen, und da es ferner keine, auch keine apriorische Begründung einer Theorie geben kann, in die nicht selbst schon jene vor-theoretische Unterscheidungs- und Orientierungspraxis als ein apriorischer Bestandteil Eingang gefunden hätte, stellt die elementare Prädikation, erkenntnistheoretisch formuliert, ein Apriori jeglicher Erkenntnis und jeglichen Wissens dar. Ich nenne dieses Apriori das *Unterscheidungsapriori*.

Bezeichnet man das mit der elementaren Prädikation bzw. den dieser zugeordneten Elementaraussagen gegebene Wissen als *Erfahrung* im elementaren (man könnte auch sagen: Aristotelischen) Sinne, so ist diese Erfahrung, wie man sieht, nicht Gegensatz, sondern Bestandteil des Unterscheidungsapriori. Die meisten

Schwierigkeiten, die sich mit dem Begriff des apriorischen Wissens verbinden, sind dadurch entstanden, daß zwischen diesem Begriff einer *vor-theoretischen Erfahrung* und dem Begriff einer *apparativ vermittelten Erfahrung,* der wissenschaftlichen Empirie im engeren Sinne, nicht unterschieden wurde, ein elementares Unterscheidungs- und Orientierungswissen lediglich als noch unzuverlässige empirische Vorstufe wissenschaftlicher Empirie (miß-)verstanden wurde. Nur so konnte z. B. der Eindruck entstehen, eine apriorische Begründung empirischer Theorien ginge, wenn sie überhaupt möglich sein sollte, stets auf Kosten des empirischen Gehalts dieser Theorien.

Allerdings genügt die Feststellung eines Unterscheidungsapriori allein nicht, um den Aufbau insbesondere empirischer Theorien methodisch zu erfassen. Empirische Theorien wie etwa die Theorien der Physik bestehen ja nicht nur aus sprachlichen Normen. Zu ihren Voraussetzungen gehört auch ein besonderes *Herstellungswissen.* Dieses Herstellungswissen, von dem empirische Theorien in ihrem apparativen bzw. experimentellen Aufbau Gebrauch machen, ist nicht argumentativ gewonnen. Mit einem argumentativ über einer elementaren Unterscheidungs- und Orientierungspraxis gewonnenen Wissen teilt es aber die Eigenschaft, nicht selbst schon theoretisches Wissen zu sein. Es handelt sich hier um ein Wissen, das sich in elementaren Handlungszusammenhängen, z. B. bei der Herstellung und Verwendung einfacher Werkzeuge, noch vor jeder theoretischen Beherrschung solcher Zusammenhänge (in einer technischen Praxis) bildet. Das gleiche gilt selbst hinsichtlich des für eine technische Praxis zentralen Kausalwissens. Denn nur derjenige, der in konkreten Handlungszusammenhängen gelernt hat, Folgen von Handlungen und handlungsunabhängigen Geschehnissen orientierungsmäßig in Rechnung zu stellen, kann wissen, was ein ‚kausaler Zusammenhang' ist.

Das in Form von empirischen Theorien gegebene empirische Wissen ist also seinem methodischen Aufbau nach nicht nur an ein vor-theoretisches Unterscheidungs- und Orientierungswissen, sondern auch an ein vor-theoretisches Herstellungswissen, in diesem Falle die handwerklich gelingende Praxis der Geräteherstellung, gebunden. Neben das Unterscheidungsapriori tritt ein *Herstellungsapriori* als weiterer Teil eines vor-theoretischen oder lebensweltlichen Apriori. Es läßt sich z. B. im Falle der Physik auf dem Wege einer Theorie der Längen-, Zeit- und Massenmessung, für die der gleiche Fundierungszusammenhang mit einer elementaren Unterscheidungs- und Herstellungspraxis in Anspruch genommen wird, zu einem *meßtheoretischen Apriori* ausarbeiten. Analoges gilt für die Theoriebildung in den (empirischen) Sozialwissenschaften, muß hier allerdings noch als reines wissenschaftstheoretisches Programm gelten. Ein meßtheoretisches Apriori, das sich auf einer um ein elementares Handlungswissen ergänzten Basis eines vor-theoretischen apriorischen Wissens aufzubauen hätte, beträfe hier insbesondere eine Theorie der nicht-empirischen Bedingungen der *Erklärung,* die sich auf eine prototheoretische Fundierung vor allem statistischer Methoden wie der Bestimmung von Abhängigkeiten, Auswahlverfahren und der unterstellenden Einführung von Zufallsmechanismen zu beziehen hätte.

Soweit die Skizze einer erkenntnistheoretischen Ergänzung wissenschaftstheoretischer Unterscheidungen im Problemfeld Empirie. Sie zeigt, wenn auch in klarheitsdienlicher Vereinfachung, daß empirische Theorien methodisch auf einem *gestuften Apriori* aufruhen, das aus einem vor-theoretischen (,lebensweltlichen') und einem meßtheoretischen Teil besteht, und das sich hinsichtlich seiner Herkunft aus einem vor-theoretischen Wissen und Können auch als ein *relatives Apriori* bezeichnen ließe.[31] Das aber bedeutet: Die Maßstäbe für die die Objektivität einer messenden (empirischen) Theorie sichernden Meßverfahren sind selbst nicht-empirischer Art — der von der herrschenden Wissenschaftstheorie wirkungsvoll verkündete Gegensatz zwischen

---

[31] Zur wissenschaftstheoretischen Konzeption eines gestuften Apriori vgl. auch F. Kambartel, Wie abhängig ist die Physik von Erfahrung und Geschichte? Zur methodischen Ordnung apriorischer und empirischer Elemente in der Naturwissenschaft, in: K. Hübner/A. Menne (Eds.), Natur und Geschichte (X. Deutscher Kongreß für Philosophie, Kiel 8.—12. Oktober 1972), Hamburg 1973, S. 154—169, und (auch hier ausgehend von einer Kritik historistischer Tendenzen in der modernen Wissenschaftstheorie) J. Mittelstraß, Historische Analyse und konstruktive Begründung, in: K. Lorenz (Ed.), Konstruktionen versus Positionen. Beiträge zur Diskussion um die Konstruktive Wissenschaftstheorie, I—II, Berlin/New York 1978, II, S. 256—277.

empirischen und nicht-empirischen Idealen der Natur- und Gesellschaftsforschung ist ein Scheingegensatz bzw. ein weiterer Mythos des wissenschaftlichen Geistes. Das wiederum sollte endlich zu einer Korrektur der Überzeugung führen, daß uns die ‚Wirklichkeit' gewissermaßen selbst, indem sie sich als ein Ensemble von Rätseln präsentiert, an die Einlösung des alten wissenschaftlichen Versprechens reiner Objektivität heranführt. Die Einsicht in den Scheingegensatz empirischer und nicht-empirischer Ideale in der Wissenschaft könnte uns ferner davor bewahren, daß passiert, was schon Hegel kommen sah: „Die empirische Erscheinung wächst dem Denken über den Kopf, der nur noch allenthalben das Zeichen der Besitznahme aufdrückt, aber sie nicht mehr selbst durchdringen kann."[32]

5. Mythen des wissenschaftlichen Geistes III: der Mythos des Apriorismus

Der hier erkenntnistheoretisch motivierte Versuch, gegen den Mythos der Empirie nicht-empirische Bedingungen auch empirischer Wissenschaften aufzuweisen, verbindet sich philosophie- und wissenschaftshistorisch selbst mit einem weiteren Mythos, nämlich dem von Apriorisierungsprogrammen. Mit diesen ist der Versuch bezeichnet, den Geltungsanspruch auch empirischer Theorien derart mit nicht-empirischen Theorieteilen (meist Prinzipien- und Definitionsteilen) zu verbinden, daß sich deren ‚Wahrheit' auch auf die empirischen Teile überträgt. In diesem Sinne wurden etwa die ‚geometrische' Physik Platons (im „Timaios"), die Newtonsche Mechanik (ohne das Gravitationsgesetz) und Kants Konzeption einer reinen Naturwissenschaft (einschließlich des Gravitationsgesetzes) von ihren Begründern mit einem apriorischen Geltungsanspruch versehen. Dahinter stand dann wiederum die Vorstellung, empirische Theorien in gleicher Weise auf der Empirie entzogene Fundamente zu gründen wie nicht-empirische Theorien, als deren Paradigma Geometrie und Arithmetik,

[32] G. W. F. Hegel, Vorlesungen über die Geschichte der Philosophie, in: G. W. F. Hegel, Sämtliche Werke (Jubiläumsausgabe), I–XXVI, ed. H. Glockner, Stuttgart 1927–1939, XVIII, S. 368.

in der Antike z. B. aber auch Astronomie, Statik und Optik, nämlich als erweiterte geometrische Theorien verstanden, galten. Die Argumentation ist in allen diesen Fällen weniger erkenntnistheoretisch als methodologisch, und im übrigen auch erst in der Neuzeit, wenn man die Begriffsgeschichte von a priori betrachtet, an der Unterscheidung zwischen empirisch und nicht-empirisch orientiert. Dazu, einleitend zur Beurteilung von Apriorismusprogrammen, einige kurze historische Bemerkungen[33].

Das Begriffspaar a priori – a posteriori, wie es sich seit dem 12. Jahrhundert, im 14. Jahrhundert etwa bei Albert von Sachsen, herausbildet, steht eindeutig in einem *beweis-* oder *begründungstheoretischen* Zusammenhang. A priori-Argumente sind solche, die von den Ursachen (oder Gründen) zu den Wirkungen (oder Folgen) fortschreiten, a posteriori-Argumente solche, die von den Wirkungen (oder Folgen) auf die Ursachen (oder Gründe) schließen. Im einen Falle handelt es sich um eine demonstratio a priori, im anderen Falle um eine demonstratio a posteriori. Eine Festlegung der demonstratio a posteriori auf empirische Zusammenhänge erfolgt nicht. Hingegen wird die Unterscheidung zwischen einer demonstratio a priori und einer demonstratio a posteriori bei Thomas von Aquin ausdrücklich mit der (Aristotelischen) Unterscheidung zwischen einer demonstratio propter quid (dem Beweis, warum etwas so ist, wie es ist) und einer demonstratio quia (dem Beweis, daß etwas so ist, wie es ist) verbunden[34], wobei Albert von Sachsen die zugehörigen Beweis- oder Begründungsverfahren gleichsetzt.[35] Insofern ist es aber auch angebracht, im Hinblick auf den hier verwendeten Apriori-Begriff von einem *beweis-* oder *begründungstheoretischen Apriori* zu sprechen.

---

[33] Näher ausgeführt in: J. Mittelstraß, Changing Concepts of the *a priori,* in: R. E. Butts/J. Hintikka (Eds.), Historical and Philosophical Dimensions of Logic, Methodology and Philosophy of Science (Part Four of the Proceedings of the Fifth International Congress of Logic, Methodology and Philosophy of Science, London, Ontario, Canada – 1975), Dordrecht/Boston (The University of Western Ontario Series in Philosophy of Science 12), S. 113–128.

[34] S. th. I qu. 2 art. 2c.

[35] Quaestiones subtilissimae Alberti de Saxonia super libros posteriorum (Venedig 1497), Beleg in: C. Prantl, Geschichte der Logik, I–IV, Leipzig 1855–1870, IV, S. 78.

Erst in der Verbindung mit Erörterungen über eine Methodologie empirischer Wissenschaften, die im Paduaner Aristotelismus beginnt, sich bei Galilei (im Zusammenhang mit den methodologischen Begriffen der resolutio und compositio) fortsetzt und bei Newton in eine empiristische Methodologie von Ursache und Wirkung führt (als resolutio oder analytische Methode tritt die Angabe von Ursachen für beobachtete Wirkungen auf, als compositio oder synthetische Methode der Schluß von beobachteten Ursachen auf Wirkungen), verschiebt sich dieses Apriori hin zu einem *grundlagentheoretischen Apriori.* Terminologisch wird diese Verschiebung in Leibnizens Bestimmung eines Beweises a priori (probatio a priori) als ‚independens ab experimento'[36] und in Kants Identifikation von ‚a posteriori' mit ‚empirisch' greifbar[37].

Läßt man an dieser Stelle Kants Begriffsbildung eines synthetischen Apriori einmal außer Betracht (die in Kants Konzeption der Unvollständigkeit einer Unterscheidung zwischen ‚analytisch' und ‚empirisch' Rechnung trägt), so ist bei Kant aposteriorisches Wissen zu einem empirischen Wissen geworden, zudem noch zu einem solchen, das sich im Gegensatz zur Erfahrung im vortheoretischen, lebensweltlichen Sinne auf *Meßvorgänge* stützt. Empirische Geltung von Sätzen, so Kant, rekurriert auf eine Meßpraxis (vor allem Längen-, Zeit- und Massenmessungen), apriorische Geltung von Sätzen auf den Nachweis ihrer Unabhängigkeit von einer derartigen Meßpraxis. Hinzu kommt, daß auch die Meßpraxis selbst und die sie leitenden Orientierungen (z. B. in Form des Kausalitätsprinzips) von apriorischen Elementen — und hierhin gehört eben der Begriff des synthetischen Apriori — bestimmt werden.

Damit läßt sich die Transformation eines beweis- oder begründungstheoretischen Apriori (1), wonach eine Aussage a priori gilt (bzw. a priori wahr ist), wenn ihre Begründung ohne Rekurs auf Folgerungen erfolgen kann, die man mit ihrer Hilfe zieht, bzw. wenn sie durch solche Folgerungen auch nicht widerlegbar ist, in ein *grundlagentheoretisches* Apriori (2) wie folgt formulieren: Ein Wissen W_1 gilt a priori (bzw. ist a priori wahr) relativ zu einem

---

[36] Primae veritates, in: Opuscules et fragments inédits de Leibniz, ed. L. Couturat, Paris 1903, S. 518.

[37] Vgl. Kritik der reinen Vernunft B 2.

Wissen W_2, wenn W_2 ein auf eine Meßpraxis rekurrierendes Wissen ist und W_1 konstitutiv für W_2 ist. Es ist diese Bestimmung von ‚a priori', die seither die wissenschaftstheoretischen Kontroversen über den Apriorismus bestimmt.[38]

Je nachdem, ob man dabei historisch gesehen mehr auf empiristischer oder mehr auf rationalistischer Seite argumentiert, erscheinen aprioristische Konzeptionen entweder im unvorteilhaften Licht einer Immunisierungsstrategie oder im milden Licht einer festgehaltenen Kantischen Einsicht in die Unvollständigkeit der Unterscheidung zwischen ‚analytisch' und ‚empirisch' und in die (transzendentalen) Konstitutionsleistungen des (wissenschaftlichen) Verstandes. Da dabei in der Regel allerdings (auf beiden Seiten) wenig differenziert argumentiert wird — Apriorisierung folgt häufig nur den Erfolgen einer Theorie, Aposteriorisierung ihren Mißerfolgen —, ist seit Kant und Newton die Apriorisierungstendenz rückläufig. Wo gleichwohl an ihr noch festgehalten wird, ist es mehr und mehr die Philosophie, die das in den Augen der Wissenschaften, speziell der Naturwissenschaften, schon Überwundene zu bewahren sucht. Der Neukantianismus, Poincaré und Dingler sind Beispiele dafür.

Ist es also die Wissenschaftsentwicklung selbst, und mit ihr die Wissenschaftstheorieentwicklung, die den Apriorismus zum Mythos macht? Die Antwort lautet Nein. Gegen eine derartige Auffassung stehen z. B. nach wie vor unbewältigte Grundlagenprobleme empirischer Wissenschaften, von denen z. B. die bereits

[38] Zu diesen Definitionen aus der Perspektive Kants vgl. J. Mittelstraß, Über ‚transzendental', in: E. Schaper/W. Vossenkuhl (Eds.), Bedingungen der Möglichkeit. ‚Transcendental Arguments' und transzendentales Denken, Stuttgart 1984 (Deutscher Idealismus IX), S. 158—182, hier S. 166 ff. In beiden Definitionen tritt, logisch gesehen, ‚a priori' als ein zweistelliger Relator zwischen Aussagen auf; in Definition (2) ist eine dieser Aussagen bzw. das als W_2 bezeichnete Aussagensystem als empirisch im Kantischen Sinne charakterisiert. Auf das Auftreten der Unterscheidung zwischen einer beweistheoretischen und einer grundlagentheoretischen Bedeutung von ‚a priori' schon bei J. H. Lambert, macht G. Wolters aufmerksam (Basis und Deduktion. Studien zur Entstehung und Bedeutung der Theorie der axiomatischen Methode bei J. H. Lambert (1728—1777), Berlin/New York 1980, S. 77 ff.).

erwähnte Holismusdebatte[39] seit Duhem, quer zu den klassischen Positionen von Empirismus und Rationalismus stehend, zeugt, und konstruktivistische Ausarbeitungen des synthetischen Apriori Kants. Zu diesen Ausarbeitungen gehört z. B. die Unterscheidung zwischen *formal-synthetischen* Sätzen, d. h. Sätzen, deren Wahrheit sich durch Rekurs auf logisch-definitorische Bestimmungen und pragmatisch gerechtfertigte symbolische Konstruktionen sichern läßt, und *material-synthetischen* Sätzen, die zusätzlich den Rekurs auf ideale Handlungsnormen (‚ideative Regeln'), z. B. für die Euklidische Ebene, vorsehen. Formal-synthetische Sätze in diesem Sinne charakterisieren die Arithmetik, material-synthetische Sätze die Geometrie bzw. eine mit ihren Mitteln aufgebaute protophysikalische Theorie (als Theorie der Meßgrößen bzw. der Meßgeräte).[40]

Was aber ist dann, wenn nicht diese Ausarbeitungen für sich schon als mythisch gelten sollen, das Mythische am Apriorismus? Es ist die Verbindung des Begriffs des Apriorischen mit dem Begriff der *Gewißheit*. Diese Verbindung ist so alt wie der neuzeitliche Apriorismus selbst. Ihr Begründer ist Descartes mit einer dualistischen Metaphysik, die auch die empirischen Wissenschaften fundieren soll, und einer unglücklichen (terminologisch klassischen) Identifikation des Begriffs des apriorischen Wissens mit dem Begriff der angeborenen Ideen und Wahrheiten, d. h. einer erfahrungsfreien Anschauungsquelle. Dabei geht es im Grunde auch bei Descartes nur um ein besonderes begriffliches Vermögen des Verstandes, nämlich eine in klarer und distinkter Anschauung vollzogene Bildung von ‚Ideen', die zur Basis nicht-empirischer Wissensformen gehören. In eben dieser Form verteidigt denn auch Leibniz Descartes gegen Locke, der seinerseits das (empiri-

---

[39] Holismus bedeutet wissenschaftstheoretisch das Programm einer ganzheitlichen Interpretation von Theorien, in deren Rahmen die Bedeutung der (theoretischen) Begriffe einer Theorie auf die Theorie insgesamt sowie auf die Bedingungen ihrer empirischen Bewährung bezogen bleibt. Zur Unterscheidung zwischen einem strengen und einem gemäßigten Holismus vgl. W. Stegmüller, Probleme und Resultate der Wissenschaftstheorie und Analytischen Philosophie II/2, S. 12–17, 266–278.

[40] Vgl. P. Lorenzen, Normative Logic and Ethics, Mannheim/Wien/Zürich ^{2}1984, S. 50 ff.; P. Lorenzen/O. Schwemmer, a. a. O., S. 188 ff., 210 ff.

stische) Kind mit dem (rationalistischen) Bade ausschüttet: Auf rein empirischer Grundlage, d. h. bei Annahme einer begriffsfreien Basis des Wissens, erweist sich eine Erkenntnistheorie, hier befaßt mit den Grundlagen von Theoriebildungen, methodisch als unzureichend – und eben das ist, systematisch gesehen, Descartes' Ausgangsbehauptung.

Trotzdem ist es Descartes mit seiner Gewißheitsideologie, der den neuzeitlichen Apriorismus nicht nur begründet, sondern auch nachhaltig denunziert. Im Zuge dieser Gewißheitsideologie werden fundamentale Theorieteile mit dem Schein des Unveränderlichen, Unwandelbaren versehen; der auf nicht-empirische Bedingungen auch des empirischen Wissens gerichtete Apriorismus verliert sich im Nebel philosophischer Spekulationen. Dabei beruht das ganze, und damit ein Mythos des Apriorismus, auf einem schlichten Kategorienfehler. Das hat schon Wittgenstein gesehen: „‚Wissen' und ‚Sicherheit' gehören zu verschiedenen Kategorien."[41] Gemeint ist das Folgende: Die Rede von Wissen und Gewißheit (bzw. Sicherheit) bringt zwei Ebenen, eine *epistemische* und eine *voluntaristische,* durcheinander. ‚Wissen' bezeichnet, auf das wissenschaftliche Wissen bezogen, einen ‚objektiven' Tatbestand, hinsichtlich dessen Geltungsansprüche als begründet angesehen werden, ‚Gewißheit' einen ‚subjektiven' Tatbestand, der nicht notwendig mit ‚objektiven' Tatbeständen verbunden ist. ‚Ich bin mir meiner Sache gewiß' impliziert in diesem Sinne nicht Objektivität, sondern Entschlossenheit. Umgekehrt ist Gewißheit etwas, das dem Wissen weder etwas hinzufügt noch es näher bestimmt. Wenn seit Descartes gleichwohl Gewißheit als das eigentliche Paradigma untrüglichen Wissens erscheint, dann unter anderem deswegen, weil Gewißheit Gegensatz von Zweifel ist, und in der Cartesischen Argumentation der Weg zum Wissen über den (methodischen) Zweifel führt. Unbezweifelbarkeit ist hier das eigentliche Kriterium ‚objektiven' Wissens, und dieses daher Gewißheit.

Es ist diese Verwechslung zweier Ebenen, die den Mythos des Apriorismus schafft und sich in neuerer Zeit etwa bei Dingler wiederfindet. Dingler verbindet sein Programm einer ‚Vollbe-

---

[41] L. Wittgenstein, Über Gewißheit/On Certainty, ed. G. E. M. Anscombe/G. H. v. Wright, Oxford 1969, S. 39 (Nr. 308).

gründung' wissenschaftlichen Wissens[42] mit den Ideen einer ‚absoluten Gewißheit' und einer ‚absoluten Sicherheit'[43] und sucht dieser Verbindung mit einer Philosophie des freien Willens zur Hilfe zu kommen. Noch einmal verschränken sich epistemische und voluntaristische Gesichtspunkte. Dinglers wissenschaftstheoretisches Credo lautet: „Was wir brauchen ist Gewißheit."[44] Dies aber ist, wissenschaftstheoretisch und erkenntnistheoretisch betrachtet, ein Irrtum. Ein Irrtum, der die ursprüngliche Vorstellung nicht-empirischer Elemente in philosophischen und wissenschaftlichen Konstitutionszusammenhängen, wie wir sie etwa bei Kant antreffen, nun auch in neuerer Zeit nachhaltig denunziert und z. B. dazu geführt hat, daß auch der (wissenschaftstheoretische) Konstruktivismus in den Augen seiner Kritiker in den Verdacht eines abwegigen, hier vor allem in den Begriff der Letztbegründung gefaßten Apriorismus gerät. Eine (vermeintliche) Suche nach ‚absolut sicheren Fundamenten' und ‚absoluter Sicherheit'[45] bringt nicht nur den Konstruktivismus, sondern darüber hinaus jede Form von Apriorismus in Mißkredit.

Gegen dieses sich am Cartesischen und Dinglerschen Irrtum orientierende Mißverständnis und damit gegen den daraus ent-

---

[42] Vgl. H. Dingler, Aufbau der exakten Fundamentalwissenschaft, ed. P. Lorenzen, München 1964, S. 28f. Das Verfahren einer ‚vollbegründeten Wissenschaft' wird von ihm wie folgt beschrieben: „Sei [. . .] A eine Allgemeinaussage und B ihre Begründung. Dann verlangt die Forderung der *Voll*begründung, daß auch B eine Begründung besitze. Diese sei C. Da von C das gleiche gilt, so gelangen wir zu einem unendlichen Regreß, der aussagt, daß der Forderung der Vollbegründung für A nur dann Genüge getan werden kann, wenn die Reihe der A, B, C, D . . . schließlich auf ein Glied X stößt, das so beschaffen ist, daß es selbst keiner Begründung bedarf, sich sozusagen in seiner Begründung selbst genug ist" (a. a. O., S. 29).

[43] Vgl. Grundriß der methodischen Philosophie. Die Lösungen der philosophischen Hauptprobleme, Füssen 1949, S. 7ff.

[44] Die Ergreifung des Wirklichen. Kapitel I–IV. Mit einer Einleitung von Kuno Lorenz und Jürgen Mittelstraß, Frankfurt 1969, S. 67.

[45] W. Stegmüller, Probleme und Resultate der Wissenschaftstheorie und Analytischen Philosophie IV/1 (Personelle und Statistische Wahrscheinlichkeit. Personelle Wahrscheinlichkeit und Rationale Entscheidung), Berlin/Heidelberg/New York 1973, S. 25; vgl. ders., Rationale Rekonstruktion von Wissenschaft und ihrem Wandel (vgl. Anm. 17), S. 10.

stehenden vermeintlichen Zwang, sich zwischen zwei Mythen, dem der Empirie und dem des Apriorismus, entscheiden zu müssen, sind einige Unterscheidungen angebracht, die nicht nur den genannten Kategorienfehler, sondern auch die Rede von Fundament und Fundierung in wissenschaftstheoretischen Zusammenhängen betreffen.[46] Im Konstruktivismus, der, wenn überhaupt, einen Apriorismus nur in Form eines *pragmatischen* Apriorismus vertritt, sind es jedenfalls nicht *Sätze,* damit selbst theoretische Theorieteile, sondern *normierte Handlungen,* die im Sinne einer *operativen* Lösung des Anfangsproblems eine fundierende Rolle spielen. Dabei handelt es sich, nunmehr auch unter *erkenntnistheoretischen* Gesichtspunkten, wie sie zuvor in Form eines Unterscheidungsapriori und eines Herstellungsapriori hervorgehoben wurden, genauer um pragmatische Rekonstruktionen, die gerade diejenigen Elemente eines begrifflichen bzw. theoretischen Zusammenhangs erfassen, die selbst *nicht begrifflich, nicht theoretisch,* aber gleichwohl *konstitutiv* für den rekonstruierten Zusammenhang sind. Beispiele wären etwa die ‚schematisierten' Handlungen oder anschaulichen Konstruktionen in mathematischen Zusammenhängen.

Gegen einen auch hier wieder geltend gemachten *Certismusverdacht*[47], der, wenn er zuträfe, einen Mythos des Apriorismus beträfe, betont der Konstruktivismus, daß sich weder für eine Exklusivität faktischer Anfänge noch für eine Exklusivität fakti-

---

[46] Dazu sowie zur Auseinandersetzung um den Begriff der Letztbegründung J. Mittelstraß, Gibt es eine Letztbegründung?, in: P. Janich (Ed.), Methodische Philosophie. Beiträge zum Begründungsproblem der exakten Wissenschaften in Auseinandersetzung mit Hugo Dingler, Mannheim/Wien/Zürich 1984, S. 12–35.

[47] Im Sinne einer (der Behauptung nach vollständigen) methodologischen Alternative zwischen Fallibilismus und Certismus bzw. Fundamentalismus. Vgl. H. F. Spinner, Begründung, Kritik und Rationalität. Zur philosophischen Grundlagenproblematik des Rechtfertigungsmodells der Erkenntnis und der kritizistischen Alternative I (Die Entstehung des Erkenntnisproblems im griechischen Denken und seine klassische Rechtfertigungslösung aus dem Geiste des Rechts), Braunschweig 1977. Dazu P. Schroeder, Certismus, in: J. Mittelstraß (Ed.), Enzyklopädie Philosophie und Wissenschaftstheorie I, Mannheim/Wien/Zürich 1980, S. 385f.

scher Wege argumentieren läßt.[48] Gemeint ist, daß auch in dem als Apriorismus oder Certismus verdächtigten konstruktivistischen Ansatz *Anfänge* einer Theorie prinzipiell revidierbar im Sinne alternativer Anfänge sind, und der *Aufbau* einer Theorie prinzipiell revidierbar im Sinne eines alternativen Aufbaus ist. Maßgebend sind allein die den Konstruktivismus im eigentlichen Sinne charakterisierenden Bedingungen, daß (1) die Anfänge pragmatische (operative) Anfänge sein müssen — andernfalls unterlägen sie dem von Albert formulierten Münchhausen-Trilemma[49] —, und daß (2) der Aufbau ohne Lücken und Zirkel sein muß — andernfalls verstieße er gegen ein *Prinzip der methodischen Ordnung,* das eigentlich ein für alle wissenschaftstheoretischen Positionen akzeptables Prinzip sein sollte. Das bedeutet z. B., daß man Theorien der physikalischen Raum-Zeit nicht zwangsläufig auf den im *Euklidischen* Sinne starren Körper gründen muß; es bedeutet auch, daß solche Theorien nicht zwangsläufig auf *irgendeinem* Begriff des starren Körpers beruhen müssen. Auch alternative Weisen und Anfänge des Aufbaus (z. B. der Rekurs auf Bahnen freier Teilchen und Lichtstrahlen) sind zulässig, solange unter einer Rekonstruktionsperspektive den Bedingungen (1) und (2) Genüge getan wird.

Daraus folgt unter anderem, daß man die Rede von Begründungen bzw. begründeten Theorien und die Rede von Letztbegründungen bzw. letztbegründeten Theorien (mit oder ohne Gewißheits- und Sicherheitsideologie) methodisch auseinanderhalten muß. Den Konstruktivismus charakterisiert in diesem Sinne ein Begründungspostulat, aber kein Letztbegründungspostulat — das einen unkritischen Apriorismus oder Certismus charakterisiert. Das aber würde bedeuten, daß mit dem Konstruktivismus eine wissenschaftstheoretische (und erkenntnistheoretische) Konzep-

---

[48] Näher ausgeführt in meinen in Anm. 4 (Forschung, Begründung, Rekonstruktion, a. a. O., S. 130 ff.) und Anm. 46 (Gibt es eine Letztbegründung?, a. a. O., S. 19 ff.) genannten Arbeiten.

[49] H. Albert, Traktat über kritische Vernunft, Tübingen [4]1980, S. 11 ff. Kritisch dazu, für nicht-reduktivistische Formen der Begründung argumentierend, C. F. Gethmann/R. Hegselmann, Das Problem der Begründung zwischen Dezisionismus und Fundamentalismus, Zeitschrift für allgemeine Wissenschaftstheorie 8 (1977), S. 342–368, hier S. 343 ff., 364.

tion gegeben wäre, die sich historisch mit der Idee des Apriorismus verbindet, sich aber vom historischen Apriorismus Cartesischer und Dinglerscher Prägung gerade durch eine methodisch begründete Absage an jede Form von Certismus unterscheidet. Hierin ist er möglicherweise die im wissenschaftlichen Kontext einzig realisierbare Variante des Apriorismus.

6. Zwei vorläufige Schlußbemerkungen

Was hier als Weg in einen wissenschaftstheoretischen Historismus geschildert und als Mythos des wissenschaftlichen Geistes in drei charakteristischen Formen dargelegt wurde, dient nicht einer Bestandsaufnahme in Sachen philosophische Grundlagen der Wissenschaften. Das eigentliche Thema lautet *Aufklärung*. Es soll dazu aufgerufen werden, wissenschaftliche Entwicklungen nicht sich selbst zu überlassen, Wissenschaft nicht als ein im wesentlichen anonymes Geschehen zu sehen, das sich hinter dem Rücken des Wissenschaftlers — und des Philosophen — abspielt, und die philosophischen Hände nicht in den wissenschaftlichen Schoß zu legen.

Philosophie, die über den wissenschaftlichen Verhältnissen unter einer historischen Perspektive ein wissenschaftstheoretisches Amen spricht, und dabei womöglich noch Mythen des wissenschaftlichen Geistes stabilisiert, hat ihre Aufklärungsidee aus dem Blick verloren — und damit auch das, was philosophische Grundlagen, bezogen auf die Wissenschaften, im eigentlichen, *methodisch* und *teleologisch* verstandenen Sinne sein könnten. In Anlehnung an die 11. Feuerbachthese ließe sich das auch wie folgt formulieren: Philosophie ist nichts, was die Wirklichkeit zu bestätigen hätte, Fragen stellt, die die Wirklichkeit schon beantwortet hat. Philosophie ist vielmehr eine entwickelte Art, Fragen zu stellen, die man haben *sollte,* und Antworten zu geben, die die Welt unter einer Vernunftperspektive *verändern* könnten — auch in oder bezogen auf die Wissenschaften.

Und eine zweite Bemerkung: Wenn Apriorismus nicht bedeutet, sich an die Stelle der Empirie zu setzen, sondern Empirie mit den Augen der (wissenschaftlichen) Vernunft zu lesen, darin gleichzeitig Konstitutionsleistungen des wissenschaftlichen Subjekts von Gegebenheiten des wissenschaftlichen Objekts zu unterscheiden, dann wird zwar Wissenschaft nicht, wie es der cartesische Apriorismus will, zur Konstruktion, nimmt aber konstruktive Aspekte in sich auf. Ob man diese Aspekte dann im Sinne der methodischen und pragmatischen Prinzipien des (wissenschaftstheoretischen) Konstruktivismus begreift oder anders, ist unter den hier erörterten Gesichtspunkten von Historismus und Apriorismus nicht einmal das Entscheidende. Entscheidend ist vielmehr, daß sich auch in diesem Falle das wissenschaftliche Subjekt (wieder) als das Subjekt der Wissensbildung zu sehen lernt und *Objektivität* des (wissenschaftlichen) Wissens damit als *Transsubjektivität* der (wissenschaftlichen) Wissensbildung darstellbar wird.

Wie sich eine derartige Darstellung zur Wirklichkeit der Wissenschaft und zur Wissenschaftsgeschichte verhält, ist eine Frage, die sich nur analytisch und historisch beantworten läßt. Noch einmal: Konstruktionen können sich nicht an die Stelle des Wirklichen, der Empirie, setzen, aber sie bringen die Empirie zum Sprechen, systematisch und historisch, also etwa auch dann, wenn sie sich in Form von Rekonstruktionen auf wissenschaftliche Entwicklungen unter historischen Zwecken richten. Diese Zwecke lassen sich natürlich nicht konstruieren; sie sind das eigentlich Historische oder Kontingente, auch in der Wissenschaft. Auch ob wir sie, gegen den Historismus gerichtet, mit Vernunftunterstellungen schließlich doch noch, zumindest in Teilen, im Sinne einer Vernunftgeschichte begreifen können, ist etwas, das sich vorab niemals ausmachen läßt. In diesem Sinne könnte man daher sagen, daß unsere Idee von Wissenschaft, bezogen auf unsere Wissenschaftskonstruktionen, *idealistisch* und unsere Idee von Wissenschaftsgeschichte, bezogen auf unsere Rekonstruktionen historischer Zwecke, *materialistisch* sein muß.

Eine frühere Fassung dieses Beitrags wurde 1986 auf einem Symposion der Universität Bremen vorgetragen und erschien ergänzt und überarbeitet in der hier vorliegenden Form in den Symposionsakten (Philosophie und Wissenschaften: Das Problem des Apriorismus, ed. G. Pasternack, Frankfurt 1987). — Für kritische Stellungnahmen und sachliche Ergänzungsvorschläge bei der Fertigstellung des Manuskripts danke ich Dr. Martin Carrier (Universität Konstanz).

Ulrich Müller-Herold

Wissenschaftsphilosophie: Wozu?

Kommentar zum Beitrag von Jürgen Mittelstraß

Die Frage nach dem Wozu, nach dem Zweck einer Sache ist bodenlos. Eine Vase ist ein Ding, das eine natürliche Bestimmung zu haben scheint. Diese Bestimmung ist so selbstverständlich, daß niemand sie bestreiten würde. Und dennoch gibt es Leute, die die Öffnung einer Vase verschließen, eine Glühlampe einschrauben und einen Lampenschirm darüber setzen. Dem Beleuchtungsfachmann dient eine Vase zu anderem als einem Blumenhändler. Wozu eine Sache dient, hängt wesentlich davon ab, *wem* sie dient. Wozu also, mag man fragen, dient Wissenschaftsphilosophie uns heutigen Naturwissenschaftlern?

Zunächst einmal die Behauptung: Auch die heutige Naturwissenschaft kennt eine Fülle offener, zum Teil dringender philosophischer Fragen. Darauf hinzuweisen erscheint mir wichtig. Nicht wenige Studenten und Doktoranden haben Schriften von Heisenberg, Bohr, Planck und v. Weizsäcker gelesen. Sie kommen an die Hochschule und sind dann maßlos enttäuscht, wie wenig von der erhofften Atmosphäre philosophischen Denkens sie dort vorfinden, wie sehr alles tiefere Fragen mit positivistischen Hinweisen auf „das Experiment und nichts als das Experiment" entmutigt wird.

Doch dieser Schein trügt: Zumindest, wenn in den Naturwissenschaften sich größere Umwälzungen vollziehen, kommen sofort auch die philosophischen Fragen, und dann äußern sich selbst die Großen eines Faches dazu. Neben der immer wieder zitierten Physik der dreißiger Jahre sieht man das gut an den Biowissenschaften der sechziger Jahre, als plötzlich Koryphäen wie Monod, Jakob, Chargaff, Delbrück und Lorenz mit philosophischen Büchern auf den Plan traten. Natürlich kann man fragen, ob diese neueren Schriften das Reflektionsniveau der Äußerungen Bohrs, Heisenbergs oder Paulis erreichen, und nicht wenige werden diese Frage verneinen. Die Frage selbst aber, scheint mir, greift zu kurz: Nicht das Niveau ist entscheidend, sondern der Wille zur philosophischen Reflektion. Zumindest in der Biologie und in der Physik kann man sagen: Wenn philosophische Aufsätze führender Fachvertreter ausbleiben, so heißt das in der Regel nur, daß fachlich nichts Aufregendes geschieht.[1]

Was sucht der philosophisch interessierte Naturwissenschaftler im Dialog mit dem Berufsphilosophentum? Und: Was findet er davon in der heutigen Wissenschaftsphilosophie? Meine These dazu ist kurz und ohne Umschweife:

Was er sucht, das sucht er vergeblich, und
was er findet, interessiert ihn nur wenig.

Herr Mittelstraß hat mir die Begründung dieser These sehr erleichtert mit seiner Feststellung, daß die Wissenschaftstheorie sich aus der Philosophie zurückgezogen hat zugunsten wissenschaftshistorischer Untersuchungen im Rahmen wissenschaftstheoretischer Analysen. Dieser Rückzug erfolgt nicht nur inhaltlich durch die Entfernung von traditionell philosophischen Fragestellungen. Er erfolgt auch im stilistischen Duktus. Was der Naturwissenschaftler bei den Philosophen in der Regel schätzt, ist das Bemühen um begriffliche Genauigkeit und die Kenntnis der eigenen, der philosophischen Überlieferung. Mit der heutigen Wissenschaftstheorie wird er da gelegentlich etwas Mühe haben.

Wer auch nur eine Seite von Thomas S. Kuhn gelesen hat[2], wird den glänzenden Feuilletonstil des Verfassers bewundern, aber schließlich merken, wie vage dessen Begriffe bleiben, fast mehr an Laborjargon erinnern als an philosophische Terminologie. Von Wissenschaftshistorikern wie Kuhn kann ein Naturwis-

---

[1] Auf die Chemie scheint das interessanterweise nicht zuzutreffen. Ob das damit zu tun hat, daß die Chemie historisch den okkulten Wissenschaften möglicherweise näher steht als der Philosophie? Oder muß eine naturwissenschaftliche Disziplin, um philosophische Traditionen zu entwickeln, einen Konflikt mit der (römischen) Kirche ausgetragen haben?

[2] Etwa in T. S. Kuhn: „Die Struktur der Wissenschaftlichen Revolutionen" Suhrkamp (1973) bzw. „The Structure of Scientific Revolutions", University of Chicago Press (1962).

senschaftler begrifflich nicht viel lernen, Laborjargon hat er schließlich selber. Und die historische Überlieferung? Die Wissenschaftsphilosophen der analytischen Richtung scheinen es geradezu auf den Eindruck anzulegen, vor der Jahrhundertwende habe es eine ernst zu nehmende Philosophie überhaupt nicht gegeben, allenfalls schlechte Metaphysik.

Vom Inhalt her berührt einen Naturwissenschaftler das in der Wissenschaftstheorie dominierende Thema der Theoriendynamik bestenfalls am Rande. Vielleicht liegt das daran, daß er in seiner Arbeit viel zu sehr auf die gerade geltenden Theorien angewiesen ist, um ernstlich an ihrer Vergänglichkeit und den Mechanismen ihrer Ablösung herumzurätseln. Naturwissenschaftler, wenn sie überhaupt an philosophischen Problemen interessiert sind, scheinen ganz anderen Fragen nachzugehen. *Wolfgang Pauli* etwa hat die letzten zehn Jahre seines Lebens dem Studium des Leib-Seele-Problems gewidmet. Er glaubte, daß die nachnewtonsche Physik eine fruchtbare Bearbeitung dieses Themas behindert. Er hat unzählige Briefe an die Universität Basel geschrieben mit Erkundigungsfragen an die dortigen Fachleute für vornewtonsche Philosophie und Wissenschaft. Das zweite philosophische Thema seines Lebens betraf eine ontologische Frage: Was verstehen wir eigentlich *physikalisch* unter dem Begriff der Wirklichkeit?[3] Was

[3] Von seiner philosophischen Grundhaltung her ist Pauli Realist. Er sah es als eine wichtige Aufgabe der Wissenschaft an, zu klären, wie die Wirklichkeit beschaffen ist, die von der Wissenschaft untersucht wird. Am 8. August 1948 schreibt er an Markus Fierz: „... Dieses Problem hängt sehr eng zusammen mit dem anderen Problem der *Idee der Wirklichkeit*. Der Laie meint gewöhnlich, wenn er ‚Wirklichkeit' sagt, spreche er von etwas Selbstverständlich-Bekanntem; während es mir gerade die wichtige und überaus schwierige Aufgabe unserer Zeit zu sein scheint, daran zu arbeiten, eine neue Idee der Wirklichkeit auszubauen. Dies ist es auch, was ich meine, wenn ich immer betone, daß Wissenschaft und Religion etwas miteinander zu tun haben müssen. (Ich meine nicht ‚Religion innerhalb der Physik' und auch nicht ‚Physik innerhalb der Religion' — denn beides wäre ja ‚einseitig' —, sondern Einordnung beider in ein Ganzes.) Was mir unter der neuen Wirklichkeitsidee vorschwebt, möchte ich versuchsweise nennen: die *Idee der Wirklichkeit des Symbols*. Ein Symbol ist einerseits ein Produkt der Anstrengung des Menschen, andererseits ein Zeichen für eine objektive Ordnung im Kosmos, von der der Mensch nur ein Teil ist. Es hat etwas vom alten Gottesbegriff und auch etwas vom alten

hätte die heutige Wissenschaftstheorie hier[4] beizutragen? *Niels Bohr* hat den Begriff der Komplementarität aus der Quantentheorie abgeleitet. Er war überzeugt, eine wichtige philosophische Entdeckung gemacht zu haben, und war enttäuscht, daß die Philosophen nicht in dem Maße reagierten, wie er das offenbar erwartet hatte.[5] Und was, könnte man weiterfragen, hat die

---

Dingbegriff. (Beispiel innerhalb der Physik: das ‚Atom'. Die primären Qualitäten der Raumerfüllung sind ja verloren gegangen. Wäre es kein Symbol, wie könnte es ‚sowohl Welle als auch Teilchen' sein?) Das Symbol ist symmetrisch in Bezug auf ‚Diesseits' und ‚Jenseits', d. h. zweiseitig im Sinne der von Ihnen vorgeschlagenen Auffassung des Erkenntnis-Prozesses; es hat eine Beziehung zum ‚Beobachten' und zum ‚Begreifen', es kann mathematisch sein oder auch noch primitiver bildhaft. Das Symbol ist wie ein Gott, der auf den Menschen wirkt, der aber vom Menschen verlangt, daß er auf ihn (das Gottes-Symbol) zurückwirken soll. Es scheint mir, daß nur so auch das Diesseits einen Sinn erhält, und gerade das ist es, was mir bei Schopenhauer zu fehlen scheint. Bei ihm: ‚Pessimismus' als Gegensatz-Position zu den ‚positiven Superlativen'."

[4] Bis in die Psychologie hinein habe ich den Eindruck, daß Naturwissenschaftler sich weit mehr für ontologische als für (wissenschafts)-logische Probleme interessieren, während in der Wissenschaftstheorie — und das ist ein Teil ihres Machschen positivistischen Erbes — ontologische Themen verpönt sind.

[5] Dazu sein langjähriger Mitarbeiter León Rosenfeld: „Bohr hatte große Erwartungen im Hinblick auf die zukünftige Rolle der Komplementarität. Er hielt sie mit unerschütterlichem Optimismus aufrecht, nie ließ er sich von dem kärglichen Respekt entmutigen, den ihr unser unphilosophisches Zeitalter entgegenbrachte. Auf einem dieser unvergeßlichen Spaziergänge, bei denen Bohr seine innersten Gedanken offenlegte, kamen wir auf die Frage zu sprechen, welche Art von Schutz und Trost die Menschen heutzutage in der Religion suchen und die die Wissenschaften nicht bieten können. Daraufhin erklärte Bohr heftig gestikulierend, daß er den Tag kommen sehe, an dem die Komplementarität in den Schulen gelehrt und Teil der allgemeinen Erziehung werden würde. Und er fügte hinzu, daß Komplementarität den Menschen besser als jede Religion die Orientierung geben könnte, die sie brauchen."
Es hat fünfzig Jahre gedauert, bis eine befriedigende Definitia der Komplementarität gefunden wurde (K. M. Meyer-Abich, Historisches Wörterbuch der Philosophie, hrsg. von J. Ritter und K. Gründer, Darmstadt 1976, Bd. 4): „Der Begriff Komplementarität stammt von Niels Bohr (1927) und ist von ihm ursprünglich zum Verständnis der in der Quantentheorie aufgetretenen Schwierigkeiten ... in die Philosophie eingeführt worden. ***Komplementarität***

Wissenschaftstheorie beigetragen zum *Interpretationsproblem der Quantentheorie,* einem der philosophischen Dauerbrenner der heutigen Naturwissenschaft?

In der Biologie sieht es kaum anders aus. Im Jahr 1970 schrieb der französische Molekularbiologe Jaques Monod ein Buch mit dem Titel: „Zufall und Notwendigkeit. Philosophische Fragen der modernen Biologie". Das Werk beginnt recht philosophisch mit einem Zitat von Demokrit: „Alles, was im Universum existiert, ist die Frucht von Zufall und Notwendigkeit." Dabei aber bleibt es, das philosophische Zitat ist ein rein dekoratives Element, es leitet nicht über zur tieferen begrifflichen Analyse (womit eine der Schwächen dieses Werkes schon bezeichnet wäre).... Nun geht es Monod in erster Linie (trotz des Titels) eben nicht um philosophische Fragen, sondern um die *Bedeutung von Zufall und Notwendigkeit* in der molekularbiologisch orientierten Evolutionstheorie. Wie Schrödinger[6] – und vielleicht unter dessen Einfluß – folgt Monod bei der begrifflichen Verwendung von Zufall und Notwendigkeit Ludwig Boltzmann, einem genialen Physiker – aber eben: einem Physiker. Was hätte Monod für ein Buch schreiben können, wenn ein traditioneller Philosoph ihn auf die großartige Behandlung des Themas durch Hegel aufmerksam gemacht hätte, oder wenn er von den Marxisten gelernt hätte, daß durch die Quantenmechanik der Zufall als *objektive Kategorie* in die Naturwissenschaft eingeführt worden ist?[7] Umgekehrt: Was hätte er von der Wissenschaftstheorie dazu lernen

---

heißt die Zusammengehörigkeit verschiedener Möglichkeiten, dasselbe Objekt als verschiedenes zu erkennen. Komplementäre Erkenntnisse gehören zusammen, insofern sie Erkenntnisse desselben Objekts sind, sie schließen einander jedoch insofern aus, als sie nicht zugleich und für denselben Zeitpunkt erfolgen können. Die Struktur des Objekts, die darin zum Ausdruck kommt, daß es komplementär erfahren und beschrieben wird, kann mit Bohr als Individualität oder Ganzheit bezeichnet werden."

[6] Vgl. dazu M. F. Perutz: „Erwin Schrödinger's *What is Life?* and molecular biology" in: „Schrödinger. Centenary Celebration of a polymath". Ed. by C. W. Kilmister, Cambridge Univ. Press, Cambridge, 1987, sowie den Beitrag von D. Flamm: „Boltzmann's Influence on Schrödinger" im selben Buch.

[7] Vgl. dazu R. Havemann: „Dialektik ohne Dogma. Naturwissenschaft und Weltanschauung", Rowohlt, Reinbek bei Hamburg, 1964.

können? Angesichts der Äußerungen von Popper[8] oder Stegmüller[9] zur Quantentheorie ist man geneigt, diese Frage erst einmal zurückzustellen.

Lassen Sie mich zu Ende kommen: Die Fragen der Wissenschaftstheorie – so, wie sie sich bisher darbietet – sind von Bedeutung vor allem für die Auseinandersetzungen *innerhalb der Zunft der Wissenschaftsphilosophen.* Dort mögen sie ihre Berechtigung haben. Der philosophisch interessierte Naturwissenschaftler tut besser daran, die großen Universalphilosophen zu studieren. Hegel, Nietzsche, etwa, oder Heidegger bieten ihm eine faszinierende und inspirierende *Andersartigkeit,* und auch das Mittelalter steckt voll interessanter Überraschungen. Er soll es halten wie Einstein, der Spinoza las, wie Heisenberg, der Platon übersetzte, wie v. Weizsäcker, der Kant, und wie Pauli, der Schopenhauer studierte. Was er sucht, ist nicht eine Philosophie, die in Fragestellung und Methode die Naturwissenschaften nachahmt, keine *ancilla scientiarum naturalium,* sondern eine Philosophie, die *den Naturwissenschaften gegenüber ihren Stolz hat.* In der Wissenschaftsphilosophie findet er bestenfalls sich selber, auf Entdeckungen und Überraschungen darf er dort nicht hoffen.

---

[8] K. R. Popper: „Birkhoff and von Neumann's Interpretation of Quantum Mechanics", Nature **219**, 682–685 (1968) sowie die Kritik von E. Scheibe: „Popper and Quantum Logic", Brit. J. Phil. Sci **25**, 319–328 (1974).

[9] Wolfgang Stegmüller: „Probabilistische Inkonsistenz der Quantenphysik und Quantenlogik". Anhang in: „Theorie und Erfahrung. Probleme und Resultate der Wissenschaftstheorie und Analytischen Philosophie, Bd. II, 1. Halbband," Springer-Verlag, 1974. Dieser Beitrag zeigt, wie weit die Wissenschaftstheorie sich von der Naturwissenschaft entfernt hat, und daß dieser Abstand sich durch Lektüre allein nicht überbrücken läßt.

Paul Hoyningen-Huene

Diskussionsbemerkung

zum Beitrag von Jürgen Mittelstraß

Zu Jürgen Mittelstraß' Beitrag „Philosophische Grundlagen der Wissenschaften. Über wissenschaftstheoretischen Historismus, Konstruktivismus und Mythen des wissenschaftlichen Geistes" möchte ich einige kritische Bemerkungen machen, die die Darstellung betreffen, die er von der Wissenschaftstheorie Thomas S. Kuhns gibt. Ich halte seine Darstellung von Kuhns Position in wesentlichen Punkten für verfehlt. Allerdings scheint mir hier nicht ein individueller Fehler des Konstanzer Philosophen Mittelstraß vorzuliegen — vielmehr ist er das Opfer von etwas, was man einen Kuhn-Mythos nennen kann, folgt man seiner eigenen Erläuterung des Mythischen. Denn es handelt sich um so weit verbreitete Fehldeutungen, daß ich mich des Eindrucks nicht erwehren kann, „daß das Subjekt der Wissensbildung, d. i. der rationale Mensch [hier: J. Mittelstraß, P. H.], wie hinter einer übermächtigen, sich selbst organisierenden Macht zu verschwinden beginnt" (S. 192). So sind auch die Darstellungen kritikbedürftig, die von anderen Autoren dieses Bandes von der Kuhnschen Philosophie gegeben werden; daß ich nur Mittelstraß' Beitrag diesbezüglich kommentiere, liegt an dem vergleichsweise großen Gewicht, das die Kuhn-Darstellung bei ihm besitzt.

In diesem kurzen Diskussionsbeitrag kann ich weder die Belege für eine angemessenere Lesart der Kuhnschen Arbeiten angeben noch diese Lesart in der eigentlich notwendigen Ausführlichkeit explizieren; statt dessen stelle ich auf eher dogmatische Weise Behauptungen über die Kuhnsche Position auf. Leser, die an weitergehenden Erläuterungen sowie an Belegstellen interessiert sind, kann ich hier nur auf mein demnächst erscheinendes Buch

‚Die Wissenschaftsphilosophie Thomas S. Kuhns. Rekonstruktion und Grundlagenprobleme' verweisen.

1. Gemäß Mittelstraß lassen sich nach Kuhn „wissenschaftliche Entwicklungen weder als *Fortschrittsgeschichte* noch als *Begründungsgeschichte* schreiben. Der Grund dafür liegt nicht in dem Umstand, daß wissenschaftliche Entwicklungen faktisch nicht so sind – das könnte ja eine historisch zutreffende Behauptung sein –, sondern darin, daß eine Beurteilung der historischen Verlaufsformen wissenschaftlichen Wissens auf Maßstäbe angewiesen ist, die selbst Teil eben dieser Entwicklungen sind" (S. 185).

Zunächst zur Fortschrittsgeschichte. Kuhn behauptet nirgends, daß die Wissenschaft keinen Fortschritt aufweise, also lediglich ein Prozeß des ungerichteten Wandels sei. Ganz im Gegenteil: Nach Kuhn ist die Fortschrittsidee sogar Teil (oder besser: Moment) des Wissenschaftsbegriffs. Die Kapazität der reifen Wissenschaften, wissenschaftliche Probleme mit immer größerer Genauigkeit zu bearbeiten, nimmt nach ihm ständig zu. Der Maßstab der Beurteilung ist hier die Problemlösefähigkeit, und diese Beurteilung ist über revolutionäre Einschnitte hinweg möglich. Was Kuhn dagegen bestreitet, ist, daß der Fortschritt der Wissenschaften teleologisch verstanden werden kann, im Sinne einer Annäherung an die Wahrheit, wie Mittelstraß auch richtig in seiner Fußnote 21 bemerkt.

Zur Begründungsgeschichte: Ich weiß nicht, ob ich genau verstanden habe, was Mittelstraß hierunter versteht. Ist damit eine geschichtliche Darstellung gemeint, die gute Gründe und nicht bloße Kausalfaktoren für die entsprechende wissenschaftliche Entwicklung – etwa einen Theorienwechsel – angibt, so ist die Mittelstraß'sche Unterstellung unrichtig. Sehr wohl ist es im Kuhnschen Bilde der Wissenschaftsentwicklung grundsätzlich möglich, gute Gründe für Theoriewechsel zu identifizieren; die gegenteilige Unterstellung, bei Kuhn sei der Theorienwechsel eine wesentlich irrationale, hauptsächlich von Propaganda etc. lebende Angelegenheit, ist Teil des Kuhn-Mythos (vgl. auch die folgenden Punkte). Meint Mittelstraß aber zusätzlich, daß eine wirkliche Begründung strikt transparadigmatisch zu sein hat, d. h. daß Prämissen und Schlußregeln der Begründung (oder deren funktionale Äquivalente) transparadigmatische Geltung beanspruchen müssen, so hält Kuhn solche Begründungsgeschichten in der Tat für nicht möglich – aber nur aus faktischen Gründen.

2. Gemäß Mittelstraß geschieht nach Kuhn „die Ablösung eines Paradigmas durch ein anderes ... ‚revolutionär' oder auch ... ‚persuasiv', jedenfalls nicht ‚diskursiv' " (S. 186). Hier wird der Begriff der Persuasion dem der Diskursivität entgegengesetzt. Dies trifft die Kuhnsche Verwendung des Begriffs der Persuasion ganz und gar nicht. Im Kuhnschen Sinn handelt es sich bei Persuasion „um Argumente und Gegenargumente in einer Situation, in der es keinen Beweis geben kann" (Structure of Scientific Revolutions, p. 152/S. 163). Persuasion (in der deutschen Übersetzung vielfach äußerst irreführend als ‚Überredung' wiedergegeben) soll demnach eine Diskursform bezeichnen, die zwar argumentativ ist, deren Argumente aber nicht in die Form (mathematischer) Beweise gebracht werden können. Daß es in der Wissenschaft Situationen geben kann, in der Theorieentscheidungen nicht durch strikte Beweise erzwungen werden können, wird im folgenden Punkt andeutungsweise erläutert.

3. Gemäß Mittelstraß schließt Kuhn „den Begriff einer metaparadigmatischen oder transparadigmatischen Rationalität, bezogen auf wissenschaftliche Theorien und allgemeinere Orientierungen, explizit aus" (S. 187, ähnlich S. 190 mit Fn. 18). Dies führe zum „‚Kuhnschen Dilemma': theorieneutrale, transparadigmatische Einschätzungskriterien sind nicht entscheidungseffektiv, und entscheidungseffektive Kriterien sind theorieabhängig" (S. 187 f.). In der zugehörigen Fußnote 11 präzisiert Mittelstraß, daß es sich nicht um den absoluten Gegensatz zwischen *schlechthin* theorieunabhängigen und *schlechthin* theorieabhängigen Kriterien handle. Dies trifft nun die Kuhnsche Position: Die für die Theoriewahl relevanten Kriterien weisen theorieunabhängige wie auch theorieabhängige Momente auf (eben darum können auch die Argumente für die eine oder die andere Theorie nicht in die Form von Beweisen gebracht werden: es gibt zu wenige von *beiden* Parteien anerkannte Prämissen, vgl. Punkt 2). In der Tat spielen dann, wie Mittelstraß in Fn. 11 weiter ausführt, *auch* Kriterien eine Rolle, die der als ‚philosophische Grundlagen' bezeichneten Ebene angehören. Doch wird nun unverständlich, was Mittelstraß angesichts der beiden in Fn. 11 genannten Beispiele mit dem ‚Kuhnschen *Dilemma*' noch meint – es sei denn, er halte die

Übergänge von Äthertheorien zu Feldtheorien und von der Prinzipienchemie zur Chemie empirisch aufweisbarer Elemente *von vorneherein* für unvernünftig. Hält man diese Übergänge nämlich für zumindest potentiell vernünftig – vollzogen aufgrund der Überzeugungskraft besserer Argumente –, dann stellt sich gerade die Frage, auf welche Weise Theoriewechsel argumentativ vollzogen werden können, die zugleich auch Änderungen der ‚philosophischen Grundlagen' implizieren. Hierbei mag während der Entscheidungsphase für manche *Wissenschaftler* tatsächlich ein Dilemma bestehen, wenn sich nämlich als relevant eingeschätzte, aber widerstreitende Argumente die Waage halten. Für den Wissenschafts*theoretiker* ergibt sich dagegen ein *Forschungsproblem,* nämlich jene Diskursform aufzuklären, die bei den genannten Übergängen eine Rolle spielt (und die Kuhn Persuasion nennt). Es ist (zumindest in erster Näherung) richtig, daß in den beiden genannten Beispielsfällen die Eindeutigkeit der Theorieentscheidung mit der Eindeutigkeit der Grundlagenentscheidung verkoppelt ist: eine eindeutige, im Sinne von: eine absolut zwingende Theorieentscheidung kann es allenfalls dann geben, wenn die entsprechende Grundlagenentscheidung zwingend wäre – was sie in der Tat nicht ist (Ende Fn. 11). Aber genau dies ist es ja, was Kuhn interessiert: wie es kommt, daß sich wissenschaftliche Gemeinschaften in solchen Situationen – nach Phasen des Dissenses – doch zu entscheiden vermögen, und wie die solchen Entscheidungen *möglicherweise* zukommende Rationalität zu explizieren ist.

Zusammengefaßt: Im Effekt kreidet Mittelstraß Kuhn die von ihm selbst eigentlich zugestandene Tatsache an, daß es in der Wissenschaft Theoriewechsel gibt, für die theorieunabhängige Kriterien allein argumentativ nicht ausreichen; aus der Komplexität dieses aufklärungsbedürftigen Sachverhalts macht Mittelstraß ein Dilemma der Kuhnschen Theorie.

4. Gemäß Mittelstraß läßt sich innerhalb der Kuhnschen Theorie „der Begriff einer unvernünftigen wissenschaftlichen Praxis, eben weil er meta- oder transparadigmatische Beurteilungsmaßstäbe voraussetzt, nicht mehr bilden ... Also scheint, immer zugunsten einer bestehenden Wissenschaftspraxis, alles in bester Ordnung zu sein" (S. 190). Tatsächlich aber ist es keineswegs so, daß die Kuhnsche Theorie sich in affirmativen Deskriptionen

erschöpft und damit „Philosophie in der Gestalt von Wissenschaftstheorie durch Wissenschaftsgeschichte ersetzt" (S. 187).

Einmal gibt Kuhn beispielsweise Bedingungen dafür an, wann normale Wissenschaft trotz ihres quasi-dogmatischen Charakters eine vernünftige Wissenschaftspraxis darstellt. Sind diese Bedingungen nicht erfüllt, und verdankt beispielsweise eine Wissenschaftspraxis eine gewisse Ähnlichkeit mit normaler Wissenschaft nur sozialem Druck, so läßt sich diese Praxis eindeutig als unvernünftig klassieren. Zum anderen werden wissenschaftliche Revolutionen im Kuhnschen Bilde, wie vorher gesagt, aufgrund von Argumenten vollzogen. Zwar haben diese Argumente nicht die Form zwingender Beweise, und sie lassen deshalb auch Raum für Meinungsunterschiede zwischen vernünftigen Menschen. Aber dennoch können diese Argumente mit der Zeit so gewichtig werden, daß der Widerstand gegen sie nur noch als Sturheit oder Unvernunft klassierbar ist.

5. Gemäß Mittelstraß „stabilisiert", „fördert" und „verstärkt" Kuhns Theorie der Wissenschaftsentwicklung seinen erstgenannten „Mythos des wissenschaftlichen Geistes": „daß die Welt etwas ist, das sich dem wissenschaftlichen Bewußtsein nach Art von Rätsellösungsprozessen, im Prinzip vollständig, erschließt" (S. 191 ff.). Aber in der Fußnote zum soeben zitierten Satz schreibt Mittelstraß selbst: „Kuhn selbst fällt diesem Mißverständnis nicht zum Opfer, insofern er keine teleologische Wissenschaftsvorstellung, etwa im Popperschen Sinne einer allmählichen Annäherung an die Wahrheit, vertritt" (Fn. 21). In der Tat ist die Abweisung der teleologischen Vorstellung des wissenschaftlichen Fortschritts integraler Bestandteil der Kuhnschen Theorie; zudem ist nach Kuhn das Objekt der Forschung immer nur eine (nicht einmal *die*) Erscheinungswelt, und niemals ‚die Welt an sich'. Wie eine solche Theorie dennoch die genau gegenteilige Vorstellung „stabilisieren", „fördern" oder gar „verstärken" soll, „die Welt und ein vernünftiges Leben stünden uns, mit wissenschaftlicher Gewißheit, vollständig zur Verfügung" (S. 192), ist mir rätselhaft.

Eher beiläufig ist hier anzumerken, daß Mittelstraß auch den Sinn der Kuhnschen Analogie zwischen der normalen Wissenschaft und dem Rätsellösen (puzzle-solving) mißzuverstehen scheint. Mittelstraß nimmt anscheinend an, diese Analogie bedeute oder impliziere, daß die jeweilige (Erscheinungs-)Welt mit den entsprechenden normalwissenschaftlichen Methoden vollständig erschließbar sei (S. 193 und 196). In Wahrheit aber soll die Analogie nur die *tatsächlich* in der Phase der normalen Wissenschaft in Angriff genommenen Forschungsprobleme charakterisieren. Keineswegs aber ist es nach Kuhn eine typische Überzeugung der normalen Wissenschaft, jedes sinnvolle kognitive Problem lasse sich auch mit den bekannten Methoden lösen – um nur einen Aspekt der Analogie von normalwissenschaftlichen Forschungsproblemen und Rätseln herauszugreifen.

6. Gemäß Mittelstraß „stabilisiert" und „verstärkt" die Kuhnsche Theorie auch den zweiten der von ihm angegriffenen Mythen des wissenschaftlichen Geistes: den Mythos der Empirie (S. 191 f. und 196). Nun kann ich zwar mit Mittelstraß' Gegenüberstellung des unangemessenen ‚mythisch-empirischen' Standpunkts und dem seinen zu Beginn von Abschnitt 4 nicht viel anfangen. Der Unterschied zwischen „Rätseln, die sich [der wissenschaftliche] Geist ‚ausdenkt', an deren Auftreten er zumindest mit seiner ‚Sicht der Dinge' beteiligt ist" und „Rätseln, die die Welt *gewissermaßen* selbst, *wenn auch im Rahmen ‚paradigmatischer Verhältnisse'*, offeriert" (S. 196, meine Hervorhbg.), ist mir nicht deutlich. Ich könnte *beide* Formulierungen als zwar metaphorisch, aber als der Kuhnschen Theorie einigermaßen angemessen akzeptieren. Es grenzt nun schon ans Groteske, wenn Mittelstraß ausgerechnet der Kuhnschen Theorie vorrechnen will, daß „sich Theorien weder direkt der Erfahrung entnehmen lassen, . . ., noch durch Rekurs auf die Erfahrung eindeutig beurteilbar sind" (S. 198). Wenn dies wesentlicher Inhalt des „Mythos der Empirie" ist, dann ist eine an die Adresse der Kuhnschen Theorie gerichtete Belehrung hierüber gänzlich unnötig. Daß Theorien durch die Empirie nicht determiniert sind, ist schon längst in der vor-Kuhnschen Wissenschaftstheorie ein Gemeinplatz, und daß Kuhns Theorie in Opposition zu verifikationistischen wie auch falsifikationistischen Wissenschaftstheorien steht, gehört zu ihren wohl bekanntesten Charakteristika.

Insgesamt ist also zu sagen, daß die Darstellung, die Mittelstraß von der jüngsten durch die Wissenschaftshistorie beeinflußten Entwicklung der Wissenschaftstheorie gibt, sehr verzerrt ist. Daß sich der sehr vorteilhafte Kontrast, der sich für die konstruktivistische Position aus dieser verzerrten Darstellung zu ergeben scheint, bei einer angemesseneren Darstellung zumindest abschwächen dürfte, scheint mir eine plausible Konklusion.

Danksagung. Ich danke Peter Janich für eine kritische Diskussion der in diesem Diskussionsbeitrag behandelten Themen.

Herbert Hörz

Wissenschaftsentwicklung als zyklischer Typenwandel – Grundlagen einer dialektischen Theorie –

1. Problemstellung

Ein qualitativ neues Verhältnis von Wissenschaft und Technik, aber auch neue Beziehungen zwischen Mensch und Technik, Mensch und Natur bilden sich mit der wissenschaftlich-technischen Revolution heraus. Es kommt zu systemspezifischen Problemlösungen bei der Verwertung wissenschaftlicher Erkenntnisse für unterschiedliche Gesellschaftsordnungen, verbunden mit Kooperationsangeboten und Auseinandersetzungen bei der Behandlung von Menschheitsproblemen. Aber es gibt auch Kontinuität in der Art und Weise Wissenschaft zu betreiben und nach bestimmten Rationalitätskriterien Erkenntnisse zu erlangen und zu verwerten. Eine dialektische Erklärung der Wissenschaft als Prozeß ist deshalb gefordert. Sie kann meines Erachtens philosophische Grundlagen wissenschaftstheoretischer und wissenschaftshistorischer Arbeiten aufhellen und bereitstellen. Einsichten in den historischen Prozeß erweisen sich als Voraussetzung für das Verständnis der neuen Qualität von Wissenschaft und Technik in der Gegenwart.

Hohe Anforderungen gibt es an die Beschleunigung des wissenschaftlich-technischen Fortschritts, um wissenschaftliche Grundlagen und technische Möglichkeiten zur Lösung globaler Probleme und zur besseren Befriedigung materieller und kultureller Bedürfnisse der Menschen zu erhalten. Die polivalente Nutzungsmöglichkeit wissenschaftlicher Erkenntnisse führt, gesellschaftlich determiniert, zu Produktiv- und Destruktivkräften. Sorgen über die antihumane Verwertung neuer Einsichten und über die gegen die menschliche Freiheit gerichtete Technikentwicklung werden geäußert. Es wird nach dem Sinn des wissenschaftlich-technischen Fortschritts gefragt. Der Sinn von Wissenschaft ist in der Diskussion.

Ausgehend von den Forschungen zur materialistischen Dialektik in der wissenschaftlichen Erkenntnis, wie sie intensiv bei uns betrieben werden und in entsprechenden Publikationen ihren Niederschlag fanden, haben sich konzeptionelle Grundlagen für das Verständnis der Wissenschaftsentwicklung als dialektischer Prozeß herausgebildet. Sie basieren auf den Grundprinzipien der materialistischen Dialektik in ihrer durch die Wissenschaftsentwicklung präzisierten Form, auf wissenschaftshistorischen Fallstudien, auf der philosophischen Analyse gegenwärtiger Entwicklungstendenzen und drücken Reaktionen auf Anforderungen von Spezialwissenschaftlern an die Philosophie aus. In einer dialektischen Theorie der Wissenschaftsentwicklung können dialektischer Determinismus und philosophische Entwicklungstheorie als Bestandteile der materialistischen Dialektik in ihrer Relevanz für die Wissenschaftsentwicklung geprüft werden. Dabei geht es weniger um die dialektische Interpretation bestimmter spezialwissenschaftlicher Erkenntnisse, sondern um das dialektische Verständnis der Wissenschaftsentwicklung überhaupt. Sowohl der Großzyklus von der Entstehung der Wissenschaft bis zum Wissenschaftstyp der wissenschaftlich-technischen Revolution, als auch das Verhältnis von Wissenschaft und Humanismus in seiner Entwicklung, Deformation und Ausgestaltung sind Gegenstand der Theorie.

Gefordert werden von der Philosophie Überlegungen zur weiteren Entwicklung von Wissenschaft und Technologie, die jedoch keine einfachen Extrapolationen gegenwärtiger Zustände und Trends sein können. Zum Wesen materialistischer Dialektik gehört die Erklärung von Symmetriebrüchen und Tendenzwenden, von qualitativen Umschlägen durch die Entfaltung und Lösung dialektischer Widersprüche in Entwicklungszyklen. Eine dialektische Analyse der Wissenschaftsentwicklung schließt deshalb die Untersuchung zeitlicher Querschnitte im wissenschaftlichen Denken, von Disziplinentwicklung und Theoriendynamik, von Leistungen hervorragender Persönlichkeiten, von Anwendungen der Wissenschaft durch die Gesellschaft und Praxisanforderungen an die Wissenschaft in bestimmten historischen Perioden zwar ein, sie muß aber mehr leisten. Sie hat Wissenschaftsentwicklung als Gesamtprozeß in seinen verschiedenen Dimensionen und in ganzen Entwicklungszyklen zu erklären. Nur so läßt sich die dialektische Grundstruktur der Wissenschaft als Prozeß zeigen, die sonst in der Detailflut ertrinkt. Dabei kann es sich bei einer dialektischen Theorie der Wissenschaftsentwicklung nicht um eine logisch-deduktive Konstruktion handeln, die das Faktenmaterial der Fallstudien nur berücksichtigt, wenn es paßt, sondern es muß eine der objektiven Dialektik angepaßte, für Präzisierungen offene Erklärung sein, die Wissenschaftsgeschichte begreift, um die zukünftige Wissenschaft aus den Erfahrungen der Gegenwart heraus zu gestalten.

2. Was ist Wissenschaft?

Wissenschaft unterliegt verschiedenen einseitigen Betrachtungen. Sie wird als System von Erkenntnissen, von spezifischen Fähigkeiten bestimmter Persönlichkeiten, mit speziellen Methoden Erkenntnisse zu gewinnen, von Kommunikationsformen, von Institutionen in ihrer Wechselwirkung mit Gesellschaftssystemen gesehen. Das sind wesentliche Seiten der Wissenschaft, die in ihrer Einheit nur zu begreifen sind, wenn die Spezifik wissenschaftlicher Tätigkeit, Beziehungen und Gesetze der Natur, der Gesellschaft und des Bewußtseins zu entdecken, soziale Erfahrungen zu verallgemeinern und begründete Orientierungshilfe praktischen Handelns zu sein, beachtet wird. Die Schwierigkeit historischer Betrachtungen besteht darin, daß Elemente des zu untersuchenden Systems zu einem bestimmten Zeitpunkt noch nicht oder nur ungenügend ausgebildet sind. Deshalb ist es wichtig, das relative Ziel von Entwicklungszyklen zu kennen, um vorhergehende Entwicklungsphasen als Reifestadien zu begreifen. Das gilt auch für die Wissenschaft. Wissenschaftsentwicklung als dialektischer Prozeß ist sowohl Typenwandel als auch Herausbildung aller Elemente in einer Entwicklungsphase, sowohl Tendenz zur Ausbildung ihrer Grundfunktionen als Produktiv-, Kultur- und Humankraft (relatives Ziel) als auch Stagnation und Regression. Wissenschaft kann deshalb nicht allein als Disziplin-, Erkenntnis- oder Personengeschichte verstanden, sondern nur als entstehendes und sich entwickelndes Ganzes erklärt werden.

Versuche, die Wissenschaft als Gesamtprozeß zu begreifen, gab und gibt es immer wieder. So wird über die Krise der Wissenschaft reflektiert und festgestellt, die Wissenschaft habe verschiedene Seiten. „Das Verständnis der Wissenschaft ist buchstäblich in zahlreiche Bruchstücke zerschlagen; aber jedes dieser Bruchstücke widerspiegelt einen wichtigen Aspekt des Ganzen."[1] Dazu gehöre die Wissenschaft als Wahrheitssuche, was immer betont wurde, wenn „die Freiheit der Wissenschaft bedroht erscheint".[2] Eine solche Rechtfertigung sei gegenwärtig für die Naturwissenschaften nicht mehr erforderlich, da „die Schlußfolgerungen der Naturwissenschaften einen ideologischen nicht mehr sensitiven Punkt betreffen. Was die Leute, seien es die Massen oder auch die Gebildeten, über das unbelebte Universum oder die Abstammung des Menschen denken, ist nicht so bedeutungsvoll für die Stabilität der Gesellschaft, wie man früher geglaubt hatte. Der Brennpunkt der Empfindlichkeit liegt jetzt in den Gesellschaftswissenschaften; und die Herrschaftstechniken der an der Macht Befindlichen sind je nach lokalen Erfordernissen und Traditionen von sehr unterschiedlicher Subtilität".[3] Kritik gebe es an der gesellschaftlichen Verwertung wissenschaftlicher Erkenntnisse. Deshalb wird auf die technokratische Wissenschaftskonzeption und auf die humanistische Kritik an der Wissenschaft, auf die Wissenschaft als schmutziges Geschäft und auf die Rolle kritischer Wissenschaft bei der Vermeidung von Umweltschäden verwiesen. Ein neues Verständnis der Wissenschaft und ihre Erforschung werden gefordert.

Als theoretische Aufgabe ist das nicht neu. Die neue Qualität wissenschaftlicher Tätigkeit soll erklärt werden. Vor mehr als 50 Jahren wurde festgehalten: „Scientologie also ist das Unternehmen, die moderne Tatsachenwissenschaft als gesamte und konkrete in ihren sämtlichen Erscheinungsweisen zum Objekt der von ihr selbst gefundenen und angewandten Methoden zu ma-

---

[1] J. R. Ravetz, Die Krise der Wissenschaft. Neuwied – Berlin (West) 1973, S. 11

[2] Ebenda, S. 21

[3] Ebenda, S. 22f.

chen. Dabei geht die Scientologie von der Grundüberzeugung aus, daß die moderne Tatsachenwissenschaft, wie sie im Abendlande seit der Renaissance im Entstehen begriffen ist, einen für die gesamte bisherige Wissenschafts-, ja Kulturgeschichte durchaus neuen Typus von Wissenschaft darstellt, der keinerlei historische Vorbilder kennt – auch nicht, wie oft verfochten wird, aus dem Mittelalter und dem Altertum des Abendlandes her."[4] Die Diskontinuität wird betont. Es ist jedoch problematisch, Wissenschaftsentwicklung nur als Qualitätswandel erfassen zu wollen, ohne die Vorformen des neuen Wissenschaftstyps im vorhergehenden zu berücksichtigen. Gemeint ist mit Tatsachenwissenschaft offensichtlich die Wissenschaft als Produktivkraft im Typ der industriellen Revolution. Es wird deutlich, daß Wissenschaft unter konkret historischen Bedingungen verschiedene Funktionen herausbildet. Als Erscheinungen der Wissenschaft werden genannt: Wissensbestand, Wissenschaftler, Institutionen, Literatur, verwissenschaftlichte Kultur und Zivilisation, Sinngehalt pädagogischer Situationen, öffentliche Wissenschafts-Meinung und die Idee der Wissenschaft.[5] J. D. Bernal faßt später Wissenschaft als Institution, als Methode, als Produktivkraft, als angehäuftes und überliefertes Wissen, als Quelle philosophischer Ideen, die gesellschaftlich determiniert ist.[6]

Wissenschaft kann erst nach der Herausbildung ihrer sozialen Grundfunktionen und eines umfassenden Wissens- und Methoden-Systems in ihrer Gesamtheit verstanden werden. Sie umfaßt Erkenntnisse über Beziehungen und Gesetze der Natur, der Gesellschaft und des Bewußtseins, die mit den experimentellen, mathematisch-logischen und historischen Methoden und deren Verflechtungen, z. B. in der Modellmethode, gewonnen werden. Ihre Umsetzung in Technologien dient der besseren praktischen Beherrschung der natürlichen und gesellschaftlichen Umwelt und des eigenen Verhaltens durch den Menschen, also seinem Frei-

[4] W. Schingnitz, Die Tatsache Wissenschaft und ihre Geschichte. Zur Grundlegung einer systematischen und historischen Wissenschaftswissenschaft oder Scientologie. In: Archiv für Kulturgeschichte, Bd. XXI, Heft 3, Leipzig und Berlin 1931

[5] Vgl. Ebenda, S. 269

[6] Vgl. J. D. Bernal, Die Wissenschaft in der Geschichte. Berlin 1961, S. 19

heitsgewinn. Sie ist Tätigkeit von Individuen und Kollektiven in einer konkreten gesellschaftlichen Situation mit ideologischen Forderungen an die weltanschauliche Haltung zur Wissenschaft. Sie ist eine spezifische Art der Kommunikation in der Gemeinschaft der Wissenschaftler, die zur Entwicklung von Wissenschaftssprachen und Verhaltensnormen führt. Sie erfüllt bestimmte Funktionen in der und für die Gesellschaft. Solche Aspekte sind getrennt oder im Zusammenhang untersucht worden.[7] Die materialistische Dialektik ist die dieser komplizierten Situation angemessene philosophische Denkweise. Sie orientiert auf das Verständnis des Zusammenhangs der Faktoren in der Hierarchie der Determinanten mit Prioritäten, ohne in Eklektizismus zu verfallen. Sie beachtet die Einheit von Kontinuität und Diskontinuität, von Entwicklungstendenzen und Tendenzwenden und faßt gegenwärtige Strukturen wissenschaftlicher Tätigkeit, des Methodensystems und der Theorienbildung als geronnene Entwicklung.

Karl Marx hat wesentliche Positionen bestimmt, mit denen das Phänomen „Wissenschaft" in seiner Vielschichtigkeit anzugehen ist:

Erstens wird Wissenschaft als eine gesellschaftlich determinierte und wirksame theoretische und praktische Auseinandersetzung des Menschen mit seiner Umwelt begriffen, die zu praktisch verwertbaren Einsichten in objektive Gesetze und ihre Wirkungsmechanismen führt. Bezogen auf die Auseinandersetzung des Menschen mit der Natur stellte Marx fest: „Die Freiheit in diesem Gebiet kann nur darin bestehen, daß der vergesellschaftete Mensch, die assoziierten Produzenten, diesen ihren Stoffwechsel mit der Natur regeln, unter ihre gemeinschaftliche Kontrolle bringen, statt von ihm als von einer blinden Macht beherrscht zu werden; ihn mit dem geringsten Kraftaufwand und unter den ihrer menschlichen Natur würdigsten und adäquatesten Bedingungen vollziehen."[8] Marx verweist damit auf die Dialektik von Effektivität und Humanität, auf die gesellschaftlichen Bedingun-

---

[7] Vgl. K. R. Popper, Logik der Forschung. Tübingen 1973 (5. Aufl.); Th. S. Kuhn, Die Struktur wissenschaftlicher Revolutionen. Frankfurt a. M. 1967; W. Bahner u. a., Wissenschaftlichkeit, Objektivität, Parteilichkeit. Berlin 1981.

[8] K. Marx, Das Kapital. Dritter Band. In: MEW, Bd. 25. Berlin 1964, S. 828

gen und Auswirkungen effektiver Produktion. Er begreift Wissenschaft als Produktivkraft.

Zweitens faßt Marx die Industrie als das wirkliche geschichtliche Verhältnis der Natur und der Naturwissenschaft zum Menschen. Für ihn gilt: „Die gesellschaftliche Wirklichkeit der Natur und die menschliche Naturwissenschaft oder die natürliche Wissenschaft vom Menschen sind identische Ausdrücke."[9] Für Marx ist nicht nur die Naturwissenschaft, wegen ihrer Bedeutung für den Menschen, legitimer Gegenstand der Philosophie, sondern die Zusammenarbeit von Natur- und Gesellschaftswissenschaftlern ist gefordert, um die Genese des Menschen aus der Natur, die natürlichen Grundlagen gesellschaftlicher Existenz und die natürlichen Bedingungen der Persönlichkeitsentwicklung zu erfassen.

Drittens hat Marx mit der wissenschaftlichen (materialistischen) Fundierung der Gesellschafts- und Persönlichkeitstheorie durch die Analyse der Dialektik von Produktivkräften und Produktionsverhältnissen, von Basis und Überbau selbst einen wesentlichen Beitrag zur Herausbildung eines neuen Wissenschaftstyps geleistet. Er hat die bestimmende Rolle der Produktionsverhältnisse für gesellschaftliche Prozesse erkannt, die sozial-ökonomischen Gesellschaftsformationen als typische Entwicklungsformen der Gesellschaft begründet und so das wissenschaftliche Kriterium der Wiederholbarkeit in die Gesellschaftstheorie eingeführt.

Viertens betonte Marx die Notwendigkeit, den Grundwiderspruch des Kapitalismus zwischen dem gesellschaftlichen Charakter der Produktion und der privatkapitalistischen Aneignung der Produkte zu lösen, Ausbeutung abzuschaffen und damit Wissenschaft nicht mehr als kapitalistisches Herrschaftsmittel zu behandeln, wenn er feststellt: „Die Wissenschaft kann nur in der Republik der Arbeit ihre wahre Rolle spielen."[10]

Die Wissenschaft hat sich selbst entwickelt. Sie ist heute ein System von Erkenntnissen als Einheit von Hypothesen, Modellen, Forschungsprogrammen und Theorien; sie umfaßt Erkenntnismethoden und Arten der Arbeitsorganisation, sowie Technologien der verschiedensten Art. *Wissenschaft ist individuelle und orga-*

---

[9] MEW, Ergänzungsband. Erster Teil. Berlin 1968, S. 544

[10] MEW, Bd. 17. Berlin 1962, S. 554

nisierte gesellschaftliche Tätigkeit der Menschen zur Erkenntnis der objektiven Beziehungen und Gesetze der Natur, der Gesellschaft und des Bewußtseins in ihrem systematischen und historischen Zusammenhang und die technologische Nutzung dieser Erkenntnisse zur theoretischen und praktischen Herrschaft des Menschen über seine natürliche und gesellschaftliche Umwelt sowie über sich selbst. Wissenschaft ist also rationale Wirklichkeitserkenntnis und darauf fundierte Technologieentwicklung zur Wirklichkeitsbeherrschung.

Es fand ein noch heute andauernder umfangreicher Prozeß der Differenzierung und Integration des Wissens in speziellen Wissenssystemen statt. Auch die Art der Arbeitsorganisation veränderte sich. K. Marx hatte zwischen allgemeiner Arbeit und gemeinschaftlicher Arbeit unterschieden. Er hob hervor, daß beide im Produktionsprozeß ihre Rolle spielen, aber beide ineinander übergehen und sich unterscheiden. Er faßte die wissenschaftliche Arbeit, die Entdeckungen und Erfindungen, als allgemeine Arbeit zusammen, die teils durch Kooperation mit Lebenden, teils durch Benutzung der Arbeiten früherer bedingt ist. Nach ihm unterstellt gemeinschaftliche Arbeit die unmittelbare Kooperation mit Individuen.[11] Zweifellos ist wissenschaftliche Arbeit auch heute allgemeine Arbeit, aber sie hat sich immer mehr zur Gemeinschaftsarbeit entwickelt. Umfangreiche Forschungsprogramme in den Natur- und Technikwissenschaften verlangen die unmittelbare Kooperation der Individuen. Das betrifft das Zusammenwirken von Wissenschaftlern verschiedener Disziplinen, von theoretischen und Experimentalgruppen, von Forschern und Forschungsfacharbeitern, von Wissenschaftlern und Technologen und von wissenschaftlichen Einrichtungen und Einrichtungen der Produktion. Trotzdem gilt auch dafür: Soviel Kollektivität wie nötig, soviel schöpferische Individualität wie möglich.

Nicht selten zwingen methodische Anforderungen an die Erforschung komplexer Phänomene zur Zusammenarbeit. Der Entwicklungsstand der Industrie ist dabei mit entscheidend für die materiell-technische Basis des Methodensystems der Wissenschaften. Aus industriell gefertigten Bausteinen können unikale Geräte in der Wissenschaftsentwicklung entstehen. Das Methodensystem hat sich selbst ausgestaltet.

---

[11] Vgl. K. Marx/F. Engels, Werke, Bd. 25, Berlin 1964, S. 113f.

Wissenschaft ist Wahrheitssuche, Wertung der Erkenntnisse und gesellschaftliche Verwertung des Erkannten. Damit wird Wissenschaft nicht auf Wahrheitssuche reduziert. Zwar ist die Wahrheit als überprüfbare Adäquatheit zwischen Erkenntnisprodukten und bisher unbekannten Beziehungen und Gesetzen der objektiven Realität das spezifische Ziel wissenschaftlicher Arbeit, aber die Wahrheit ist Voraussetzung der Wertung und der Verwertung. Will man daraus die Grundfunktionen der Wissenschaft bestimmen, dann sind drei Aspekte der Wissenschaft, die die Rolle der Wissenschaft im gesellschaftlichen Leben vollständig charakterisieren, zu beachten: (1) Erkenntnisgewinn und Bildung, (2) Umsetzung von Erkenntnissen in Technologien und (3) Bestimmung der Zielfunktion, der Bewertungskriterien und der Anforderungsstrategien für den wissenschaftlich-technischen Fortschritt.

Wissenschaft ist Erkenntnisgewinn. Sie analysiert objektive Gegebenheiten, um ihre Gesetzmäßigkeiten zu erkennen. Sie deckt die objektiven Beziehungen und Gesetze in der Natur, der Gesellschaft, dem Menschen, dem Bewußtsein und der vom Menschen gestalteten Umwelt, nämlich der Technik, auf. Mit dem Erkenntnisgewinn ist es dann möglich, Technologien zu entwickeln. Technologien sind die Umsetzung der Erkenntnisse von Gesetzmäßigkeiten der Natur-, Gesellschafts- und Bewußtseinsprozesse, des Verhaltens von Menschen und technischen Systemen, und deren Wirkungsmechanismen in Regeln und Verfahren zur Herrschaft des Menschen über seine natürliche, gesellschaftliche und psychische Umwelt sowie über sich selbst. Technologien sind also Herrschaftsmittel, die human eingesetzt, dem Freiheitsgewinn dienen. Die Orientierung der Wissenschaftsentwicklung, die Art und Weise wissenschaftlicher Tätigkeit, die weltanschauliche Deutung und die Verwertung wissenschaftlicher Erkenntnisse sind gesellschaftlich determiniert. Wissenschaft befaßt sich deshalb mit der Gestaltung der sozialen Strukturen und den Zielen der Wissenschaftsentwicklung. Die Wissenschaft umfaßt also Erkenntnisgewinn und Bildung, Technologieentwicklung und die Zielfunktion der Wissenschaftsentwicklung unter spezifischen Wissenschaftstypen in ihrer gesellschaftlichen Determination. Mit diesen drei Aspekten sind die sozialen Grundfunktionen der Wissenschaft verbunden: Wissenschaft ist Kulturkraft, Produktivkraft sowie Humankraft.

3. Materialistische Dialektik als Heuristik

Materialistische Dialektik, umfangreich in ihren Prinzipien und Grundgesetzen in Lehrbüchern dargelegt, dient als heuristischer Ausgangspunkt, um Wissenschaftsentwicklung seit dem Entstehen von Wissenschaft bis zur Gegenwart zu erklären, um aus der Vergangenheit Lehren für die Zukunft zu ziehen und um das Problemverständnis für die humanen Forderungen von Wissenschaftlern und deren Schwierigkeiten bei der Realisierung dieser Ziele zu erleichtern.[12] Daraus entstehen Anforderungen an die Dialektik, wissenschaftstheoretische Fragen auf philosophische Weise zu beantworten und die Grundprinzipien der Dialektik so zu präzisieren, daß sie zu Grundlagen einer dialektischen Theorie der Wissenschaftsentwicklung werden. Dabei ist der umfangreiche Streit um die Dialektik zu beachten, weil er Unklarheiten über die heuristische Bedeutung der Dialektik gezeigt hat.

Heuristik ist schöpferische Suche nach Problemlösungen ohne vorgegebenes Lösungsschema. Das entspricht dem Anliegen materialistischer Dialektik, Bestehendes in seiner Veränderung zu begreifen und Neues zu rechtfertigen. Heuristisch wirksam werden bedeutet deshalb, die Suche nach Erkenntnis zu fördern, Problembewußtsein zu entwickeln und Hinweise zu geben, wie Denkweisen aus solchen Gebieten, in denen sie erfolgreich waren, hypothetisch auf andere unerforschte Gebiete übertragen werden können.[13]

Anforderungen an die Dialektik

Eine dialektische Analyse der Wissenschaftsentwicklung ist nur möglich, wenn dialektische Prinzipien heuristisch genutzt werden, um das Material aus Fallstudien theoretisch so zu reflektieren, daß Modelle entstehen, die Wissenschaftsentwicklung in der dialektischen Einheit von Kontinuität und Diskontinuität erklären. Dazu ist es wichtig, den theoretischen Reichtum der materialisti-

[12] Vgl. H. Hörz, Wissenschaft als Prozeß. Grundlagen einer dialektischen Theorie der Wissenschaftsentwicklung. Berlin 1988

[13] Vgl. H. Hörz/K.-F. Wessel (Hrsg.), Philosophie — Naturwissenschaften. Lehrbuch. Berlin 1986

schen Dialektik mit wissenschaftstheoretischen und wissenschaftshistorischen Erkenntnissen zu verbinden, um zu einer konzeptionellen Grundlage für die Erklärung der Wissenschaft in ihren Funktionen, Determinanten und Wirkungen im historischen Prozeß zu kommen.

Wissenschaftsentwicklung ist Bestandteil der Gesellschaftsentwicklung, denn Wissenschaft ist stets abhängig vom materiellen Lebensprozeß der Gesellschaft, der Grundlage, Ausgangspunkt und Ziel wissenschaftlicher Erkenntnisse ist und der letztlich das Kriterium der Wahrheit darstellt.[14] Das ist ein materialistischer Grundgedanke, der in seinen dialektischen Konsequenzen weiter untersucht wird. Das betrifft vor allem die Art des Qualitätswandels in der Wissenschaftsentwicklung.

Mit der allgemeinen kulturellen Entwicklung ist ein Funktionswandel der Wissenschaft verbunden, der verstanden werden kann, wenn die Qualitätsumschläge in der Wissenschaft als Typenwandel begriffen werden. *Wissenschaftstypen* sind die Grundqualität wissenschaftlicher Tätigkeit zur Wirklichkeitserkenntnis, Technologieentwicklung und Zielbestimmung gesellschaftlichen und persönlichen Handelns unter konkret-historischen gesellschaftlichen Verhältnissen. Ihre Herausbildung, Reife und ihr Übergang zu neuen und höheren Typen ist kein Automatismus, sondern ein komplizierter Prozeß der zufälligen Verwirklichung von Möglichkeiten unter konkreten Bedingungen des durch die Gesellschaftsentwicklung existierenden materiellen und ideologischen Rahmens, des Wirkens von Persönlichkeiten und der innerwissenschaftlichen theoretischen und experimentellen Reife.

Wissenschaftsentwicklung ist dialektisch als Typenwandel nur zu verstehen, wenn auch die dialektische Grundidee von der Zyklizität im historischen Zusammenhang der Typen beachtet wird. Wissenschaft als Prozeß besteht aus Entwicklungszyklen. *Zyklizität* ist die dialektische Negation der Negation einer Ausgangsqualität in der höheren Qualität mit scheinbarer Rückkehr zum Alten und qualitativ besserer und quantitativ umfangreicherer Erfüllung der Funktionen der Ausgangsqualität. Dabei kommt es zu einer Verflechtung von Groß- und Kleinzyklen, von Wissenschafts- und Theorienzyklen. Der erste Großzyklus der Wis-

---

[14] Vgl. G. Kröber/H. Laitko, Sozialismus und Wissenschaft. Berlin 1972

senschaftsentwicklung von der „vorwissenschaftlichen Periode" mit der Einheit von praktisch-gegenständlicher Tätigkeit, Erkenntnis und Können über die Trennung von Wissenschaft und Praxis bis zur Herausbildung einer neuen Verbindung von Wissen und Können, von Forschung und Gesellschaft ist gegenwärtig im Wissenschaftstyp der wissenschaftlich-technischen Revolution durch die Herausbildung der Grundfunktionen der Wissenschaft in ihrem inneren Zusammenhang im Abschluß begriffen. Mit der wissenschaftlich-technischen Revolution und der unter nicht-antagonistischen gesellschaftlichen Verhältnissen entstehenden Einheit des Individuums als Produktivkraft und Persönlichkeit kann sich nun ein neuer Zyklus herausbilden, der nicht mehr die Wissenschaft allein betrifft, sondern durch den Zwang zur Technologie die Einheit von wissenschaftlichen Erkenntnissen und technologischer Beherrschung der Wirklichkeit. Die „Krise der Wissenschaft" führt zum „Ende der Wissenschaft" als vom materiellen Lebensprozeß losgelöster rationaler Wirklichkeitsbewältigung. Wenn solche Erscheinungen auftreten, dann handelt es sich um eine Deformation der Anforderungen, die im Wissenschaftstyp der wissenschaftlich-technischen Revolution die Kriterien wissenschaftlicher Arbeit bestimmten. Der neue Zyklus wird deshalb zukünftig Phasen der effektiveren und humaneren Gestaltung der Natur und der Gesellschaft, der Nutzung schöpferischer Potenzen der Persönlichkeit und der möglichen Eroberung neuer Lebensräume umfassen. Der erste uns für Geschichte und Gegenwart interessierende Großzyklus der Wissenschaftsentwicklung ist mit Groß- und Kleinzyklen der Theorienentwicklung und der Disziplinbildung verbunden.

Die komplizierte dialektische Struktur der Wissenschaft als Prozeß, mit Kumulation und Regression, über- und untergeordneten Tendenzen und Zyklen, macht es erforderlich, die *Hierarchie im Determinantensystem* der Wissenschaftsentwicklung zu erfassen, das als wissenschaftlichen Kernprozeß wissenschaftliche Revolutionen, die einen prinzipiellen Qualitätswandel des Theoriengefüges mit sich bringen, enthält. In Abhängigkeit von den Entwicklungsphasen der Theorienbildung wechseln die Hauptdeterminanten. Gesetze der Wissenschaftsentwicklung umfassen die Umsetzung gesellschaftlicher Anforderungen an die Wissenschaft in wissenschaftliche Probleme durch die Wissenschaftler. Diese

Gesetze haben stets konkrete Existenz- und Wirkungsbedingungen und damit historischen Charakter.

Wissenschaftsentwicklung folgt dem *Zwang zur Dialektik,* d. h. Wissenschaft erzwingt selbst tieferes Eindringen in die Grundprinzipien der materialistischen Dialektik durch die sich erweiternde wissenschaftliche Erkenntnis, und diese folgt dabei in ihrer Widersprüchlichkeit, ihren Qualitätsumschlägen und in ihrer Zyklizität den Grundgesetzen der Dialektik. Wissenschaftsentwicklung ist so selbst ein dialektischer Prozeß im doppelten Sinne. Wissenschaft ist als dialektischer Prozeß durch den materiellen Lebensprozeß der Gesellschaft, durch Problemsituationen und durch die Rolle von Persönlichkeiten bedingt und bestimmt. Aber auch die Erkenntnis der objektiven und subjektiven Dialektik und der Dialektik des Erkenntnisprozesses verläuft in Philosophie und Spezialwissenschaften dialektisch, denn die materialistische Dialektik braucht einerseits die Ergebnisse der Spezialwissenschaften, um mit philosophischer Verallgemeinerung die allgemeinen Aussagen zur Dialektik zu präzisieren. Dabei kann undialektisches Herangehen von „Dialektikern" an die Erkenntnis und ihre Verwertung zu Entstellungen der Dialektik führen. Andererseits vertreten Spezialwissenschaftler dialektische Positionen, ohne darüber bewußt zu reflektieren. Manchmal kommt es, entgegen wissenschaftlichen Einsichten, aus ideologischen und weltanschaulichen Gründen sogar zur Ablehnung der Dialektik als Erkenntnistheorie und Methodologie. Aber der Zwang zur Dialektik setzt sich in der Einheit von fördernden und gegenläufigen Tendenzen als spätere Synthese gegensätzlicher Positionen durch.

Materialistische Dialektik kann ihre heuristische Funktion besser erfüllen, wenn sie sich als *dialektische Erkenntnistheorie und Methodologie* profiliert. Nur so kann philosophisches Wissen, als weltanschauliche Lebens- und Entscheidungshilfe zwar genutzt, aber als erkenntnisfördernde Denkhilfe weniger beachtet, zum Reservoir für schöpferische Ideen werden.[15]

---

[15] Vgl. H. Hörz, Marxistische Philosophie und Naturwissenschaften. Berlin 1974; H. Hörz/U. Röseberg (Hrsg.), Materialistische Dialektik in der physikalischen und biologischen Erkenntnis. Berlin 1981; M. Buhr/H. Hörz (Hrsg.), Naturdialektik — Naturwissenschaft. Das Erbe der Engelsschen „Dialektik der Natur" und seine aktuelle Bedeutung für die Wissenschaftsentwicklung. Berlin 1986

Erkenntnis ermöglicht Technologieentwicklung. Wissen ist Macht durch die damit entstandenen Herrschaftsmittel des Menschen. Das führt gegenwärtig immer wieder zu der Frage, worin der *Wert der Wissenschaft* für den Menschen bestehe. Sorge über die antihumane Verwertung wissenschaftlicher Erkenntnisse und qualitativ neuer Technologien wird berechtigt geäußert. Eine dialektische Theorie der Wissenschaftsentwicklung hat die Grundfunktionen der Wissenschaft zu bestimmen, um damit das relative Ziel zyklischer Entwicklung erfassen zu können.[16] Darüber hinaus sind auch die historischen Dimensionen des Mensch-Natur-Verhältnisses zu beachten, Tendenzwenden im Umweltbewußtsein und Technologieverständnis zu berücksichtigen und die Frage zu beantworten, ob die Freiheit des Menschen der Wissenschaft Grenzen setzt.

4. Finalisierung?

Wissenschaft besitzt ihre innere Entwicklungsdialektik, aber sie allein bestimmt nicht, warum welche Erkenntnisse gesellschaftlich verwertet werden. Sie allein erklärt auch nicht, warum sich unter bestimmten Bedingungen konkret-historische Wissenschaftstypen herausbilden, die sich prinzipiell voneinander unterscheiden (Diskontinuität), aber zugleich Ausdruck der durchgängigen Tendenz zur Höherentwicklung durch Wissenserweiterung und bessere Technologien sind (Kontinuität). Deshalb ist der dialektische Zusammenhang von Wissenschafts-, Produktivkraft- und Gesellschaftsentwicklung zu beachten. Es gibt theoretische Versuche, Wissenschaft als dialektischen Prozeß zu erfassen, indem die Einheit von Wissenschafts- und Gesellschaftsentwicklung betont wird. So wurde in der Auseinandersetzung mit Einseitigkeiten des Internalismus und Externalismus das Finalisierungskonzept entwickelt, das aus der Sicht der materialistisch-dialektischen Theorie m. E. jedoch bestimmte Mängel aufweist.

---

[16] Vgl. H. Hörz/K.-F. Wessel, Philosophische Entwicklungstheorie. Weltanschauliche, erkenntnistheoretische und methodologische Probleme der Naturwissenschaften. Berlin 1983

Dem Internalismus wird die Nichtbeachtung der gesellschaftlichen Determination vorgeworfen, der Externalismus vernachlässigt die inneren Faktoren der Wissenschaftsentwicklung. Mit dem Konzept der Finalisierung der Wissenschaften sollen diese Einseitigkeiten deshalb zurückgewiesen werden.[17] Die Reife einer Disziplin ist danach durch die Formulierung einer allgemeinen Theorie bestimmt, die gesellschaftlich genutzt wird. Die Finalisierung der Wissenschaften soll auf diese gesellschaftliche Verwertung der Theorienentwicklung aufmerksam machen, auf das eigentliche Finalprodukt der Wissenschaft. Sie verlangt deshalb die gesellschaftliche Steuerung wissenschaftlicher Tätigkeit. So wird festgestellt: „Die interne Entwicklung der Wissenschaft erzeugt einen Spielraum für eine gesellschaftliche Steuerung der Wissenschaft auf der Ebene von Grundlagenforschung".[18] Dazu ist festzuhalten, daß die Steuerung nicht direkt erfolgt. Gerade die erkenntnisorientierte Forschung entzieht sich ihr. Sie liefert neue Beiträge zum Weltfundus der Wissenschaften, den sie dadurch erweitert. Für sie ist Richtungsplanung möglich. Steuerung kann vor allem über Objektplanung erfolgen, die die technologische Nutzung des Weltfundus der Wissenschaften erreichen will. Überhaupt kann gesellschaftliche Steuerung nur den gesellschaftlichen Rahmen für die Theorienentwicklung geben. Die sich daraus ergebende Varianzbreite für die Entscheidungen des Forschers ist groß. Außerdem darf die Rolle des Zufalls in der Wissenschaftsentwicklung nicht vernachlässigt werden. Die Wissenschaftsgeschichte liefert viele Beispiele dafür, daß Forscher mit Spürsinn zufällige Ereignisse als Grundlage für hervorragende Entdeckungen nahmen. Gesellschaftliche Steuerung bevorzugt bestimmte Richtungen mit dem Ziel der gesellschaftlichen Verwertung von Forschungsergebnissen. Ihre Effektivität kann deshalb erst am Ergebnis gemessen werden.

Von den Vertretern der Finalisierungskonzeption wird selbst darauf hingewiesen, daß die Theorienentwicklung am Leitfaden externer Zwecke „weder die einzige noch auch nur die vorherrschende Form der externen Orientierung von Wissenschaft ist."

[17] Vgl. G. Böhme u. a., Die gesellschaftliche Orientierung des wissenschaftlichen Fortschritts. Frankfurt a. Main 1978

[18] Ebenda, S. 224

Es wird festgestellt: „Man braucht mit der Steuerung der Wissenschaft nicht zu warten, bis die Theorien theoretische Reife erlangt haben; häufig kann man nicht solange warten. Der Bedarf an wissenschaftlicher Problemlösung folgt aus den externen gesellschaftlichen Zielen ohne Rücksicht auf die in den Disziplinen definierten wissenschaftlichen Fronten und Möglichkeiten der Theorieentwicklung.“[19] Sicher ist es so, daß gesellschaftliche Interessen zu einem Aufschwung wissenschaftlicher Arbeit auf einem bestimmten Gebiet führen können. Aber das hebt die Bedeutung der in den Disziplinen definierten wissenschaftlichen Fronten und der Möglichkeiten der Theorienentwicklung nicht auf. Die Beantwortung der Frage, was gesellschaftlich notwendig und ökonomisch machbar ist, erfordert als Voraussetzung die Feststellung, was wissenschaftlich möglich und technisch realisierbar ist. Durch gesellschaftliche Bedingungen, seien es materielle und moralische Stimuli, gesellschaftliche Forderungen und die Bereitstellung von Mitteln, können nur existierende Möglichkeiten verwirklicht werden.

Ein Beispiel dafür, daß existierende Möglichkeiten, in diesem Fall zum Glück für die Menschheit, nicht realisiert werden, wenn politische Forderungen nicht erfüllt werden, ist die Arbeit am überkritischen Reaktor im faschistischen Deutschland, die zur Atombombe führen sollte. Die Forderungen der faschistischen Führer an die Atomwissenschaftler, in einem Zeitraum von weniger als einem Jahr einen hochexplosiven Sprengstoff herzustellen, brachte nach der verneinenden Antwort die Rücknahme höchster Prioritäten für dieses Forschungsprogramm. Die Möglichkeiten für die Produktion der Atombombe existierten, das zeigten die Forschungen in den USA, die nach 1942 mit größter Konzentration von Personen und Mitteln auf dieses Projekt durchgeführt wurden. Aber sie wurden nur unter bestimmten Bedingungen realisiert. Dazu gehörte in den USA das Zusammentreffen von antifaschistischen Tendenzen und Weltherrschaftsplänen führender Kreise.

Das Finalisierungskonzept hat ähnliche Schwächen, wie andere Ansätze, die das Verhältnis von externen und internen Faktoren der Wissenschaftsentwicklung untersuchen. Meist wird nach einer

[19] Ebenda, S. 224

direkten Vermittlung zwischen inneren und äußeren Faktoren gesucht. Der entscheidende Faktor, der Wissenschaft und Gesellschaft miteinander verbindet, nämlich die Wissenschaftlerpersönlichkeit, wird aus der Betrachtung ausgeschlossen. Wissenschaftler setzen Anforderungen in Theorienentwicklung um, nutzen gesellschaftliche Mittel, bewerten wissenschaftliche Erkenntnisse und arbeiten Technologien aus. Dabei kann sich die Widersprüchlichkeit von Interessen auch in Zielkonflikten ausdrücken. Das Sozialprestige von Anhängern und Gegnern eines theoretischen Ansatzes kann über die Annahme oder Ablehnung eines Forschungsprogramms entscheiden. Solche Faktoren sind genauer zu untersuchen.

5. Wissenschaft in einer Wertkrise?

Aber nicht nur erkannte theoretische Probleme, die mit den Determinanten des wissenschaftlichen Fortschritts verbunden sind, verlangen von einer dialektischen Theorie der Wissenschaftsentwicklung Lösungen. Es sind vor allem drei Tendenzen gegenwärtiger Wissenschaftsentwicklung, die Anlaß zur Sorge bieten und so eine theoretische Herausforderung darstellen. Sie haben zu Zweifeln am Wert der Wissenschaft, an der humanen Beherrschbarkeit ihrer Ergebnisse geführt.

Erstens: Die Wissenschaft liefert Grundlagen nicht nur für die Entwicklung von Produktivkräften, sondern auch für umfangreiche Destruktivkräfte. Dazu gehören die Massenvernichtungswaffen physikalischer, chemischer und biologischer Art, aber auch die Präzisionswaffen konventioneller Art und die Verbindung aller Waffensysteme mit Laserwaffen bei der Militarisierung des Weltraums durch die USA. Jede Erkenntnis der Naturgesetze bietet die Möglichkeit, gesetzmäßige Varianten zu finden, deren Realisierung dem Menschen schadet. Umfangreiche Aufrüstung oder die Nutzung des wissenschaftlich-technischen Fortschritts zur qualitativen Verbesserung des Waffenarsenals erweitert die potentielle Bedrohung der Menschheit. Einen Ausweg bietet die Abrüstung im Zusammenhang mit der Politik der friedlichen Koexistenz von Gesellschaftssystemen mit unterschiedlicher Gesellschaftsordnung. Die Wissenschaft muß dazu beitragen, Wege zu finden, um das militärstrategische Gleichgewicht zu erhalten und sein Niveau herabzusetzen. Sie hat auch durch Friedensforschung ihren Beitrag dazu zu leisten, indem sie realisierbare Modelle der Weltentwicklung aufstellt, die durch demokratische Kräfte als Ziele und Handlungsprogramme genutzt werden können.

Zweitens: Die technologische Verwertung wissenschaftlicher Erkenntnisse führte zu einer rücksichtslosen Ausbeutung der Natur, die mit starken ökologischen Schäden der verschiedensten Art verbunden ist. Die traditionellen natürlichen Ressourcen für die Produktion materieller Güter werden immer mehr ausgeschöpft. Möglichkeiten zur Behebung der Energiekrisen, der Rohstoffprobleme und der Umweltverschmutzung werden untersucht. Mögliche gesundheitliche Schäden durch die Chemisierung der Natur, durch die verschärfte Ausbeutung des Menschen bei der intensivierten imperialistischen Profitproduktion, auch durch profitable aber gefährliche Pharmaka, und durch lebensbedrohende militärische Tests, die die Hochrüstung von USA und NATO fordert, sind zu berücksichtigen. Im Bewußtsein vieler Menschen wird die Natur durch die Wissenschaftsentwicklung immer lebensfeindlicher. Der dem Wohlbefinden dienende Lebensrythmus erscheint gestört. Nicht zuletzt wird auch die psychische Umweltverschmutzung genannt. Sie betrifft die auf Aggressionen orientierte Vermittlung von Informationen durch imperialistische Massenmedien. In Auseinandersetzung mit diesen möglichen und wirklichen Schäden geht es um die bewußte humane Gestaltung einer menschenfreundlichen Umwelt. Dazu bedarf es strategischer Programme zur Lösung globaler Probleme, die von der Wissenschaft auszuarbeiten sind. Sie betreffen das Verhältnis von Wissenschaft und Humanismus, die Verflechtung von Energie, Rohstoffen, Ernährung, Gesundheit und Persönlichkeitsentwicklung.

Drittens: Die Mathematisierung der Wissenschaften schreitet immer mehr voran. Der Mensch-Maschine-Dialog entwickelt sich. Elektronische Datenverarbeitung hilft bei der Entscheidungsfindung und ist so Grundlage von Lebensprogrammierung. Industrieroboter ersetzen menschliche Arbeitskräfte. Dabei zeigen sich die unterschiedlichen sozialökonomischen Wirkungen im Kapitalismus und Sozialismus. Das führt zu philosophischen Problemen. In der Mathematisierung und Roboterisierung des Lebens wird eine der Humanisierung der Wissenschaften entgegengesetzte Tendenz gesehen. Es wird die Frage gestellt, ob der Mensch dem Computer untergeordnet sei. Mathematisierung und Humanisierung der Wissenschaften scheinen sich so zu widersprechen. Mit der intensiven mathematischen Untersuchung der Seinsstrukturen befürchtet man, daß der Sinn des menschlichen Lebens, Bestandteil der Humanisierung der Wissenschaften, vergessen würde und die humane Rolle der Wissenschaft über der wissenschaftlichen Analyse verloren ginge. Zur Dialektisierung der Wissenschaften, d. h. der bewußten Nutzung dialektischer Einsichten zur Erfassung von Wissenschaftsentwicklung und objektiver Dialektik in Natur und Gesellschaft, gehört deshalb die gestaltete Einheit von Humanisierung und Mathematisierung der Wissenschaften als einem Ausdruck der Dialektik von Effektivität und Humanität. Damit ist die Philosophie angesprochen, weltanschauliche Fragen nach der Stellung des Menschen in der Welt, nach dem Sinn des Lebens und nach dem Charakter des gesellschaftlichen Fortschritts zu beantworten. Es geht um wissenschaftlich begründete Antworten auf diese Fragen.

Die genannten Tendenzen der Wissenschaftsentwicklung und die angedeuteten Lösungsmöglichkeiten für die dabei auftretenden Probleme führen zu umfangreichen Diskussionen über die Funktionen der Wissenschaften in der Gegenwart. Der Wissenschaftsphilosoph muß die dabei auftretenden Haltungen sorgfältig analysieren, um Standpunkte zu den kontroversen Auffassungen zu beziehen.

Eine wichtige Position, die den zu erörternden Grundlagen einer dialektischen Theorie der Wissenschaftsentwicklung entspricht, ist die, daß der wissenschaftlich-technische Fortschritt eine wesentliche Voraussetzung des gesellschaftlichen Fortschritts ist. Es wäre undialektisch, aus dieser Haltung schon einen naiven Fortschrittsoptimismus abzuleiten, aber die Ablehnung von Wissenschaft und Technik ist nicht nur eine Illusion, sondern auch eine dem menschlichen Wesen, das schöpferisch ist und bewußt seine Existenzbedingungen gestaltet, nicht entsprechende Alternative zu Problemen der Wissenschaftsentwicklung. Wer Wissenschaft überhaupt beseitigen will, stellt die Existenz wesentlicher Menschheitsmerkmale in Frage.

Es gibt kontroverse Standpunkte zum Wert der Wissenschaft. Die Varianzbreite weltanschaulicher Kontroversen umfaßt pessimistische und optimistische Varianten der Wissenschaftsentwicklung. Sie drückt die gesellschaftliche Determination der Wahrheitssuche, Bewertung und Verwertung der Wissenschaft unter konkreten Verhältnissen und ihre philosophische Reflexion aus. Die Beiträge zur Lösung von Menschheitsproblemen durch humanistische Wissenschaftler verlangen einen wissenschaftlich begründeten, realen Optimismus, der die mit der Wissenschaftsentwicklung entstandenen Schwierigkeiten berücksichtigt, strategische Programme zu ihrer Überwindung fördert und durchsetzt und sich weltanschaulich von der Wissenschaftsfeindlichkeit und den romantischen Illusionen abgrenzt. Dabei ist zu beachten, daß ökonomische, politische und ideologische Interessen zu Bedürfnissen werden und Wissenschaftsentwicklung beeinflussen, was sich in staatlichen Wissenschaftsprogrammen ausdrückt. Durch die Gestaltung solcher gesellschaftlicher Verhältnisse, in denen die Wissenschaft ihre wahre Rolle spielen kann, durch die demokratische Kontrolle der Wissenschaftsentwicklung und die moralische Verantwortung der Wissenschaftler für die Verwendung ihrer Produkte können diese Anforderungen so kanalisiert werden, daß sie der humanen Verwertung wissenschaftlicher Erkenntnisse dienen.

Die Funktionen der Wissenschaften, das zeigt die historische Entwicklung, sind nicht aus dem negativen Wirken der Wissenschaft auf den gesellschaftlichen Fortschritt allein abzuleiten. Wissenschaftliche Erkenntnisse sind polivalent nutzbar. Die gesellschaftlich determinierte Finalisierung der Wissenschaften zeigt sich dabei in den materialisierten Ergebnissen der Wissenschaftsentwicklung. Die Grundfunktionen der Wissenschaft müssen jedoch auch ausweisen, wie man zu diesen Produkten kommt. Insofern sind jene aus der Entwicklung der Wissenschaft als relativ selbständigem System in der gesellschaftlichen Arbeitsteilung in seiner Verflechtung mit anderen gesellschaftlichen Bereichen zu bestimmen. Die Anforderungen an eine dialektische Theorie der Wissenschaftsentwicklung reichen also von der Einsicht in die Grundfunktionen der Wissenschaft, die am ausgebildeten Wissenschaftssystem studiert, Hinweise auf ihre Herausbildung, Deformation und Reife geben, über den Typenwandel der

Wissenschaft, die Zyklizität der Erkenntnisprozesse und die Determinanten der Wissenschaftsentwicklung, bis zum qualitativ neuen Verhältnis des Menschen zur Natur und zur Technik und den dadurch entstandenen Wertproblemen. Der Wertkrise der Wissenschaft kann begegnet werden, wenn es gelingt, die Humanpotentiale der Wissenschaften so zu nutzen, daß Freiheitsgewinn der Persönlichkeit durch gesellschaftlichen Fortschritt im Frieden erreicht wird.

6. Wissenschaftsentwicklung als Entwicklungszyklus

Die Wissenschaftsentwicklung kann von der Entstehung der Wissenschaft durch die Trennung von rationaler Erkenntnis und materiellem Lebensprozeß der Gesellschaft bis zur wissenschaftlich-technischen Revolution als qualitativ höhere Einheit von Wissen und Können, Theorie und Praxis als Entwicklungszyklus verstanden werden. Entwicklungskriterien sind die qualitativ bessere und quantitativ umfangreichere Erfüllung der sozialen Funktionen der Wissenschaft als Produktiv-, Kultur- und Humankraft. Dieser Großzyklus verläuft über den Nulltyp bis zur Herausbildung der Wissenschaft, die erst auf einer hohen Stufe der Kulturentwicklung erfolgte. Arbeitsteilung, Produktivitätszuwachs durch Werkzeuge, umfangreiche Erfahrungen, Sprachentwicklung machte Wissenschaft als Welterklärung und Wahrheitssuche zu einer spezifischen Tätigkeit einer bestimmten Gruppe von Menschen, die eine Herrschafts- und Bildungselite im Vergleich mit den Massen darstellten. In Europa war die Herausbildung der Wissenschaft in der Vorphase mit den Leistungen in Vorderasien und Ägypten, die Reifephase mit den Erkenntnissen der Griechen und die Ausgestaltungsphase mit der römischen Verwertung von Erkenntnissen verbunden.

Die in der Reifephase entstandenen Leistungen von Aristoteles u. a. wirkten nachhaltig auf die geistige Entwicklung im Wissenschaftstyp des Zunfthandwerks und der autarken Landwirtschaft ein. In ihm setzte sich die notwendige Trennung von Wissenschaft und Produktion fort. Es wurden jedoch wesentliche theoretische Leistungen als Voraussetzung für die Bestimmung von Kriterien wissenschaftlicher Rationalität erarbeitet und die Orientierung des

Christentums auf die Arbeit schuf wichtige Voraussetzungen für die spätere Verbindung von Naturphilosophie und Renaissancetechnik in der Physik. Die Emanzipation der exakten Naturwissenschaften von der Philosophie gehört zur Vorphase des Wissenschaftstyps der industriellen Revolution. Sie brachte ein Wissenschaftsverständnis, in dem die Trennung von Natur- und Kulturwissenschaften, von Wahrheit und Wert wissenschaftlicher Erkenntnisse dominierte, mit sich, das erst im Wissenschaftstyp der wissenschaftlich-technischen Revolution wieder aufgehoben wird. Durch die Einheit von Erkenntnis und Bewertung kann Wissenschaft auch zur moralischen Instanz werden.

Wissenschaftsentwicklung ist also als gesellschaftlicher Gesamtprozeß vom Entstehen der Wissenschaft bis zum Wissenschaftstyp der wissenschaftlich-technischen Revolution als Entwicklungszyklus von der Ausgangs- bis zur höheren Endqualität zu verstehen, denn die wissenschaftlich-technische Revolution liefert Voraussetzungen für eine qualitativ bessere und quantitativ umfangreichere Befriedigung materieller und kultureller Bedürfnisse, fördert das Schöpfertum und läßt das Selbstbewußtsein der Individuen wachsen. Ausgangsqualität ist die in der klassenlosen Urgesellschaft vorherrschende Einheit von Empirie und Theorie, von Erkenntnis und Anwendung, von Wissen und Können bei der Befriedigung menschlicher Bedürfnisse. Mit der scheinbaren Rückkehr im Wissenschaftstyp der wissenschaftlich-technischen Revolution zu ihr durch den Zwang zur Technologie und die Einheit von Erkenntnis und Gestaltung der natürlichen und gesellschaftlichen Umwelt gibt es einen vergleichbaren Zusammenhang, der die höhere Qualität zeigt. Der neuen Einheit entsprechen die Forderungen nach einer neuen Mensch-Natur-Union in der Ökologiedebatte, nach Technologien als humaneren Herrschaftsmitteln des Menschen. Sie verweisen auf die historische Dimension des Mensch-Natur-Verhältnisses. Der Mensch hat sich aus der Natur herausgehoben und überwand in der dialektischen Negation als gesellschaftliches Wesen seine Naturunterordnung und relative Abhängigkeit von der Natur immer mehr durch wissenschaftliche Erkenntnis als Handlungsorientierung.

Im historischen Prozeß entstand notwendig eine fast völlige Trennung von Wissenschaft und materiellem Lebensprozeß der Gesellschaft, in der die Bildungsfunktion für eine Elite im Vordergrund stand, die im Interesse der herrschenden Klasse Erkenntnisse auch für die praktische Verwertung erwarb und nutzte. Erst mit dem Wissenschaftstyp der industriellen Revolution wird die Wissenschaft immer mehr zur unmittelbaren Produktivkraft. Er gehört zwar noch zur Phase der Trennung von Wissenschaft und Praxis, zeigt jedoch schon wesentliche Tendenzen zu ihrer Aufhebung. Diese Widersprüchlichkeit drückt sich in den neuen Möglichkeiten rationeller Naturgestaltung einerseits und dem Raubbau an der Natur andererseits aus. Die große Industrie ermöglicht verschärfte Ausbeutung der Arbeiter, und der entsprechende Wissenschaftstyp hemmt mit seiner expertokratischen Ausrichtung die Sicht auf die Zusammenhänge zwischen Mensch, Natur, Technik, Gesellschaft und Kultur. Ein Naturbegriff entsteht, der nur die technisch verfügbare Natur berücksichtigt, was zu romantischen Gegenreaktionen führt. Mit dem Wissenschaftstyp der wissenschaftlich-technischen Revolution, in dem die Herausbildung einer materiell-technischen Basis gefördert wird, die Zielen des Sozialismus und Kommunismus dient, wird die dialektische Negation der Negation vollzogen und auf höherem Niveau, durch die Nutzung wissenschaftlicher Methoden, durch qualitativ neue Technologien und durch die humane Gestaltung des wissenschaftlich-technischen Fortschritts, die Einheit von Erkennen und Handeln als Einheit von Wissenschaft und Praxis wieder hergestellt.

Wissenschaftsentwicklung als Typenwandel ist also aus der Sicht der philosophischen Entwicklungstheorie ein großer Entwicklungszyklus. Er geht von der Einheit von geistiger und körperlicher Arbeit bei der bewußten Gestaltung der Umwelt auf niedrigem Niveau der Bedürfnisbefriedigung durch soziale Organisation und Werkzeugproduktion aus. Ihre dialektische Negation ist die Entstehung der Wissenschaft durch die Trennung von geistiger und körperlicher Arbeit, die zur Herausbildung diffiziler Erkenntnismethoden mit umfangreicher materiell-technischer Basis führte, teilweise Erkenntnis zum Selbstzweck werden ließ, die Natur zum Ausbeutungsobjekt des Menschen machte und Wissenschaft in wesentlichen Aspekten von der gesellschaftlichen Praxis trennte, aber zugleich tiefere Einsichten in Natur- und Gesellschaftsprozesse lieferte. Die Entwicklung über den Typ der Herausbildung von Wissenschaft, den Wissenschaftstyp des

Zunfthandwerks und der autarken Landwirtschaft sowie den der industriellen Revolution ermöglichte die Vorbereitung der dialektischen Negation der Negation, die sich mit dem Wissenschaftstyp der wissenschaftlich-technischen Revolution vollzieht. So erhält die Wissenschaft erst ihre volle Reife unter nicht-antagonistischen Gesellschaftsbedingungen, weil sie nun, ohne sozialökonomische Schranken auf einem hohen theoretischen und technologischen Niveau ihre Funktion als Produktivkraft bei der effektiven Gestaltung des Stoffwechsels mit der Natur, als Kulturkraft bei der Nutzung aller schöpferischen Potenzen zum Erkenntnisgewinn und als Humankraft bei der humanen Gestaltung sozialer Beziehungen und des wissenschaftlich-technischen Fortschritts erfüllen kann.

Die Untersuchung der Wissenschaftsentwicklung bringt als Typenwandel dann theoretische Vorteile, wenn der Tendenzcharakter des Entstehens höherer Qualitäten in Entwicklungszyklen, die Existenz von Möglichkeitsfeldern in jedem Wissenschaftstyp und der probabilistische Übergang von einem Typ zum anderen beachtet wird. Dann ist die vorwissenschaftliche Phase Bestandteil des Entwicklungszyklus der Wissenschaften. Wissenschaftsentwicklung wird im Zusammenhang mit dem materiellen Lebensprozeß der Gesellschaft betrachtet, ohne daraus eine direkte Entsprechung von Produktionsweise und Erkenntnisweise mit ihrer Theoriendynamik ableiten zu können. Die Typisierung der Wissenschaft als Prozeß ist nicht an die Periodisierung der politischen Geschichte gebunden, obwohl stets die sozialökonomischen und politisch-ideologischen Zusammenhänge zwischen Wissenschaftstyp und politisch-ökonomischer sowie weltanschaulich-kultureller Entwicklung zu beachten sind. Dabei ist die Erklärung als Typenwandel kein vorgegebenes Schema, sondern ein heuristisches Prinzip, das der Präzisierung durch Fallstudien und ihrer Verallgemeinerung bedarf.

Die Hervorhebung des Entwicklungszyklus von der vorwissenschaftlichen Phase über die Trennung von Wissenschaft und Praxis bis zur wahren Rolle der Wissenschaft in der klassenlosen Gesellschaft ist möglich, weil wir in der Phase der Ausgestaltung der Wissenschaft in ihren Grundfunktionen als einem sich vollendenden Entwicklungsprozeß leben. Dabei werden noch kompliziertere Prozesse neu zu beherrschen sein. Trotzdem ist schon festzuhalten, daß Entwicklung mit einem Entwicklungszyklus nicht abgeschlossen ist. Die erreichte höhere Qualität ist der Ausgang eines neuen Zyklus. So beginnt nun die eigentliche Geschichte der Wissenschaft. Obwohl wir noch wenig darüber wissen, kann man annehmen, daß die wissenschaftlich-technische Revolution zukünftig verschiedene Phasen durchmacht, was zur Erweiterung des Erklärungs- und Humanpotentials im Wissenschaftstyp der wissenschaftlich-technischen Revolution führen würde. So kann es mit der Revolution der Denkzeuge durch künstliche Intelligenz zu einer breiten Anwendung wissenschaftlicher Methoden im Alltag kommen, was die auch noch heute existierende Expertenelite erweitert, weil der Zugriff zu Kenntnissen erleichtert wird. Raumforschung könnte zur Gewinnung neuer Lebensräume führen und Gentechnologien humangenetische Hilfe bei Genschäden ermöglichen. Es lohnt sich, über den Entwicklungszyklus der wissenschaftlich-technischen Revolution und seine Phasen weiter nachzudenken.

Hermann Lübbe

Dialektik, Gesellschaftssystem und die Zukunft der wissenschaftlich-technischen Zivilisation

Kommentar zum Beitrag von Herbert Hörz

Die Menge dessen, worin ich mit Herbert Hörz übereinstimme, ist ungleich größer als die Menge der Thesen, denen ich widersprechen möchte. Entsprechend müßte ich ausführlich und wiederholend werden, wenn ich darlegen wollte, worin ich mich mit Herbert Hörz in Übereinstimmung weiß. Produktiver und zeitsparender ist es somit, wenn ich mich auf die Darlegung einiger wesentlicher Einwendungen beschränke.

Der erste Einwand, den ich formulieren möchte, ist nicht einmal ein Einwand in der Sache. Er betrifft einen Begriffsgebrauch und, wenn man genau hinsieht, sogar nur den Gebrauch eines Begriffsnamens. In der hiesigen Wissenschaftsgeschichtsschreibung wie auch in der philosophischen Theorie der Wissenschaftsentwicklung begegnet uns der Begriffsname „Dialektik" äußerst selten. Im Referat von Herbert Hörz hingegen ist er schon im Titel des Referats zentral, und auch im Text dürfte er – ich habe das nicht durchgezählt – der nach „Wissenschaft" mit Abstand am häufigsten gebrauchte Begriffsname sein.

Ein solcher Unterschied in Texten zur Theorie der Wissenschaftsentwicklung sticht natürlich ins Auge. Wie haben wir ihn zu deuten? Zwei Möglichkeiten der Deutung bieten sich an: Entweder verfügen die Forscher im ideologiepolitischen Kontext des historischen und dialektischen Materialismus über einen Begriff, der den Wissenschaftsgeschichtsforschern außerhalb dieses Kontexts fehlt, oder es handelt sich bei dem sprachgebrauchspraktisch so unübersehbaren Bestand um eine rein verbale Differenz, gemäß der man auf der einen Seite einen generell wichtigen und daher auch überall benutzten Begriff lediglich anders benennt als auf der anderen Seite.

Meine These ist, daß „Dialektik" und „dialektisch" in der Tat nur in verbaler Hinsicht Spezialitäten der Wissenschaftsgeschichtstheorie marxistischer Prägung sind, sozusagen ein für rhetorische Zwecke nutzbares verbales Markenzeichen. Der Begriff hingegen, als dessen Namen bei Herbert Hörz „Dialektik" oder „dialektisch" auftreten, hat keinerlei ideologische Spezifik. Es handelt sich vielmehr um einen gänzlich systemneutralen Begriff. Das spricht selbstverständlich nicht gegen die Darlegungen Herbert Hörz'. Es führt uns lediglich, in einem signifikanten Fall, die historisch-politische Kontingenz von Wortgebräuchen sogar in der Wissenschaftssprache vor Augen.

Wenn das so ist—: was wäre denn das begriffsnamensmäßige Äquivalent von „Dialektik" oder „dialektisch" außerhalb des ideologiepolitischen Kontextes, in welchem diese Begriffsnamen aus hier der Erläuterung nicht bedürftigen historischen und politischen Gründen unvermeidlich, sozusagen kanonisch, festgeschrieben sind? Ich stieß auf dieses Begriffsnamensäquivalent bereits Mitte der fünfziger Jahre, als ich einen Aufsatz von Edward G. Ballard las, und zwar zum Thema „On the Nature and Use of Dialectic" (Philosophy of Science 22 (1955), pp. 205—213). In der Tradition der Philosophie des so genannten Deutschen Idealismus ist ja bei deutschen Philosophen von Dialektik immer wieder die Rede gewesen, und in der weltgeschichtlichen ideologiepolitischen Wirkung dieser Philosophie in den Traditionen des Marxismus-Leninismus-Stalinismus-Maoismus ohnehin. Da möchte man doch auch außerhalb dieser philosophischen und ideologiepolitischen Traditionen gern einmal wissen, worum es sich bei dieser Dialektik eigentlich handle, und Ballard fand die naheliegende, plausible Antwort, „dialectic" sei als „mutual causation" übersetzbar, für die man sich als technisches Modell die „self-regulation" in der maschinellen Kybernetik vorstellen möge. „Dialektisch", so ließe sich das zusammenfassen, ist mit „rückgekoppelt" äquivalent, und für „Dialektik" kann auch „feed-back" eintreten.

Daß in der Tat für die Beschreibung der Wissenschaftsentwicklung Begriffe der Kybernetik und der Systemtheorie nützlich, ja längst unentbehrlich geworden sind, bedarf an dieser Stelle kaum eines Nachweises. Wir haben doch auch als Wissenschaftshistoriker alle längst in Inanspruchnahme dieser Begriffe zu denken und zu beschreiben gelernt. Die wissenschaftsinterne Steigerung der Wissensproduktion setzt wissensabhängige technische Entwicklungen frei; diese technischen Entwicklungen sind ihrerseits forschungstechnisch nutzbar mit dem Effekt zusätzlicher Gewinne von Einsichten in das, was der Fall ist, insbesondere durch die technisch ermöglichte größere Eingriffstiefe in die Dimensionen des sehr Großen, des sehr Kleinen und des sehr Komplizierten. Solche Rückkoppelungseffekte erhöhen zugleich die Innovationsrate pro Zeiteinheit, was seinerseits wiederum auf Fälligkeiten der Lehre zurückwirkt (Curriculum-Reform in Permanenz). Unter dem Druck dieser Fälligkeiten verändern sich die wissenschaftlichen Institutionen ihrerseits. Sogar auf unsere Persönlichkeitssysteme werden verändernde Wirkungen ausgeübt etc. usf. — Kurz: Alles hängt in komplexen wissenschaftlich-technischen Zivilisationen mit allem zusammen, und das ist es wohl, was, bevor man die Analysen ins Detail treibt, vorweg konzeptuell zusammenfassend eben „dialektisch" nennt.

Wohlgemerkt: Ich habe mit diesen Erinnerungen, insoweit, den Unterschied zwischen marxistischer und gewöhnlicher Theorie der Wissenschaftsentwicklung als einen Unterschied verbaler Anmutungsqualitäten charakterisiert. In der Sache, das heißt auf der Ebene nicht der Begriffsnamen, vielmehr der Begriffe selbst springen die durch die Sache selbst erzwungenen Übereinstimmungen ins Auge. Immerhin wird dadurch deutlich, daß die Wissenschaftssysteme, bei durchaus analogen Theoriebildungsbemühungen, sich in wichtigen Elementen jeweils kultivierter Wissenschaftssprache gewichtig unterscheiden können, und zwar in Abhängigkeit nicht von Beiläufigkeiten, vielmehr in Abhängigkeit von politisch fundamentalen ideologischen und philosophischen Traditionen.

Der Mißbrauch der Wissenschaften und der von ihnen abhängigen Technik zu moralisch und politisch nicht zustimmungsfähigen Zwecken ist ein heute bevorzugter Gegenstand wissenschaftskultureller und wissenschaftspolitischer Debatten, und auch Herbert Hörz hat entsprechend dieses Mißbrauchsproblem dankenswerterweise thematisiert. Gestört hat mich insoweit lediglich, daß die prominenten Exempel, die Herbert Hörz für politischen Wissenschafts- und Technikmißbrauch angeführt hat, exklusiv faschistische oder amerikanische Beispiele waren. Auch hierzu, vorweg, noch eine Wortgebrauchsanmerkung: Wo Herbert Hörz das Wort „faschistisch" gebrauchte, hätte es natürlich, nach hiesigen Wortgebräuchen, zur genaueren Kennzeichnung des Gemeinten „nationalsozialistisch" heißen müssen. Ich möchte mir aber in diesem Falle die historische und semantische Erklärung ersparen, die für Herbert Hörz das Wort „nationalsozialistisch" im Regelfall unverwendbar macht. Aber nicht zu den Worten, sondern zur Sache: Daß es im Nationalsozialismus schrecklichen Wissenschaftsmißbrauch gegeben hat, ist ja leider ein historisches Faktum. Wie man den politischen Gebrauch, den die amerikanische Regierung von Wissenschaft und Technik gemacht hat, zu validieren habe, bleibe hier unerörtert. Insoweit möchte ich mich lediglich darauf beschränken, im Interesse ausgleichender Gerechtigkeit Herbert Hörz gegenüber auf einige negative Konsequenzen der Verwissenschaftlichung und Technisierung unserer Zivilisation aufmerksam zu machen, die sich im System des real existierenden Sozialismus ungleich schärfer als unter kapitalistischen Bedingungen ausprägen. Ich meine die ökologischen Nebenfolgen unserer technisch instrumentierten industrialisierten Arbeit. Meine These ist, daß im real existierenden Sozialismus die Produktion in ökologischer Hinsicht ungleich rücksichtsloser erfolgt, und der Laienblick genügt, um diese These beispielsweise in Oberschlesien oder auch im nördlichen Böhmen bestätigt zu sehen.

Warum ist das so? Von der Fülle der Gründe, die für diesen Unterschied geltend zu machen wären, erwähne ich drei, nämlich den ideologischen Faktor, den ordnungspolitischen Faktor und den wirtschaftspolitischen Faktor.

1. Der ideologische Faktor. – Die in unserem Zusammenhang entscheidende ideologietheoretische Frage lautet: In welchem System ist der ideologische Stellenwert der industriellen Güterproduktion am größten? In welchem System setzen sich, in Abhängigkeit von diesem Faktor, im Konkurrenzfall die Zwecke der Steigerung der Güterproduktion gegen die Zwecke des Umweltschutzes am ehesten durch? Nach allen zugänglichen Berichten – ich verweise hier exemplarisch auf die von Ulrich Weißenbur-

ger vorgelegte Darstellung „Umweltprobleme und Umweltschutz in der Sowjetunion" – scheint das in den ideologiepolitisch marxistisch-leninistisch integrierten Systemen der Fall zu sein. Das ist, in Abhängigkeit von zentralen Gehalten der marxistisch-leninistischen Ideologie, plausibel. Das wäre im Detail – insbesondere im Rekurs auf Lenins berühmte Abhandlung „Staat und Revolution" sowie unter Einbeziehung zentraler Partien aus Marx' Kritik des Gothaer Programms – zu zeigen. Aus Abkürzungsgründen beschränke ich mich darauf, an eines der meistzitierten und daher allen wohlbekannten Dicta Lenins zu erinnern, nämlich an Lenins Definition des Kommunismus durch die Kombination von Sowjetmacht und Elektrizität. Die Elektrizität steht hier metonymisch für die industriell erzeugte Güterfülle, und zwar für genau jene Fülle, die nötig ist, um das Zentralproblem aller politischen Herrschaft, nämlich das Problem der Verteilung der gesellschaftlichen Güterproduktion, definitiv entpolitisieren zu können. Knappheit ist danach der Grund für den politischen Charakter des Verteilungsproblems. Für das kapitalistische System bedarf das, aus dieser Perspektive, keiner Erläuterung. Aber auch noch im Sozialismus bleibt das Verteilungsproblem ein politisches Problem, sofern im Sozialismus als Verteilungsprinzip der Grundsatz gilt: ein jeder – nämlich in seiner Teilnahme am Produktionsprozeß – nach seinen Fähigkeiten; einem jeden – nämlich als Empfänger verteilter Güter – nach seiner Leistung. Einen politischen Charakter behält, in Abhängigkeit von diesem Verteilungsprinzip, das Verteilungsproblem deswegen, weil Bedürfnis und Leistungsfähigkeit der Menschen nicht in prästabilierter Harmonie miteinander verkoppelt sind, so daß die entsprechend auftretenden Widersprüche eines politischen, nämlich regressiven Ausgleichs bedürfen. Seinen politischen Charakter verliert somit das Problem der Verteilung des Gesellschaftsprodukts erst dann, wenn, sozusagen, vom Verteilen zum Nehmen übergegangen werden kann, somit also das Prinzip des Bedürfnisses die Aufteilung des Gesellschaftsprodukts bestimmt. Entsprechend ist, bekanntlich, das Prinzip des Kommunismus dieses: ein jeder – nämlich in seiner Teilnahme am Produktionsprozeß – nach seinen Fähigkeiten; ein jeder – nämlich als Empfänger von Gütern – nach seinen Bedürfnissen. Der Übergang vom Leistungsprinzip zum Bedürfnisprinzip in der Verteilung des Sozialprodukts ist nun eben an jene Güterfülle gebunden, wie einzig Höchstindustrialisierung sie dermaleinst, nämlich unter Bedingungen des entwickelten Sozialismus, wird darstellen können. Die Pragmatik dieser Argumentation ist, wie man leicht erkennt, in der Substanz eine sozialpsychologische Pragmatik. Wir kennen sie alle aus elementaren, alltagspraktischen Lebenszusammenhängen – sagen wir eines Kindergeburtstags, bei welchem es ein sehr einfaches, allen Müttern wohlbekanntes Mittel gibt, Neid und Streit der Gästeschar in der Konsumkonkurrenz guter Dinge zu vermeiden, nämlich das Mittel der Präsentation einer Überfülle des Guten, in deren Anblick jeder Einzelne vollkommen unbesorgt bleiben kann, seinen bedürfnisadäquaten Anteil zu erhalten. Die Fülle ist es, die hier den Frieden schafft, und nach Lenin den Kommunismus. Das Kontrastbild zu dieser Vorstellung bieten jene Gemeinschaftsverpflegungen mit Zwangscharakter – zum Beispiel in Gefangenschaften –, wo eine ernährungsphysiologisch wohlberechnete Nahrungsmenge günstigstenfalls sogar jedermann zugemessen sein mag, aber eben keine Kalorie mehr, so daß konsequenterweise die Sorge, seinen ihm zustehenden Anteil zu erhalten, zur dominanten verhaltensbestimmenden Sorge wird, und Gerechtigkeitsexzesse prägen den Modus der sozialen Interaktion. Demgegenüber also, noch einmal, herrscht, herrschender Fülle wegen, im Kommunismus entpolitisierter Frieden (der Staat stirbt ab), und es ist dieses Ideologem, aus welchem das eigentümliche Produktionspathos und Produktivitätssteigerungspathos, welches die sozialistische Arbeitswelt durchherrscht, plausibel macht. Die ideologische Feier des Werkzeugs und speziell der Werkzeugsmaschine – das gehört in diesen Zusammenhang, und einzig so kann man sich erklären, wieso es in der Kunstrichtung des sogenannten Sozialistischen Realismus Traktorenlyrik und Papierfabrikationspoesie gab. Schließlich bilden hier Hammer und Sichel – also Arbeitsgeräte – die Partei- und Staatsemblematik und nicht, wie bei uns, die großen bewaffneten Tiere vom Adler bis zum Löwen. Kurz: Soweit der ideologische Faktor wirksam ist, sind im realen Sozialismus die Chancen gegenüber dem Hochziel der Steigerung der Produktion den Umweltschutzzwecken den ihnen inzwischen gebührenden Stellenwert einzuräumen, eher geringer. In liberal verfaßten, auf ideologische Güterfülleideale nicht verpflichteten Systemen kann man es sich demgegenüber gestatten, sich zu Produktionszwecken in gehöriger Weise pragmatisch zu verhalten und damit den Nutzen der Produktions- oder Produktivitätssteigerung gegen den Nachteil damit verbundener Schädlichkeitsnebenfolgen abzuwägen. Die Produktions- und Produktivitätssteigerung hat keinen endzeitlichen Stellenwert, und die Opfer, die man dem Umweltschutz bringt, haben nicht die Bedeutung einer Verzögerung des Eintritts ins geschichtstheoretische Eschaton.

2. Der ordnungspolitische Faktor. — In liberal verfaßten politischen Systemen sind die politischen Instanzen Instanzen verfassungsmäßig begrenzter Zuständigkeit, und die Macht ist geteilt — zwischen den Verfassungsorganen und ebenso auch zwischen den pluralistisch organisierten gesellschaftlichen Kräften. Man könnte eine Geschichte der liberalen Demokratie als die Geschichte fortschreitender politischer Selbstbegrenzung der politischen Demokratie schreiben — etwa als die Geschichte der Bürgerrechte, die ja genau diejenigen Lebensbereiche aus dem politischen System ausgrenzen, die wir zur Disposition von Mehrheitsentscheidungen zu stellen nicht bereit sind, und die man genau in diesem Sinne auch nicht demokratisieren kann. Auch die Wirtschaft bleibt hier aus dem politischen System ausgegrenzt, und eben das wird immer wieder einmal als entscheidender Grund für die systemkritische These angeführt, daß in liberalen Systemen mit ihren insbesondere der Wirtschaft und der Industrie gegenüber begrenzten Staatszuständigkeiten die Chancen, den Produktionsprozeß erkannten ökologischen Notwendigkeiten zu unterwerfen, eher gering seien. In Wahrheit liegen die Dinge umgekehrt. Die Chancen, ökologische Probleme zu politisieren und erkannte ökologische Notwendigkeiten politisch effektiv zu machen, nehmen mit dem Grad der politischen Unabhängigkeit interagierender politischer Kräfte und Institutionen zu, und sie nehmen unter Bedingungen eines einheitsparteilich gewährleisteten „demokratischen Zentralismus" ab. Das ist deswegen so, weil in einem System politisch effektiver sozialer Gewaltenteilung diejenigen Kräfte, die die Sache des Umweltschutzes — aus welchen Gründen auch immer — zu ihrer Sache gemacht haben, ohne Rücksicht auf andere Zwecke, die nicht sie, sondern andere zu verantworten haben, agieren können. Kurz: Unter Bedingun-

gen der real geteilten Gewalt haben die ökologischen Probleme die weitaus größere Chance, als politische Probleme sich konsequent, ja rücksichtslos zu Wort zu melden und zur Geltung zu bringen. Man denke in diesem Zusammenhang an die Bürgerinitiativen. Es mag ja richtig sein, daß sie nicht selten nach dem St. Floriansprinzip agieren. Dennoch sind sie nicht schon deswegen irrational und schädlich. Sie bringen vielmehr öffentlich Unzuträglichkeiten, ja schließlich Unerträglichkeiten zur Geltung — wer immer von diesen Unzuträglichkeiten oder Unerträglichkeiten betroffen sein mag —, und sie machen damit Belastbarkeitsgrenzen öffentlich sichtbar, auf die dann die von Wählerstimmen abhängigen Politiker eher und wirkungsvoller reagieren können, als das in Systemen der Fall ist, in denen politische Demonstrationen einzig als Demonstrationen des Einheitsparteiwillens zugelassen sind. Es ist aus dieser Perspektive, daß man Harichs Anempfehlung des Marxismus-Leninismus in ökologiepolitischer Absicht zu beurteilen hat. Harich hält bekanntlich die ökologischen Probleme für Probleme einer Größenordnung, die sie, wenn überhaupt, einzig mit diktatorischen Mitteln beherrschbar mache. Bekanntlich hat diese These auch außerhalb des Marxismus-Leninismus Anhänger gefunden. Sie ist nichtsdestoweniger grundsätzlich falsch. Der Komplexitätsgrad der ökologischen Sachprobleme ist derart groß, daß diktatorische Vollmachten die Mobilisierung des benötigten Wissens und der entsprechenden Könnerschaften, auf die man für die Lösung der ökologischen Sachprobleme angewiesen ist, eher behindern als fördern würden. Im Irrtum ist Harich überdies auch deswegen, weil die Diktaturpotentiale marxistisch-leninistisch integrierter Systeme legitimationstheoretisch gerade in der ideologischen Verheißung eines kommunistischen Endzustands hängen, daß heißt: Ein auf Öko-Diktaturzwecke umfunktionierter Marxismus-Leninismus wäre gar nicht mehr er selbst und daher vermutlich auch für die Erfüllung dieser Zwecke gar nicht verfügbar.

3. Die Mobilisierbarkeit wirtschaftlicher Interessen für den Umweltschutz. — Das „Profitinteresse" gilt den systemkritisch motivierten Umweltschützern als eine besonders effektive Kraft der Naturzerstörung, die für liberal verfaßte, marktwirtschaftlich organisierte Systeme charakteristisch sei. Und es ist nicht zu bestrei-

ten: Der ökonomischen Effizienz des freigesetzten Profitinteresses entspricht auch die profitinteressenbedingte Effizienz in der Ausbeutung externer Güter, die in der Kostenrechnung des profitorientiert wirtschaftenden Subjekts nicht aufscheinen. Wie soll man denn sonst beschreiben, was vor sich geht, wenn auf den Hauptschiffahrtswegen in Küstennähe bis heute ungezählte Frachter bei Nacht und Nebel ihre Altölrückstände über Bord pumpen – mit den bekannten Folgen für Schelfmeere und ihre Strände? Aber spricht das gegen das freigesetzte Profitinteresse, das heißt gegen eine Wirtschaftsordnung der Zuordnung von Gewinn und Verlust an die wirtschaftenden Subjekte? Die fällige Antwort auf die Herausforderung unleugbarer Kollisionen zwischen ökonomischen und ökologischen Notwendigkeiten ist eine ganz andere. Sie erzwingt eine Veränderung ordnungspolitischer Rahmenbedingungen, an denen das ökonomische Handeln sich zu orientieren hat. Näherhin handelt es sich darum, durch geeignete Veränderungen gesetzlicher oder sonstiger normativer Rahmenbedingungen dafür zu sorgen, daß die externen Kosten wirtschaftlichen Handelns, die das wirtschaftende Subjekt nicht selbst zu verantworten hat, vielmehr der Natur und damit der Allgemeinheit auflädt, in interne Kosten zu verwandeln, so daß das Interesse ihrer Minimierung zum Interesse des wirtschaftenden Subjekts selbst wird. Es ist wahr: Ökonomische Interessen der Individuen und ökologische Interessen der Allgemeinheit sind nicht eo ipso in prästabilierte Harmonie miteinander verkoppelt. Aber aus dieser Einsicht folgt keineswegs, daß man mit planwirtschaftlichen Methoden das subjektive ökonomische Interesse aus dem Verkehr zu ziehen habe, und daß man durch moralische Appelle individuelle und kollektive Interessen in Konfliktsfällen harmonisieren könne, wird ohnehin niemand annehmen. Die ordnungspolitische Aufgabe besteht insoweit vielmehr darin, Rahmenbedingungen zu setzen, unter denen die wirtschaftenden Subjekte aus Gewinninteresse motiviert sind, genau das zu tun, was das Gemeinwohl erfordert. – Es erübrigt sich hier, den bekannten Katalog einschlägiger Maßnahmen vorzuführen, deren Zweck ist, ökonomische und ökologische Notwendigkeiten in Übereinstimmung zu bringen – von strafrechtlich sanktionierten immissionsrechtlichen und sonstigen Vorschriften über Abgaben bis hin zur vieldiskutierten, freilich bislang nirgendwo realisierten Einführung handelbarer Emissionszertifikate. In jedem Falle werden hier externe Kosten in interne Kosten verwandelt, und eben damit wird die eminente Kraft des wirtschaftlichen Interesses, die unter ungünstigen Bedingungen in der Tat sich zu Lasten unserer naturalen Lebensvoraussetzungen auswirken kann, für ihren Schutz mobilisiert. Es handelt sich insoweit auch darum, das ökologische Problem zu entmoralisieren. Es ist ja niemandes primäre Absicht, unsere naturalen Lebensvoraussetzungen zu schädigen oder zu zerstören. Der gute Wille, das zu vermeiden, ist jedermann grundsätzlich zuzubilligen. Aber in der Betätigung dieses guten Willens sollte niemand in die Lage geraten, Nachteile gegenüber denjenigen zu erleiden, die in der Betätigung ihres guten Willens zögerlicher sind. Die Harmonisierung von Moral und Interesse — genau das ist der Sinn öffentlich-rechtlicher Rahmenbedingungen, die verhindern, daß für den einzelnen die Betätigung seines guten Willens zum Grund unbestehbarer Nachteile im Verhältnis zu anderen wird. — Gewiß: Auch im realen Sozialismus steht nichts entgegen, den wirtschaftlichen Prozeß durch strafrechtliche Normen, durch Abgaben etc, in ökologisch wünschenswerter Weise zu versteuern, und so geschieht es auch. Nichtsdestoweniger verbleibt im Vergleich der Systeme ein in ökologischer Hinsicht überaus relevanter Unterschied. Die Fesselung des Privatinteresses, die im Wirtschaftssystem des realen Sozialismus politmoralische Absicht ist, wirkt sich eben nicht nur wirtschaftlich negativ aus. Sie wirkt sich auch ökologisch negativ aus — nämlich genau dort, wo es der enormen Motivationskraft des individuellen Gewinninteresses bedürfte, um ökologisch effiziente Kostenminimierung zu erreichen.

Schließlich möchte ich noch sagen, daß ich die These Herbert Hörz', „zu ihrer wahren Rolle gelange die Wissenschaft erst in der klassenlosen Gesellschaft", nicht für eine wissenschaftlich diskutable These, vielmehr für ein ideologiepolitisches Mythologem halte. Mit dieser Entgegensetzung verbinde ich, selbstverständlich, nicht die Meinung, es ließe sich über die Zukunft der wissenschaftlich-technischen Zivilisation gar nichts vermuten. Ich möchte auch meinerseits eine solche Vermutung, ausdrücklich als solche, formulieren, nämlich diese: Die unleugbaren Krisenerscheinungen, unter deren Druck wir in unserer wissenschaftlich-technischen Zivilisation geraten sind, sind kein Anzeichen nahenden Untergangs der liberal verfaßten, marktwirtschaftlich organisierten Systeme des Westens sowie der Fälligkeit ihrer sozialistischen Transformation. Diese Krisenerscheinungen repräsentieren vielmehr nichts anderes als Erfahrungen eines abnehmenden Grenznutzens der wissenschaftlich-technischen Zivilisation, und diese Erfahrung des abnehmenden Grenznutzens sind grundsätzlich systemindifferent, nämlich industriegesellschaftsspezifisch. Was ist mit dieser Anwendung der ökonomischen Kategorie des Grenznutzens auf den Zivilisationsprozeß gemeint? Dafür muß man sich zunächst einmal die Lebensvorzüge moderner Industriegesellschaften vor Augen rücken. Ihre historisch beispiellose Dynamik wäre ohne die Evidenz dieser Lebensvorzüge ein Mirakel. Plausibel wird diese Dynamik im Blick auf das, was einzig die Industriegesellschaft uns zu verschaffen vermochte: Befreiung des Menschen vom niederdrückenden Zwang schwerster Arbeit; Steigerung der Produktivität der Arbeit; Mehrung der Wohlfahrt; Mehrung der sozialen Sicherheit und durch Mehrung der sozialen Sicherheit Mehrung des sozialen Friedens.

Für Intellektuelle, zumal wenn sie aus öffentlicher Kasse finanziert werden, mögen diese Dinge wenig bedeuten. Intellektuelle Funken lassen sich daraus kaum schlagen. Man möge sich an die Adresse von Gewerkschaftlern wenden, um zu erfahren, was anderen Leuten diese Dinge wert sind.

Die aufgezählten Lebensvorzüge der Industriegesellschaft sind durch deren tatsächlichen Gang denn auch nicht desavouiert worden. Diese Lebensvorzüge haben vielmehr unverändert ihren jedermann erkennbaren Ort auf der Gemeinplatzebene. Wozu uns die moderne Gesellschaft gut zu sein hat — das wissen wir insofern und es bedarf der ideologischen Sinnstifter und Geschichtszielerforscher nicht, um uns über den Sinn der Industriegesellschaft zu belehren.

Nicht also der Lebensgewinn der modernen Gesellschaft ist als Unsinn entlarvt. Vielmehr wachsen die Kosten der Steigerung der Lebensvorzüge der Moderne rascher als diese Lebensvorzüge. Das ist es, was ich mit dem von den Ökonomen entliehenen Begriff des abnehmenden Grenznutzens auf den Begriff zu bringen versuchte.

Im demoskopisch vermessenen Bestand abnehmender Mobilität läßt sich dieser abnehmende Grenznutzen spiegeln. Das Gefälle zwischen dem Elend, in dem sich in der Mitte des 19. Jahrhunderts zahllose Landarbeiter befanden, und dem besseren Leben in der Neuen Welt, auf die sie sich Hoffnung machten, reichte damals aus, Millionen von Europäern mehr als sechstausend Kilometer nach Westen über den Ozean zu treiben. Heute ist das Gefälle zwischen der Lebenssituation, die wir bereits gewonnen haben, und der gesteigerten Lebenssituation, für die uns berufskarrieremäßig eine Offerte gemacht wird, bereits so klein geworden, daß es nicht einmal mehr ausreicht, einen um dreihundert Kilometer im eigenen Vaterland zu bewegen. Für Deutsche gilt das freilich exklusiv innerhalb der Bundesrepublik. Zwischen den beiden politischen Systemen, die auf deutschem Boden etabliert sind, muß man freilich Mauern errichten, um unerwünschte Mobilität zu unterbinden.

Bleiben wir beim industriegesellschaftsspezifisch abnehmenden Grenznutzen: Auch gesundheitskulturell können wir denselben Vorgang beobachten. Gemessen an durchschnittlicher Lebenserwartung waren ja die Menschen nie zuvor gesünder, als sie es in der modernen Industriegesellschaft sind. Gewiß, die ökologische Krise bedrängt uns. Nichtsdestoweniger gilt: Am harten Kriterium durchschnittlicher Lebenserwartung gemessen waren wir nie gesünder, als wir es heute sind. Indessen wachsen auf dem erreichten Gesundheitsniveau die Kosten medizinischer Versorgung rascher als ihr an Lebenserwartungssteigerung ablesbarer Effekt —: auch hier also die besagte Grenznutzenbestimmtheit des zivilisatorischen Prozesses, die unsere Erwartungen vernünftigerweise dämpfen muß, ohne daß damit der bisherige Weg als Irrweg erwiesen wäre.

Und das ist es, worauf es ankommt: Die Krise unserer Zivilisation, statt als Zielkrise, als Krise aus Zwängen zur Einrichtung in erfahrene Grenzen von Entwicklungsmöglichkeiten zu begreifen. Bei dieser Interpretation unserer Lage wird die Suche nach der großen ideologischen Zielalternative entbehrlich. Wir haben uns vielmehr, unter den Zielvorgaben des common sense, nach der Decke begrenzter Entwicklungsmöglichkeiten zu strecken. Anders ausgedrückt: Wir setzen zur Landung an, und das ist eine Sache von Steuerungsexperten. Von einer ideologisch-gesellschaftspolitischen Zielkrise kann keine Rede sein. Eher fehlt es uns an Könnerschaften, ohne die schwierige Landungen mißlingen müßten. Innerhalb des Wissenschaftssystems werden sich solche Könnerschaften um so freier entfalten können, je weniger sie durch ideologiepolitische Zielvorgaben, die vermeintlich gesetzmäßigen gesellschaftlichen Entwicklungen entsprechen, in der Entfaltung ihrer innovativen Kräfte behindert werden, nämlich in Orientierung an den Zielvorgaben des common sense, für deren Findung wir auf Leistungen einer Expertenkultur gar nicht angewiesen sind. Wofür uns die historisch beispiellosen Leistungen der wissenschaftlich-technischen Zivilisation gut zu sein haben – das wissen wir doch alle, und ebenso sind wir kraft gemeinen Bürgersinns imstande zu sagen, welche Kostengrenzen in Steigerung dieser Lebensvorzüge wir lieber nicht überschreiten möchten. Eben dieser common sense, ohne den wir uns zur modernen Zivilisation gar nicht in eine lebensdienliche Beziehung zu setzen vermöchten, wird tendenziell mattgesetzt, wo eine Ideologie herrscht, die kraft Expertenwissens jetzt schon glaubt sagen zu können, in welcher Gesellschaftsformation der Zivilisationsprozeß einst sich vollenden wird.

Nicholas Rescher

Wie ist Naturwissenschaft möglich?

Grundzüge eines naturalistischen Idealismus

1. Wie ist Physik möglich?

Wie ist Naturwissenschaft – und im besonderen Physik – überhaupt möglich? Wie kommt es, daß es uns Menschen – Staubkörnchen nur im Weltall – gelingt, die Geheimnisse der Natur zu entschlüsseln und zu ihren Gesetzen verstandesmäßig Zugang zu finden? Und wie kommt es, daß unsere Mathematik – scheinbar eine freie Schöpfung menschlicher Erfindungskraft – benutzt werden kann, um den modus operandi der Natur mit geradezu unheimlicher Leistungsfähigkeit und Genauigkeit zu beschreiben? Wie kommt es, daß die gesetzmäßige Ordnung der Natur für uns mit Begriffsmitteln erschließbar ist, die wir selbst erdacht haben?[1]

Wir haben es hier mit der großen Entdeckung des Pythagoras zu tun: daß „Dinge Zahlen" sind, daß die Verhältnisse und Verfahren unserer Umwelt (wie die harmonischen Intervalle im Bereich der Akustik) in mathematischer Sprache artikuliert werden können. Wir kehren also zurück zum Pythagoreischen Mysterium und zu den Betrachtungen in Platons „Timaios", die den Quellgrund einer Tradition von mathematisierender Kosmologie bilden, welche in kontinuierlichem Fluß von der Astrologie zur

---

[1] Dieses ausgesprochen kantische Thema wird hier in einer ausgesprochen unkantischen Weise behandelt. Denn die vorliegenden Überlegungen beschäftigen sich nicht à la Kant mit bestimmten apriorischen Prinzipien, die der Physik vermutlich zugrunde liegen. Wir betrachten vielmehr die faktischen (aposteriorischen) Prinzipien, aus denen die Physik *besteht* – die Naturgesetze selbst.

Astronomie führt – mit Kepler als einer bemerkenswerten Übergangserscheinung.

Es ist anzumerken, daß diese Frage der kognitiven Zugänglichkeit und mathematischen Faßbarkeit der Naturgesetze ihre beunruhigende Brisanz erst entfaltete, als die „scientific community“ von der Gott-ist-tot-Idee beeinflußt wurde. Solange man die Welt als Produkt der schöpferischen Aktivität eines auf mathematischer Grundlage arbeitenden Verstandes betrachtete, als das Werk eines Schöpfers, der beim Entwerfen der Natur *more geometrico* verfährt, solange war die ganze Angelegenheit unproblematisch. Gott stattet die Natur mit mathematisch geordneten Strukturen aus und den menschlichen Verstand mit einer genau darauf abgestimmten Fähigkeit zu mathematischem Denken. Wie Natur und Verstand sich vereinbaren lassen, bereitet so keine Schwierigkeiten. Gott richtet es einfach in dieser Weise ein. Wenn aber *das* das Erklärungsprinzip für die Erfaßbarkeit der Naturgesetze ist, dann freilich verschwindet zugleich mit der Absage auf Gott auch unsere Erklärungsgrundlage für die Erkennbarkeit der Natur. Einige der größten Denker unserer Zeit halten diesen Verlust für endgültig.

Wissenschaftler und Philosophen allerersten Ranges bekräftigen heute oft und ohne Zögern, daß wir nicht hoffen können, das Rätsel um die mathematische Erkennbarkeit der Natur überhaupt zu lösen. Erwin Schroedinger charakterisiert den Umstand, daß der Mensch die Gesetze der Natur entdecken kann, als ein „Wunder, das möglicherweise jenseits des menschlichen Fassungsvermögens liegt“[2]. Eugene Wigner stellt fest, daß „die enorme Nützlichkeit der Mathematik in den Naturwissenschaften etwas ist, das ans Mysteriöse grenzt, und daß es keine rationale Erklärung dafür gibt“[3], ja, mit einem unerwarteten Sinn fürs Lyrische steigert er sich zu der Behauptung: „Das Wunder, daß sich die mathematische Sprache zur Formulierung physikalischer Gesetze eignet, ist ein herrliches Geschenk, das wir weder verstehen noch

---

[2] Schroedinger, Erwin, *What is Life?* (Cambridge 1945), S. 31.

[3] Wigner, Eugene P., „The Unreasonable Effectiveness of Mathematics in the Natural Sciences“, *Communications on Pure and Applied Mathematics*, Bd. 13, (1960), S. 1–14 (vgl. S. 2).

verdienen."[4] Sogar Albert Einstein stand tief beeindruckt vor diesem Problem. In einem Brief, den er 1952 an Maurice Solovine, einem alten Freund seiner Berner Zeit, schrieb, heißt es: „Du findest es seltsam, daß ich die Erkennbarkeit der Welt — in dem Maße, in dem wir berechtigt sind, von solch einer Erkennbarkeit zu sprechen — als ein Wunder oder ewiges Geheimnis betrachte. Nun, a priori sollte man erwarten, daß die Welt nur in dem Ausmaß Gesetzmäßigkeiten aufzustellen erlaubt, in dem wir mit unserem ordnenden Verstand Eingriffe vornehmen . . . (Aber) die Art der Ordnung, die beispielsweise die Gravitationstheorie Newtons errichtet, ist von gänzlich anderem Charakter. Auch wenn die Axiome der Theorie von Menschen gesetzt sind — der Erfolg des Unternehmens basiert auf einem hohen Grad an Regelhaftigkeit in den objektiven Weltverläufen, den wir a priori in keiner Weise zu erwarten berechtigt sind. Das ist das Wunder, das mit der Entwicklung unseres Wissens mehr und mehr zum Tragen kommt . . . Das Seltsame ist, daß wir uns damit zufrieden geben müssen, das ‚Wunder' anzuerkennen, ohne daß wir über eine legitime Methode verfügten, dahinter zu sehen . . ."[5] Gemäß all diesen Theoretikern stehen wir hier vor einem echten Geheimnis. Wir müssen akzeptieren, *daß* die Natur intelligibel ist, haben aber keine Aussicht, je verstehen zu können, *warum* dies so ist. Das Problem einer Erfaßbarkeit der Natur durch die mathematisch formulierten Theoriebildungen des Menschen gilt als unüberwindlich, als hoffnungslos unlösbar. Alle drei genannten, berühmten Nobelpreisträger für Physik verwenden ohne Scheu das Wort „Wunder" in diesem Zusammenhang.

Vielleicht ist aber die Frage geradezu illegitim und sollte überhaupt nicht gestellt werden. Vielleicht ist das Thema der Erkennbarkeit der Natur nur grundsätzlich jeder vernünftigen Behandlung unzugänglich, indem es in gewissem Sinn auf einer falschen Voraussetzung beruht. Denn nach einer Erklärung dafür zu suchen, warum naturwissenschaftliches Forschen Erfolg hat, setzt voraus, daß es einen Erklärungsgrund für diesen Sachverhalt tatsächlich gibt. Wenn aber dieser Umstand als reiner *Zufall* betrachtet werden muß, dann kann es kein solches Erklärungs-

[4] Ebd. S. 14

[5] Einstein, A., *Lettres à Maurice Solovine* (Paris 1956), S. 114f.

prinzip geben. Eben diesem Gedankengang folgt Karl Popper, wenn er schreibt: „Doch selbst wenn wir annehmen (und das tue ich), unsere Erkenntnissuche sei bisher sehr erfolgreich gewesen, wir wüßten jetzt etwas über die Welt, dann ist dieser Erfolg unbegreiflich unwahrscheinlich und daher unerklärlich; die Berufung auf eine endlose Folge unwahrscheinlicher Zufälle ist keine Erklärung. (Das Beste, was wir tun können, scheint mir zu sein, die fast unglaubliche Entwicklungsgeschichte dieser Zufälle zu untersuchen . . .).“[6]

Aus dieser Sicht wird die Frage nach der Erkennbarkeit der Natur ein illegitimes Scheinproblem, eine verbotene Frucht, nach der zu greifen man vernünftigerweise nicht trachten sollte. Wir müssen uns einfach mit dieser Tatsache abfinden und einsehen, daß jeder Erklärungsversuch von vornherein zum Scheitern verurteilt ist.

Gegenüber der großen Frage, wie Naturwissenschaft überhaupt möglich ist, bekennen sich daher einige der scharfsinnigsten zeitgenössischen Wissenschaftler ratlos und gehen unverzüglich dazu über, das Problem in die Schleier des Wundersamen und Mystischen zu hüllen. Solch ein Vorgehen ist freilich sehr problematisch. Ungeachtet bedeutender Gegenstimmen ist die Frage nach der Erkennbarkeit der Natur allem Anschein nach nicht nur sinnvoll und bedeutsam, sondern auch eine solche, von der wir prinzipiell hoffen dürfen, sie mehr oder weniger vernünftig beantworten zu können. Die hier unternommene Behandlung der Frage jedenfalls beruht auf der Überzeugung, daß das Thema eine gehörige Portion Entmystifizierung nötig hat und auch verdient.

2. Charakterisierung des Problems

Wie kommt es, daß wir unser mathematisches Instrumentarium erfolgreich zur Beschreibung der Natur einsetzen können? Weshalb trifft Mathematik auf die Wirklichkeit zu? Der reine Logiker scheint eine Antwort parat zu haben. Er sagt: „Mathematik *muß* auf die Realität anwendbar sein. Mathematische Propositionen sind doch begriffliche Wahrheiten. Sie sind daher in dieser Welt

---

[6] Popper, K. R., *Objektive Erkenntnis,* (dtsch. Übersetz. Hamburg 1973), S. 40 f.

wahr, weil sie in jeder möglichen Welt wahr sind." Aber diese Antwort geht an der Sache vorbei. Zugegeben, die wahren Sätze der reinen Mathematik sind in und von jeder möglichen Welt wahr. Aber sie sind dies nur, weil sie streng hypothetisch und ohne deskriptiven Gehalt sind. Gerade ihr Status als Begriffswahrheiten besagt, daß sie für unsere Zwecke nicht herangezogen werden können. Wir beschäftigen uns doch jetzt nicht mit der apriorischen Wahrheit der reinen Mathematik und ihrem Leistungsvermögen, Vernunftwahrheiten zu formulieren. Worum es hier geht, ist vielmehr die Anwendbarkeit der Mathematik im Bereich der Erfahrungswirklichkeit, ihre zentrale Rolle bei der Aufgabe, den Rahmen für die kontingenten, aposteriorischen Wahrheiten über gesetzmäßige Abläufe abzustecken und so die Zusammenhänge der Natur für die Vernunft zugänglich zu machen.

Schließlich ist es ja vollkommen klar, daß die Gültigkeit der reinen Mathematik in einer Welt nicht bedeutet, daß die *Gesetze* dieser Welt mit relativ einfachen mathematischen Mitteln darstellbar sein sollen. Sie bedeutet nicht, die Verfahrensweisen der Natur müßten in stimmigem Bezug zur Mathematik stehen und in einfachen, klaren, eleganten und rational einsichtigen Formeln faßbar sein. Kurz, sie bedeutet nicht, die Welt müsse mathematisch diskutierbar oder „mathematophil" sein im Sinne einer Empfänglichkeit für eine Behandlung der eleganten Art, die ihr in den exakten Naturwissenschaften tatsächlich widerfährt. Wie also können wir die Tatsache begründen, daß die Welt auf die Mathematik paßt und umgekehrt?

Die Antwort erfordert einen etwas komplexen, doppelgleisigen Gedankengang. Der Umstand, daß X und Y sich in einem Zustand wechselseitiger Affinität und Übereinstimmung befinden (also daß Natur und Mathematik passend koordiniert sind), ist eine zweiseitige Angelegenheit, in der erwartungsgemäß beide Seiten von Belang sein werden.

Wenn wir die Natur verstehen wollen, wenn es zwischen diesen beiden Bezugspartnern Einklang und Übereinstimmung geben soll, dann müssen beide Teile, sowohl die Zusammenhänge der Natur als auch die mathematische Rationalität des Menschen, kooperativ zusammenwirken. Diesen Gedankengang müssen wir näher verfolgen.

3. Unsere Seite

Die Seite des Menschen in dieser zweiseitigen Angelegenheit ist relativ einfach zu beschreiben. Der Mensch ist in jedem Fall ein integraler Bestandteil der Natur, eingebunden in das System der Dinge als eine seiner inneren Komponenten. Daher ist der Typ von Mathematik, den er entwickelt, zwangsläufig anwendbar. Seine Erfahrung ist unvermeidlich Erfahrung *von Natur*. Genau *das* nämlich ist „Erfahrung": unsere durch unseren Erkenntnisapparat vermittelte Reaktion auf die als Stimuli fungierenden Umwelteinflüsse. So muß wohl die Art von Mathematik, die der Mensch im Hinblick auf diese Erfahrung entwickelt, eine solche sein, die auf die Natur, so wie er sie erfährt, anwendbar ist.

Die Mathematik einer in astronomischen Fernen lebenden Zivilisation dagegen, deren empirische Ausgangsbasis von unserer stark abweicht, könnte von der Mathematik, die wir kennen und lieben, fundamental verschieden sein. Der Umgang mit Quantität könnte dort gänzlich anumerisch erfolgen, z. B. rein vergleichend statt quantifizierend. Besonders wenn die äußere Umgebung dort nicht in genügendem Maße mit festen Gegenständen oder stabilen und damit meßbaren Strukturen ausgestattet ist – wenn die Bewohner dieser Welt etwa quallenähnliche Geschöpfe sind, die in einer Art „Bio-Suppe" herumschwimmen – so könnte die dortige „Geometrie" äußerst seltsam ausfallen, wohl vornehmlich auf Topologie konzentriert und eher auf flexible Strukturen eingerichtet als auf feste Größen oder Formen. Digitale Umsetzungen fehlten möglicherweise völlig, bestimmte Arten analogen Denkens andererseits könnten zu höchster Subtilität entwickelt sein. Wären ferner die extraterrestrischen Intelligenzen etwa diffuse Agglomerate von Einheiten, deren Zusammenfassung zu Ganzheiten auch Überlappungen zuließen, dann könnte ihr Denken so sehr von einer sozialen Begrifflichkeit dominiert werden, daß sie die Natur grundsätzlich unter sozialen Kategorien betrachten, so daß jene Aggregate, die wir als *physikalische* Strukturen denken, bei ihnen unter einer *sozialen* Perspektive begriffen würden. Die Art von „Strukturen", die ihrer mathematischen Theoriebildung zugrunde läge, könnte *in der Tat grundlegend* von unserer eigenen abweichen.

Mathematik ist zwar die Theorie der Strukturen, aber sie muß sich doch als Theorie der vorstellbaren Strukturen entwickeln. Und „vorstellbar" bedeutet hier: vorstellbar für ein im Laufe der Naturentwicklung entstandenes und in seine natürliche Umwelt eingebundenes Lebewesen. Mathematik ist freilich nicht Naturwissenschaft, sondern eine Theorie des hypothetisch Möglichen. Doch diese Möglichkeiten sind nichtsdestoweniger Möglichkeiten, wie sie *von uns* erfaßt werden, von Lebewesen also, die die Erfassung von Möglichkeiten mit einem evolutionär entwickelten, ihnen von Natur aus eingepflanzten Erkenntnisapparat erzeugen. Es darf uns also nicht überraschen, wenn die Art von Mathematik, die wir betreiben, eine solche ist, die sich zur menschenbegrifflichen Verarbeitung natürlichen Geschehens geeignet zeigt.

Unsere kognitiven Mechanismen – die Mathematik eingeschlossen – passen auf Natur, weil sie selbst ein Produkt natürlicher Abläufe sind, wobei diese ihrerseits vermittelt sind durch die kognitiven Prozesse intelligenter Lebewesen, die ihre Intelligenz dazu benutzen, ihre Interaktionen mit der Natur, deren Teil sie selbst sind, zu steuern. Unsere Mathematik ist dazu prädestiniert, auf die Natur einigermaßen abgestimmt zu sein, weil sie selbst ein Produkt der Natur ist; also weil sie in gewisser Hinsicht unsere eigene Stellung als integrale Konstituenten der Natur widerspiegelt.

Die kognitiven Mechanismen, die wir anwenden, wenn wir uns mit der Welt auseinandersetzen, wenn wir sensorische Interaktion in verstandesmäßig analysierbare Erfahrung umsetzen, haben neben vielen anderen Eigenschaften auch die, selbst ein Beitrag der Natur zur Anpassung eines ihr auf Gnaden oder Ungnaden ausgelieferten Lebewesens zu sein. Daß der Verstand des Menschen die Zusammenhänge der Natur begreift, ist nicht überraschender als die Tatsache, daß das Auge einen Teil der in der Natur vorkommenden Strahlung, oder daß der Magen Produkte der Natur als Nahrungsmittel verarbeiten kann. Dies alles haben wir dem Selektionsdruck zu verdanken.

Es könnte allerdings der Fall sein, daß unsere kognitive Anpassung nur innerhalb unserer unmittelbar nächstliegenden raumzeitlich begrenzten Umgebung gut funktioniert, innerhalb der Mikro-Umgebung, die unsere besondere ökologische Nische definiert. So besteht die Möglichkeit, daß wir unter einem weiteren Blickwinkel gar nicht so gut dran sind, daß wir nur einen kleinen und sehr peripheren Teil eines großen, unzugänglichen Ganzen zu fassen bekommen. *Daher* kann in dem einseitigen Beitrag des Menschen nicht die *ganze* Antwort auf die Frage nach der Erkennbarkeit der Natur liegen. Denn selbst wenn wir, gemessen an unseren eigenen evolutionär entstandenen Bedürfnissen in unserer Naturerfassung ziemlich erfolgreich sind, so *könnte* diese in einem umfassenderen Zusammenhang doch immer noch sehr inadäquat sein. Es bleibt also noch zu zeigen, daß die Natur selbst unseren Erkenntnisleistungen die entsprechenden Ansatzpunkte bietet, daß sie der Vernunft prinzipiell – und nicht nur so irgendwie am Rande – zugänglich ist.

Um *diesen* Punkt zu klären, müssen wir daher dazu übergehen, den Beitrag der Natur in dem Wechselverhältnis von Natur und Geist in Sicht zu nehmen.

4. Die Seite der Natur

Wenn ein intelligentes Lebewesen, das seine natürliche Umgebung erforscht und dabei auf der Grundlage physischer Interaktion mit ihr mathematisch formulierte Entwürfe und Überzeugungen entwickelt, ein einigermaßen adäquates Verständnis von ihrer Funktionsweise erreichen soll, *dann* muß auch die Natur ihrerseits in gehörigem Umfang zur Zusammenarbeit beitragen. Offensichtlich muß sie zunächst die Entwicklung intelligenter Lebewesen zulassen. Darüber hinaus muß sie diesen Lebewesen eine Umwelt bieten, die über ausreichend stabile Konstellationen verfügt, um einen „Erfahrungs"-zusammenhang entstehen zu lassen und solche Lebewesen dazu zu befähigen, aus strukturierten Interaktionen geeignete *Informationen* zu gewinnen. Diese Überlegung hat weitreichende Implikationen. Im Hinblick auf unsere hier vorausgesetzte Zielsetzung muß gezeigt werden, daß die Mathematik nicht nur von einigem Nutzen ist, sondern daß sie für das Verständnis der Welt zwangsläufig eine äußerst wesentliche Voraussetzung darstellt. Wir müssen uns dessen versichern, daß die Anwendung von Mathematik im Bereich rationaler Forschung ein adäquates und genaues Verständnis der Naturzusammenhänge liefern kann. Wir müssen also eingehender untersuchen, wie die Natur mit den Forschungsmethoden des Verstandes in einen Dialog tritt.

Der Beitrag der Natur selbst zur mathematisch artikulierbaren Naturerkenntnis muß in ihrer Strukturiertheit durch *relativ einfache* Gesetzmäßigkeiten bestehen, die in ihrer Regularität so leicht zu entschlüsseln sind, daß sie sogar von Lebewesen mit ziemlich bescheidenen Fähigkeiten und Mitteln gut verstanden werden können.

Wie aber kann man die These rechtfertigen, daß die Natur nach relativ durchschaubaren Gesetzmäßigkeiten geordnet sein *muß*? Lassen sich tatsächlich stichhaltige Gründe dafür anführen, weshalb die Welt, die wir mittels unseres vom mathematischen Denken geprägten Verstandes erforschen, auf der Basis relativ einfacher und der mathematischen Analyse von sich aus zugänglicher Prinzipien operieren sollte? Hier ist der zentrale Punkt wohl der folgende: Eigentlich darf es gar nicht erstaunen, daß der mathematisierende Verstand der Erfassung der Natur so wesentliche Erfolge erzielt, denn eine Welt, in der sich ein derartiger Erkenntnisapparat überhaupt entwickelt, ist eine Welt, die der Mathematik angepaßt ist. Dieser Schlußfolgerung liegt in groben Zügen etwa folgende Argumentation zugrunde: Eine Welt, in der sich durch *Evolutions*prozesse Intelligenz entwickelt, muß eine solche sein, in der diese Intelligenz den intelligenten Einwohner einen (zumindest bescheidenen) Evolutionsvorteil einbringen muß. Intelligenz muß für diejenigen, die darüber verfügen, ein „Selektionsplus" darstellen. Auch die niedrigsten Lebewesen, die nur höchst rudimentäre *Vorstufen* von Intelligenz besitzen (Schnecken und Algen zum Beispiel), müssen sich so verhalten, daß bestimmte Reiztypen (Muster sich wiederholender, definiert strukturierter Umwelteinflüsse) angemessen korrespondierende Reaktionstypen hervorrufen. Mit anderen Worten: Solche Lebewesen müssen ein Reizmuster in ihrer Umwelt als solches isolieren und darauf in einer Weise reagieren können, die sie bei der Selektion begünstigt. Aber dies bedeutet, daß die Natur auf eine ganz bestimmte Art „kooperativ" ist, daß sie genügend gleichförmig, regelhaft und strukturiert sein muß, daß es auf Umweltereignisse „angemessene" und „lernbare" Reaktionen geben kann. Es muß also strukturierte Ereignismuster in der Natur geben, die schon die einfachsten Lebewesen in der Ausstattung ihres Umweltapparates und in ihrem modus operandi widerspiegeln können. Die Welt muß also problemlos lernbare Muster von Ereignisablauf-Strukturen beinhalten, daß heißt relativ einfache Gesetzmäßigkeiten. Die Existenz solcher lernbaren Strukturiertheiten von natürlichen Vorkommnissen bedeutet, daß Mathematik, die letztlich die abstrakte und systematische Theorie der Strukturen im allgemeinen ist, *eine* nützliche Funktion haben muß. Und so können wir schließen, daß eine Welt, in der sich mittels evolutionärer Prozesse Intelligenz entwickeln kann, eine solche sein *muß*, die einem an mathematischen Begriffen orientierten Verständnis zugänglich ist.[7]

Eine Welt, in der evolutionäre Prozesse hochgradige Intelligenz hervorbringen, muß eine hochgradig intelligible Welt sein. Es liegt im Wesen der Evolution, daß eine Welt, in der mathematisierendes Denken überhaupt auftaucht, angesichts des damit verbundenen notwendigen Selektionsvorteils eine Welt sein muß, in der dieses Denken imstande ist, die Welt mathematisch zu verstehen. Die Existenz intelligenter Lebewesen mag für sich und als solche erstaunlich sein oder nicht; aber sobald es sie einmal gibt und sobald wir einsehen, daß es sie dank des Verlaufs der Evolution gibt, darf es nicht länger erstaunlich sein, daß ihren Bemühungen, die Welt in der Sprache der Mathematik zu beschreiben, ein substanzieller Erfolg beschieden ist. Eine Welt, in der Lebewesen mit hochgradiger Intelligenz entstehen können, muß eine sein, deren Gesetzesstrukturen eine leistungsfähige Beschreibung mit mathematischen Mitteln ermöglichen und herausfordern.

Ein weiteres wichtiges Problem lauert noch im Hintergrund: *Wie gut* versteht unsere Naturwissenschaft die Welt wirklich? Kommt sie nicht nur zu mutmaßlichen, sondern auch zu echten Naturgesetzen? Das freilich ist eine Frage, die nicht als solche beantwortet werden kann. Denn wir haben keinerlei *direkten* Zugang zur Natur-an-sich, um diese mit der aus unseren Untersuchungen resultierenden mutmaßlichen Natur zu vergleichen — um unsere als solche behaupteten „Naturgesetze" mit ihren realen Gegenstücken zu konfrontieren. Alles was wir tun können, ist,

---

[7] Gespräche mit Gerald Massey haben in hilfreicher Weise zur Verbesserung und Klärung dieses Argumentationsteils beigetragen.

die Adäquatheit unserer Theoriebildung am Grad ihrer *Leistungsfähigkeit* zu überprüfen, an ihrer Eignung, uns Vorhersagen und kontrollierte Eingriffe zu erlauben. Und freilich sind wir unter diesen pragmatischen Hinsichten zu hinlänglich guten Leistungen prädestiniert. Jene mutmaßlichen Gesetzmäßigkeiten wären eben nicht Bestandteile unseres naturwissenschaftlichen Kanons, wenn sie uns nicht unter diesen Rücksichten in recht guter Weise dienlich wären. (Dies ist der Ort, wo die *rationale* Selektion ins Spiel kommt.) Es ist effektiv unvermeidlich, daß wir den Eindruck gewinnen, unsere Wissenschaft bilde die Natur relativ adäquat ab. Jene Theorien, die nach dem als „naturwissenschaftliche Methode" bezeichneten Verfahren gewonnen und bestätigt werden, gehörten doch gar nicht zum Corpus unserer Naturwissenschaft, wenn sie bei uns nicht diesen Eindruck hinterließen. Wenn wir über den „Erfolg der mathematisch formulierten Naturbeschreibung" reden, so spielen wir mit gezinkten Karten. Denn (1) muß solch ein Erfolg im Sinne eines *wahrgenommenen* Erfolges konzipiert werden und (2) entstammt diese Erfolgswahrnehmung demselben (biologischen und kognitiven) Evolutionsprozeß, der auch der für uns spezifischen Art von Naturverständnis zugrunde liegt.

Der Erfolg der Mathematik bei der Beschreibung der Natur ist so in keiner Weise erstaunlich. Daß sich intelligente Lebewesen überhaupt entwickeln konnten, mag Verwunderung hervorrufen oder nicht. Aber daß sie, einmal im Laufe der Evolution in Erscheinung getreten, erfolgreich sein würden bei dem Vorhaben, die Natur in mathematischen Beziehungen zu erfassen, ist nur zu erwarten. Eine Welt, in der sich Intelligenz zeigt, deren Lebewesen zu ihrer Intelligenz durch evolutionäre Mechanismen gelangen, muß für ein Verständnis nach mathematischen Begriffen wesentlich offen sein.

Man darf dabei nicht übersehen, daß der hier vorgeführte Argumentationsgang von strikt hypothetischem Charakter ist. Es wird nicht (kategorisch) behauptet, daß die Welt, um eine elegante mathematische Darstellung ihrer Verfahrensweisen zu ermöglichen, einfach genug sein muß und damit punktum. Es wird vielmehr die streng konditionale These behauptet: *Wenn* intelligente Lebewesen im Laufe *evolutionären* Geschehens in der Welt auftauchen, *dann* muß die Welt mathematophil sein. Entscheidend ist dabei die Einsicht, daß diese konditionale Form der These doch für unsere Zielsetzung völlig ausreicht; denn wir haben es mit der Antwort auf die Frage zu tun, weshalb wir Menschen, wir intelligenten Lebewesen, die Welt in der Sprache unserer Mathematik verstehen können sollten. Und die genannte konditionale Form genügt, um diese Aufgabe zu erfüllen.

5. Synthesis

Lassen Sie mich nun kurz innehalten, um die einzelnen Stücke zusammenzufügen. Die allgemeine Frage nach der Erkennbarkeit der Natur hat zwei Richtungssinne:

I. Warum ist der Verstand so gut auf die Natur abgestimmt?
II. Warum ist die Natur so gut auf den Verstand abgestimmt?

In der Erörterung dieser Fragen wurde die Ansicht vertreten, daß ihre Beantwortung gar nicht so schwierig ist — zumindest auf der Ebene einer schematischen Charakterisierung. Der Verstand muß an die Natur angepaßt sein, weil er ein Produkt evolutionärer Abläufe ist. Und die Natur muß durch den Verstand erfaßbar sein, weil dies allererst die Ausbildung von Verstand überhaupt ermöglicht.

Wenn Natur und Verstand zu weit ab von jeder Übereinstimmung wären, wenn der menschliche Erkenntnisapparat zu „unintelligent" wäre, um die vielschichtigen Zusammenhänge der Natur zu begreifen, oder die Natur zu komplex für die Fähigkeiten des Verstandes, dann könnten beide eben nicht auf Takt kommen. Es wäre wie der Versuch, Shakespeare in ein Pidgin-Englisch mit einem Vokabular von 500 Wörtern umzuschreiben — zu vieles und zu wesentliches ginge da verloren. Es wäre wie der Versuch, ein System mit zehn relevanten Freiheitsgraden in einem Modell darzustellen, das nur über vier von diesen verfügen kann. Wenn es sich wirklich so verhielte wie in diesen Fällen, könnte der menschliche Erkenntnisapparat seine evolutionäre Mission nicht erfüllen.

Die Lösung unseres Problems wurzelt also in der Kombination zweier Überlegungen: (1) Eine Welt, die im Zuge der Evolution eine relativ potente Form von Intelligenz auftreten läßt, muß relativ regelmäßig und einfach strukturiert, daß heißt mathematophil sein. (2) Wie eine hinlänglich potente Form von Intelligenz eine derartige Welt mittels mathematisch-naturwissenschaftlicher Theoriebildungen begreifen kann, ist dementsprechend durch die Tatsache zu erklären, daß im Hinblick auf die Evolution Verstand und verstandesmäßige Erfaßbarkeit in signifikanter Weise koordiniert sein müssen.

6. Ein Restpunkt

Diese Überlegungen bringen uns aber auf ein wesentliches restliches Element im Problemfeld um die Erkennbarkeit der Natur. Denn sie lassen die Schlüsselfrage noch unberührt: Warum haben sich in der Natur überhaupt verstandesbegabte Wesen entwickelt? Wie kommt es, daß die Welt der Schauplatz forschender Intelligenz ist?

Dies ist eine noch problembeladenere Frage als die soeben angesprochene – und in der Tat eine sehr alte. In Tabelle I findet sich eine einigermaßen vollständige Liste der verschiedenen Antworten, die dazu vorgeschlagen wurden.

TABELLE I

Weshalb hat sich in der Natur überhaupt Intelligenz entwickelt?

I. Die positivistische Antwort:
Die Frage ist illegitim, unangemessen, sinnlos.

II. Die skeptizistische Antwort:
Die Frage ist sinnvoll, aber wesentlich unbeantwortbar.

III. Die abblockende Antwort:
Es gibt diesen (verflixten) Grund einfach nicht. Natur ist eben so. Die Natur der Natur hat keinen explanatorischen Hintergrund, sie bildet das Ende der Erklärungsreihe.

IV. Die theologische Antwort:
Gott hat es so eingerichtet.

V. Die Teleologische Antwort:
Die Gründe für das Auftreten von Intelligenz sind wesentlich teleologisch: Das Vorhandensein von Intelligenz ermöglicht es der Natur, ein bestimmtes Ziel zu verwirklichen.

VI. Die evolutionstheoretische Antwort:
Mit der Entstehung von Leben in der Welt ist auch die Entwicklung von Intelligenz zu erwarten, denn Intelligenz erhöht die Überlebenschancen. Sie bietet eine wirksame Lösung für das Problem, eine biologische Art entlang der Zeitachse voranzubringen.

Die teleologische Antwort klingt besonders verführerisch. Sie schreibt der Natur eine bestimmte Neigung zur Ausbildung von Geistigkeit zu, einen inneren Antrieb zur Ermöglichung von Erkenntnisvollzügen. Sie stützt sich auf die in der Natur aufweisbare (oder ihr zuweisbare) Grundtendenz zur Selbstreproduktion (*conatus se replicandi* ähnlich dem *conatus se praeservandi,* der Selbsterhaltung). Die Natur, als ein Ganzes genommen, kann dies freilich nicht bewerkstelligen – es sei denn durch die Hervorbringung von Lebewesen, die Gedankenmodelle, nicht physische, aber begriffliche Abbildungen von ihr schaffen. So kommt die Natur dazu, Lebewesen hervorzubringen, die, wie Leibniz' Monaden, die Fähigkeit besitzen, die Welt in einem gewissen Grade verstandesmäßig „widerzuspiegeln". Die Welt verkörpert demnach eine von sich aus auf Geist hin abzielende Bewegung. Die Natur hat – in bester Tradition hegelschen Denkens – ein inneres Bestreben, sich selbst als Gedanke zu verwirklichen.

Die wahre Erklärung – die evolutionstheoretische Antwort – ist weitaus prosaischer, nüchterner und unromantischer. Sie beginnt mit der Feststellung, daß es viele verschiedene Wege gibt, mit der Natur sein Auskommen zu finden, daß den biologischen Arten diverse Wege geboten sind, um sich in der Natur zu behaupten: Erzeugung zahlreicher Nachkommenschaft, Widerstandsfähigkeit, Anpassungsfähigkeit, Isolation, et cetera. Unter diesen Marschrouten erweist sich aber eine als besonders aussichtsreich: diejenige, die darauf ausgeht, Intelligenz auszubilden, sich dadurch anzupassen, daß Gehirnkapazitäten statt Muskelkapazitäten oder erhöhter Reproduktionsfähigkeiten zum Einsatz kommen. Wie schon Meister Darwin selbst betonte, hat die Art, die Zusammenhänge ihrer Umgebung am besten erfaßt, einen Selektionsvorteil: Die Art, die ihren Weg durch den Darwinschen Konkurrenzkampf nicht durch reine Zähigkeit macht, nicht nur mit Klauen und Zähnen, sondern mit Intelligenz, findet eine vielversprechende ökologische Nische. Sobald sich das *Leben* entwickelt und unter der Schutzherrschaft der fruchtbaren Mutter Natur darangeht, verschiedene Fortpflanzungsstrategien auszukundschaften, ist es nur natürlich, daß sich Intelligenz entwickelt. Kurz und gut: Intelligenz tritt auf, weil sie für die Lösung des Überlebensproblems ein wirksames Instrument darstellt. Intelligenz entwickelt sich nicht deshalb, weil die Natur dies begünstigt, sondern weil Intelligenz das Überleben derer, die sie besitzen, innerhalb der Natur begünstigt (auf alle Fälle bis zu einem bestimmten Punkt).

Schluß

Wir wollen noch einmal rasch den Verlauf der Diskussion durchgehen und im Rückblick die drei Hauptpunkte Revue passieren lassen.

1) Intelligenz entwickelt sich in belebter Natur, weil sie Lebewesen eine gute Methode bietet, mit ihrer Umwelt zurechtzukommen.

2) Sobald intelligente Lebewesen entstehen, haben ihre Erkenntnisleistungen aller Wahrscheinlichkeit nach einen bestimmten Grad von Adäquatheit, da sie durch den Selektionsdruck auf die Arbeitsweise der Natur hin ausgerichtet sind.

3) Es sollte nicht überraschen, daß diese Anpassung schließlich eine äußerst leistungsfähige, mathematisch formulierte Physik entstehen läßt, denn die grundlegenden Strukturen natürlicher Vorgänge, die es auch zur Ausbildung von Intelligenz kommen lassen, *müssen* relativ einfach sein.

Im weiten Umfeld dieser Thesen mag in der Tat allerhand geheimnisvoll bleiben. (Fragen wie: „Warum hat sich *Leben* in der Welt entwickelt?“ und — noch grundsätzlicher —: „Warum existiert die Welt überhaupt?“ könnten als Kandidaten vorgebracht werden.) Sei das, wie es will, die gegenwärtig behandelte Thematik, weshalb die Natur dem Menschen erkennbar ist und weshalb sich solche Erkennbarkeit in einer mathematisch formulierten Physik niederschlagen sollte, erfüllt doch die Qualifikationen eines großen Mysteriums, geschweige denn eines Wunders, sicherlich nicht.

Gewiß, die hier vertretene Konzeption ist äußerst schematisch entworfen und erfordert umfangreiche Füllarbeiten. Es muß eine lange und verwickelte Geschichte über die physikalische und die kognitive Evolution erzählt werden, um die Konzeption mit Einzelheiten anzureichern. Aber es gibt sicherlich allen Grund, darauf zu hoffen und zu warten, daß eine solche Geschichte schließlich erzählt werden kann. Und das ist hier der entscheidende Punkt. Selbst wenn jemand an den Umrissen der hier skizzierten evolutionstheoretischen Darstellung, an der Linienführung im einzelnen, seine Zweifel hat — so bleibt doch die Tatsache, daß *irgendeine Darstellung dieser Art* in bezug auf die Erfaßbarkeit der Natur mit mathematischen Mitteln eine hervorragend ausbaufähige Erklärung liefert. Die Tatsache allein, daß so eine Konzeption im Prinzip möglich ist, zeigt, daß man die Aussichten auf eine Beantwortung unserer Frage nicht so schwarz in schwarz malen muß, wie es die Zonen undurchdringlicher Geheimnisse sind.

Es besteht einfach keine Notwendigkeit, Einstein, Schroedinger und Co. Folge zu leisten, wenn sie die Erkennbarkeit der Natur als Wunder oder Geheimnis betrachten, das alles menschliche Verstehen übersteigt. Wenn wir bereit sind, von der Naturwissenschaft selbst zu lernen, wie die Natur funktioniert und wie der Mensch bei der Auswertung seiner Forschungsergebnisse vorgeht, dann könnten wir zunehmend das Problem, weshalb ein Lebewesen dieser Art eine physikalische Umgebung solcher Art effektiv erforschen kann, vom Schleier des Geheimnisses befreien. Wir wären schließlich imstande, es als völlig plausibel und ganz allen Erwartungen entsprechend zu finden, daß Wissenschaft betreibende Lebewesen auftreten und sich eine Position verschaffen, die es ihnen erlaubt, daraus allerhand Kapital zu schlagen. Bei der Suche nach einem Leitfaden zur Beantwortung der Frage, wie Naturwissenschaft möglich ist, können wir daher die *Wissenschaft selbst* in Blick nehmen. Und es gibt keinen guten Grund, weshalb sie uns in dieser Hinsicht im Stich lassen sollte.[8]

---

[8] Es ist freilich nicht die *biologische* Evolution im Sinne Darwins, die zur Mathematik führt, sondern die, sich an die biologische anschließende, kognitive Evolution, bei der die rationale Selektion der intellektuellen Mittel im Sinne der Lamarque'schen Theorie verläuft. Vgl. N. Rescher, *Methodological Pragmatism* (Oxford 1973).

Henri Lauener

Die Übereinstimmung von Geist und Natur

Kommentar zum Beitrag von Nicholas Rescher

Rescher stellt sich die Aufgabe, den Erfolg der Wissenschaft zu erklären, ohne deren Richtigkeit („actual correctness“) vorauszusetzen. Mit den mehr pragmatisch orientierten Zügen seiner Auffassung stimme ich überein, während ich gewisse naturalistische Tendenzen, die darin zum Ausdruck kommen, ablehne. Ich räume ihm ein, daß im Prozeß der Abstimmung des menschlichen „Denkens“ auf „die Wirklichkeit“ sowohl „der Geist“ als auch „die Natur“ eine Rolle spielen müssen. Es trifft sicher auch zu, daß aus kosmologisch evolutionistischer Sicht betrachtet der Mensch nicht mehr als ein Staubkorn im Universum darstellt, und daß sein Hirn selbst ein Erzeugnis der sich entwickelnden Natur ist. Nur sollte man dabei nicht übersehen, daß Kosmologie und Evolutionstheorie ihrerseits Produkte menschlicher Tätigkeit sind. Rescher erwähnt selbst, daß er das von Kant explizit aufgegriffene Problem auf völlig unkantische Art zu lösen versucht. Mit meiner eigenen Position, die ich offenen Transzendentalismus nenne, bleibe ich dagegen in wesentlichen Punkten – wenn nicht dem Buchstaben, so doch dem allgemeinen Anliegen nach – Kant verpflichtet.

Um meine Vorbehalte Reschers Ausführungen gegenüber verständlich zu machen, ist es erforderlich, mit wenigen Strichen den philosophischen Hintergrund zu skizzieren, dem sie entwachsen sind. Im Gegensatz zu Kant verfolge ich keine Begründungsstrategie, die es erlauben sollte, absolut gültige, also unveränderliche Formen der Sinnlichkeit und des Verstandes zu ermitteln. Die jeweils für unsere Erkenntniskonstruktion eingesetzten Mittel betrachte ich als wandelbare, d. h. verbesserungsfähige Instrumente, die wir im Hinblick auf selbst gewählte Ziele entwerfen. Wir müssen uns damit abfinden, daß es in der Praxis keine Nullsituationen gibt, und daß wir deshalb auch keine voraussetzungslosen Grundlagen für unsere Erkenntnisse finden können. Meiner Gesamtkonzeption lege ich die logisch unbeweisbare, aber auch im Sinne eines methodologisch streng bestimmten Objektivitätsbegriffes empirisch nicht belegbare Annahme zugrunde, daß es eine von unserem Bewußtsein unabhängige Welt gibt, in der wir handeln und die wir unter Verwendung unterschiedlicher linguistischer Darstellungsmittel strukturieren, indem wir sie durch Schaffung dessen, was ich Kontext nenne, in mannigfaltige Objektbereiche aufteilen und dadurch erst einer theoretischen Erfassung zugänglich machen. Um relativ zu einem Zweck derartige Kontexte absondern zu können, müssen wir uns jedoch vorerst auf Normen einigen, die die Maßstäbe für die Beurteilung eines eventuellen Erfolges festlegen. Alle Unternehmungen der Menschen, im besonderen aber die wissenschaftliche Forschung, hängen somit in entscheidender Weise von normativen Entscheidungen ab, die es in der Philosophie als einer vorwiegend metawissenschaftlichen Tätigkeit zu untersuchen und kritisch zu bewerten gilt. Mit der Adoptierung von bestimmten Verfahrensweisen schaffen wir ein *relatives Apriori,* das im wesentlichen durch die für den Aufbau der Sprache eingeführten logischen und semantischen Regeln bestimmt wird.

Meiner *methodischen* Version des Transzendentalismus gemäß haben transzendentale Argumente im Unterschied zu Kants doktrinärer Auffassung nicht den Charakter von unverzichtbaren theoretischen Prinzipien; als *praktische* Argumente mit einer präskriptiven Konklusion betreffen sie gar nicht Sachfragen, sondern sagen uns, *wie* etwas gemacht werden *soll.* Sie liefern uns die Gründe, die dazu dienen, methodische Entscheidungen zu rechtfertigen. Mit meiner pragmatisch-transzendentalen Haltung entferne ich mich in radikaler Weise von naturalistischen Weltanschauungen. Sie ist dem Bedürfnis entwachsen, die zum Teil etwas befremdlichen Ergebnisse der Philosophie Quines abzuwenden, die der durch dessen Holismus bedingten systematischen Verwischung von traditionellen Grenzen entspringen. Seinem Ideal der Einheitswissenschaft, d. h. einer allumfassenden, rein physikalistischen Theorie, halte ich eine entschieden pluralistische Sicht entgegen, die nicht allein Theorien, sondern auch die Wahl von

Logik- und Sprachsystemen mit den entsprechenden Ontologien betrifft. Wenn wir, wie das die Praxis m. E. erfordert, im Sinne Carnaps zwischen internen und externen Fragen, zwischen Sprache und Theorie etc. unterscheiden wollen, sind wir darauf angewiesen, eine strikte Grenze zwischen analytischen und synthetischen Sätzen zu ziehen. Man kann Quine ohne weiteres konzedieren, daß ein quasi-essentialistischer Begriff der Analytizität, wie er ihn in „Two Dogmas of Empiricism" auf vorbildliche Art analysiert, letzten Endes unverständlich bleibt und daher abzuweisen ist. Nichtsdestoweniger beharre ich darauf, daß wir ohne einen bescheideneren, pragmatisch relativierten Begriff nicht auskommen. Um unsere Sprachsysteme zu stabilisieren, können wir nicht umhin, aufgrund von *Konventionen* gewisse Sätze auszuzeichnen, indem wir sie vermittelst semantischer, die zu verwendende Sprache bestimmender Regeln zu analytischen *machen.* Solange wir das betreffende linguistische System aufrechterhalten, werden sie nicht angetastet; erst wenn dieses sich aus irgendwelchen praktischen Gründen als ein untaugliches Instrument erweist, entschließen wir uns, es aufzugeben und andere Regeln zu adoptieren, die ihrerseits neue Immunitäten schaffen. Damit haben wir zwar den Begriff der Analytizität nur relativ zu einer gegebenen Sprache definiert, was jedoch als durchaus genügend erscheinen wird, wenn man bedenkt, daß auch Tarski seine Definition der Wahrheit in ähnlicher Weise relativiert.

Die handlungsorientierte Methode des offenen Transzendentalismus hat Folgen hinsichtlich meines Theorieverständnisses, das deutlich von demjenigen Quines mit seinem physikalischen Realismus abweicht. Nach meiner Überzeugung hat Tarskis semantischer Begriff der Wahrheit, der ja erklärtermaßen erkenntnistheoretisch neutral sein soll, gar nichts mit einer Korrespondenztheorie zu tun. Jegliche Behauptung eines möglichen Vergleichs von sprachlichen Ausdrücken mit der neutralen Wirklichkeit oder mit schlechthin gegebenen Sachverhalten beruht grundsätzlich auf einer Täuschung. Die aufgrund des Erfüllungsbegriffes gestellte Frage nach der Wahrheit von Sätzen läßt sich nur *theorieintern* entscheiden, nachdem über die Ontologie, d. h. über den Wertbereich der Variablen – die Individuen, über die quantifiziert wird – befunden worden ist. Als interne Frage geht sie nicht den Philosophen, sondern die Fachvertreter des betroffenen

Gebietes an. Quine gibt das zwar ausdrücklich zu, möchte aber als Realist trotzdem an der *externen* Frage nach der Wahrheit der Theorie als eines Ganzen festhalten. Er ist sich bewußt, daß sein Anliegen sich nicht mit Tarskis Konzeption vereinbaren läßt, und er führt deshalb in letzter Konsequenz Wahrheit als undefinierten, ursprünglichen Term ein, der mit Hilfe von rein behavioristischen Verfahren expliziert wird. Der Preis, den man für diese extreme Art von Empirismus zu bezahlen hat, scheint mir untragbar: Ich glaube nicht allein, daß sich die berüchtigten Thesen der Unerforschlichkeit der Referenz und der Indeterminiertheit der Übersetzung nicht als wahr erweisen lassen, sondern vor allem, daß sie für die Praxis unfruchtbar sind. Ich ziehe es deshalb vor, mich an Tarskis Definition zu halten und die externe Frage nach der Wahrheit von ganzen Theorien zugunsten einer rein pragmatischen Beurteilung fallen zu lassen. In diesem Zusammenhang spielt meiner Auffassung nach der Begriff des Erfolges, den Rescher zu erklären versucht, eine zentrale Rolle.

Hume und den Naturalisten stimme ich zu, daß wir nicht fähig sind, die letzten Geheimnisse der Natur zu lüften: Unsere wissenschaftlichen Erklärungen gelten immer nur relativ zu den im Augenblick besten verfügbaren Theorien. Warum gibt es überhaupt ein Universum? Welches ist sein „wahres“, von den menschlichen Darstellungstechniken unabhängiges Wesen? Derartige absolutistisch gestellte Fragen bleiben sicher sinnlos. Rescher glaubt, daß dagegen eine wohlverstandene Evolutionstheorie die Effizienz mathematischer Methoden zu erklären vermag, ohne die Wahrheit von Wissenschaft vorauszusetzen. Diese Ansicht birgt die Gefahr der Zirkularität in sich, sofern man die Theorie selbst nicht korrespondenztheoretisch, sondern pragmatisch rechtfertigen will. Wie soll eine besondere wissenschaftliche Theorie allgemein den Erfolg der Naturwissenschaften erklären, wenn sie selbst durch diesen gerechtfertigt wird? Aus evolutionstheoretischer Sicht hat der Mensch zweifellos als ein Produkt der Natur zu gelten — nur ist die Evolutionslehre ihrerseits ein Erzeugnis des Menschen, das dieser in einer historischen Phase seiner Entwicklung hervorgebracht hat. Rescher scheint die *Relativität* der Tatsache, daß Mathematik und Wirklichkeit aufeinander abgestimmt sind, zu verkennen, indem er übersieht, daß sie ein theoretisches Konstrukt ist, das von vorgängigen Zielsetzungen und methodischen Normierungen abhängt. Unsere Darstellungssysteme werden durch Versuch und Irrtum nicht der Welt als solcher, sondern unseren eigenen sich wandelnden Zwecken ständig besser angepaßt: Mathematik wird nicht allein in den brauchbaren, sondern ebensosehr in unangemessenen oder überholten Theorien verwendet.

Ich räume Rescher ein, daß im Prozeß der Angleichung sowohl die Intelligenz als auch die Natur ihren Teil zu leisten haben. Den Beitrag der letzteren betrachte ich aber im Gegensatz zur kreativen Tätigkeit des Geistes als eher passiver Art ähnlich, wie das Eddington mit seiner Metapher nahelegt, wonach wir begriffliche Netze auswerfen, um zu sehen, was in ihnen hängen bleibt. Ob wir damit relativ zum gewählten Ziel Erfolg haben oder nicht, wird entscheidend davon abhängen, wie wir die Maschen geknüpft haben; wenn es in unpassender Weise geschehen ist, werden wir nichts einfangen. Das jedoch ist kein evolutionstheoretisches Faktum, das sich einfach in Termen einer physikalischen Interaktion zwischen Hirnprozessen und Umweltereignissen beschreiben läßt. Denn wir verfügen – vorläufig wenigstens – über keine Theorie, die es uns erlauben würde, intentionale Handlungen auf biologische oder physiologische Phänomene zu reduzieren. Im übrigen zweifle ich grundsätzlich an der Möglichkeit, *aktives* Durchsetzen von Normen in ein naturalistisches Gesamtkonzept zu integrieren, weil ich nicht glaube, daß moralische und ästhetische Werte z. B. sich auf bloß faktisches Wünschen oder Begehren zurückführen lassen.

Gegen Reschers Auffassung halte ich also daran fest, daß das menschliche Subjekt qua Schöpfer der Evolutionstheorie nicht unter deren Anwendungsbereich fallen kann. Diese darf als deskriptive Theorie, die der Erklärung bestimmter Erscheinungsformen dient, nicht für normative Zwecke mißbraucht werden, da sie selbst nicht in der Lage ist, irgendwelche gewünschten Zustände oder faktische Entwicklungsstufen als wertvoll auszuzeichnen. Jedenfalls taugt sie nicht zur Begründung einer Wertung des Inhaltes etwa, daß das Überleben der Menschheit als gut, d. h. als anstrebungswürdiges Ziel zu gelten habe.

Wenn wir den auf einen Zweck relativierten Erfolg als einen wesentlichen Rechtfertigungsgrund für die Akzeptierung von Theorien betrachten, so verwenden wir offensichtlich das Wort in wertender Absicht. Die diesbezüglichen Kriterien müssen auch für die Evolutionstheorie gelten, die übrigens an den üblichen Maßstäben der Wissenschaftstheorie gemessen eher schlecht abschneidet. Eine genetische Theorie, die beschreibt und erklärt, wie bestimmte Wertungen entstanden sind, wird deshalb entweder einem *circulus vitiosus* oder dem sog. naturalistischen Fehlschluß verfallen, so daß sie nicht wirklich einen Ersatz für den normativen Teil der Methodologie liefert. Die Tatsache, daß die Menschheit jahrtausendelang ohne (höhere) Mathematik und ohne Evolutionstheorie überlebt hat, spricht im weiteren nicht zugunsten der Rescherschen Konzeption.

„Why do our conceptual methods and mechanisms fit ‚the real world' with which we interact intellectually." Ich weiß, daß Rescher nicht einer Korrespondenztheorie anhängt; trotz der Anführungszeichen, die er in bezug auf die wirkliche Welt setzt, fürchte ich, daß seine Formulierung irreführend ist. Wir können nämlich nicht ausmachen, wie gut unsere Theorien der *Welt als solcher* angepaßt sind. Denn wir schaffen selbst mit ihrer Hilfe die Wirklichkeitsausschnitte (Kontexte), die wir für unser Fortkommen in möglichst exakter Weise zu erfassen trachten. Wir wissen dagegen sehr wohl, wie weit sie *unseren Zwecken* angemessen sind, weil wir ihren Erfolg relativ zu unseren Erwartungen zu beurteilen vermögen. Es ist zudem denkbar, daß ganz andere intellektuelle Instrumente als die Mathematik, die der Mensch nie erfinden wird, zu einer wesentlich wirksameren Beherrschung „der Natur" führen könnten. Die Evolutionstheorie erlaubt uns jedoch nicht vorauszusagen, ob die Natur höhere Wesen entwickeln wird, die diese beherrschen und uns eventuell verdrängen werden. Wegen der Sprach- und Theorierelativität des Wirklichkeitsbegriffes ist es also nicht möglich, sinnvoll über Regelmäßigkeiten des Universums an sich zu sprechen. Die in unseren Theorien zum Ausdruck gebrachten Gesetzmäßigkeiten sind durch die in die Darstellungssysteme eingebauten logischen Regeln bedingt, während die Natur, um nochmals Eddingtons Metapher zu bemühen, sich damit begnügt, die aufgestellten Hypothesen zu bestätigen oder zu widerlegen: Falls unsere Vermutungen unpassend sind, führen sie zu einem Mißerfolg, in dem zum Beispiel ein vorausgesagtes Ereignis nicht eintritt oder ein aufgrund von falschen statischen Berechnungen errichtetes Gebäude einstürzt.

Entsprechend glaube ich nicht, daß von einer *notwendigen* Übereinstimmung zwischen Mathematik und Natur die Rede sein kann. Die Frage nach der Angemessenheit einer Theorie ist mit derjenigen nach ihrem Anwendungsbereich gleichzusetzen: Für welches Gebiet sie befriedigend funktioniert, d. h. welche Art von Phänomenen sie korrekt beschreibt oder erklärt, haben wir *empirisch* auszumachen. Für gewisse Zwecke ist die klassische Mechanik, für andere Zwecke die moderne Physik besser geeignet; da die externe Wahrheitsfrage nicht entscheidbar ist, lassen sich keine Schlußfolgerungen hinsichtlich einer absolutistisch verstandenen Angepaßtheit an die Welt („perfect fit") ziehen. Wir sind nicht in der Lage, von einem neutralen Standpunkt aus Geist und Natur zu vergleichen, weil die für den Vergleich investierten Mittel vom Geist selbst stammen müßten. Reschers Ausdrucksweise ist meines Erachtens insofern verfänglich, als sie – wie auch diejenige Galileis im zitierten Satz – dazu neigt, die Natur zu personalisieren: Nicht diese als Ganzes hat Intentionen, verfolgt Ziele etc., sondern nur bestimmte Gattungen von Lebewesen in ihr. Sie kann deshalb nicht in einem klar formulierbaren Sinne des Wortes fehlertolerant sein; es ist vielmehr der erkennende Mensch, der im Falle eines Mißerfolges seine Ambitionen zurückdämmen und es eventuell versuchen muß, auf anderem Wege *sein* Ziel zu erreichen. Wie die Welt an sich beschaffen ist („the world's actual arrangements") wissen wir nicht. Die in unseren Darstellungssystemen aufscheinenden Ordnungsprinzipien haben wir selbst entworfen und in diese hineingelegt.

Aus den hier nur kurz angedeuteten Gründen glaube ich nicht an die Machbarkeit einer naturalisierten Erkenntnistheorie. Ich bezweifle, daß eine noch so perfektionierte Evolutionslehre je eine physikalistische Erklärung dafür liefern wird, warum wir ganz bestimmte Ziele verfolgen und weshalb wir dabei Erfolg haben. Jedenfalls halte ich es für äußerst unwahrscheinlich, daß es uns gelingen wird, Absichten und Wertungen auf rein biologische Phänomene zurückzuführen. Das Wort ‚Erfolg' bezieht sich als wertender Term auf intentionale Handlungen; wenn wir es auf der Metastufe verwenden, um die Akzeptierung von Theorien zu rechtfertigen, so entfernen wir uns von der naturalistischen Version des Realismus – auch von Reschers abgeschwächter Form („mitigated realism") – und nehmen eine pragmatische

Haltung ein, die als eine Art von Handlungsrealismus nicht ausschließlich unseren deskriptiven, sondern ebenfalls unseren normativen Tätigkeiten gerecht wird. Indem diese die Möglichkeit verschiedener Beschreibungen der Welt, die aus andersartigen Gründen alle als befriedigend gelten, einräumt, involviert sie im Gegensatz zum naturalistischen Holismus einen methodisch bedingten Pluralismus, der allerdings wegen der grundsätzlichen Forderung nach empirischer Kontrolle nicht in die Methodenanarchie des „anything goes“ einmündet.

Ausführlichere Informationen über meine Auffassung der Philosophie kann der Leser den folgenden Arbeiten entnehmen:

Zeitgenössische Philosophie in der Schweiz, Bern/Stuttgart, 1984, S. 40–48.

„Ansätze zu einer zeitgenössischen Transzendentalphilosophie“, in *Kant a due secoli dalla „Critica“*, ed. la Scuola, Brescia 1984.

„Methodologische Bemerkungen zur Philosophie des Geistes“, in *Philosophie des Geistes* (Akten des 9. Internationalen Wittgenstein Symposiums), Wien 1985, S. 197–205.

„Die Sprache der Fiktion“, *Erkenntnis* 3, 1985.

„Philosophie als normative Tätigkeit“, *Dialectica* 41, 1–2, 1987.

„Die Rechtfertigung methodologischer Entscheidungen aufgrund von transzendentalen Argumenten“, (noch unveröffentlicht).

Hans Poser

Mathematische Weltbilder
Begründungen mathematischer Rationalität

1. Einleitung

„In jeder besonderen Naturlehre“, schreibt Kant in den Metaphysischen Anfangsgründen der Naturwissenschaft, könne „nur soviel eigentliche Wissenschaft angetroffen werden, als darin Mathematik enthalten ist“.[1] Hinter diesem Diktum stehen zwei Überzeugungen, die heute, in einer technisch-wissenschaftlichen Welt, noch viel größere Zustimmung finden werden als im 18. Jahrhundert, zum einen nämlich die Überzeugung von der für alle Wissenschaften schlechthin paradigmatischen Gewißheit und Begründetheit mathematischer Aussagen, zum anderen die Überzeugung von der Übertragbarkeit dieser Sicherheit und Begründetheit auf einen anderen Bereich durch Mathematisierung. Tatsächlich ist die Mathematik über zwei Jahrtausende immer wieder zum Musterbild begründeten Wissens und zum Vorbild theoretischer Bemühungen geworden. An ihr orientiert sich das pythagoreische Weltbild, wenn die Proportionslehre zur Sphärenharmonie geweitet wird, ihr verdankt Platon seine Ideenlehre, sie ist in Gestalt der Axiomatik Vorbild dessen, was more geometrico dargestellt allererst wissenschaftlich gesichert erscheint, Musterbild also der Rationalität für Descartes und Spinoza, Newtons Axiomatisierung der Mechanik ist ihr ebenso verpflichtet wie heutige Axiomatisierung der Quantentheorie. Mathematik, so will es scheinen, bedarf der anderen Wissenschaften nicht, schon gar nicht der Philosophie und Wissenschaftstheorie, vielmehr vermag sie diesen allererst zur Wissenschaftlichkeit zu verhelfen. Es wäre

---

[1] Vorrede, A VIII.

also in dieser Sicht nachgerade vermessen anzunehmen, Philosophie könne dem, der Mathematik treibt, ein wie immer geartetes besseres Verständnis seines Tuns vermitteln.

Doch der Schein trügt – er baut auf zwei Voraussetzungen, die zu begründen sich als keineswegs so einfach erweist, wie es zunächst aussehen mag: die Voraussetzung nämlich, daß Mathematik *sicher* und daß sie *anwendbar* sei. Beide, sowohl das Begründungsproblem als auch das Anwendungsproblem, führen aber aus der Mathematik heraus (auch dann, wenn die mathematische Grundlagenforschung institutionell zumeist an Mathematischen Instituten betrieben wird), und führen am Ende auf das, was hier übergreifend *mathematische Weltbilder* genannt werden soll: Sie zu entfalten wird die Aufgabe der folgenden Überlegungen sein, und wenn dies gelingt, so ist damit zugleich hinsichtlich der Mathematik die Antwort auf die leitende Frage gegeben, „Wozu Wissenschaftsphilosophie?"

2. Mathematik, Mystik und Magie

Die Unverbrüchlichkeit und Rationalität mathematischer Aussagen hängt zusammen mit zwei Ausgrenzungen, erstens nämlich der Ausgrenzung und Abtrennung von allen normativen Fragen, solchen der Sinngebung und Handlungsorientierung, zweitens von Fragen, die sich auf die raumzeitliche Welt des Erfahrungsgegebenen beziehen. Die erste Abgrenzung hat die Mathematik mit den Erfahrungswissenschaften gemein. Sie stellt die erste richtungsweisende Vorentscheidung für die gesuchten mathematischen Weltbilder dar. Rufen wir uns dies kurz ins Gedächtnis.

Wir haben uns abgewöhnt, mit den Pythagoreern die Zehnzahl für heilig zu halten, obwohl wir als Dezimalzahlfetischisten die Geburtstagsdezennien feiern. Wir trennen die Eins von der Einheit, wir lassen beispielsweise die natürlichen Zahlen nicht erst, wie oft in der Antike, mit Zwei beginnen, sondern mit Eins, und separieren so das Unum von der Unio, die als Unio Mystica die Einheit des Alleinen beschwört, wir verdammen damit die Zahlenbetrachtungen des Neuplatonismus und die mittelalterliche Zahlenmystik, – aber die Einheit aller Elementarteilchen, die Einheitswissenschaft, die Einheit der Natur suchen wir immer noch. Wir haben vergessen, daß das Pentagramma Pein machen kann, und an den Erfolg des Hexeneinmaleins glauben weder Goethe noch die heutigen Theaterbesucher. Nur: an einem 13. heiratet man nicht; und der Käufer von Systemwetten für das Lotto wird von der Hoffnung geleitet, der Zufall der Lottozahlen sei gerade dank der Präzision der Mathematik gewinnbringend rechnerisch überwindbar und das Glück erzwingbar. Wir haben vergessen, daß Leibniz neben ein Schema der Dyadik schrieb, 0 und 1 seien imago creationis, die Welt sei gewissermaßen aus Gott und Nichts zusammengesetzt, dyadisch also sei die ganze Schöpfung beschreibbar (man muß nur die absolut einfachen Begriffe unseres Denkens geeigneten Primzahlen zuordnen und diese dyadisch darstellen; dann ist jedweder Begriff als Primzahlprodukt dyadisch darstellbar); das alles haben wir vergessen, sind aber zugleich überzeugt, daß die nicht-numerische Datenverarbeitung, die letztlich ja auch dyadisch vorgeht, schier alles zu erfassen vermag.

Die Beispiele zeigen, daß auch unser Alltagsdenken eine innige Verbindung mystischer, magischer und mythischer Inhalte mit mathematischen Vorstellungen kennt. Der Weg, den die Mathematik genommen hat, indem sie diese Elemente abstreifte, wäre einem Neuplatoniker nie zulässig erschienen: Für ihn wäre die Mathematik als Teil der geistigen Sphäre von den Sinngehalten gar nicht separierbar; das mathematische Wissen ist für ihn Voraussetzung und Zugang zum Wissen vom Göttlichen, wie der Cusaner unter Berufung auf Boethius schreibt, es ist, wie Meschkowski lapidar formuliert, „unerläßliches und zuverlässiges Mittel zur Erkenntnis des Seienden“.[2] Noch Novalis beschwört eine „echte“ und „mystische Mathematik“, die er der zur bloßen Technik verkommenen gewöhnlichen Mathematik gegenüberstellt.[3]

Die Weltbilder heutiger Mathematik sind also sinnentleert, wenn man darunter den Sinn des Lebens versteht. Dies hat seine Gründe in einer Verschiebung des Gesichtspunktes, unter dem

---

[2] H. Meschkowski: Richtigkeit und Wahrheit in der Mathematik, Mannheim—Wien—Zürich 1976, S. 31; dort findet sich S. 28 das Cusanus-Zitat.

[3] Vgl. D. Mahnke: Unendliche Sphäre und Allmittelpunkt. Beiträge zur Genealogie der mathematischen Mystik, Halle 1937, S. 1—5.

Mathematik betrieben wird, eine Entwicklung, die man kaum mit dem Schlagwort „vom Mythos zum Logos" kennzeichnen kann, weil ja gerade die Rationalität der magisch-mystischen Mathematik als Teil einer umfassenden Einsicht verstanden wurde, sondern eher im Einklang mit Hübners Auffassung, daß mythisches und wissenschaftliches Denken zwei Formen der Rationalität darstellen, von denen nicht die eine rationaler als die andere wäre, und für die gilt, daß die Entscheidung zwischen ihnen historisch-kontingent ist.[4] Für die Mathematik bedeutet diese Entscheidung einen Verlust an unmittelbarer Lebensbedeutsamkeit, der sich positiv als Freiheit und Möglichkeit zum ästhetischen Spiel erweisen wird.

3. Mathematik und Welt

Unstreitig gibt es keine Wissenschaft, deren Resultate sicherer wären als die der Mathematik. Ermöglicht wird dies durch die schon erwähnte zweite Ausgrenzung, nämlich die allen Erfahrungsgegebenen, mithin durch den Rückzug in den Bereich des Denkens allein – wie immer dieser Bereich beschaffen sein mag. So nur läßt sich behaupten, daß eine Tangente einen Kreis nur in genau einem Punkt berührt, obwohl doch jede reale Zeichnung uns eines anderen belehrt, daß 2 + 2 immer 4 ist, obwohl zwei Wassertropfen, zu zwei weiteren hinzugefügt, nicht unbedingt 4 Wassertropfen ergeben müssen, und daß eine Dreisatzaufgabe wie die folgende sinnlos ist: „Ein Arbeiter braucht zum Bohren von zwei Löchern 60 Sekunden. Wie lange brauchen 10 Arbeiter für ein Loch?" Diese Ablösung ist nicht selbstverständlich, sie hat dem griechischen Denken viel Mühe gekostet und ist im Grunde erst mit Leibniz' Unterscheidung von Vernunftwahrheiten und Tatsachenwahrheiten endgültig festgeschrieben worden. Man denke an Einsteins lapidare Feststellung: „Insofern sich die Sätze der Mathematik auf die Wirklichkeit beziehen, sind sie nicht sicher, und insofern sie sicher sind, beziehen sie sich nicht auf die Wirklichkeit."[5]

---

[4] K. Hübner: Kritik der wissenschaftlichen Vernunft, Freiburg/Br. 1978, S. 424.

[5] A. Einstein: Mein Weltbild, Frankfurt–Berlin–Wien 1972, S. 119 f.

Dennoch ist diese Ausgrenzung nicht selbstverständlich, weil sie voraussetzt, daß es, um es mit Descartes zu sagen, zwei grundsätzlich verschiedene Seinswesen gibt, die res cogitans und die res extensa, die aber angesichts der sich durch die ganze Geschichte der Mathematik immer wieder zeigende Befruchtung der Mathematik aus Problemen, die der Anwendung entstammen, zugleich die Frage ihrer Überbrückung mit sich führen. Weltbilder der Mathematik sind deshalb tatsächlich auch *Welt*-Bilder, zunächst insofern, als sie beanspruchen, von etwas zu handeln, was gerade nicht von dieser Welt des Erfahrbaren ist, zugleich aber muß auch die mögliche Anwendung ihren Platz finden; das Weltbild muß also miteinschließen, wie der Apriori-Status der Mathematik vereinbar ist mit Galileis folgenreicher These, das Buch der Natur sei in Zahlen geschrieben.

4. Folien der Begründung

Nach diesen Ausgrenzungen können wir uns den positiven Ausformulierungen mathematischer Weltbilder zuwenden, wie sie im Zuge der Grundlagenproblematik entfaltet wurden.[6]

$2 + 2 = 4$ – gewiß, doch warum? An katholischen Universitäten, so wird behauptet, ist die Frage sehr einfach beantwortbar, denn dort ist $2 + 2$ Gott sei Dank 4. Das Weltbild, das in dieser kurzen Formel zum Ausdruck kommt, läßt die göttliche Vernunft zum Angelpunkt menschlicher Mathematik werden. Es kann sich auf Anhänger berufen, denen man kaum vorwerfen wird, es sich zu einfach gemacht zu haben und deshalb ein Sicherheitsrisiko für die Mathematik zu sein. Denn mit der Logik situiert Leibniz die Mathematik in der göttlichen regio idearum aller Vernunftwahrheiten, nicht sehr verschieden von Bolzanos Bereich der Sätze an sich, Kronecker konstatiert, die ganzen Zahlen habe der

[6] Die Positionen des Grundlagenstreits der Mathematik sind vielfach dargestellt worden; hierzu sei verwiesen auf die Aufsätze von R. Carnap, A. Heyting und J. v. Neumann, in: Erkenntnis 2 (1934) 91–155 sowie auf St. Körner: Philosophie der Mathematik, München 1968; H. Meschkowski: Wandlungen des mathematischen Denkens, Braunschweig 1969; Chr. Thiel: Grundlagenkrise und Grundlagenstreit, Meisenheim 1972.

liebe Gott gemacht, und Cantor sieht in der Folge seiner Alephs Stufen zum Thron Gottes.

Dem ließe sich entgegenhalten, daß sicherlich jeder Mathematiker als Mensch irgendeine Weltanschauung hat, daß diese aber nichts mit der Dignität seiner Wissenschaft zu tun habe: Sein subjektiver Glaube tangiert die Objektivität der Mathematik nicht. Tatsächlich läßt sich Leibnizens Integralrechnung, Bolzanos später von Weierstraß noch einmal entdeckter Satz der Häufungspunkte, Kroneckers Zahlentheorie und Cantors transfinite Mengenlehre von der Voraussetzung lösen, Abbild eines Bereichs göttlichen Denkens zu sein, wie wir dies für die mythischen und mystischen Elemente ja konstatiert haben. Aber hier geht es nicht um normative, sondern um ontologische Probleme, genauer um den Anspruch, die Sicherheit mathematischer Aussagen durch den Rekurs auf einen eigenständigen Denkbereich zu garantieren. Wird nun die ontologische Position gewechselt, so wechselt auch das die Begründung tragende Weltbild.

Um dies zeigen zu können, ist es hilfreich, von einem kleinen Schema auszugehen, das es gestattet, die Richtungen heutiger Grundlagenforschung einzuordnen: Mathematik wird in Sprachzeichen formuliert. Wie in der Sprache besteht für sie eine dreigliedrige Relation zwischen dem Sprachzeichen, dem, was das Zeichen bezeichnet, und dem Sprachbenutzer:

Sachverhalt/ Gegenstand	———	Zeichen- system	———	Sprecher/Hörer Sprachgemeinschaft

Die gegenwärtigen Bemühungen, die Mathematik zu begründen, können nun bei jedem dieser Glieder einsetzen und die jeweils anderen als demgegenüber sekundär kennzeichnen. So läßt sich der Logizismus der Begründung auf den Gegenstandsbereich, der Formalismus dem bloßen Zeichensystem und der Intuitionismus einschließlich seiner Fortentwicklung im Operationalismus und Konstruktivismus der Sprachgemeinschaft als Ausgangspunkt der Begründung zuordnen. Diese Zuordnungen seien kurz skizziert, um die mit ihnen verbundenen Weltbilder sichtbar machen zu können.

a) Die ontologische Fundierung: der Logizismus

Mathematik ist sicher, weil ihr Gegenstandsbereich unwandelbar, unzeitlich-ewig ist: „Die Verhältnisse der Zahlen", schreibt Leibniz, „bleiben selbst dann wahr, wenn weder jemand da wäre, der zählte, nocht etwas, das gezählt wird".[7] Mathematische Objekte existieren, wie Scholz betont, „an sich, wie platonische Ideen".[8] Mathematiker sind deshalb nach Frege Entdecker, nicht Erfinder.[9] Was sie formulieren, sind Gegenstandsbeschreibungen. Doch für deren Erfassung bedarf es einer besonderen Form der apriorischen Wahrnehmung. Durch die ganze Mathematikgeschichte zieht sich die Frage, welchen Anteil an der Begründung man dieser Evidenz zumuten kann. So findet sich in der frühen Sanskrit-Geometrie der Satz des Pythagoras so dargestellt:[10]

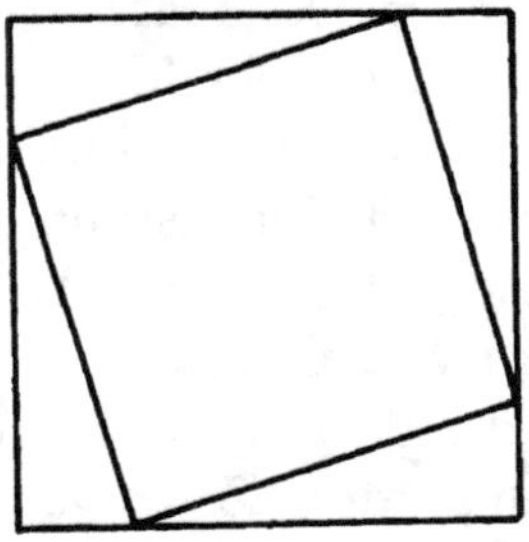

Siehe!

Die Hauptlast in die Einsicht des Sachverhaltes trägt hier eine sehr weitreichende geometrische Anschauung. Schon Euklid mißtraute solcher Anschauung und entwarf eine axiomatische Darstellung, bei der eine Begründung auf Anschauungsevidenz nur noch für die Axiome selbst verlangt ist. Seit Gauß, Bolyai und Lobatschewski die Denkbarkeit auch solcher Geometrien feststellten, in denen das Parallelenpostulat nicht gilt, wurde auch dieser Rest aufgegeben. Um nun im Rahmen der Arithmetik nicht auch auf Scheinevidenzen hereinzufallen, beispielsweise auf inhaltliche Einsichten, was ‚natürliche' Zahlen sind und was für Eigenschaften sie haben, lag der Versuch nahe, sich auf diejenigen Gegenstände des platonischen Ideenhimmels und deren Einseh-

---

[7] G. Mollath: Mittheilungen aus Leibnizens ungedruckten Schriften, Neue Bearbeitung, Leipzig 1893, S. 20.

[8] H. Scholz, G. Hasenjaeger: Grundzüge der mathematischen Logik, Berlin—Göttingen—Heidelberg 1961, S. 1.

[9] Die Grundlagen der Arithmetik, Breslau 1934, S. 107 f.

[10] Für einige historische Beispiele vgl. W. Lietzmann: Der pythagoreische Lehrsatz, Leipzig—Berlin ^{3}1926 (= Math.-Phys. Bibl. Bd. 3), bes. S. 4 u. 21 f.

barkeit zurückzuziehen, die zu bestreiten jedweder Argumentation den Boden entziehen würde, die der Logik. Das *logizistische Programm* von Leibniz über Frege und Russell bis zu Carnap und Scholz verlangte entsprechend erstens die Definition aller mathematischen Begriffe durch logische Begriffe und zweitens den Nachweis der logischen Wahrheit aller mit diesen logischen Begriffen geformter mathematischen Theoreme. Mathematische Aussagen wären danach nicht, wie Kant gemeint hatte, synthetisch a priori, sondern analytisch. Oder anders ausgedrückt: Der Logizismus mit seiner platonistischen Ontologie ist getragen von der Sicht, alles begründet Denkbare sei logischer Natur. Das Reich der Vernunft, das Reich der Ideen ist als Reich der Mathematik durch und durch logisch. In ihm gibt es keinerlei Raum für Zufälligkeit, Unklarheit, Unbestimmtheit, keinen Raum für Konventionen: alles ist von gläserner Durchsichtigkeit und unverrückbarer Festigkeit von Ewigkeit.

Die Durchführung des Programms mißlang; denn von dem für Frege zur Begründung der Zahleigenschaften unerläßlichen Grundgesetz konnte Russell zeigen, daß es wegen des verwendeten Mengenbegriffs, der intuitiv gesehen ganz handlich erscheint, zu Antinomien führt. Russells Begründungssatz dagegen muß erstens zwei nicht-logische Postulate einschließen, nämlich das Unendlichkeitsaxiom, das besagt, daß es aktual unendliche Mengen gibt, und das Auswahlaxiom, das die Möglichkeit fordert, aus einer gegebenen Menge von Mengen je einen Repräsentanten auszuwählen, unabhängig davon, ob man hierfür ein Verfahren zur Hand hat. Drittens läßt sich die Antinomie der Mengenlehre zwar vermeiden, jedoch nur um den Preis von ad-hoc-Verboten, deren Ziel einzig ist, die Antinomie nicht auftreten zu lassen. Damit ist an die Stelle einer Fundierung auf den logischen Dingbereich und einer Einsicht in dessen Struktur eine Festlegung auf sprachlicher Ebene getreten, die bestimmt, was als Ding — in diesem Falle als Menge — anzusehen ist.

Natürlich ist dies keine Widerlegung der platonistischen Auffassung der Mathematik — tatsächlich wird sie auch heute von den meisten Mathematikern geteilt —, aber sie scheidet als Garant für die Sicherheit der Mathematik aus.

b) Das Zeichensystem als Ausgangspunkt: der Formalismus

Wenn die Entscheidung über die zuzulassende Begrifflichkeit auf sprachlicher Ebene fällt und wenn das Ziel hierbei angesichts drohender Antinomien die Widerspruchsfreiheit ist, liegt es nahe, sich ganz und gar auf die sprachliche Ebene zurückzuziehen. Eben dies ist die Auffassung des von Hilbert begründeten Standpunktes des *Formalismus,* der seine umfassendste Ausprägung im Werke Bourbakis erfahren hat. Das formalistische Programm verlangt erstens die durchgängige – und zwar der Idee nach vollständige – Axiomatisierung der Mathematik, zweitens den Beweis der Widerspruchsfreiheit dieser Axiomatik in einer Metamathematik, wobei Hilbert in Abwehr intuitionistischer Einwände, auf die noch einzugehen sein wird, die Verwendung ausschließlich finiter Methoden zur Rechtfertigung der Zulassung des Aktualunendlichen in der Mathematik forderte. Gegenstand der Mathematik sollte damit jedwedes widerspruchsfreie Sprachsystem sein, ja, die Widerspruchsfreiheit wird als das die Existenz im platonischen Dingbereich Verbürgende angesehen. Damit kann der Formalismus formale Strukturen als gleichberechtigt nebeneinander stehen lassen, die einander wechselseitig ausschließen – wie zweiwertige und dreiwertige Logik oder elliptische und euklidische Geometrie. Mit der Forderung nach axiomatischer Darstellung nimmt der Formalismus zugleich das rationalistische Ideal auf, wissenschaftliche Aussagensysteme sollten als Deduktionsketten aufgebaut sein, verzichtet aber auf die einengende Annahme, von zwei einander widersprechenden Aussagen müsse eine wahr sein: sie müssen nur unterschiedlichen Theorien angehören. So muß von zwei einander ausschließenden Axiomen nicht etwa eines wahr sein. Damit sind mathematische Aussagen immer hypothetisch wahr, nämlich bezogen auf die jeweils vorausgesetzten Axiome. Zugleich verzichtet der Formalist auf die Vorstellung, Axiomensysteme seien die wahre Darstellung von etwas schon Gegebenem, dessen Theorie nun eine endgültige Gestalt erhält. Stattdessen ermöglicht er die freie Umgestaltung von Axiomensystemen, einfach um zu sehen, was dabei herauskommt: Geometrien mit Geraden, die sich nicht immer schneiden und offene Enden haben, Gruppen, die zu Halbgruppen und Schwächerem zurückgeschraubt werden, Abwandlungen des vertrauten Zahlbegriffs zu Non-Standard-Modellen, Sprachen mit Ausdrücken unendlicher Länge, – alles Strukturen, die nicht durch irgendeine geometrische oder Zahl-Anschauung, durch irgendeinen vertrauten Theorienbereich legitimiert sind. Alles Inhaltliche – und dies ist ein für die mathematischen Weltbilder völlig neuer Zug – ist aus der Mathematik ausgeschieden, zeitgleich etwa mit dem Verzicht auf die Darstellung von Inhalten in der Malerei. Natürlich haben wir immer noch eine Anschauung davon, was Geraden sind, was das Natürliche der natürlichen Zahlen ausmacht, was logisch evident ist, – aber das ist nicht mehr Gegenstand der Mathematik! Mathematik als „Wissenschaft der formalen Systeme"[11] hat damit die größte überhaupt nur denkbare Ausweitung erfahren. Sie ist Bereich alles dessen, was als Struktur denkmöglich im Sinne logischer Widerspruchsfreiheit ist. Neben den von allen Inhalten befreiten Umgang mit Klängen in der Instrumentalmusik seit der Renaissance, mit Farben im Gefolge des Expressionismus tritt die freie Schöpfung von Strukturen im Denken.

Metaphysikfrei, wie Curry meint, ist diese Sicht keineswegs – denn wieso garantiert Widerspruchsfreiheit schon Existenz? Was von den einen als mathematische Freiheit gefeiert, wird von den anderen als Absurdität einer krebshaft wuchernden, jedenfalls moralisch nicht zu verantwortenden Spielerei abgetan. Frege hat Widerspruchsfreiheit als Seinsgrund nachdrücklich abgelehnt und Hilbert als „Axiom" angeboten: „Jedes Anej bazet wenigstens zwei Ellah". Ebenso ist die Zulassung des Aktualunendlichen von Brouwer und Heyting bis zu Lorenzen scharfer Kritik unterworfen worden. Betrachten wir deshalb die Durchführung des Programms.

Nach anfänglichen beachtlichen Erfolgen stellten sich ebenso grundsätzliche und tiefgreifende Schwierigkeiten in den Weg wie beim Logizismus: Skolem bewies, daß es nicht einmal mit abzählbar vielen Axiomen möglich ist, die Eigenschaften natürlicher Zahlen einzufangen (die bekannte Axiomatik von Peano benutzt ein Axiomen*schema,* das von „Eigenschaften natürlicher Zahlen" Gebrauch macht, ohne diese explizit angeben zu können). Selbst

---

[11] H. B. Curry: Outlines of a Formalist Philosophy of Mathematics, Amsterdam 1958, S. 56.

in einem doch so vertrauten Bereich wie dem der natürlichen Zahlen stößt also jener Gedanke einer völligen Erfassung auf unüberschreitbare Grenzen. Die mathematische Welt ist nicht von solch gläserner Struktur, wie noch der Logizismus geglaubt hat. – Noch einschneidender waren Gödels Resultate, der nachwies, daß die Widerspruchsfreiheit für etwas reichhaltigere Sprachsysteme nicht einmal mit den Mitteln des Systems, geschweige denn mit finiten Mitteln beweisbar ist. Damit sind alle früheren, mit der Mathematik verbundenen Träume durchgängiger Beweisbarkeit und Rationalität dessen, was im Denken in formalen Strukturen faßbar wird, ausgeträumt. Eine Leibnizsche ars iudicandi (wir würden sagen: ein universelles Entscheidungsverfahren) kann es ebensowenig geben wie eine ars inveniendi, die es gestatten würde, jedes gewünschte Gesetz kalkülmäßig aus den einmal gewonnenen universellen Grundaussagen abzuleiten. Die negativen Resultate Skolems und Gödels haben darum eine viel weitreichendere Wirkung als die bloße Feststellung der Unerfüllbarkeit des formalistischen Programms.

c) Die Besinnung auf das Erkenntnissubjekt: Intuitionismus, Operationalismus und Konstruktivismus

„Gott existiert, weil die Mathematik widerspruchsfrei ist, und der Teufel existiert, weil wir es nicht beweisen können", kommentiert Weyl ironisch die Situation. Er selbst suchte, wie vor ihm Brouwer und Heyting, deshalb einen Ausweg, der weder beim Dingbereich noch bei der Sprache, sondern beim erkennenden Subjekt einsetzt. Entsprechend dem Vico-Axiom für die Geschichte, daß wir nur verstehen können, was wir selbst hervorgebracht haben, muß von der „natürlichen Funktion des Intellekts" ausgegangen werden, wie Heyting fordert.[12] Dieses Programm darf nicht als Psychologismus mißverstanden werden, vielmehr speist es sich aus erkenntnistheoretischer Skepsis und aus transzendentalphilosophischen Überlegungen über Bedingungen der Möglichkeit mathematischer Erkenntnis. Zunächst und ganz unmittelbar richtet sich die Skepsis gegen die Verwendung des aktual Unendlichen statt

---

[12] Die intuitionistische Grundlegung der Mathematik, in: Erkenntnis 2 (1931) 106–115, S. 106.

des potentiell Unendlichen, und damit verbunden gegen die Benutzung des tertium non datur bei Aussagen über unendliche Dingbereiche. Verdeutlichen wir uns dies an einem einfachen Beispiel. Ob im Laufe der Dezimalbruchentwicklung von π irgendwann die Ziffernfolge 0123456789 auftritt, ist unbekannt. Nach formalistischer wie logizistischer Auffassung ist die Aussage (a): „Es gibt die Ziffernfolge 0123456789 in der Dezimalbruchentwicklung von π" entweder wahr oder falsch, denn unter Voraussetzung aktualer Unendlichkeit kann die Dezimalbruchentwicklung als in ihrer unendlichen Fülle gegeben betrachtet werden. Hiergegen opponiert der Intuitionismus, denn als denkende menschliche Wesen haben wir ja gerade diese unendliche Ziffernfolge nicht, sondern nur das Bildungsgesetz. Von ihr zu behaupten, es gäbe sie und darum gelte das terium non datur, sei schlechthin sinnlos. Vielmehr müssen wir im Hinblick auf unser Erkenntnisvermögen drei Fälle unterscheiden:

Aussage (a) ist beweisbar.
Aussage (a) ist widerlegbar.
Aussage (a) ist weder beweisbar noch widerlegbar.

Gerade die Gödelschen Resultate haben später die Berechtigung zu solcher Skepsis gezeigt. Die Forderung geht nun dahin, allein formale Operationen und später allein konstruktiv eingeführte Begriffe in der Mathematik zuzulassen. Statt also beispielsweise bei den Peano-Axiomen für die natürlichen Zahlen wie der Logizismus zu versuchen, diese als logisch wahr zu erweisen, oder wie der Formalismus, ihre Vollständigkeit und Widerspruchsfreiheit zu zeigen, wird hier danach gefragt, wie sich das Axiomenschema auf formale Operationen, insbesondere auf die Nachfolgerbildung, gründet. Auf dieser Basis gelingt Lorenzen ein Widerspruchsfreiheitsbeweis der klassischen Analysis und später eine Begründung von Differential- und Integralrechnung. Die von ihm verwendeten Methoden sind dabei viel schwächer als die sonst üblichen, und sie sind gerade so gewählt, daß Cantors transfinite Mathematik ausgeklammert bleibt. Cantors zweites Diagonalverfahren, das ihm dienen soll, die Überabzählbarkeit der reellen Zahlen nachzuweisen, wird abgeschwächt zu dem Nachweis, daß sich reelle Zahlen nicht anordnen, nicht in einer Liste aufschreiben lassen.

Das intuitionistische Programm ist bislang nirgends in Antinomien geraten. Daß es dennoch von der Mehrzahl der Mathematiker nicht geteilt wird, liegt sicher nicht an der größeren Kompliziertheit, eher schon an der Weigerung, die Freiräume des Formalismus zu verlassen, während die moralischen Vorwürfe seitens der Konstruktivisten, Formalismus sei unverantwortliche Spielerei, nie ernst genommen worden sind. Ernster zu nehmen ist hingegen, daß es keine natürlich sich ergebene Begrenzung der sogenannten konstruktiven Verfahren gibt. So läßt Heyting mehr als Brouwer, Lorenzen mehr als Heyting zu, und Kleene schließlich baut auf einem intuitionistischen Sockel mit klassisch transfiniten Zusatzannahmen weiter. Die Grenzziehung selbst ist also innermathematisch gar nicht und außermathematisch nur durch metaphysische Grundannahmen zu leisten. Dies sei ganz kurz an einer Radikalisierung des Intuitionismus in Gestalt des Ultraintuitionismus oder *strikten Finitismus* verdeutlicht: Wenn wir uns schon auf Bedingungen der Möglichkeit unseres Denkens besinnen, müssen wir uns mit aller Radikalität eingestehen, daß wir finite Wesen sind. Nach all unseren physikalischen Vorstellungen ist die Zahl der Moleküle im Weltraum endlich, die Zahl der feuernden Synapsen unseres Gehirns ist um ein Erkleckliches kleiner. Unendlichkeit jedenfalls kommt nirgends vor. Der Begriff beruht auf nichts als auf einer unzulässigen Negation, jedenfalls bezeichnet er nicht etwas, das in der Mathematik eine Daseinsberechtigung hat, sei es in Gestalt der potentiellen oder gar der aktualen Unendlichkeit. All unsere Rechner, von den Fingern bis zum Digitalrechner, sind endlich, also muß Mathematik sich durchgängig auf endliche Verfahren, endlich Strecken, endliche Punktmengen beschränken! – Die Vorstellung von Mathematik, die hier skizziert wird, ist diametral dem entgegengesetzt, was jeder klassische Mathematiker für richtig hält. Aber was heißt hier richtig? Wir haben es mit konkurrierenden Paradigmata, mehr noch, mit konkurrierenden Weltbildern zu tun, die durch unterschiedliche Ontologien, unterschiedliche Sprachauffassungen und unterschiedliche Auffassungen von dem gekennzeichnet sind, was menschliches Denken vermag! Eine Abwägung des Für und Wider wird stets aus der Mathematik hinaus und weit in die Metaphysik hineinführen!

5. Das Anwendungsproblem

Die Entscheidung zur wissenschaftlichen Rationalität ist eine Entscheidung für die Mathematik als deren Garant gewesen. Ihre Erfolge im Bereich der exakten Naturwissenschaften und der Technikwissenschaften sind unstrittig – aber wir waren mit der Frage zurückgeblieben, wieso Mathematik, wenn ihre Sicherheit auf der Trennung von aller Empirie beruht, auf diese anwendbar ist und von ihr Anregungen zu erhalten vermag. Es soll nun gezeigt werden, daß auch diese Fragen auf Grundtypen der Weltsicht zurückverweist.

Die älteste Antwort ist die Platons. Die Mathematik, selbst Abbild der Ideen, hat an den anderen, vom Demiurg geschaffenen Abbildern Anteil, sie ist ihnen deshalb inhärent; darum sind die Dinge der raumzeitlichen Wirklichkeit zählbar und meßbar. Der Preis, den Platon hierfür zahlen muß, und den die Pythagoreer mit ihrer Ineinsetzung von Zahl und Gegenstand noch nicht zu zahlen brauchten, ist die Herabstufung der raumzeitlichen zugunsten der Ideenwirklichkeit. Daß die Gründe hierfür von Platon der Mathematik entlehnt sind, ist oft schon betont worden – sind doch mathematische Aussagen gegen alle sophistische Skepsis nicht menschlicher Subjektivität, nicht dem Homomensura-Satz unterworfen. – Der Leibnizsche Gedanke der Unterscheidung von Vernunftwahrheiten als notwendig, weil ihre Negation einen Widerspruch impliziert, von Tatsachenwahrheiten, deren Negation sehr wohl möglich und widerspruchsfrei ist, präzisiert nur Platon: An die Stelle platonischer Ideen treten Leibnizens absolut einfache Ideen, die die Grundlage aller möglichen Welten im Denken Gottes bilden. Während die Aussagen über eine mögliche Welt kontingent sind und nur dann wahr, wenn Gott diese Welt schafft, gelten die notwendigen Aussagen – und dies sind die der Mathematik und Logik – in allen möglichen Welten; diese enthalten deshalb auch alle die Mathematik. Daß aber Mathematik auf die Welt anwendbar ist, hat seinen Grund in der göttlichen Wahl der besten Welt, für die gilt: Cum Deus calculat et calculationem exercet, fit mundus.

Die Schwierigkeiten der platonischen Mathematikauffassung, die aus dem Individuationsbegriff erwachsen, bleiben jedoch bestehen und pflanzen sich in jede platonistische Ontologie der

Mathematik fort: Wieso ist ein Rad kein idealer Kreis, wenn es Abbild der Idee des Kreises ist? Platon verweist dazu auf das Unvermögen des Demiurgen, Leibniz muß das malum physicum eines Mangels an Idealität der Zulassung einer Einschränkung gegenüber der absoluten Harmonie zuschlagen, wenn Gott überhaupt etwas von sich Verschiedenes soll schaffen können: Das Anwendungsproblem führt also mitten in den Kern metaphysischer Gedankengebäude!

Das Gegenprogramm zu Platon hat Aristoteles entwickelt, wenn er mathematische Begriffe als Abstraktionen aus der Wirklichkeit auffaßte. Mathematik ist dann trivialerweise auf die Erfahrungswirklichkeit anwendbar. Daß diese Abstraktion möglich ist, liegt an der Voraussetzung, jedes Ding bestehe aus Stoff und Form; auch hier also ist es ein metaphysischer Kernbestand, der die Anwendbarkeit der Mathematik sicherstellt. Nur steht dieser Lösung entgegen, daß die bloße Abstraktion allemal zu empirischen Hypothesen, nicht aber zur Mathematik führen kann! Abstraktionstheorien der Mathematik, wie sie heute beispielsweise im dialektischen Materialismus vertreten werden — und dort notwendig sind, weil jeder rechte Marxist einen Platonismus scheut wie der Teufel das Weihwasser — diese Abstraktionstheorien sind deshalb wesentlich subtiler. Sie setzen auf den Schritt, der zu empirisch-theoretischen Begriffen und Strukturen führt, einen zweiten, der die Strukturen von allen Inhalten lösen soll, und der darüberhinaus eine Idealisierung vornimmt: die „idealisierende Abstraktion“.[13] Entscheidend ist, daß dieser Schritt erlaubt, im Denken etwas Neues zu entdecken, eine „erfundene Eigenschaft“, wie Heitsch sagt.[14] Damit allerdings ist sogenannte Abstraktion gar keine abstrahere, kein Abziehen von Bestimmungen mehr, sondern eine schöpferische Leistung des Denkens. Daß ihr ein Gehirnstrom korrespondiert, ist, als Rettung des Materialismus, von ähnlicher Überzeugungskraft wie Platons Bemühung eines unfähigen Demiurgen zur Rettung der Ideenlehre. Am Ende also verlangt auch dieser Ansatz ein Vermögen menschlichen Denkens, an sich seiende Objekte und aktuale Unendlich-

---

[13] W. Heitsch: Mathematik und Weltanschauung, Berlin (DDR) 1976, S. 261 ff.

[14] L. c., S. 262.

keit als gegeben zu betrachten: Trotz aller dialektischen Bemühungen bleibt das Anwendungsproblem ungelöst.

Um den gesuchten Brückenschlag bewerkstelligen zu können, ist es deshalb sinnvoll, an Kant zu erinnern: Daß Mathematik auf Erscheinungen anwendbar ist, verdankt sie der Tatsache, daß sie mithilfe genau derjenigen Kategorien und Anschauungsformen aufgebaut wird, die das Subjekt als Formen an das Material heranträgt, von dem es affiziert wird, um es auf den Begriff zu bringen. Nimmt man die Kritik an Kants rigider Gestalt der Kategorientafel ernst, und ersetzt man deren Ausgangspunkt, die aristotelische Logik, durch die Vielzahl formaler Strukturen, die das menschliche Denken kreativ hervorzubringen vermag, so wäre es eher denkbar, das Problem zu lösen – gleichviel, ob man ultraintuitionistisch von einer Begrenztheit menschlichen Denk- und Vorstellungsvermögens ausgeht, oder die Freiheit formalistischer Mathematik zum Ausgangspunkt wählt. Doch je nach Ausgangspunkt wird dies die Stelle sein, an der sich eine ursprünglich mathematikinterne oder mathematikphilosophische Sicht zum Weltbild weitet.

6. Die Geschichtlichkeit der Mathematik

Begründungsproblem und Anwendungsproblem sind mit der letzten Perspektive, so mag es scheinen, ins Lot gebracht. Doch dem ist nicht so, wir haben uns bislang nie gefragt, ob die wissenschaftsgeschichtliche Herausforderung der Wissenschaftstheorie auch Folgen für die Philosophie der Mathematik hat. Mathematik, wie wir sie bis jetzt betrachtet haben, ist ungeschichtlich; wir haben unterstellt, daß $2 + 2$ immer 4 und der Beweis des Satzes des Pythagoras immer gültig ist. Das kann nach gängigem Verständnis auch gar nicht anders sein, denn wie sollten apriorische Aussagen irgendetwas mit Geschichte zu tun haben? Geschichtlich ist in dieser Perspektive allein das Anwachsen dieses mathematischen Wissens! Ist der Mathematiker ein Entdecker, so wird er, wie der Geograph immer mehr von der Erde entdeckt und immer genauer beschreibt, immer mehr und genauer den Apriori-Bereich an sich seiender mathematischer Gegenstände und deren Strukturen kennenlernen. Ist der Mathematiker hingegen Erfinder, so mag das Arsenal seiner Erfindungen reichhaltiger und differenzierter werden.

Aus der Sicht der Mathematikgeschichte muß gegen diese Auffassung eingewendet werden, daß die Mathematik als Disziplin nicht nur in ihren Aussagen, also in ihrem Umfang, wächst, sondern in ihren Problemen und Methoden sehr wohl einem historischen Wandel unterworfen ist. Obgleich dies etwa in der Entwicklung des Logizismus von Leibniz bis Scholz sichtbar wird, ist in den Grundlagenpositionen hierauf nie eingegangen worden, weil die Entgültigkeit jeweils erreichter Resultate unterstellt wird. Demgegenüber muß man sich vergegenwärtigen, daß der Mathematiker bei der Beschreibung seines Apriori-Gegenstandes oder bei der Konstruktion im Denken – hierin nicht anders als jeder andere Wissenschaftler – alle Beschreibungen, Konstruktionen oder Beweise nur ausgehend von den begrifflichen Mitteln vornehmen kann, die in seiner Zeit verfügbar sind, und unter Verwendung ontologischer und methodologischer Voraussetzungen. Erinnern wir uns an die Transformation der Beweise des Satzes des Pythagoras oder an die je unterschiedliche Deutung des Cantorschen Diagonalverfahrens!

So beschreibt Lakatos den Weg mathematischer Theorien als einen Weg, der von einer ursprünglichen Vermutung ausgehend zu einem ersten groben Beweis führt, der wiederum durch Gegenbeispiele eine Modifikation – nämlich die Isolierung zusätzlicher Voraussetzungen und Hilfssätze – erzwingt.[15] Dabei werden insbesondere die zentralen Begriffsbildungen präzisiert und die angewendeten Methoden verschärft. Das Beispiel, das Lakatos herausstellt, ist der Eulersche Polyeder-Satz, in dem ein Zusammenhang zwischen den Kanten, Ecken und Flächen von Polyedern, also Vielflächlern, hergestellt wird. Tatsächlich erfährt im Laufe der Geschichte sowohl der Begriff des Polyeders – entstanden als Analogon zum Polygonzug – als auch der Satz selbst eine über mehrere Stationen verlaufende Präzisierung. Das bedeutet aber, daß die jeweiligen Fragestellungen der Mathematik, ihre Methoden, ihre Begriffsbildungen und ihre Resultate selbst historisch sind. Hierin unterscheidet sich Mathematik nicht von

---

[15] Proofs and Refutations. The Logic of Mathematical Discovery, Cambridge UP 1976.

den Erfahrungswissenschaften. Doch diese haben längst die Vorstellung aufgegeben, die beharrenden Gesetze einer sich ändernden Natur freizulegen – sie beanspruchen nur die Dignität hypothetischer Aussagen, die auf Paradigmata (Kuhn) oder Forschungsprogrammen (Lakatos) oder Systemen konstitutiver Festsetzungen (Hübner) aufruhen.

Der Ansatz von Lakatos, insbesondere die These, Mathematik entwickele sich durch Beweis und Widerlegung, ist nicht unwidersprochen geblieben. So zeigt Spalt, daß eine von Lakatos skizzierte Entwicklung des Begriffes der gleichmäßigen Konvergenz gerade nicht so stattgefunden hat, wie Lakatos behauptet; stattdessen kommen ganz andere, mathematikexterne Parameter ins Gespräch, etwa die These, die Kontrollierbarkeit der Beweise sei durch das Erfordernis akademischer Ausbildung mit abschließender Prüfung erzwungen.[16] Wir können diese Diskussion nicht weiterverfolgen – es genügt hier die Feststellung, daß das, was Hübner für empirische Theorien aufzeigt, auch für mathematische Theorien gilt: Sie ruhen auf Festsetzungen, nämlich vor allem auf *ontologischen Festsetzungen* über den Dingbereich und seine Struktur, *judikalen Festsetzungen* hinsichtlich der zulässigen Beweis- und Widerlegungsverfahren und *normativen Festsetzungen* über die Form der Darstellung, z. B. axiomatisch oder in logischer Schreibweise oder in mengen- oder verbandstheoretischer Gestalt; hierher gehören auch Forderungen zur ästhetischen Gestalt der Mathematik, wie sie Hardy nennt.[17] Ja, man kann sogar Elkanas Differenzierung von Wissensquellen übertragen:[18] nämlich unterscheiden zwischen unmittelbarer geometrischer Anschauung, inhaltlicher mathematischer Evidenz von ‚natürlichen' Zahlen, formallogischer Evidenz etc. Auch hier hat es in der Mathematikgeschichte Wandlungen gegeben!

Die Herausforderung, die die Mathematik und ihr Rationalitätsanspruch damit erfahren haben, ist in ihrer Tragweite noch

---

[16] D. D. Spalt: Vom Mythos der mathematischen Vernunft. Eine Archäologie zum Grundlagenstreit der Analysis oder Dokumentation einer vergeblichen Suche nach der Einheit der Mathematischen Vernunft, Darmstadt 1981; der letztgenannte Hinweis S. 282 f.

[17] A. Mathematician's Apology, Cambridge UP 1969, S. 85.

[18] Y. Elkana: Anthropologie der Erkenntnis, Frankfurt/M. 1986, S. 46.

gar nicht recht begriffen, denn sie liefert die Mathematik unwiederbringlich der Geschichte aus: Hypothetisch sind ihre Aussagen ohnedies – nämlich beruhend auf den Weltbildern, die wir skizzierten, genauer, auf den jeweils getroffenen Festsetzungen. Das im höchsten Maße Provokante ist nun, daß, obwohl der Gegenstand apriori sein soll, obwohl die Erfahrung keine Rolle spielt, obwohl die Vernunft nirgend so bei sich selbst ist wie in einem mathematischen Beweis, alles, was dabei herauskommt, selbst den Geist der Zeit, aus dem es geboren ist, nicht abstreifen kann!

Damit allerdings stellt sich das bekannte Relativitätsproblem: Sind mathematische Aussagen ebenso historisch-kontingent, bloß hypothetisch und Ausdruck von Paradigmen und Weltbildern? Wenn solcher Relativismusvorwurf schon hinsichtlich der Erfahrungswissenschaften in der Wissenschaftstheorie eine Gegenbewegung in Gestalt eines neuen Realismus hervorgerufen hat – man denke an Putnam, Scheibe oder Krüger –, wie viel näherliegender scheint dies in der Mathematik zu sein! Daß die Lösung aber nicht in einem neuerlichen Ideen-Realismus, in einem mathematischen Neoplatonismus bestehen kann, soll abschließend ein letztes, durch die jüngste Entwicklung der Mathematik offenbar gewordenes Problem verdeutlichen.

7. Ist Mathematik doch a posteriori?

Vor etwa 30 Jahren erklärte ein Hannoverscher Mathematiker, er habe einen Beweis für den Vierfarbensatz gefunden. Dieser Satz besagt, daß ein endliches Netzwerk, das eine Ebene wie eine Landkarte in zusammenhängende Flächen aufteilt, immer mit nur vier Farben so eingefärbt werden kann, daß Flächen, die eine Kante gemeinsam haben, verschiedene Farben erhalten. Schon lange bekannt ist der Beweis des Fünffarbensatzes; aber ein Beweis des Vierfarbensatzes stand damals aus. Über mehrere Kolloquiumssitzungen bemühte sich der betreffende Mathematiker, den Fachkollegen seine Beweisidee näherzubringen – ohne Erfolg: Es gelang ihm nicht, seine Beweisidee mitzuteilen, geschweige denn, Beweisschritte nachvollziehbar darzustellen. Damit hatte er die fundamentalste Bedingung aller Mathematik verletzt, denn eine Argumentation, die nicht intersubjektiv nachprüfbar ist, ist kein Beweis! Zugleich aber hängt, was als Beweisverfahren akzeptiert wird, an historisch-kontingenten Voraussetzungen. Vergegenwärtigt man sich, was alles in der Mathematik an Verfahren entwickelt wurde, die keineswegs selbstverständlich sind – indirekte Beweise, Cantors Diagonalverfahren oder die Gödelisierung, Gentzens transfinite Induktion oder Robinsons Theorie der Nonstandardmodelle – so wird man feststellen müssen, daß alle diese Verfahren der notwendigen Bedingung genügen müssen, mitteilbar, d. h. erlernbar und kontrollierbar zu sein; daß aber sehr wohl eine *Entscheidung* notwendig ist, sie in der vorgeschlagenen Form anerkennen zu wollen. Dies soll an einem letzten Beispiel verdeutlicht werden, das für einen gänzlich neuen Beweistypus in der Mathematik steht, den Beweis mittels Computer.

Einer der Schüler jenes Hannoverschen Mathematikers ging später in die USA und gehörte zum Kreis derer, die mittlerweile etwas geliefert haben, was Anspruch darauf erhebt, ein Beweis des Vierfarbensatzes zu sein. Ob es aber ein Beweis ist, ist nach wie vor strittig, und dies liegt an der Durchführung: Das Vorgehen verlangte nämlich Fallunterscheidungen so mannigfacher Art, daß sie für einen menschlichen Verstand nicht mehr zu bewältigen sind, und stattdessen ein Großrechner eingesetzt wurde; die Rechenzeit soll etwa ein Jahr betragen haben. Nun stehen wir vor folgender Frage: Ist ein durchaus finites formales Vorgehen, das kein Mensch im Laufe seines Lebens zum Ende bringen könnte und das deshalb einem Rechner übertragen wird, ein mathematischer Beweis? Es ist kein Ausweg, sich stattdessen eine Gruppe von 10 000 gleichzeitig arbeitenden Mathematikern vorzustellen, denn wer schüfe die Synthese: Die Aufgabe ist ähnlich sinnlos wie die von unseren löcherbohrenden Arbeitern! Ebensowenig ist es ein Ausweg, zu sagen, im Prinzip könnte ein Mensch den Beweis überprüfen. Was ist das für ein Prinzip, das uns fast ewiges Leben bei ungebrochener Geisteskraft verschafft? Die technologischen Auswege verschärfen unser Problem nur: Sollen wir auf Computer das Demokratieprinzip übertragen, wonach ein Satz zu akzeptieren ist, wenn die Mehrheit der Computer ihn auswirft? Oder vielleicht das Autoritätsprinzip, wonach dem Resultat des größeren Rechners der Vorzug zu geben ist? Oder wie wäre es mit einem Pluralismusprinzip, wonach möglichst viele Rechner verschiedener Hersteller mit unterschiedlich entwickelter Software zum Zuge kommen müssen?

Unabhängig davon, ob wir diese Einwände akzeptieren, erweist sich Mathematik als ein ganz und gar menschliches Geschäft. Denn angenommen, wir folgen ihnen und verwerfen den Computer-Einsatz als Beweismethode, so begrenzen wir mathematisches Denken durch eine empirische Gegebenheit, nämlich das faktische Vermögen, einen Beweis tatsächlich im einzelnen nachzuvollziehen. Angenommen dagegen, wir verwerfen die Einwände, so vertrauen wir auf ein Artefakt und lassen zu, daß empirische Einwände einen Beweis erschüttern können, etwa der Einwand, der Rechner sei defekt gewesen; die Sicherheit der Mathematik beruht dann in diesen Fällen jedenfalls nicht mehr auf jener Trennung, die doch gerade Grundlage der unverbrüchlichen Geltung mathematischer Aussagen sein sollte, auf der Trennung von allem Empirischen.

8. Schluß

Es kommt hier nicht darauf an, den Streit um Computerbeweise zu entscheiden oder zu schlichten, es geht nur um den Aufweis, daß Entscheidungen über die Zulässigkeit einer Beweismethode nicht von der Vernunft diktiert sind, sondern auch dort, wo sie argumentativ vertreten werden, stets eine Grundauffassung von Mathematik, eben ein mathematisches Weltbild mit sich führen, das seinerseits sicherlich mit Gründen modifizierbar, aber niemals zur Gänze begründbar ist.

Mathematik ist Menschenwerk und damit in den Wandel historisch-kontingenter Weltbilder eingebunden. Ihre Sicherheit verdankt sie der Ausklammerung empirischer und normativer Gehalte, die doch beide in Gestalt der jeweils zugrundeliegenden mathematischen Weltbilder wieder wirksam werden. Deshalb mag am Ende eine normative Wendung erlaubt sein: Wenn die Resultate der Mathematik, Inbegriff der Rationalität und Wissenschaftlichkeit, selbst nicht absolut gewiß sind, wenn das Ergebnis ihrer geschärftesten Bemühungen der Aufweis der Grenzen formaler und mathematischer Rationalität sind — wäre dies nicht Grund zu größerer Bescheidenheit auch außerhalb ihrer selbst gesetzten Grenzen?

Erwin Engeler

Die Skepsis der Mathematiker gegenüber der Grundlagenrhetorik

Kommentar zum Beitrag von Hans Poser

Herr Poser wird mir zugeben, daß nicht nur die Mathematik der Geschichtlichkeit unterworfen ist, sondern auch die Philosophie der Mathematik. Meine Bemerkungen gelten vor allem diesem Thema: Ich möchte als Mathematiker kommentieren, was nach meiner Ansicht die Philosophie der Mathematik ihrer Gegenstandswissenschaft allenfalls für Vorteile gebracht und auch welche Vorgänge grundlegender Natur sie weitgehend nicht wahrgenommen hat.

Es ist wohlbekannt, daß, von den Mathematikern, welche in den ersten vierzig Jahren unseres Jahrhunderts die bedeutendsten Leistungen in der Mathematik erbracht haben, die meisten von Fragen der Grundlegung der Mathematik sehr angetan waren und auch ernsthaft daran arbeiteten: Hilbert, Weyl, Brouwer, von Neumann. Aber es ist nicht zu verkennen, daß seither diese Beschäftigung eher den Spezialisten, wenn nicht Epigonen, überlassen wurde. Wie ist das zu erklären?

Die Attraktivität einer Fragestellung liegt für den Mathematiker zuallererst in ihrer mathematischen Ergiebigkeit. So finde ich z. B. die Frage, warum $2 + 2 = 4$ ist, bedeutend weniger interessant, als warum $2 + 2 = 2 \cdot 2$ ist: die Frage nämlich nach den (Kardinal-)Zahlen m, für welche $m + m = m \cdot m$ gilt, hat interessante, m. W. noch ungeklärte Zusammenhänge mit dem Auswahlaxiom. Große, fundamentale Fragen eignen sich eher für Reden und populäre Darstellungen: Davon gibt es auch nicht mehr so viele wie zu einer Zeit, als das von allgemeinem Optimismus getragene Selbstbewußtsein der Wissenschaft solche Selbstdarstellungen begünstigte.

Wichtiger noch als dies ist die Substanzfrage: Ersichtlich führt die Rückführung der gesamten Mathematik, etwa auf die axiomatische Mengenlehre, wegen der großen Allgemeinheit eben zu wenigen – wenn auch schwierigen – konkreten Problemstellungen. Und wenn die technischen Hilfsmittel einmal geschaffen, die fundamentalen konkreten Fragen von eben diesen mathematischen Giganten gelöst, die schärfsten Kritiken einmal formuliert sind, dann ist die Spannung dahin, das Unternehmen in seiner heroischen Phase zu Ende: 1939.

Das nächste Unternehmen hatte damals schon vor einiger Zeit begonnen, nämlich die Ausweitung der erfolgreichsten der Grundlegungstechniken auf den Gesamtbereich der Mathematik. Wir sehen den Erfolg der mengentheoretisch begründeten axiomatischen Methode im Aufblühen der modernen Algebra, der Topologie, in der axiomatischen Begründung der Wahrscheinlichkeitstheorie, etc. Was allerdings jeweils die beteiligten Mathematiker in bezug auf ihren mathematisch-philosophischen Standort zu sagen haben, ist eher kurios, aber auch schon dagewesen: z. B. in der Philosophie der Quantenphysik. Zum Beispiel war das Hauptanliegen des Bourbakischen Unternehmens ganz offensichtlich der Aufbau der vielen besonderen mathematischen Strukturen aus wenigen, axiomatisch-mengentheoretisch gegebenen structures-mères. Indessen macht Bourbaki in seinen (allerdings nur vereinzelten) Artikeln den Anspruch, das formalistische Programm durchzuführen und von der Frage der Widerspruchsfreiheit motiviert zu sein.

Der Wissensbestand der Mathematik ist durch die mengentheoretisch-axiomatisch-logische Beeinflussung also sowohl umgestaltet als auch in seiner Erweiterung fruchtbar gefördert worden. Mit der Absicherung der Grundlagen, also mit der uns von Herrn Poser gestellten Frage nach dem Grund der Sicherheit der Mathematik hat dies insofern zu tun, als die ungeheure Erfahrung mit der Methode das Vertrauen in sie untermauert.

Sie sehen mich hier ausgleiten in einen darwinistischen Erklärungsversuch, wie ihn Herr Poser auch für seine zweite Frage nach dem Grund der Anwendbarkeit der Mathematik macht: Wir passen uns eben an, eine erfolgreiche Methode vermehrt sich und schafft so Voraussetzungen für weitere Erfolge und Vermehrung. Oder auch umgekehrt, wer unsere Mengenlehre eben nicht lernen kann, wird ausgemerzt aus der Schule und kann nicht Mathematiker werden.

Die geschilderte Entwicklung aber unter den Titel „Formalismus“ zu stellen ist unfair. Dies begünstigt den Titel „Intuitionismus“ ungebührlich. Dem Intuitionismus würde alles zufallen, was an Inhaltlichem und Operationellem in der Mathematik vorkommt, und davon gibt es in der mengentheoretischen Mathematik ein beträchtliches Ausmaß, z. B. die angewandte Mathematik. Dieser Aspekt ist durch intuitionistische Rhetorik über zulässige logische Hilfsmittel und die Intuition der Zahlenreihe oder Zwei-Einheitserlebnis in keiner Weise adäquat abgedeckt. Überhaupt ist die Unterscheidung in Logizismus, Formalismus und Intuitionismus ein Arrangement der sich selbst den prätentiösen Namen gebenden Intuitionisten. Sie stammt aus den 20er Jahren und hatte vor allem polemischen Zweck.

Was also hat die Mathematik vom Intuitionismus? Konkret z. B. folgendes. Die konstruktivistische Hauptkritik an der klassischen Logik ist, daß ein Beweis für $\forall x \exists y\, R(x,y)$ zustande kommt, ohne daß zu dem x ein entsprechendes y auch wirklich aufgezeigt wird. Ein intuitionistischer Beweis hingegen tut das. Dementsprechend haben ernsthafte Mathematiker, wie etwa E. Bishop, intuitionistische Beweismethoden zu einer Rekonstruktion z. B. der Analysis verwendet: Existenzbeweise sollen immer zu Computerprogrammen führen. Allerdings ist die Extraktion des Programmes aus dem Beweis nachweisbarerweise i. a. sehr aufwendig. Nun haben H. Friedman u. a. vor wenigen Jahren gezeigt, daß man in relevanten mathematischen Kontexten jeden klassischen Beweis von $\forall x \exists\, R(x,y)$ in einen intuitionistischen transformieren kann, und zwar mit vergleichbarerweise wenig Aufwand. Dieses Resultat stellt nun den konstruktivistischen Vorzug des Intuitionismus in Frage.

Also: Die Skepsis der Mathematiker gegenüber grundlagenphilosophischer Rhetorik ist wohlbegründet. Dies hindert natürlich keinen, solche Rhetorik zu üben, und die besten unter ihnen haben auch am schlimmsten gesündigt: Es ist merkwürdig, was nicht nur Brouwer, sondern auch Hilbert und selbst Gödel bei Gelegenheit ausgelassen haben. Auf jeden Fall hat die Grenzziehung zwischen Intuitionismus, Formalismus und Logizismus, wenn sie überhaupt klar definiert ist, wenig mehr an mathematischer Relevanz.

Meines Erachtens sind ganz andere Arten von Grenzüberschreitungen angezeigt. In einem nämlich ist die mengentheoretische Begründung der Mathematik defektiv, ich meine im Verständnis des Funktionsbegriffes. In der Mengenlehre ist eine Funktion einfach eine Menge von Paaren, bestehend aus dem Argument und dem Funktionswert. Diese Menge ist alles, was in dieser Art von Mathematik von der Funktion übrig bleibt, weggelassen sind alle weiteren Informationen über die Funktion, wie z. B. die Berechnungsweise oder Definitionsmethode für die Funktion. So sind z. B. $x^2-(\sin^2 x + \cos^2 x)$ und $(x + 1) \cdot (x-1)$ wohl extensional, d. h. als Paarmenge betrachtet, dieselbe Funktion, nicht aber wenn ich etwa den Rechenaufwand betrachte oder sie als Aufgaben für trigonometrische oder algebraischen Vereinfachungen stelle. Der extensionalen, mengentheoretischen Mathematik müßte also doch wohl eine intensionale, funktionale beigestellt oder entgegengestellt werden. Ihre Begründung wäre vorzunehmen und ein Siegeszug, ähnlich dem der mengentheoretischen Mathematik, zu erhoffen. Vieles von dem ist eingetreten, ohne daß die mathematische Philosophie es zur Kenntnis genommen hätte, obwohl sie einen der Begründer, Curry, mit Vorliebe als extremen Formalisten einzuordnen beliebt. Und die intensionale Mathematik kommt durchaus ohne das aktual Unendliche aus, das Hilbertsche Programm führt auf ihr zum Ziel.

Ein anderer Defekt der Mengenlehre als Grundlegung der Mathematik liegt in ihrer unnötigen Ausdeutung mathematischer Grundstrukturen, indem sie diese mit Elementen ausfüllt, welche für die mathematisch als wesentlich erachteten Fragestellungen eine nur ephemerale Rolle spielen. Diese Entwicklung kann ich hier nur erwähnen, es ist die Theorie der Kategorien, genauer, der Topoi.

Gestatten Sie mir noch eine Schlußbemerkung zur mechanischen Mathematik, welche Herr Poser im Zusammenhang mit dem Vierfarbenproblem erwähnt hat. Wenn die mechanische Mathematik darin bestünde, (was sie emphatisch nicht tut), daß wir Mathematiker um eine Maschine herumsitzen sollen und warten, was sie uns für Sätze liefere, so hat schon Jonathan Swift in Gullivers Reisen darauf die richtige Satire gemacht: Die Mathematiker in Laputa langweilen sich derart, daß jedem ein Diener mitgegeben werden muß, der ihn periodisch wieder aufweckt.

Karin Knorr Cetina

unter Mitwirkung von Klaus Amann, Stefan Hirschauer
u. Karl Heinrich Schmidt

Laboratorien: Instrumente der Weltkonstruktion[1]

1. Der Konstruktivismus in der Wissenschaftssoziologie

Der Konstruktivismus in der Wissenschaftssoziologie, auch umschreibbar als Soziologie der Erzeugungsformen „technischen" Wissens und von manchen als „neuere" Wissenschaftssoziologie bezeichnet, ist ein rezentes Phänomen. Damit naturwissenschaftlich-technisches Handeln zum legitimen Objekt sozialwissenschaftlicher Untersuchung werden konnte, mußte sich das „Standardbild der Wissenschaft" (Scheffler 1967) ändern. Aus der Perspektive dieses Standardbildes wird die Welt der Natur als wirkliche und objektive angesehen, und die Wissenschaft als dasjenige intellektuelle Unternehmen, das mit der Erarbeitung einer wörtlichen Beschreibung dieser Welt beschäftigt ist (Mulkay 1979). Die Vorstellung entspricht einer realistischen Wissenschaftsinterpretation, die von einer *reflektiven* Beziehung zwischen Welt und wissenschaftlicher Beschreibung ausgeht (s. Position 1 in Darstellung 1).

Diese Position impliziert, daß soziokulturelle, wirtschaftliche und andere nicht-„intellektuelle" Faktoren zwar Rahmenbedingungen festlegen, die der Erzielung objektiven Wissens mehr oder minder

[1] Die hier berichteten Forschungen wurden durch Sachbeihilfen der DFG für das Projekt „Komplexe Wissensprozesse" sowie das Projekt „Laborstudie Sexualwissenschaft" ermöglicht. Für weitere Unterstützungen danken wir der Friedrich Naumann Stiftung sowie dem USP Wissenschaftsforschung der Universität Bielefeld.

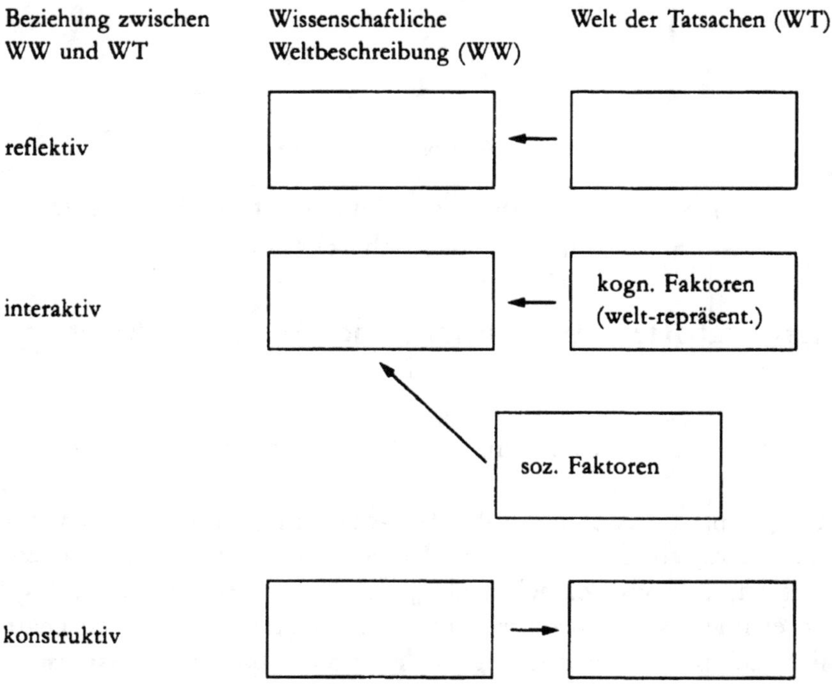

Darstellung 1: Positionen zur Beziehung zwischen der „Welt der Tatsachen“ und wissenschaftlichen Beschreibungen der Welt. Die Pfeile geben die Richtung der Determinierung an. (Modifiziert von Woolgar 1983)

förderlich sein können, daß diese Faktoren aber nicht selbst die kognitiven Wissensinhalte beeinflussen. Die Soziologie sollte sich daher nicht mit diesen Inhalten beschäftigen, sondern mit den sozialen Bedingungen, die die Erreichung objektiven Wissens ermöglichen (De Gre 1955:37). Genau dies hat die Wissenschaftssoziologie auch lange Zeit getan: die Merton'sche Schule als deren erste und lange dominierende Richtung beschäftigte sich mit den normativen und institutionellen Imperativen, die funktionale Voraussetzungen für den wissenschaftlichen Fortschritt sein sollten. Erst in den 70er Jahren kam es, ausgelöst durch Kuhns Theorie wissenschaftlicher Revolutionen und getragen von Autoren wie Blume und Sinclair (1973), Boehme, van den Daele und Krohn (1977), Nowotny (1973), Weingart (1976) und Whitley (1972) zu einer „kognitiven Wende“ in der Wissenschaftssoziologie. Die

Auffassung dieser Autoren ist dadurch gekennzeichnet, daß für sie zum Verständnis der sozialen Organisation der Wissenschaft das Verständnis ihrer kognitiven Organisation gehört: soziale und kognitive (Welt-repräsentierende) Faktoren interagieren in der Entwicklung wissenschaftlicher Disziplinen. Für die Wissenschaftssoziologie kommt es dann darauf an, die jeweiligen Interaktionsformen sowie den Effekt der beteiligten sozialen und kognitiven Komponenten des Wissenschaftssystems in den Griff zu bekommen (s. Position 2 in Darstellung 1).

Ende der 70er Jahre entstand jedoch noch eine dritte, „radikalere" Auffassung des Wissenschaftssystems, die mit der Kuhn'schen Theorie Übereinstimmungen aufweist, sich aber nicht mit ihr deckt: der Konstruktivismus in der Wissenschaftssoziologie (s. Position 3 in Darstellung 1)[2].

Nach Auffassung des Konstruktivismus haben wissenschaftliche Inhalte ihren Ursprung *vollständig* in der sozialen Welt – nämlich in dem als *soziale Form* gesehenen Forschungshandeln und in den Überzeugungspraktiken der beteiligten Wissenschaftler. Dies erscheint zunächst als keine besonders radikale These, denn es ist plausibel genug, daß wissenschaftliche Resultate ihre Erklärung im Prozeß, der sie erzeugt, finden. Aber der Konstruktivismus leugnet die determinierende Rolle einer unabhängigen Realität der Natur. Und sein vielleicht wesentlichstes Kennzeichen ist es, daß er das, was wir als „wahr" und „wirklich" bezeichnen, als *Konsequenz statt als Ursache* der Erzeugnisse wissenschaftlichen Forschungshandelns betrachtet. Die Welt *als Welt der Tatsachen* ist in dieser Perspektive entweder eine lebensweltlich konstruierte oder (in zunehmendem Umfang) eine wissenschaftlich konstruierte Welt. In jedem Fall erscheint die uns umgebende Welt unserer (Er-)Kenntnis als kulturell erzeugte Welt. „Welt" ist daher nicht gleichbedeutend mit einer vom Menschen unabhängig existierenden „Realität". Der Konstruktivismus verneint nicht die Existenz einer solchen Realität, setzt aber voraus, daß zu dieser kein

---

[2] Die neuere Wissenschaftssoziologie umfaßt mehrere Varianten, die sich nicht alle als „konstruktivistisch" beschreiben, wenn sie auch, wie ich meine, Position 3 in Darstellung 1 teilen. Einen Überblick über diese Varianten gibt das Buch „Science Observed. Perspectives on the Social Study of Science" (Knorr Cetina und Mulkay 1983).

Zugang außerhalb wissenschaftlicher Erzeugungspraktiken besteht. Wissenschaft ist in diesem Sinn *Technik der Weltartikulation.* Insbesondere werden die Praktiken der „experimentellen Kontrolle", der „Replikation", der „rationalen Argumentation" und „Kritik", denen in der Literatur als Grundbestandteile wissenschaftlicher Methode wahrheitsselegierende Funktion zugeschrieben wird, selbst als konstruktive Praktiken eingestuft. Im Falle von Replikation kann das z. B. heißen, daß das, was in einem bestimmten Wissenschaftsgebiet als korrekte Replikation eines Experimentes gilt, zum gegebenen Zeitpunkt selbst Aushandlungsprozessen unterliegt (Collins 1975). Die Replizierbarkeit eines Experiments stellt daher kein unproblematisches Entscheidungskriterium für die „Richtigkeit" experimenteller Resultate dar. Ähnlich zeigten Untersuchungen, daß experimentelle Ergebnisse im Labor (Re-)Konstruktions- und Editionsprozessen unterzogen werden, bevor sie als „Daten" lesbar (interpretierbar) und als empirisches Beweismaterial veröffentlichbar erscheinen (Amann und Knorr Cetina 1988 a). „Daten" können daher nicht unproblematisch als Kriterium der Hypothesenbestätigung (oder -Falsifizierung) herangezogen werden.

Nach konstruktivistischer Auffassung muß auf die Vorstellung von solchen „Wahrheitsfiltern", die die Struktur einer unabhängigen Realität im wissenschaftlichen Ergebnis durchschimmern lassen, zugunsten eines breiten Spektrums beweis*fixierender* Praktiken ersetzt werden. Statt von wahrheitsfindenden Praktiken kann somit nur von *„Härtungs-"* und *Fixierungsprozessen* die Rede sein, die für mögliche Opponenten die „Kosten" (Latour und Woolgar 1979) der in-Fragestellung eines „gehärteten" wissenschaftlichen Resultates erhöhen. Die entsprechenden Fixierungsprozesse schließen nach bisherigen Studien soziale Faktoren jedenfalls nicht aus.

Der Begriff der Konstruktivismus wissenschaftlichen Handelns entspringt *empirischen* Beobachtungen wissenschaftlicher Praxis (Knorr 1977, Knorr Cetina 1981 (84), Latour und Woolgar 1979). Im Unterschied zum logischen Konstruktivismus der Wissenschaftsphilosophie (Lorenzen 1973) sowie zum kognitiven Konstruktivismus in Biologie und Systemtheorie (Maturana 1982) betreibt der konstruktivistische Ansatz zum ersten Mal in der Geschichte der Wissenschaftsforschung eine empirische Wissenssoziologie, die die Naturwissenschaften einschließt. Dabei ist maßgebend, daß wissenschaftliche Erkenntnisse nicht individuelle Einsichten, sondern immer sozial sanktionierte[3] Erkenntnisse darstellen. Ziel des Konstruktivismus ist in allgemeinster Formulierung die empirische Erschließung derjenigen Praxis, die diese Erkenntnisse erzeugt. Anders ausgedrückt: Ziel des Konstruktivismus ist das „WIE" wissenschaftlicher Erkenntnisfabrikation.

2. Der Laborbegriff

Zwei Fragestellungen erscheinen von zentraler Bedeutung im Rahmen des genannten Ziels:

1. Da wissenschaftliche Produkte *in Relation zu ihrem Erzeugungsprozeß* und nicht mehr in Relation zur „Natur" gesetzt werden, ist der Prozeß des Forschungshandelns von grundsätzlichem Untersuchungsinteresse.
2. Da ein Großteil wissenschaftlicher Praxis und besonders Prozesse der Wissenserzeugung einen spezifischen *Ort* — das *Labor* — haben, müssen die theoretische Relevanz von Laboratorien für verschiedene Wissenschaftsgebiete sowie die *identifizierenden Details* von Laboratorien (als theoretischer Begriff) geklärt werden.

Laboratorien stellen, wie man sagen könnte, die „natürlichen" Einheiten der Untersuchung wissenschaftlicher Praxis dar. Eine Wissenssoziologie der Naturwissenschaften braucht eine Labortheorie. Aber was ist ein Labor? Und welche wissenschaftliche Praxis finden wir in seinem Rahmen? Im folgenden versuche ich,

---

[3] Der kognitive Konstruktivismus bezieht seine am besten gesicherten und einleuchtendsten Aussagen aus der Neurobiologie von Lebewesen, beschäftigt sich also am plausibelsten, ähnlich wie Piaget, mit individueller Kognition. Hinsichtlich sozialer Systeme stellt der kognitive Konstruktivismus aprioristische Annahmegerüste auf, die keine empirische Basis haben. Die neuere Wissenschaftssoziologie zeichnet sich gerade durch eine Ablehnung solcher großer, durch Abstraktion verdünnter Weltskizzen aus. Sie insistiert in allen ihren Varianten auf der dichten Beschreibung wissenschaftlicher Praxis als Basis einer empirischen Erkenntnistheorie.

auf der Basis empirischer Beobachtungen (s. unten) einige Antworten auf diese Frage zu skizzieren.[4]

Labors sind dieser Auffassung nach weder in einem konventionell-methodologischen oder epistemologischen Sinn als Orte des Testens von Hypothesen zu verstehen, noch im organisationssoziologischen Sinn als (Forschungs)einrichtungen, die nach professionellen und nicht nach bürokratischen oder betrieblichen Kriterien organisiert werden. Dies schon allein deshalb, weil man den Laborbegriff nicht auf wissenschaftliche Einrichtungen beschränken kann. Im allgemeinsten Sinn kann man Laboratorien als Orte der Weltkonstruktion auffassen. Anders formuliert handelt es sich dabei um Orte der Etablierung einer System-Umwelt Differenz in Hinblick auf das Untersuchungsobjekt, die einer *Nischenbildung* gleichkommt. Laboratorien sind *„docile environments"*[5] für Untersuchungsobjekte; sie stellen einerseits domestizierte, „artifizielle" Handlungskontexte dar (Knorr Cetina 1981), hinsichtlich derer Natur zur *Umwelt* des Labors wird. Sie stellen zweitens Einrichtungen dar, die in Interaktion mit dem Objekt lernfähig und veränderungsbestrebt erscheinen. Laboratorien sind, als Umweltnischen, *lokal situierte* Einrichtungen – bei der reinen Mathematik müßte man sich als nicht lokalisierter Wissenschaft vermutlich die Frage stellen, ob es sich um eine Laborwissenschaft handelt.[6] Aber Laboratorien sind auch *temporalisierte* Einrichtungen – Einrichtungen, zu deren identifizierenden Merkmalen ihre Genealogie gehört.

---

[4] Die Beobachtungen stammen aus laufenden Forschungen. Die im folgenden vorgetragenen Überlegungen haben somit den Charakter von *„research in progress"*.

[5] Diese Verwendung des Begriffs „docile" unterscheidet sich von Garfinkel's (1967) und Lynch's (1985:43) Anwendung des Begriffs auf „records" oder „objects" im Sinne von Objekten, die sich gut betragen (und damit ihre Herkunft verdecken), aber auch von Foucault's Anwendung des Begriffs auf den „gelehrigen" Körper, der nach Foucault im 19. Jdt. Ziel und Resultat von Disziplinierungstechniken war (1979). Gemeint ist hier eine sowohl kulturell domestizierte als auch gelehrige Umwelt.

[6] Es sei denn, sie benutzt Rechenanlagen. In diesem Fall müßte die Frage gestellt werden, ob es sich um eine „Laboratorisierung der Mathematik" handelt.

Untersuchungsobjekte werden, sofern sie aus einer „natürlichen" Umwelt stammen, im Labor mit neuen Organisationsbedingungen konfrontiert, sie werden als Objekte im Labor neu konstruiert. Worin bestehen solche Organisationsbedingungen? In den Naturwissenschaften kann man eine Unterscheidung zwischen Feldwissenschaften und *Labor*wissenschaften treffen, wobei der Unterschied im Ausmaß liegt, in dem die („natürliche") Umweltorganisation sowie die mit ihr verbundene Artikulation des Objektes intakt gelassen wird. Man nehme als Beispiel eine Entwicklung, die sich gegenwärtig in den USA abzeichnet. Die Agrarwissenschaften werden in den USA seit Jahrzehnten vielfach im Rahmen von „extension services" betrieben. Das sind Einrichtungen, die ihre Forschung mit dem Ziel betreiben, landwirtschaftliche Betriebe und andere Nutzer bei auftretenden Problemen zu beraten und insgesamt die landwirtschaftlichen Erträge (Produktivität) zu verbessern. Hierbei wird traditionell das bebaute Feld oder das Beet, jedenfalls aber die gesamte Pflanze im Rahmen ihrer „natürlichen" Wachstumsbedingungen als Testfall benutzt. In den letzten Jahren ist nun mit dem Aufschwung der Biotechnologie eine Entwicklung eingetreten, durch die die Agrarwissenschaften an Boden verlieren und durch Biotechnologie abgelöst werden (Busch et al. 1984). Eine wesentliche Veränderung zu den Agrarwissenschaften besteht darin, daß die Arbeit mit und an der Pflanze im Rahmen „natürlicher" Wachstumsprozesse durch Arbeit an Zellkulturen ersetzt wurde. Biotechnologen verdrängen in den entsprechenden Organisationen agricultural scientists. Und Zellkulturlabors verdrängen die Felder und Beete der traditionellen agricultural experimental stations.

Was wird durch den Übergang von einer „Feld"wissenschaft, der Agrarwissenschaft, zu einer „Labor"wissenschaft, der Biotechnologie, bewirkt? Offensichtlich erscheinen zumindest die folgenden drei Prozesse:

1. die Erzielung von *„Präsenz"* in Hinblick auf das Untersuchungsmaterial durch dessen Entnahme aus der „natürlichen" Umwelt, in unserem Fall aus den Bedingungen landwirtschaftlicher Nutzungsflächen sowie Klima- und jahreszeitgebundener Wachstumsprozesse sowie durch die Hereinnahme der entsprechenden Prozesse in die Laborgrenzen. Das Untersu-

chungsobjekt wird dadurch für ein Behandlungsprogramm sowie Überwachungsversuche kontinuierlich präsent *gehalten;*
2. eine *Miniaturisierung* der interessierenden Prozesse durch den Übergang von der gesamten Pflanze zur Zelle;
3. damit verbunden eine *Beschleunigung* dieser Prozesse — statt mit vielmonatigen Reifungsprozessen und saisonalen Unterbrechungen hat es die Biotechnologie mit „Übernachtkulturen" und Zellwachstumsprozessen von wenigen Tagen unter geeigneten, künstlich erzeugten „klimatischen" Bedingungen zu tun.

Die drei Prozesse hängen zusammen: Die Erreichung von Präsenz am Forschungsort läßt sich häufig nur über Miniaturisierung erzielen, und beide zusammen haben, sind sie einmal erreicht, meist Beschleunigungseffekte.

Insgesamt können wir, um das Vokabular Nietzsches zu verwenden, bei den genannten Prozessen von einer Verbesserung des Kräfteverhältnisses zwischen Wissenschaftler und Untersuchungsobjekt zugunsten des ersteren sprechen. Sie beruht auf einer Veränderung der Temporalitäts- und Lokalitätsmodalitäten, die das Objekt organisieren. Wir haben es mit einer Steigerung der Definitionsmacht des Forschers gegenüber dem Untersuchungsobjekt zu tun, bei der Faktoren wie ständige Zugänglichkeit, schnellere Abwicklung und Wiederholbarkeit, Überwachungsmöglichkeiten u. ä. gegenüber der Ausgangssituation eine Rolle spielen[7]. Allerdings ist diese Steigerung der Definitions-

---

[7] Der Effekt einer eklatanten Asymmetrie im Kräfteverhältnis läßt sich auch mit einem Beispiel aus der Arbeit des Wissenschaftsforschers illustrieren. Wir führen gegenwärtig eine Studie der Hochenergiephysik durch, in der die uns interessierenden Experimente zwischen 80 und 480 Mitarbeitern aus verschiedensten Ländern der Erde aufweisen, einen zeitlichen Rahmen von 8—16 Jahren, sowie eine physikalische Ausdehnung von 30 und mehr Kilometern. Diesen Experimenten gegenüber steht in der Regel ein Ethnograph mit beschränktem Gedächtnis in für 2—3 Jahre finanzierten Projekten, und ohne Reisemittel, um den Experimentteilnehmern in alle die Länder der Erde zu folgen, in denen Projektmeetings durchgeführt werden. Allerdings zeichnet sich auch hier ein „Laboratorisierungsprozeß" durch die Verwendung von Audio- und Videorecordern ab, die Ausschnitten der Untersuchungswelt für weitere Analysen Dauer, ständige Zugänglichkeit — und in gewissem Sinne bessere Überwachbarkeit durch Miniaturisierung (Bild statt lebende Realität) — verleihen.

macht keine einseitige. Laboratorien erschließen als docile Umwelten dem Untersuchungsobjekt Artikulationsmöglichkeiten, ermöglichen somit auch die Steigerung der Definitionsmacht des Untersuchungsobjektes. Eingeschrieben in die Genealogie des Labors finden sich diese in den jeweiligen Labormerkmalen verkörperten (in den Laborveränderungen gespiegelten) Artikulationen (die Eigenstruktur) der Untersuchungsobjekte als Veränderungen eines Behandlungsprogramms wieder[8]. Innerhalb dieses Behandlungsprogramms werden Untersuchungsobjekte neu konstituiert. Für den Erfolg dieser allgemeinen Steigerungen der Definitionsmacht scheint es wesentlich, daß es sich bei den illustrierten Laboratorisierungsprozessen um eine *lokale* Artikulationssteigerung handelt: Änderungen im Kräfteverhältnis gelten nur im Labor, nicht in der „äußeren" Umwelt, und sie können nur im Labor hergestellt werden. Die lokal gewonnenen Effekte sind jedoch offenbar häufig groß genug, um den Übergang zu „Normal"verhältnissen zu erlauben. Die temporäre und lokale Umwelt kann auch Aufschluß darüber geben, wie man die „Normalverhältnisse" verändern muß, um den Übergang erfolgreich vorzunehmen. Meist erfordert ein im Labor artikuliertes Untersuchungsobjekt eine solche Veränderung der Verhältnisse. Man denke nur an die Schwierigkeiten, die Teile der Zellkulturforschung bei der Übertragung ihrer Ergebnisse auf die gesamte Pflanze und damit bei der Anwendung der Ergebnisse in der Landwirtschaft haben. Diesen wird z. T. dadurch begegnet, daß man statt für den Anbau ganzer Pflanzen auf Feldern für den Übergang zur Züchtung von pflanzlichen Materialien in Gewächshäusern plädiert, also die „Normalverhältnisse" den Laborbedingungen angleicht. In ähnlicher Weise hatte Pasteur bei der Übertragung seiner Ergebnisse in die Landwirtschaft eine Angleichung von Tierhaltungsbedingungen an Laborbedingungen bewirkt (Latour 1984).

Ich meine, daß der gesamte Prozeß der Verwissenschaftlichung wesentlich als Prozeß der Ausbreitung solcher Nischen gesehen

---

[8] Vgl. hierzu den Anpassungsprozeß der Laboratorien an die Untersuchungsobjekte in der Teilchenphysik: Diese versucht durch den Bau immer größerer Maschinen (Beschleuniger) immer seltenere und kleinere subatomare Teilchen zu generieren.

werden kann, in denen temporäre und lokale Organisationsmodalitätsveränderungen (bis hin zur vollständigen Erzeugung des Untersuchungsobjektes im Labor) potentiell nicht-lokale Effekte haben. Also nicht als Prozeß der Diffusion von Wissensinhalten, sondern von Organisationseinheiten und Behandlungsprogrammen. Am Anfang des Prozesses stehen Forschungslaboratorien, die die Objekte verrätseln. An seinem Ende stehen die heute weit verbreiteten Testlaboratorien als jeweils vorläufige Endpunkte der Entwicklung eines Behandlungsprogrammes, das als Labor, nicht als wissenschaftliches Faktum, in gesellschaftliche Kontexte übertragen wurde.

Ich möchte diese Spekulationen hier nicht weiterverfolgen, sondern vielmehr die Frage stellen, welche empirischen Fragen und Begriffe sich zur Charakterisierung der von uns beobachteten Laboratorien als fruchtbar erweisen. Erste Bausteine für eine solche Charakterisierung ergeben sich meines Erachtens aus der Untersuchung der *instrumentellen Form* von Laboratorien, sowie aus der Betrachtung der Praktiken, die diese Laborformen realisieren.

3. Die instrumentelle Form von Laboratorien

Laboratorien sind Erzeugungsapparate für bestimmte Objekte. Als solche weisen sie eine spezifische Konfiguration von Teilen auf, innerhalb deren Untersuchungsmaterialien zirkulieren und Behandlungsprogramme realisiert werden. Laboratorien in verschiedenen Bereichen unterscheiden sich durch ihre instrumentelle Form. Im folgenden skizziere ich vier Konfigurationen, wie wir sie in Laboratorien der Transsexuellenforschung, der Künstlichen Intelligenz, der Teilchenphysik sowie der Molekularen Genetik vorfinden.[9]

---

[9] Diese Bereiche werden derzeit in vier laufenden Forschungsprojekten untersucht. Vgl. u. a. die Projektpapiere von Hirschauer (1987) und Schmidt (1987) sowie Amann und Knorr Cetina (1987 a, b).

3.1 Das Labor zur Erforschung von Transsexualität

Im vorliegenden Ansatz wird die gängige Unterscheidung zwischen Human-, Sozial- und Naturwissenschaften nicht übernommen. Auch Forschungsbereiche außerhalb der traditionellen Naturwissenschaften werden mit dem Laborstudienansatz untersucht, zum Beispiel die Transsexuellenforschung (vgl. Hirschauer 1987). Das Labor, in dem Personen mit bestimmten Symptomen als „Transsexuelle“ behandelt, erforscht und verändert werden, ist multidisziplinär: Es kombiniert klassisch medizinische Disziplinen wie die Chirurgie und medizinische Endokrinologie mit der humanwissenschaftlich ausgerichteten Psychotherapie und weist innerhalb der Sexualforschung, von der die Transsexuellenforschung ein Teilgebiet darstellt, auch soziologische Elemente auf. Das Labor stellt einen Verbund dieser Disziplinen und anderer Einrichtungen dar, die sich, verbildlicht, um die Sexualforschung gruppieren (s. Darstellung 2):

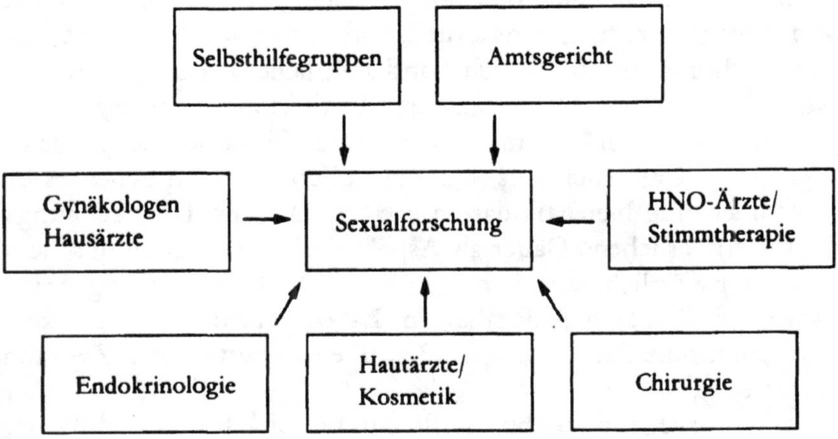

Darstellung 2: Schematische Darstellung des Labors in der Erforschung von Transsexualität

Das Labor umfaßt eine Serie von *Stationen,* die „Transsexuelle“ durchlaufen. Motiviert durch Selbsthilfegruppen und überwiesen durch Hausärzte und Gynäkologen erscheinen Transsexuelle im Büro eines Sexualforschers. Die Sexualforschung steht als diejenige Disziplin, die das Vorliegen von Transsexualität bestimmt und weitere Überweisungen vornimmt, im Zentrum des Labors.

Von ihr wird das Untersuchungsobjekt weitergeleitet an die Endokrinologie zwecks Überprüfung des Hormonspiegels und, bei diagnostizierter Transsexualität, zur Hormontherapie; zu Hautärzten und Kosmetikern zur Veränderung der Körperoberfläche (z. B. zur Entfernung von Körperhaaren und Bartwuchs bei Mann-zu-Frau-Transsexualität); zur Chirurgie zwecks Durchführung von Geschlechtswechseloperationen; sowie an das Amtsgericht zwecks Namensänderung und gerichtlicher Bestätigung des Geschlechtswechsels.

Die im Labor erstellte Tatsache ist das vom Transsexuellen gesuchte, andere Geschlecht. Die gesteigerte Definitionsmacht des Labors ergibt sich erstens aus dem *Nischen*charakter dieses Verbundes, indem Personen mit bestimmten Symptomen diese als „Transsexualität" deklarieren und sich als „Transsexuelle" einer Behandlung unterziehen können. Transsexuelle tauchen als solche systematisch erst im Verfahrensprogramm des Labors auf, das Transsexualität als erklär- und behandelbare Erscheinung, an die sich verschiedene Theorien und Forschungen heften, betrachtet. Im Alltag werden „Transsexuelle" als „eigenartig", „nicht normal", „homosexuell/lesbisch" und möglicherweise als „Transvestiten" eingestuft. Die gesteigerte Definitionsmacht ergibt sich zweitens aus dem Zusammenwirken der Verbundteile, zwischen denen das Untersuchungsobjekt zirkuliert und von denen es die entsprechende Neuartikulation erfährt. Die den Untersuchungsobjekten verliehene Dauer als Aspekt der Laboratisierung scheint man hier wörtlich verstehen zu können: Das Untersuchungsobjekt wird zum längeren Aufenthalt im Labor gezwungen (die sexualtherapeutische Behandlung muß z. B. einen bestimmten Zeitraum umfassen).

Das vorliegende Labor stellt ein Beispiel für den Fall einer *Reparaturwissenschaft* dar, d. h. einer Wissenschaft, die, durch gesellschaftliche Reparaturanliegen veranlaßt, in erster Linie Normalisierungsleistungen erbringen soll. Hierbei erscheint die wissenschaftliche Betrachtung und Analyse diesen Leistungen neben- oder auch nachgeordnet. Wissenschaft ist Begleitforschung für gesellschaftliche Reparaturprozesse, das Labor ist ein diesen Prozessen *angeheftetes* Labor. Exemplarisch für solche, in gesellschaftliche Prozesse eingeklinkten Wissenschaften erscheint die Medizin. Das wissenschaftliche Objekt, z. B. die Heilung einer Krebsform, entspricht gleichzeitig der Wiederherstellung einer Normalform („Gesundheit").

Eine Einklinkung in die Gesellschaft ergibt sich im vorliegenden Fall jedoch nicht nur aus dem „Anhang"status der Forschungsstätte, sondern auch durch *Inkorporation von Gesellschaft* in das Labor. Solche inkorporierten Teile sind nicht-wissenschaftliche Einrichtungen, wie das für die Etablierung eines Geschlechtswechsels als gesellschaftliche Tatsache entscheidende Amtsgericht, oder auch die Kosmetik und Stimmtherapie, die dem Untersuchungsobjekt eine dem Geschlechtswechsel entsprechende äußere Erscheinungsform verleihen. Eine zweite, nicht weniger interessante Form der Inkorporation von Gesellschaft kommt durch den Einbezug von Alltagspraxis in das Labor zustande. Letztere wird holistisch und diffus in das Labor dadurch inkorporiert, daß der/die Transsexuelle ein Jahr lang in ihr einem „Praxistest" unterzogen wird, was heißt, als Person mit dem gesuchten Geschlecht glaubwürdig im Alltag leben muß. Durch die Anheftung des Labors an Normalisierungsprozesse sowie die damit verbundene Inkorporation von Gesellschaft ins Labor wird im übrigen nichts dem Zufall überlassen: das Labor sorgt sozusagen selbst für die Übertragung einer wissenschaftlichen Tatsache, der parallel etablierten und beforschten Transsexualität, in eine gesellschaftliche, dem im Alltag anerkannten anderen Geschlecht.

3.2 Das Labor der Teilchenphysik

Labors in der Teilchenphysik weisen, wie nicht anders zu erwarten, eine andere instrumentelle Form auf als die bisher besprochene Medizin- und Humanwissenschaft. In den von uns bisher untersuchten Bereichen, einer Einheit der Atomphysik sowie dem Experiment UA2 am CERN in Genf, besteht das Labor im wesentlichen aus einer dreigeteilten und untereinander verbundenen apparativen Struktur: aus einem Teilchenbeschleuniger, aus Detektoren sowie aus Kontrolleinheiten. Hierbei kann die Kontrolleinheit aus auf einem „rack" miteinander verbundenen Elektronikteilen bestehen, die verschiedenste Signale abgeben und durch Umstecken von Steckern und Drehen von Knöpfen manipuliert werden. Die Kontrolleinheit erweckt den Eindruck einer Zeichenmaschine. Sie kann aber auch weiter verschriftlicht sein und „display"-Format aufweisen – z. B. auf den Bildschirmen von Computerterminals, die in Kontrollräumen den Zustand der Apparatur und der in ihr vonstatten gehenden Vorgänge beschreiben sowie die resultierenden Daten verarbeiten.[10] Das interessante Phänomen bei dieser Laboratoriumsform liegt darin, daß das Labor *im Inneren* dieser dreiteiligen Megaapparatur gesucht werden muß. Schematisch dargestellt (s. Darstellung 3):

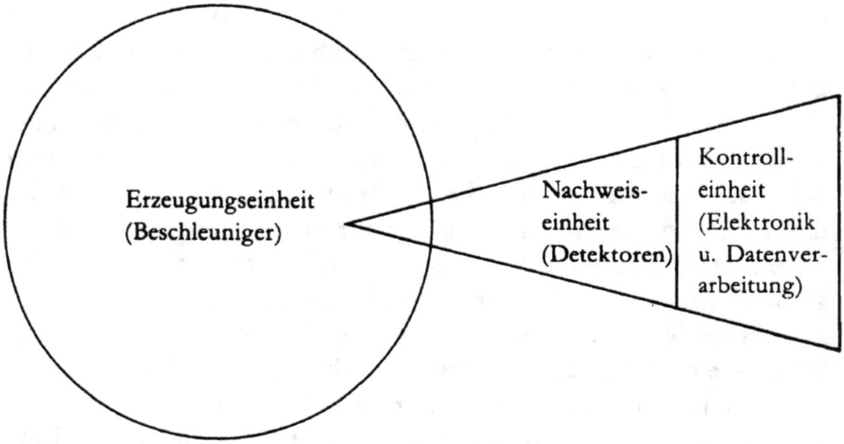

Darstellung 3: Schematische Darstellung des Labors in der Teilchenphysik

Die Apparaturen der von uns beobachteten Physik sind integrierte Systeme: Die Erzeugung, Messung und Beschreibung der interessierenden Teilchen erfolgt *in integrierter Weise* im Inneren der Apparatur. Ein Großteil der Arbeitszeit experimenteller Physiker wird auf den Entwurf, den Aufbau, den Umbau, Abbau und Wiederaufbau der entsprechenden Mega-Apparaturen verwendet, wie in anderen Wissenschaften auf die Durchführung von Experimenten. Nicht umsonst wird die Apparatur (oder Teile derselben) in den entsprechenden Bereichen auch als Experiment bezeichnet. Die Arbeit des Physikers in dieser Situation ähnelt der eines Maschinisten – wobei Physiker sowohl Operateure als auch Konstrukteure ihrer „Maschinen" sind. Als charakteristische Handbewegung des Physikers bezeichnen diese die Manipulation

[10] Als solche ähneln Kontrollräume in der Teilchenphysik Kontrolltürmen im Luftverkehr oder der NASA.

an der Apparatur[11]. In der von uns beobachteten Atomphysik werden die Geräte als „Kisten“ oder „Dosen“ bezeichnet – d. h. als Behälter, die man öffnen und schließen kann, und bei denen es darauf ankommt, was sich im Inneren befindet. Die Untersuchungsobjekte gelten entsprechend ihrer Existenz im Inneren der Apparatur als „irreale Gegenstände“ – sie sind nicht direkt beobachtbar und können nur nachträglich nachgewiesen werden.

Die Apparatur ist also nicht nur ein lokal eingesetztes, instrumentelles Hilfsmittel für die Aktivitäten eines Wissenschaftlers, der selbst die Integration zwischen verschiedenen Verfahrensteilen und Geräten herstellt, zwischen denen das Untersuchungsobjekt zirkuliert. Sie ist nicht wie etwa in der Molekularbiologie eine unter vielen verschiedenen Stationen in einem Behandlungsprogramm, dem das Untersuchungsobjekt im Ablauf eines Experiments unterzogen wird. Die Apparaturen der Physiker sind Prototypen, Originale, und nicht stationäre Hilfsinstrumente, die für verschiedene Zwecke und im Dienste verschiedener Projekte (Experimente) herangezogen werden können. Was um die Apparatur herum in den experimentellen Räumlichkeiten (und oft auf den Schreibtischen) der Physiker zu sehen ist, dient meist direkt dem Bau, Umbau oder der Reparatur der Apparatur. Das umgebende „Labor“ ist Serviceeinrichtung für die Maschine, die das eigentliche Labor darstellt. Als integrierte Systeme haben Apparaturen einen Lebenszyklus: Sie entstehen, „wachsen“, erreichen ein bestimmtes Stadium der Fruchtbarkeit (offenbar ohne jemals „fertig“ zu sein) und „sterben“ – sie werden z. B. abgebaut und ihre Teile für andere Experimente verwendet (vgl. Traweek 1988). Die Verzeitlichung des Labors, von der ich oben gesprochen habe, kristallisiert sich hier in einer bestimmten Form: in einer Folge von Stadien mit markiertem Beginn und markiertem Ende, die man als „Lebenszyklus“ umschreiben kann.

Die Verbindung zur Umwelt wird im Labor der Physiker nicht durch Integration von Gesellschaft, sondern durch die teilweise *Externalisierung* des Leiters bewerkstelligt. Der Leiter gehört dieser Auffassung nach nicht zum Labor, sondern zu administrativen

---

[11] Diese und die folgenden Zitate entstammen unserer Untersuchung der Atomphysik im universitären Bereich. Siehe dazu im Detail Dembowski und Krause 1987.

Apparaten bzw. zur Wissenschaftlergemeinde.[12] Zum Kriterium des Erfolges der entsprechenden Einheit könnte es gehören, in welchem Ausmaß der/die Leiter/in *nicht* Teil der Forschungseinheit ist und wieweit er/sie für diese instrumentalisiert werden kann. Geht man vom Wissen und der Perspektive praktizierender Physiker aus, so existieren für diese, wie Whitley argumentiert hat[13], so umfangreiche unterstellte Referenzgruppen wie die „Wissenschaftlergemeinde" in einem Forschungsfeld meist nicht. Betrachtet man jedoch den/die Leiter/in in der Einheit, so erscheinen solche Gruppen in der Tat relevant. Der/die Leiter/in erscheint nicht nur als ein Bindeglied zur entsprechenden „scientific community". Er/sie ist Teil dieser Gemeinde und vertritt diese im Labor. Indikatoren dieser Außenzugehörigkeit der Leiter sind z. B. das Ausmaß von deren Abwesenheit von der Einheit sowie die Art der Anwesenheit und Tätigkeit im Labor (oft keine „hands on" Forschungstätigkeit, Verwendung eines Großteils der Zeit auf Außenkontakte, z. B. Telefonate, Konferenzen u. ä.). In den von uns untersuchten Einheiten ist der Leiter u. a. *Importeur einer Außenzeit,* d. h. einer von den Fortschritten und Vorhaben der Konkurrenz bestimmten „Konkurrenzzeit", die für die Arbeit der Einheit bestimmend ist.

Bei den Megaapparaturen der Teilchenphysik hat die Größe der Apparatur die bekannte Konsequenz, daß der Experimentator nicht ein Individuum oder eine kleine Gruppe, sondern ein Verbund von Gruppen mit insgesamt bis zu nahezu 500 Physikern ist.[14] Das Experiment wird in klar definierte und integrierte Module zerlegt, die von einzelnen Arbeitsgruppen getrennt bearbeitet werden und selbst wiederum in kleinere, tatsächlich zusammenarbeitende Einheiten zerfallen. Organisationstechnologien, die versuchen, mit den durch diese multiple Partitionierung geschaffenen Koordinationsproblemen fertig zu werden, gehören in solchen Experimenten zum integralen Bestandteil wissenschaftlichen Arbeitens.

---

[12] Zusammen konstituieren diese das, was ich an anderer Stelle ein transwissenschaftliches Feld genannt habe (Knorr Cetina 1982; 1984).

[13] Siehe dazu im Detail Knorr Cetina (1982).

[14] Das neue Experiment LEP am CERN hat etwa 480 Teilnehmer.

3.3 Das Labor der Molekularbiologie

Einen zweiten naturwissenschaftlichen Labortypus finden wir in der Molekularbiologie – es handelt sich um das vielleicht am weitestgehenden konventionellen Vorstellungen entsprechende Labor. Das Labor ist ein Raum, der Arbeitsbänke („benches") und Geräte zur Durchführung von Wachstums-, Entwicklungs- und Behandlungsprozessen beherbergt, die die Wissenschaftler zu „Experimenten" kombinieren. Die Megaapparatur der Physiker mit ihren internen Abläufen und wissenschaftlichen Operateuren hat Räume als Apparaturteile (z. B. Kontrollräume), große Teile des Experiments sind jedoch aus „Räumen" im üblichen Sinn ausgelagert (z. B. Teilchenbeschleuniger). Der Verbund von disziplinären und gesellschaftlichen Stationen, zwischen denen Transsexuelle zirkulieren, stellt keine „räumliche" Einheit oder Ordnung im physischen Sinn dar. Er ist durch räumliche Distanzen von oft mehreren hundert Kilometern zwischen den Stationen gekennzeichnet (z. B. einer chirurgischen Einrichtung in Frankfurt und einer sexualtherapeutischen in Hamburg), die manchmal auch nationale Grenzen überspringen und von den Untersuchungsobjekten überbrückt werden müssen. Im vorliegenden Fall der Molekularbiologie stellt das Labor dagegen eine räumlich von anderen Einrichtungen abgegrenzte Einheit dar. Es ist sozusagen eine *„Behausung"* für spezielle Bedingungen und Gegenstände, mit deren Hilfe Experimente komponiert werden können. Die Vorstellung vom Labor als Nische, als einer ausgegrenzten und erzeugten Umwelt, ist hier in räumlicher Form realisiert. Charakteristisches Mobilar in diesen Labors ist die *Arbeitsbank,* an denen die Teilnehmer hantieren.

Auch im vorliegenden Fall erscheinen Leiter externalisiert und Importeure einer Außenzeit, die von der Konkurrenz in der Wissenschaftlergemeinde bestimmt wird. Auch diese Laborform weist, wie das Labor der Teilchenphysik (und im Gegensatz zum Labor in der Transsexuellenforschung), Gruppenstrukturen auf, die allerdings nicht durch Partionierung in formale Arbeitsgruppen zustandekommen. Die Gruppe wird auch nicht durch gemeinsame Arbeit der Mitglieder am selben Modul des Experiments konstituiert, sondern ist Korrelat der ständigen Präsenz aller für alle und der damit in Verbindung stehenden Gesprächskultur des Labors (s. 4.2).

3.4 Das Labor im Bereich der Künstlichen Intelligenz und Informatik

Das letzte Labor, das uns gegenwärtig beschäftigt, könnte man als *Ringlabor* bezeichnen. Es handelt sich um eine Laborform, die wir im Bereich der Künstlichen Intelligenz und Informatik vorfinden (vgl. Schmidt 1988). Zentralstück dieser Laborform sind mehrere, miteinander verbundene Rechner, die man sich als einen Ring vorstellen kann, an den einzelne Wissenschaftler (Mathematiker, Informatiker, Physiker u. a.) angeschlossen erscheinen (s. Darstellung 4).

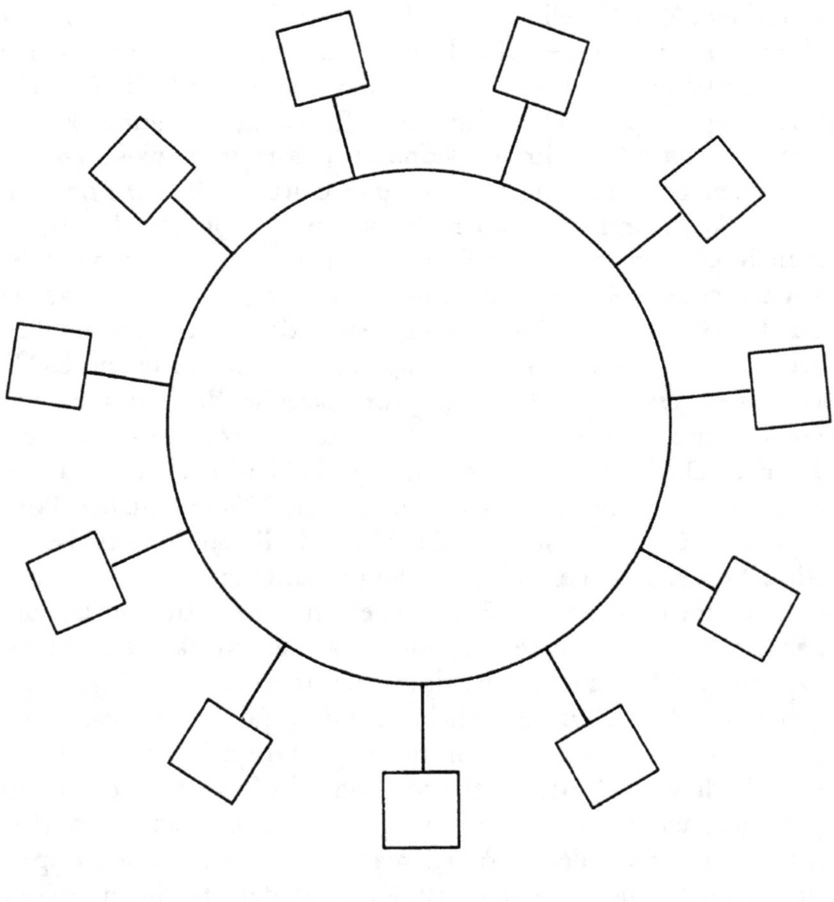

Darstellung 4: Schematische Darstellung des Ringlabors in der Künstlichen Intelligenz/Informatik

Diese Laborform ähnelt auf den ersten Blick dem Labor der Physiker: Ihr Kernstück sind Maschinen (Rechner). Allerdings werden diese weder von den Teilnehmern konstruiert noch handelt es sich um Prototypen, d. h. um Originalbestandteile eines Experiments, deren Lebensdauer und Lebenszyklus mit denen eines Experiments identisch sind. Die Maschinen stellen vielmehr, ähnlich den Geräten in der Molekularbiologie, Werkzeuge dar, die verschiedensten Klienten und Zwecken zur Verfügung stehen. Die Teilnehmer, die sie verwenden, sind *Nutzer,* nicht Operateure oder Konstrukteure. Die Wartung und Operation der Rechner obliegt eigenen Serviceeinrichtungen, die von den Benutzern getrennt operieren. Die Laborform erscheint daher weniger durch die Maschinen selbst als durch den *Zugang* (zu Rechnern, zu anderen Teilnehmern), den sie eröffnet, definiert.

Dies zeigt sich u. a., wenn man die Verbindung zwischen den Maschinen betrachtet. Bei den einzelnen Bestandteilen des Netzes von Maschinen, in das sich die Teilnehmer „einloggen" können, handelt es sich um Mainframe Rechner, Lisp-Maschinen, Array Prozessoren, Display Geräte und Drucker. Diese addieren sich jedoch nicht zu einer Megaapparatur auf wie in der Physik. Das Netz von Geräten erscheint intern durch die Funktion differenziert, durch die sich die einzelnen Geräte unterscheiden. Diese Funktionen ergänzen sich zum Teil, so daß sich zwischen einigen Geräten für bestimmte Aufgaben eine sequentielle Ordnung etablieren kann: Wenn etwa ein zu bearbeitendes Bild mit einem Array Prozessor aufgenommen wird, um im Mainframe Rechner weiterverarbeitet und schließlich im Ergebnis von einer „display unit" dargestellt zu werden. Die Verbindung zwischen den Maschinen hat offenbar die Funktion, den *Zugang* zu allen in Frage kommenden Geräten und zu allen Bearbeitungsstationen *von einem Ort aus* zu ermöglichen. Sie ermöglicht in gleicher Weise die Kommunikation zwischen den Teilnehmern des Netzes, die sich z. B. einer „mail utility" und einer „phone utility" bedienen können. Bezieht man die Möglichkeiten des EARN/BITNET[15]

[15] Das EARN (European Academic & Research Network) System sowie das amerikanische BITNET verbindet in Europa und den USA eine Vielzahl von universitären und sonstigen Rechenzentren, zu denen von jedem Teilnahmezentrum aus Verbindung aufgenommen werden kann.

Systems ein, so verbirgt sich hinter den Rechnern ein ungeheures Kommunikationsnetz, das vom Ort jedes Teilnehmers aus erschlossen wird.

Die Verbindung zum Netz und zu den Netzteilnehmern wird über Terminals hergestellt. Solche Anschluß-Stellen sind im untersuchten Forschungsbereich in großer Zahl und an verschiedensten Orten vorhanden; der Zugang ist, wie man sagen könnte, (örtlich) beliebig, er wird von jedem Ort aus leicht gemacht. Die Tätigkeit der Teilnehmer erscheint im Prinzip *räumlich ungebunden* in einem Ausmaß, wie das von keiner der anderen untersuchten Wissenschaften behauptet werden kann. Sie ist nicht zuletzt aus diesem Grund in höherem Ausmaß individuelle Arbeit als die Tätigkeit der Molekularbiologie und Physiker: die Tätigkeit von Wissenschaftlern am Terminal, die an einen Ring von Maschinen angeschlossen sind, erweckt, so ein Teilnehmer, die Vorstellung von *„Pferdeboxen“:* jeder Wissenschaftler operiert für sich alleine in einer „Box“, die zum Maschinenring über das Terminal geöffnet, von anderen Terminals oder Teilnehmern aber abgeschottet ist.

4. Laboratorien als Erzeugungsstätten

Der Begriff der instrumentellen Form von Laboratorien ist ein *Konturen*begriff. Die instrumentelle Form von Laboratorien hebt Konturen der Lebensformen verschiedener Laboratorien in den Vordergrund. Sie bezeichnet, wie man sagen könnte, markante Punkte spezifischer Erzeugungsapparate, die deren Praxis identifizieren und Differenzen zwischen den Labortypen notieren. Intendiert ist eine Charakterisierung der Gestalt der Erzeugungsapparate, die, unterscheidbar in den einzelnen Wissenschaftszweigen, Instrumente zur Generierung wissenschaftlicher Objekte sind. Die Betrachtung ist intuitiv plausibel, wenn man die in verschiedenen Laboratorien ablaufenden Handlungsprogramme *empirisch* betrachtet und beobachtet: Diese scheinen nämlich weniger darauf ausgerichtet, Wirklichkeit zu beschreiben als Wirklichkeit zu erzeugen (und diese dann zu beschreiben). Laboratorien sind Instrumente, die in meist lokaler und eingegrenzter Weise auf bestimmte Erzeugungsvorgänge spezialisiert sind. Die

Vorstellungen von Laboratorien als Erzeugungsquellen der verschiedenen Wissenschaften ist also durchaus wörtlich zu verstehen. Am deutlichsten wird dies im Laboratorium der untersuchten Künstlichen Intelligenz. In diesem sollen funktionierende Programme gemacht werden, die dem Effekt nach mit Wirklichkeitseffekten korrespondieren – die z. B. das optische Resultat einer Kernspintomographie ebenso wie ein ausgebildeter Radiologe erfassen und diagnostizieren können. Das Resultat der Laborarbeit entspricht jedoch weder dem Ziel noch der Methode nach einer Wiedergabe radiologischer Praktiken. Z. B. ziehen die beobachteten Labormitglieder für ihre Tätigkeit Lehrbuchinhalte heran und betrachten nicht die Praxis der „abzubildenden" Radiologen. Und sie blenden Inhalte aus, die nicht in ein logisches Kalkül übersetzbar sind und rechnergerecht transformiert werden können.[16]

Der Erzeugungsarbeit in Laboratorien wird in der Literatur in gewisser Weise dadurch Rechnung getragen, daß wissenschaftliche Tätigkeit mit instrumenteller Tätigkeit gleichgesetzt wird. Nach akzeptierten Auffassungen begann die Wissenschaft im 17. Jahrhundert sich immer komplexerer technischer Instrumente zu bedienen. Durch diese Instrumente wurden, wie historische Studien vertreten (Kutschmann 1985), die Sinnesfunktionen des Wissenschaftlers ersetzt und das Labor zu einem Ort technisch-instrumentellen Handelns. Im Laboralltag stellt man jedoch schnell fest, daß zu den Instrumenten des Labors nicht nur Apparaturen, Maschinen und andere Einrichtungsgegenstände gehören. Den verschiedenen Laboratoriumstypen entsprechen verschiedene Formen wissenschaftlicher *Praxis,* und diese Praxis schließt *als Praxis* eine Vielzahl nicht-maschinell realisierter Erzeugungsverfahren ein. Einzelne Laborformen unterscheiden sich u. a. dadurch, wie sie *Korporalität, Mündlichkeit* und *Schriftlichkeit* behandeln. Verkörperte Tätigkeit, mündliche Interaktion und Vertextung sind Aspekte allen Forschungshandelns. Laboratorien unterscheiden sich jedoch dahingehend, ob und in welcher Weise sie diese Handlungsformen *in Erzeugungsinstrumente für wissenschaftliche Ergebnisse* transformieren. Solche Erzeugungsinstrumente

[16] Siehe dazu im Detail das entsprechende Kapitel „Textrendering" in der Dissertationsarbeit von Karl-Heinrich Schmidt (1988).

sind routinisierte, technische Verfahrensweisen; sie sind Werkzeuge im Umgang mit Darstellungen ähnlich den hardware Werkzeugen instrumenteller Apparaturen. Ich möchte dies am Beispiel von Mündlichkeit illustrieren.

4.1 Mündlichkeit im Labor

Das räumlich eingebundene „Innen“labor der Molekularbiologie mit seinen offenen, über-schaubaren Arbeitsbänken und offenen Türen ist ein in extremer Weise mündlich strukturiertes Labor. Mündlichkeit charakterisiert alle Kontakte zwischen den Teilnehmern, die nicht zuletzt durch sie zu einer „Gruppe“ zusammengefügt erscheinen. Das molekularbiologische Labor hat sozusagen (Gruppen)*Mitglieder,* nicht nur Teilnehmer. Charakteristikum der Mündlichkeit ist ihre Informalität: Zwar existieren formale Gelegenheiten für Gespräche wie Seminare und Gruppenbesprechungen, der Großteil der Kontakte findet jedoch „zwischen Tür und Angel“, über die Arbeitsbank hinweg und um Apparaturen statt. Clifford Geertz (1973) und Latour und Woolgar (1979) haben Wissenschaftler als „zwanghafte“ Schreiber charakterisiert. Wissenschaftler müssen ihre Verfahren und Beobachtungen ständig niederschreiben, damit die Informationen nicht verloren gehen. Wenn das richtig ist, so sind viele Wissenschaftler aber umso mehr zwanghafte „Schwätzer“ – zumindest gemessen an der Zeit, die in bestimmten Laboratorien auf Gespräche verwendet wird und ein Vielfaches der Schreibtätigkeit ausmacht. Räumliche Anordnungen spielen hierbei eine Rolle, etwa große Laborräume mit vielen Arbeitsbänken oder chronische Raumknappheiten, die dazu führen, daß Schreibtische und Arbeitsbänke im selben Raum zusammengedrängt werden müssen. Hierbei ist relevant, daß es sich in der Molekularbiologie meist um „kleinräumige“ Apparaturen und Tätigkeiten handelt, die sich anders als Rechnernetze u. ä. auf wenig Raum zusammendrängen lassen.

Wichtig ist nun, daß Mündlichkeit im Arbeitsbanklabor *zum technischen Instrument gesteigert* wird: in Form von „shop talk“, von technischen Gesprächen, ist sie *Instrument der Erzeugung von Wissen aus dem Händischen und Apparativen des Labors.* Im molekularbiologischen Labor ist das technische Gespräch zwischen den Teilnehmern Mittel des „Lesens“ und der Interpretation von Schwärzungen auf Autoradiographien und von anderen Proto-Daten, die im Labor erzeugt werden. In diesen Gesprächen werden die unklaren Spuren diverser Laborinstrumente erkennbar und identifizierbar gemacht, sie werden interpretiert und – mit Hilfe gleichbleibender Gesprächsroutinen – in lesbare „Daten“ transformiert.

4.2 Mündliche Verfahrensroutinen

Hierzu ein Beispiel einer solchen Routine, die *Verfahrenssimplikatur*[17]. Das Dialogmuster wird dazu verwendet, um aus stummen experimentellen Ergebnissen anhand einer Erforschung der Verfahren, durch die die Ergebnisse erzeugt wurden, nicht-offensichtliche Schlußfolgerungen herzuleiten. Es besteht aus einer Serie von Paarsequenzen (Frage-Antwort oder Behauptung-Bestätigung), die die Biographie des Phänomens und seine Reaktionen erforschen. Das Muster kann durch eine Problemdarlegung oder einen Bericht eröffnet werden und wird in der Regel durch eine Schlußfolgerung in Form einer Interpretation („das heißt“, „das bedeutet“) oder einer Handlungsempfehlung („ich würde . . .“, „du mußt . . .“) geschlossen. Im folgenden Beispiel rekonstruieren die mit → angegebenen Beiträge die Verfahrensgeschichte des Phänomens:

(190904 84z640)

	640	Be	und gestern hab ich durch die Ce zufällig gehört daß GTC vielleicht doch nicht so ganz das wahre ist, ( ) daß die Ausbeuten daß die Qualität zwar gut ist, das hab ich von der Sa gehört aber die Ausbeute ist nicht so gut
	644	Ge	die Qualität ist gut aber
	645	Be	jaja
	646	Ce	mhm. Weil es
→	647	Ge	( ) ohne neo' oder mit neo'
	648	Ce	ohne neo aber mit eh 2% FCS
→	649	Ge	oh ja, langsam jetzt. Der Al hatte doch mal cotransfiziert mit PSV2 neo und diesen MSV-LPV

[17] Der Ausdruck „Implikatur“ ist an das Grice'sche Konzept der conversational implicature (1975) angelehnt.

	651	Ce	mhm
→	653	Ge	davon hat er dann das Gemisch hochgezogen, oder wie war das'
→	654	Ce	ja, und davon hat er n paar Klone gepickt
	655	Ge	o.k.
→	656	Ce	und ich hab das jetzt nochmal gemacht ohne neo und parallel LPB in pBr. Also nur LPV
→	658	Ge	du hast also im Prinzip auch wieder dieses MSV-LPV und nur LPV'
	659	Ce	mhm
→	660	Ge	und hast die transfiziert auf NIH 3T3
	661	Ce	mhm
→	662	Ge	und hast foci (?) gepickt
→	663	Ce	(und auch? Maus?)
	664	Ge	o.k.
→	665	Ce	und hab die in 2% Serum hochwachsen lassen
	666	Ge	ja, und was kommt da raus'
→	667	Ce	und da sind unheimlich viel gestorben und ein paar sitzen geblieben und haben auch sone Art foci (?) gebildet
	668	Ge	aha
→	669	Ce	und davon hatte Th so fünf bis zehn Klone gepickt
	670	Ge	sehr gut, sehr gut
→	671	Ce	und die lassen wir jetzt hochwachsen und dann werd ich halt noch n blot machen
	673	Ge	mach unbedingt n Immunofluoreszenz, direkt kannst jetzt schon machen, die Woche noch ((Etc.))

Man beachte, daß die Schlußfolgerung (Z. 673) am Ende einer solchen Gesprächsrunde nicht auf die Eröffnungsäußerung, etwa eine Problemdarlegung (Z. 640 ff.) einzugehen braucht. In der Tat antwortet sie meist auf die Verfahrensabbildung, die *zwischen* dem musterauslösenden Beitrag und der Schlußfolgerung liegt. Es ist, als ob sich die Teilnehmer darauf verlassen, *daß die Entwicklung ihrer Interaktion eine Schlußfolgerung produzieren wird* — oder genauer Merkmale des Phänomens produzieren werden, die eine Schlußfolgerung nahelegen. Die Rekonstruktion, die die Teilnehmer durchführen, bestimmt für sie die Art des Problems ebenso wie dessen Konsequenzen in Hinblick auf weiterführende Arbeiten. So hat im obigen Transkript die resultierende Handlungsempfehlung (Z. 672) weniger mit dem Eingangsproblem zu tun (daß eine bestimmte Methode nicht gut funktioniert, Z. 640), als damit, daß Ge die Testresultate in seinen Vortrag auf einer in der folgenden Woche stattfindenden Konferenz einbauen möchte, wie spätere Äußerungen Ge's bestätigen[18] – eine Möglichkeit, die der Verlauf des Gesprächs nahegelegt hatte. Das Muster folgt weder dem Standardmodell deduktiven Argumentierens noch dem Problemlösungsmodell. So kann das Gespräch zur „Lösung" eines „Problems" führen, daß man vorher nicht hatte, während das gesprächsinitiierende Problem ohne Lösung bleibt. Das Muster entspricht wohl am ehesten der Logik historischer Forschung durch die Rekonstruktion idiosynkratischer Ereignisse. Die Teilnehmer verwenden eine Technik ähnlich der des narrativen Interviews (Schütze 1976), um die konkreten Geschehnisse in ihrer historischen Abfolge hervorzulocken – sie scheinen *nicht* interessiert an einer fertigen Problemdiagnose oder an den Theorien der Konsultierten „über" das Phänomen (Amann und Knorr Cetina 1988 b). Entsprechend stellt sich das „Durchdenken" des Problems als *das interaktiv erzeugte Produkt der historischen Nachforschungen der Teilnehmer* dar – und nicht als Ergebnis eines mentalen workouts von Problemimplikationen.

Ein weiteres Gesprächsmuster, das immer wiederkehrt, ist ein *oppositives Muster*. Es handelt sich um Streitgespräche, bei denen die Teilnehmer ihre Uneinigkeit dazu benutzen, relevante und neue (bisher nicht offensichtliche) Merkmale des Phänomens hervorzulocken. Solche Gespräche sind also nicht einfach funktionslose Ärgernisse, die mit der Streitsucht einzelner Wissenschaftler zu tun haben. Auch bei diesen Gesprächen handelt es sich um technische Instrumente, und zwar um Instrumente der *Induktionsproduktion*, z. B. im Dienste der Interpretation von Proto-Daten (displays). Im folgenden, oppositiv verlaufenden Gesprächsausschnitt geht es darum, ob es sich bei bestimmten Banden auf

[18] Nach einigem hin und her darüber, wann der Immunofluoreszenztest gemacht werden kann, meint Ge auf Z. 685, daß er die Sache (bei entsprechendem Testresultat) irgendwie (in seinen Vortrag) einbauen könnte. Und auf Z. 689 erklärt er, daß er damit zwei Punkte (im Papier) machen könne, die er in der Folge ausführt.

einem Autoradiographiefilm um die Probe oder um unspezifische Starts handelt:

(140106 85p66)

44 Be das Gegenargument ist das, daß diese RNA-Starts auf der Höhe vom Marker laufen. Korrekt (laufen)
46 De wenn du jetzt sagen willsch, daß du plusminus 5 siehsch, da fang ich abers lachen an
48 Be das sind . . . je länger die sind, desto . . .
49 De du sagsch, daß des hier early early und zwei u . . fünf Basen weiter ist
51 Be nee, erstens lass ich meine Gele länger laufen
52 De haha
53 Be außerdem sind die bei mir 309 und das ist 305 bis 310 ((zeigt auf seinen Film))
55 De also, die laufen ja auch falsch
56 Be die laufen auf einer Höhe
57 De ((ironisch)) 305 und 309 laufen auf einer Höhe, ganz richtig
58 Be du ((wird ungeduldig)) das hier oben ist 520
59 De mhm
60 Be und das wäre danach, wenn du das als 404 nimmst, ungefähr 450. Das heißt, du würdest damit
62 De nee, das kann genausogut 480 sein. Da fangts doch an . . .
63 Be ja du würdest aber def . . dadurch fordern, daß du 70 . . 50 bis 70 Basenpaare Unterschied hast durch das Salz
65 De Mann, des hat doch was mit der Laufstrecke zu tun! ((Etc.))

Solche Dialogformen sind Erzeugnisinstrumente von Daten in dem Sinn, daß sie – durch die Schlußfolgerungen, die sie interaktiv produzieren – die unklaren Spuren experimenteller Verfahren in bestimmter Weise interpretieren. Sie verweisen gleichzeitig auf die Prothesenstruktur wissenschaftlichen Denkens im Labor. Das Gespräch dient als *Denkprothese* genauso wie es als „Sinnesprothese" herangezogen werden kann.

4.3 Die Vermündlichung von Texten

Technische Gespräche sind aber nicht nur Mittel der Gewinnung von Daten aus Proto-Daten, sie sind auch Mittel des *Lesens* der veröffentlichten Daten und Papiere, der Protokolle und Methodenvorschriften von Wissenschaftlern, die nicht Labormitglieder sind. Schriftliche Dokumente werden im Arbeitsbanklabor somit vermündlicht, wobei es im Falle von Papieren hierfür auch die formalen Einrichtungen von wöchentlichen Literaturseminaren gibt. Sie werden in „eingerichteten" und spontanen Diskursen, die das gesammelte Wissen, die Einschätzungen und Bewertungen von anderen Gruppenmitgliedern mobilisieren, dekonstruiert und neu „vertextet", d. h. als Interpretationsleistung des Labors rekonstruiert.

Wir haben ein interessantes Beispiel für die Vermündlichung und Dekonstruktion eines Papiers in Form von mehreren Gesprächen zwischen Labormitgliedern, die die Autoradiographiedaten eines ihrer hauptsächlichen Konkurrenten inspizieren. Das Papier mit den entsprechenden Materialien war dem Leiter der Gruppe als reviewer zugeschickt worden. Das Papier sollte vertraulich behandelt werden, aber Kopien des Papiers fanden sich auf jedem Schreibtisch, unmittelbar nachdem es im Labor eingetroffen war. Daraufhin begann die mündliche Arbeit an den Darstellungen des Papiers. Was hat sie geleistet? Man betrachte die folgende Sequenz aus dem Transkript des Gesprächs:

(110310/12 86)

66 Fe es kann einfach sein daß durch diese Methode nicht vollständig gestoppt wird und noch n bißchen/
68 Ce ja aber ich mein dann kannste mit solchen Artefakten keinen überzeugen
70 Fe überzeugen . . . also einige würd ich glauben ((Fenster))
71 Ce ich würd nur den einen glauben, sowas ist doch/
72 Fe das hier/, !das! hier und dann das einzige hier unten das hier. das ist gut ((2 Fenster))
74 Ce das ist !auch! gut, oder' ((stimmt 2. Fenster zu))
75 Fe jaja, das sind die beiden, die ich meine. genau ((Pause)) und vielleicht dieses Fenster hier auch. das

ist der einzelne Streifen, das wär n typischer/ typisches Beispiel für DNaseverdau, der nicht weit genug runtergekommen ist, deswegen kannst das Fenster vielleicht auch nicht so . . eindeutig beurteilen
80 Ce doch da oben aber schon noch, weil hier haste ja nochn Bereich wo die DNase noch is
82 Fe in dem/ das kann/ das ist o.k. und danach würd ich auch was sehen
84 Ce danach
85 Fe aber das wird schon kritisch
86 Ce da haste nur noch enhanced bands ((Etc.))

Das Transkript zeigt im Fragment das, womit die Teilnehmer hier beschäftigt sind: zu entscheiden, welchem der visuellen Objekte, die vom Autor des Papiers, einem weltberühmten Spezialisten in transkriptionellen enhancern, als „Fenster" (Bindestellen zwischen Protein und DNA) gesehen wurden, sie glauben und welchem nicht, und welche im Papier nicht als Fenster deklarierte Stellen sie als solche ansehen würden. Zu einem späteren Zeitpunkt wird von einer Teilnehmerin im übrigen ein weiteres Verfahren vorgeschlagen: alle gedruckten Beschriftungen des Autors von den Bildern zu entfernen und die visuellen Signale somit „von Anfang an" neu zu konstituieren. Auch diese Re-Konstruktionstätigkeit verdeutlicht die Rolle technischer Gespräche als Erzeugungsinstrumente und Denkprothese im Labor.

5. Zusammenfassung

Der konstruktivistische Ansatz in der neueren Wissenschaftssoziologie rückt den tatsächlichen Forschungsprozeß in den Naturwissenschaften in den Vordergrund des Interesses. Dabei werden Laboratorien als Orte, an denen naturwissenschaftlich-experimentelle Forschung in der Regel stattfindet, zur „natürlichen" Einheit wissenssoziologischer Beobachtung. Das vorliegende Papier hatte das Ziel, ein Konzept von Laboratorien als Orte der Weltkonstruktion vorzustellen und dieses Konzept durch die instrumentelle Form von Laboratorien in der Molekulargenetik, der Teilchenphysik, der Künstlichen Intelligenz und der Sexualforschung zu illustrieren. Es hatte zweitens die Aufgabe, die in Laboratorien anzutreffenden Praktiken der Wissenskonstruktion an einem Beispiel, der Verwendung des Dialogs als Methode in mündlich strukturierten Laboratorien, zu illustrieren. Dialogformen müssen ebenso wie andere soziale Handlungsformen als instrumentelle Möglichkeiten gesehen werden, die, wie in der Gesprächskultur des molekulargenetischen Labors, zum Arbeitsmittel gesteigert und sozusagen für epistemologische Zwecke mobilisiert werden können. Der Zusammenhang zwischen diesen Praktiken und instrumentellen Formen des Forschungshandelns muß in weiteren Untersuchungen herausgearbeitet werden.

Literatur

Amann, K. und Knorr Cetina, K. (1988 a), „The Fixation of (Visual) Evidence“, in: *Human Studies* II (2—3), *Special Issue on Representations in Scientific Practice* (im Druck)

Amann, K. und Knorr Cetina, K. (1987 b), „Werkstattgespräche in der Wissenschaft am Beispiel der Molekularbiologie.“ In: H. G. Soeffner (Hrsg.), Frankfurt: Campus (erscheint)

Blume, S. S. und Sinclair, R. (1973), *Research Environment and Performance in British University Chemistry. Science Policy Studies 6,* London: Her Majesty's Stationary Office

Böhme, G., van den Daele, W. und Krohn, W. (1973), „Die Finalisierung der Wissenschaft“, in: *Zeitschrift für Soziologie 2:* 128—144

Busch, L., Hansen, M., Burkhardt, I. und Lacy, W. B. (1984), „The Social and Scientific Impacts of the new Plant Biotechnologies“, Papier präsentiert am Annual Meeting der Rural Sociological Society, College Station, Texas

Collins, H. M. (1975), „The Seven Sexes: A Study in the Sociology of a Phenomen or the Replication of Experiments in Physics“, in: *Sociology* 9: 205—224

De Gre, G. (1955), *Science as a Social Institution.* New York: Random House

Dembowski, H. und Krause, M. (1987), Laborstudie Atomphysik. Unveröffentlichter Forschungsbericht. Universität Bielefeld, Fakultät für Soziologie

Fleck, L. (1980), *Die Entstehung und Entwicklung einer wissenschaftlichen Tatsache.* Frankfurt: Suhrkamp

Foucault, M. (1979), *Überwachen und Strafen.* Frankfurt/M.: Suhrkamp

Garfinkel, H. (1967), *Studies in Ethnomethodology,* Englewood Cliffs, N.J.: Prentice Hall

Geertz, C. (1973), *The Interpretation of Cultures,* New York: Basic Books

Grice, P. (1975), „Logic and Conversation", in: P. Cole und J. Morgan (Hrsg.), *Syntax and Semantics 3, Speech Acts,* New York: Academic Press

Hirschauer, S. (1987), „Laborstudie Sexualwissenschaft", Projektbericht, Universität Bielefeld

Knorr, K. (1977), „Producing and Reproducing Knowledge: Descriptive or Constructive?", in: *Social Science Information* 16: 669–696

Knorr Cetina, K. (1981; 1984), *The Manufacture of Knowledge. An Essay on the Constructivist and Contextual Nature of Science.* Oxford: Pergamon Press. Deutsche Übersetzung: *Die Fabrikation von Erkenntnis. Zur Anthropologie der Naturwissenschaft,* Frankfurt/M.: Suhrkamp 1984

Knorr Cetina, K. (1982) „Scientific Communities or Transepistemic Arenas of Research", in: *Social Studies of Science 12:* 101–30

Knorr Cetina, K. und Mulkay, M. (1983), *Science Observed. Perspectives on the Social Study of Science.* London und Beverly Hills: Sage

Latour, B. (1984), *Les Microbes: La Guere et Paix suivie des Irreductions,* Paris: A. M. Metaile

Latour, B. und Woolgar, S. (1979), *Laboratory Life. The Social Construction of Scientific Facts,* Beverly Hills: Sage

Lorenzen, P. und Schwemmer, O. (1973), *Konstruktive Logik, Ethik und Wissenschaftstheorie.* Mannheim: Bibliogr. Institut

Lynch, M. (1985), *Art and Artifact in Laboratory Science: A Study of Shop Work and Shop Talk in a Research Laboratory,* London: Routledge and Kegan Paul

Maturana, H. (1982), *Erkennen: Die Organisation und Verkörperung von Wirklichkeit. Ausgewählte Arbeiten zur biologischen Epistemologie.* Braunschweig/Wiesbaden: Vieweg

Mulkay, M. (1979), *Science and the Sociology of Knowledge,* London: George Allen & Unwin

Nowotny, H. (1979) „On the Feasibility of a Cognitive Approach to the Study of Science", in: *Zeitschrift für Soziologie 2:* 282–296

Scheffler, I. (1967), *Science and Subjectivity.* New York: Bobbs-Merrill

Schmidt, K. H. (1987), „Laborstudie Künstliche Intelligenz"; Projektbericht, Universität Bielefeld

Schmidt, K. H. (1988), „Texte und Bilder in komplexen Wissensprozessen". Unveröffentlichte Dissertation. Bielefeld: Fakultät für Soziologie

Schütze, F. (1976), Zur Hervorlockung und Analyse von Erzählungen thematisch relevanter Geschichten im Rahmen soziologischer Feldforschung, in: Arbeitsgruppe Bielefelder Soziologen (Hrsg.): *Kommunikative Sozialforschung,* München: 159–260

Traweek, S. (1988), *Buying Time and Talking Space: The Culture of the Particle Physics Community.* Boston: Harvard University Press

Weingart, P. (1976), *Wissensproduktion und soziale Struktur,* Frankfurt/M.: Suhrkamp

Gerhard Seel

Die Welt: kein Ort für Laboratorien?

Kritische Fragen an Karin Knorr Cetina

Vorbemerkung

Der Beitrag von Karin Knorr Cetina hat das große Verdienst, uns einen Einblick in den tatsächlichen Wissenschaftsbetrieb zu verschaffen und uns so von gewissen falschen – aber durch die traditionelle Wissenschaftstheorie immer wieder neu belebten – Idealvorstellungen von der wissenschaftlichen Arbeit zu befreien. Es ist sicher eine wichtige Einsicht, daß die Wissenschaftler in den Laboratorien nach ihrem eigenen Selbstverständnis nicht primär mit dem Testen von wissenschaftlichen Hypothesen, sondern mit der Produktion von Beweismaterial befaßt sind, das die Funktion hat, einem möglichen Gegner der eigenen Theorie das Infragestellen derselben zu erschweren. Die Untersuchungen von Karin Knorr Cetina zeigen insbesondere, daß wissenschaftliche Daten keine letzten und unerschütterlichen Kriterien zur Falsifizierung von wissenschaftlichen Hypothesen darstellen, sondern als Resultate eines Konstruktions- und Editionsprozesses stets ihrerseits in Frage gestellt werden können. Sie bestätigen damit eine These, die bereits Karl Popper vertreten hat.

So wichtig und aufschlußreich mir die von Karin Knorr Cetina vorgelegten Resultate ihrer empirischen Forschung erscheinen – ich habe natürlich keine Möglichkeit, ihre Richtigkeit zu überprüfen – so mißverständlich, ja irreführend ist m. E. die philosophische und wissenschaftstheoretische Deutung, die sie – im Fahrwasser des wissenschaftstheoretischen Konstruktivismus – von diesen Resultaten gibt. Sie erliegt dabei gleich zwei – zudem einander widersprechenden – Vorurteilen über das Verhältnis von Wissenschaftstheorie und empirischer Wissenschaft: zum einen der weitverbreiteten Anmaßung der Wissenschaftstheorie, gültige empirische Forschung sei erst dann und nur möglich, wenn die Wissenschaftstheorie deren Normen oder sogar deren Fragestellungen explizit formuliert hat, und zum anderen der Anmaßung gewisser Empiriker und auch gewisser Empiristen, Grundfragen der Wissenschaftsphilosophie ließen sich mit den Mitteln der empirischen Forschung entscheiden. In Wahrheit entsteht das Bedürfnis nach wissenschaftstheoretischer Fundierung für die empirische Wissenschaft erst dann, wenn sie aufgrund konkurrierender Methodenkonzeptionen in eine Krise geraten ist. Dann allerdings kann allein eine wissenschaftstheoretische Reflexion auf die Bedingungen der Möglichkeit gültiger empirischer Wissenschaft einen Ausweg zeigen. Auf der anderen Seite ist die philosophische Wissenschaftstheorie zwar gehalten, die die Wissenschaftspraxis betreffenden empirischen Fakten in Rechnung zu stellen, aber diese Fakten sind für sich allein völlig ungeeignet, die Grundfragen der Wissenschaftstheorie zu entscheiden. Denn aus der Tatsache, daß eine bestimmte Methode in der empirischen Forschung vorherrscht, folgt keineswegs, daß diese Methode die richtige ist. Der Verdacht, daß die Ausführungen von Karin Knorr Cetina solche Mißverständnisse begünstigen, veranlaßt mich, einige kritische Fragen an sie zu stellen.

1. Konstruktivismus versus Deskriptivismus — eine überholte Kontroverse

Karin Knorr Cetina rechnet sich selbst einer aktuellen Strömung in der Wissenschaftssoziologie zu, die von ihren Vertretern als ‚Konstruktivismus' bezeichnet wird. Sie beschreibt diese Position allerdings in einer Weise, die nicht völlig konsistent ist. Einerseits sollen — gemäß dieser Position — „die wissenschaftlichen Inhalte ihren Ursprung *vollständig* in der sozialen Welt — nämlich in dem als *soziale Form* gesehenen Forschungshandeln und in den Überzeugungspraktiken der beteiligten Wissenschaftler" (Seite 317) haben. Dies bedeutet, daß „der Konstruktivismus die determinierende Rolle einer unabhängigen Realität der Natur leugne" (Seite 317). Andererseits räumt Karin Knorr Cetina dann aber ein, daß „der Konstruktivismus nicht die Existenz einer solchen Realität leugnet, aber voraussetzt, daß zu dieser kein Zugang außerhalb wissenschaftlicher Erzeugungspraktiken besteht" (Seite 317 f.). Letzteres ist in dieser Form natürlich nicht haltbar. Denn zu einer im radikalen Sinne vom Menschen unabhängigen „Realität" besteht weder innerhalb noch außerhalb menschlicher Erkenntnisleistungen ein Zugang. Wenn man von diesem Punkt absieht, kann man den Konstruktivismus als eine Variante des Idealismus bezeichnen.

Diese Position wird von Karin Knorr Cetina nun einem früheren sogenannten „Standardbild der Wissenschaft" gegenübergestellt, gemäß welchem Wissenschaft die Beschreibung einer unabhängig von ihr existierenden realen Welt ist. Dies entspricht — wie sie richtig bemerkt — der traditionellen Position des philosophischen Realismus. Nach Karin Knorr Cetina impliziert diese Position, daß „soziokulturelle, wirtschaftliche und andere nicht-‚intellektuelle' Faktoren . . . nicht selbst die kognitiven Wissensinhalte beeinflussen" (Seite 315 f.). Demgemäß „sollte sich die Soziologie nicht mit diesen Inhalten beschäftigen, sondern mit den sozialen Bedingungen, die die Erreichung objektiven Wissens ermöglichen" (Seite 316).

Karin Knorr Cetina ist nun überzeugt, daß erst die Überwindung dieser Standardauffassung der Wissenschaft „naturwissenschaftlich-technisches Handeln zum legitimen Objekt sozialwissenschaftlicher Untersuchung" (Seite 315) hat werden lassen. Es ist mir nicht einsichtig, warum dies so sein soll. Ob die Wissenschaftler nun eine unabhängige Realität beschreiben oder eine abhängige Realität konstruieren, ihr Handeln ist in jedem Fall soziales Handeln und als solches legitimes Objekt sozialwissenschaftlicher Untersuchung. Eine ganz andere Frage ist, ob der Soziologe dabei die ‚kognitiven Wissensinhalte' aus der Untersuchung ausklammern darf oder nicht. Meiner Meinung nach folgt aus der Standardauffassung keineswegs, daß der Soziologe sich mit den Wissensinhalten nicht beschäftigen sollte, und wenn gewisse — von Karin Knorr Cetina angeführte — Anhänger dieser Auffassung das geglaubt haben sollten, so waren sie im Irrtum. Denn es ist absolut unmöglich, soziales Handeln — sei es nun wissenschaftliches oder anderes Handeln — adäquat zu untersuchen, ohne die angestrebten oder tatsächlichen Resultate dieses Handelns in die Untersuchung einzubeziehen. Eines kann der Wissenschaftssoziologe freilich dabei nicht tun: als Sozialwissenschaftler zur *Geltung* der von der untersuchten Wissenschaft erzielten Resultate Stellung nehmen. Dazu müßte er selbst in der untersuchten Wissenschaft arbeiten, und dazu wird er nicht ausgebildet.

Ganz generell kann man sagen, daß erst bei Fragen der *Geltung* — der angewandten Methoden oder der erzielten Resultate — die empirische Wissenschaftsforschung ihre Grenze findet. Überschreitet sie diese, so betritt sie das Feld entweder der von ihr untersuchten Wissenschaft selbst oder aber das Feld der Wissenschaftsphilosophie, Felder zu deren Bearbeitung ihre Instrumente nicht geschickt sind. Insofern Wissenschaft aber als soziales Handeln selbst ein empirisches Faktum ist — und das schließt die tatsächlich verwandten Methoden, die tatsächlich erzielten Ergebnisse, ja sogar die tatsächlich genährten Illusionen ein — war, ist und bleibt sie legitimes Objekt der empirischen Wissenschaftsforschung.

Karin Knorr Cetina präsentiert die Kontroverse zwischen Konstruktivismus und Deskriptivismus als eine Neuauflage des alten Disputs zwischen Idealismus und Realismus. Aber so wie sie diese Positionen diskutiert, fällt sie weit hinter das in der philosophischen Diskussion bereits Erreichte wieder zurück. Es geht hier gar nicht primär darum, ob das, was die empirische Wissenschaft tut, als Beschreiben oder als Konstruieren zu charakterisieren ist — ihre Arbeit weist sicher Züge von beidem auf —, es geht auch nicht darum, ob sie es mit einer unabhängig von ihr existierenden Welt zu tun hat, sondern in erster Linie darum, ob sie bei ihrem Beschreiben oder Konstruieren völlig willkürlich verfahren darf oder ob sie dabei an bestimmte Regeln gebunden und mit nicht willkürlich veränderbaren empirischen Daten konfrontiert ist. Es macht gerade das Eigentümliche eines fortgeschrittenen philosophischen Idealismus aus, daß er die Objektivität der Resultate der Wissenschaft — nicht wie der Realismus — mit Bezug auf eine unabhängige Realität —, sondern mit Bezug auf nicht willkürlich veränderbare Regeln definiert, gemäß welchen die wissenschaftlichen Resultate erzielt werden.

Mit Bezug auf diese beiden Voraussetzungen für die Objektivität einer jeden empirischen Wissenschaft scheint mir nun der von Karin Knorr Cetina vertretene Konstruktivismus in gefährliche Nähe zu einem subjektivistischen Idealismus zu geraten. Nehmen wir die beiden Punkte der Reihe nach vor.

Was die empirischen Daten betrifft, welche die Basis der Arbeit des empirischen Wissenschaftlers bilden, so geht Karin Knorr Cetina von dem Gegensatz zwischen zwei Auffassungen aus: zum einen der These, daß empirische Daten eine Art „Wahrheitsfilter" sind, „die die Struktur einer unabhängigen Realität . . . durchschimmern lassen " (Seite 318), zum andern der Auffassung, daß Daten zum Zwecke der Konstruktion von Beweismitteln künstlich aufbereitet werden, um „für mögliche Opponenten die ‚Kosten' . . . der Infragestellung eines ‚gehärteten' wissenschaftlichen Resultates zu erhöhen" (Seite 318).

Der Gegensatz zwischen diesen beiden Konzeptionen ist relativ unerheblich, wenn man unterstellt, daß das, was mit Hilfe der aufbereiteten Beweismittel *bewiesen* oder *verteidigt* werden soll, die objektive Geltung der wissenschaftlichen Resultate ist. Denn in diesem Fall bleibt die wissenschaftliche Arbeit auch gemäß der zweiten Argumentation an nicht willkürlich veränderbare Daten gebunden. Ganz anders verhält es sich hingegen, wenn das Ziel der Wahrheitsfindung überhaupt aufgegeben und durch andere (ökonomische, politische etc.) Zielvorstellungen ersetzt wird. In diesem Fall scheint es nämlich erlaubt, Daten zu fingieren oder Beweismittel zu fälschen.

Es ist aus den programmatischen Äußerungen von Karin Knorr Cetina nicht klar ersichtlich, ob sie so weit gehen wollte, letzteres zu behaupten. Wie dem auch immer sein möge, die empirische Dokumentation, die sie in ihrem Beitrag wiedergibt, spricht jedenfalls ganz eindeutig gegen eine solche These.

Das auf Seite 341 f. wiedergegebene Gespräch wird von Karin Knorr Cetina m. E. sehr einseitig und unerschöpfend kommentiert. Es zeigt nach meiner Meinung dreierlei:

1. Die Diskussionsteilnehmer stellen die Objektivität des Trägers der Protodaten (der Fotographie oder des Filmes) gar nicht in Frage. Sie betrachten ihn offensichtlich nicht als ein willkürliches Konstrukt ihres Kollegen, sondern unterstellen, daß es gemäß einem standardisierten Verfahren erzeugt wurde und die relevanten Informationen über den untersuchten Gegenstand enthält.

2. Die Diskussionsteilnehmer kritisieren eine falsche *Interpretation* dieser Protodaten und suchen die richtige Interpretation zu finden.
3. Dabei entscheiden sie wiederum nicht willkürlich, sondern gemäß sachlichen und standardisierten Kriterien, d. h. Kriterien, die sie aus dem bereits erworbenen Wissen über den Typus des beobachteten und auf dem Protodatenträger festgehaltenen Prozeß entwickelt haben.

So sehr Karin Knorr Cetina Recht hat, wenn sie gegen die Vorstellung Front macht, empirische Daten seien als unbefragbare und ein für alle Mal feststehende Größen letzte Kriterien der Wahrheit, so wenig autorisiert sie die von ihr vorgelegte Dokumentation, die empirischen Daten als willkürliche Konstrukte, die beliebig interpretiert werden können, einzustufen.

Nun könnte es ja immer noch so sein, daß der Wissenschaftler sich bei seiner Arbeit zwar an bestimmte Regeln gebunden fühlt, diese Regeln aber ihrerseits willkürlich von der Gemeinschaft der Wissenschaftler festgelegt werden. In diesem Falle hätte der Konventionalismus in der Methodologie Recht, dem Karin Knorr Cetina anscheinend zuneigt. Jedenfalls gibt sie (Seite 318) zustimmend die Auffassung von Collins wieder, daß „das, was in einem bestimmten Wissenschaftsgebiet als korrekte Replikation eines Experimentes gilt, zum gegebenen Zeitpunkt selbst Aushandlungsprozessen unterliegt". M. a. W. Regeln wissenschaftlicher Methodik stehen nicht ein für allemal fest, sondern werden von den Wissenschaftlern mit der Entwicklung ihrer Disziplin immer wieder neu festgelegt.

Daß die Wissenschaftler selbst die Regeln ihrer Methodik auf der Basis von Aushandlungsprozessen festlegen, kann sicher nicht bezweifelt werden. Aber dieses Faktum ist als solches für unsere Debatte gar nicht entscheidend. Entscheidend ist vielmehr, ob die Wissenschaftler beim Aushandeln dieser Regeln völlig willkürlich verfahren oder ob sie dabei gemäß irgendwelchen vorgängigen Regeln verfahren. Räumt man letzteres ein – und man muß dies wohl einräumen, wenn man die reale Wissenschaftspraxis nicht aus den Augen verlieren will – so fragt sich erneut, ob diese vorgeordneten Regeln ihrerseits willkürlich festgelegt werden oder nicht. Der strenge Konventionalismus behauptet nun, daß die Regeln, die das Eingehen von Konventionen normieren, allesamt in letzter Instanz auf nicht von Regeln geleiteten, d. h. willkürlichen, Konventionen beruhen. Hätte er damit Recht, so gäbe es keine im „Wesen von Wissenschaft" enthaltenen Normen wissenschaftlichen Handelns, sondern jeder könnte nach Belieben sich selbst zum Wissenschaftler und Beliebiges zur Wissenschaft erklären. Die Berechtigung solcher Ansprüche hinge dann allein von ihrer sozialen Durchsetzbarkeit ab. Ich wage es nicht, aufgrund des Artikels von Karin Knorr Cetina zu entscheiden, ob sie einen solch extremen Standpunkt vertreten will. Jedenfalls rechtfertigt das von ihr vorgelegte empirische Material eine so weitgehende These nicht.

Aber mit Bezug darauf stellt sich eine noch grundsätzlichere Frage. Karin Knorr Cetina behauptet, „der Begriff der Konstruktivität wissenschaftlichen Handelns (entspränge) *empirischen* Beobachtungen wissenschaftlicher Praxis" (Seite 318). Nehmen wir einmal an, sie hätte Recht mit dieser These. Unterstellen wir also, daß die Wissenschaftler tatsächlich – anstatt im Popper'schen Sinne Hypothesen Falsifikationstests auszusetzen – mehr oder weniger geschickt Beweismaterial zur Verteidigung ihrer Theorien gegen etwaige Angriffe ihrer Kollegen zusammenstellen oder gar künstlich schaffen, so wie ein geschickter Winkeladvokat Beweismaterial fälscht, um seinen Mandanten frei zu bekommen. In diesem Falle bliebe doch immer noch die Frage, ob dies die *richtige* Praxis zur Erzielung objektiver Erkenntnis ist oder nicht, d. h. ob die tatsächliche Praxis so ist, wie sie – nach Maßgabe des ihr wesentlichen Erkenntnisziels – sein soll.

Spätestens seit Hume wissen wir, daß auf solche Fragen die empirische Wissenschaft prinzipiell keine Antworten geben kann. Denn sie kann nur auf Seinsfragen antworten. Hier aber handelt es sich um eine Sollensfrage. An solchen Fragen findet daher die von Karin Knorr Cetina vertretene empirische Wissenschaftsforschung ihre notwendige Grenze. Sie bedarf der Ergänzung durch die Wissenschaftsphilosophie, wenn sie nicht die Beantwortung solcher Sollensfragen letztlich der ganz subjektiven Entscheidung der Wissenschaftler überlassen will.

Ich weiß nicht, wie Karin Knorr Cetina persönlich diese Sollensfrage beantworten würde. Jedenfalls habe ich den Eindruck, daß sie den Konstruktivismus in ihrer eigenen wissenschaftlichen Arbeit gar nicht so konsequent befolgt, wie man es nach ihren programmatischen Erklärungen erwarten würde. Verführe sie selbst streng konstruktivistisch, so dürfte sie eigentlich gar nicht sagen, daß der Konstruktivismus empirischer *‚Beobachtung‘* oder — wie es an anderer Stelle heißt — *‚Erschließung‘* entspringt. Sie dürfte als Gegnerin des Deskriptivismus auch nicht — wie sie es in der Fußnote 3 tut — sagen, daß die neuere Wissenschaftssoziologie „auf der dichten *Beschreibung* (Hervorhbg. G. Seel) wissenschaftlicher Praxis als Basis einer empirischen Erkenntnistheorie insistiert" (Seite 319). Sie müßte vielmehr einräumen, daß sie die ‚Konstruktivität des wissenschaftlichen Handelns‘ selbst oder zumindest das Beweismaterial für die Abstützung dieser These (nur) konstruiert hat.

Denn wenn der Konstruktivismus Recht hat, beschreibt auch die Wissenschaftssoziologie nicht länger eine unabhängige Realität, sie ist vielmehr lediglich mit „Härtungs-" und Fixierungsprozessen beschäftigt. Der Konstruktivismus wäre dann selbst lediglich Konstrukt wissenssoziologischen Forschungshandelns. Wäre dem aber so, so müßte Karin Knorr Cetina als konsequenter Konventionalist und Relativist ihren Gegnern (etwa dem gescholtenen Merton) das Recht einräumen, die Wissenschaftspraxis anders, z. B. als ‚Beschreibung einer unabhängigen Realität‘ zu konstruieren. Man sieht, ‚Konstruktivist werden‘ ist eine revolutionäre Tat, aber ‚Konstruktivist bleiben‘ ist sehr, sehr schwer.

2. Labore: Orte der Weltkonstruktion?

Meine zweite kritische Frage betrifft den von Karin Knorr Cetina eingeführten Laborbegriff. Gemäß diesem Begriff sind Laboratorien nicht „Orte des Testens von Hypothesen", auch nicht ganz generell „(Forschungs)einrichtungen", sondern „Orte der Weltkonstruktion" (Seite 320). Im Titel des Artikels heißt es abweichend „Instrumente der Weltkonstruktion". Dies klingt hübsch herausfordernd und ist sicher ein publikumswirksamer Aufhänger, aber es trifft nicht das, was Karin Knorr Cetina wirklich meint. Ja, diese Definition muß sie, wenn man sie wörtlich nimmt, in unüberwindliche Schwierigkeiten bringen, weil sie an komplexe philosophische Zusammenhänge rührt.

Es ist gefährlich, einen Begriff wie den der Welt leichtfertig zu benutzen. Denn dieser Begriff hat aufgrund seiner logischen Eigenschaften eine Verwendungsweise, die von der ‚normaler' Begriffe sehr verschieden ist. Gibt man auf diese Verwendungsweise nicht acht, so verwickelt man sich leicht in Paradoxien. In der philosophischen Tradition wird die Welt als eine Totalität, als eine Allheit von Entitäten definiert. Diese Entitäten sind entweder — gemäß der klassischen Position — Dinge oder — gemäß der Position Wittgensteins — Tatsachen. Die Definition des Begriffs der Welt impliziert, daß sich kein Gegenstand resp. Tatsache außerhalb der Welt befinden kann.

Es läßt sich nun zeigen, daß der Konstruktivismus bei Zugrundelegen dieses Begriffs der Welt in eine unauflösbare Antinomie gerät. Dabei unterstellen wir dem Konstruktivismus die These, daß „die Welt *als Welt der Tatsachen* entweder eine lebensweltlich konstruierte oder (in zunehmendem Umfang) eine wissenschaftlich konstruierte Welt" (Seite 317) ist, d. h. daß es keine von der wissenschaftlichen Konstruktion unabhängige oder dieser vorgängige Welt gibt. In diesem Sinne sagt Karin Knorr Cetina: „‚Welt' ist ... nicht gleichbedeutend mit einer vom Menschen unabhängig existierenden ‚Realität'" (Seite 317).

Fragt man nun, wo sich die Labore, d. h. die ‚Orte der Weltkonstruktion' selbst eigentlich befinden, so gibt es zwei Möglichkeiten: Sie befinden sich entweder in der in ihnen und durch sie konstruierten oder in einer anderen, vorgängigen Welt. Ich unterstelle dabei, daß Orte sich *in* einer Welt befinden müssen, weil sie sonst keine Orte sind.

Nimmt man nun an, daß sich die Labore in der (in diesen Laboren!) konstruierten Welt befinden, so konstruieren die Labore selbst den Ort, an dem sie sich befinden. Bevor die Welt konstruiert ist, gibt es also den Ort, an dem sich das Labor befindet, noch gar nicht. Das Labor müßte also die Welt bereits konstruiert haben, um einen Ort in der Welt einnehmen zu können. Befindet sich das Labor aber an keinem Ort, so kann es keine Welt konstruieren. Da es aber — gemäß unserer Hypothese — keinen Ort außerhalb der von ihm konstruierten Welt einnimmt, müßte es die Welt schon konstruiert haben, um die Welt konstruieren zu können, was absurd ist. Die Hypothese, daß das

Labor einen Ort in der von ihm konstruierten Welt hat, ist also unhaltbar.

Nimmt man nun an, daß das Labor einen Ort in einer anderen als der von ihm konstruierten Welt hat, dann muß man – gemäß der Grundthese des Konstruktivismus – annehmen, daß es ein anderes Labor gibt, in welchem diese vorgängige Welt konstruiert worden ist. Dieses vorgängige Labor hat aber seinen Ort seinerseits in einer nicht von ihm konstruierten Welt, die daher von einem wieder anderen Labor konstruiert worden sein muß. Auf diese Weise gerät man entweder in einen regressus in infinitum oder in einen Zirkel, dergestalt daß die Labore wechselseitig die Welt konstruieren, in denen das jeweils andere Labor seinen Platz hat. Beides aber ist unhaltbar. Ein regressus in infinitum würde die Basis für die Weltkonstruktion ständig weiter hinausschieben, so daß es keine definitive Basis und somit auch keinen Ort für Labore geben kann. Ein Zirkel oder eine Diallele in der Weltkonstruktion ist aber ebenfalls unmöglich. Denn um dem anderen Labor seinen Ort zu konstruieren, müßte das konstruierende Labor bereits an einem Ort sein. Dies aber hängt von der Konstruktionsleistung des anderen Labors ab, welche solange unmöglich ist, als das andere Labor selbst noch keinen Ort in einer konstruierten Welt hat. Labore – das zeigen unsere Analysen – haben gemäß den Prämissen des Konstruktivismus keinen Platz in einer möglichen Welt oder anders herum ausgedrückt: *die Welt ist kein Ort für Labore.*

Um diesen und anderen Schwierigkeiten zu entgehen, hat die transzendentalphilosophische Tradition, die ja ebenfalls behauptet, die empirische Welt sei eine von einem (transzendentalen!) Subjekt konstituierte Welt, sich stets gehütet, dem Subjekt der Weltkonstitution einen Ort in der konstituierten Welt zuzuweisen. Diese Vorsicht läßt der wissenssoziologische Konstruktivismus offensichtlich vermissen.

Aber Laboratorien sind auch evidenterweise keine transzendentalen Subjekte. Sie haben zweifellos ihren Ort in der empirischen Welt, und nur deshalb sind sie auch Objekte der empirischen Wissenssoziologie. Daher ist die These unhaltbar, die empirische Welt sei nichts als ein Konstrukt wissenschaftlicher Labore, und Labore seien Orte der Weltkonstruktion.

Nun mag man die voraufgehenden Bemerkungen als philosophische Spitzfindigkeiten abtun. Sie hatten auch lediglich den Zweck, vor einem unvorsichtigen Umgang mit philosophischen Begriffen und vorschnellen philosophischen Schlußfolgerungen aus soziologischen Untersuchungen zu warnen. Meine Kritik betrifft also mehr das, was Karin Knorr Cetina sagt, als das, was sie wirklich meint. Es ist ja durchaus erkennbar, daß sie die Aussage, Labore seien Orte der Weltkonstruktion, gar nicht wörtlich meint.

Was Karin Knorr Cetina eigentlich meint, sagt sie — in anderem Kontext — auf Seite 324. Danach sind Laboratorien „Erzeugungsapparate für bestimmte Objekte". Dies klingt weniger anspruchsvoll und hat vor allem nicht die paradoxen Implikationen, die wir bei der anderen Definition bemängelt haben. Aber auch die neue Bestimmung ist nicht unproblematisch. Ich will das wichtigste dieser Probleme kurz skizzieren.

Die neue Bestimmung hat den Nachteil, daß sie — faßt man sie als Definition im strengen Sinne auf — zu weit ist. Alles kann schließlich irgendwie als Erzeugungsapparat für bestimmte Objekte gelten. Hatte die erste Definition die mißliche Konsequenz, daß Labore an keinem Ort sein könnten, so zieht die zweite Formulierung nach sich, daß Labore überall sind. Die Welt ist nun nicht mehr ein Konstrukt des Labors, sondern selbst ein einziges großes Labor, Gottes oder des Wissenschaftlers große Werkstatt.

Dies trägt demjenigen Aspekt nicht Rechnung, den Karin Knorr Cetina als das Eigentümliche der Labore immer wieder herausstellt, nämlich daß Labore „lokalsituierte", von ihrer Umwelt deutlich differenzierte, auf bestimmte Untersuchungsobjekte spezialisierte „artifizielle" Einrichtungen sind (vgl. S. 320). Labore sind also nach ihrer Auffassung nicht nur hoch spezialisierte Produktionsapparate, sondern selbst künstlich geschaffene Einrichtungen. Sie sind zudem an bestimmte Orte gebunden. Es befremdet daher, wenn Karin Knorr Cetina die ganze Reihe höchst verschiedener und auch lokal getrennter Einrichtungen, die ein Transsexueller ‚durchlaufen' muß, als ein einziges großes Labor auffaßt, oder wenn sie die Forschungseinrichtungen im Bereich der künstlichen Intelligenz und der Informatik, wo nach ihren eigenen Worten die Forscher „Nutzer, nicht Operateure oder

Konstrukteure" (Seite 333) sind und die Forschungsarbeit „im Prinzip *räumlich ungebunden*" (Seite 334) ist, ohne Bedenken unter dem Laborbegriff subsumiert. Man wird den Verdacht nicht los, daß hier forschungspolitische und nicht forschungslogische Motive der Wahl des Terminus zugrunde lagen.

Mit dem schwankenden Wortgebrauch und der relativen Unschärfe des von Karin Knorr Cetina verwandten Laborbegriffs hängt noch ein weiterer mißlicher Punkt in ihren Ausführungen zusammen: die Verwischung des Unterschieds zwischen wissenschaftlichen und nicht-wissenschaftlichen Laboratorien. Zwar ist es durchaus verdienstvoll, die vielen Gemeinsamkeiten und Beziehungen herauszustellen, die zwischen diesen beiden Typen von Einrichtungen bestehen. Aber man darf dabei doch nicht aus den Augen verlieren, daß der Zweck der beiden Einrichtungstypen grundverschieden ist. Zwar trifft es zu, daß in beiden Einrichtungen hochspezialisierte Objekte produziert werden. Aber diese Objekte dienen in dem einen Fall unmittelbar praktischen Zwekken, während sie im anderen Fall – etwa als Beweismaterial – primär wissenschaftlichen Zwecken dienen. Natürlich gibt es – wie in der Medizin – Einrichtungen, die beiden Arten von Zwecken zugleich dienen. Aber das darf uns nicht dazu veranlassen, die Differenz zwischen beiden Zwecken zu verkennen. Gerade in der Medizin sind wir ja häufig mit dem Dilemma konfrontiert, daß Praktiken, die einen Fortschritt in der wissenschaftlichen Erkenntnis einbringen, den diesen Praktiken ausgesetzten Patienten zunächst schaden. Es gibt also durchaus einen möglichen Konflikt zwischen beiden Zielsetzungen.

Ist man wie Karin Knorr Cetina überzeugt, daß Wissenschaft überhaupt gar nicht die Wahrheitsfindung zum Zweck hat, so kann man die Differenz zwischen den Zwecken der beiden Einrichtungen natürlich nicht mehr begreifen. Dann ist aber nicht mehr so recht einsichtig, nach welchen Kriterien die wissenschaftlichen Objekte, die in wissenschaftlichen Labors erzeugt werden, von den in den übrigen Labors erzeugten Objekten unterschieden werden.

Eine abschließende Bemerkung – nichts als Scherz, Satire, Ironie und ohne jede tiefere Bedeutung: Karin Knorr Cetina spricht auf Seite 321 f. von dem Fortschritt, der durch den Übergang einer wissenschaftlichen Disziplin von einer ‚Feldwissenschaft' zur ‚Laborwissenschaft' erzielt wird. Im Stadium der Feldwissenschaft muß der Wissenschaftler sich noch mühsam zu seinem Forschungsobjekt hinbegeben, im Stadium der Laborwissenschaft kann er hingegen sein Forschungsobjekt zu sich ins Labor holen oder es gleich dort künstlich erzeugen — mit den von Karin Knorr Cetina geschilderten drei positiven Effekten: Präsenz, Miniaturisierung und Beschleunigung der zu untersuchenden Prozesse.

Karin Knorr Cetina beklagt nun in der Fußnote 7, daß der Wissenschaftsforscher (zudem „mit beschränktem Gedächtnis" und ohne „Reisemittel") seinen Forschungsobjekten „in alle die Länder der Erde ... folgen (muß), in denen Projektmeetings durchgeführt werden". Offensichtlich hat die Wissenschaftsforschung den Schritt von einer Feldwissenschaft zu einer Laborwissenschaft noch nicht gemacht. Aber Karin Knorr Cetina ist optimistisch: es zeichnet sich auch hier ein „Laboratisierungsprozeß" ab. Auf was müssen wir uns gefaßt machen, wenn dieser dereinst abgeschlossen ist?

Nun, Karin Knorr Cetina wird über ein wissenssoziologisches Zentrallabor verfügen, in welchem sie ihre Forschungsobjekte, d. h. die Laboratorien der Transsexuellenforschung, der künstlichen Intelligenz, der Teilchenphysik, der Molekularen Genetik u. a. — in miniaturisierter Form — künstlich erzeugt. Dies hat nicht nur den Vorteil, daß sie die Vorgänge in diesen Laboren ständig präsent hat, sondern auch, daß diese Vorgänge nunmehr beschleunigt ablaufen. Transsexuelle werden auf diese Weise ihren Geschlechtswandel sehr viel schneller vollziehen können. Darüberhinaus führt dies zu einer „Steigerung der Definitionsmacht des Forschers gegenüber dem Untersuchungsobjekt". Man muß aber nicht fürchten, daß aufgrund dessen alle potentiellen Untersuchungsobjekte — ob sie wollen oder nicht — z. B. zu Transsexuellen umfunktioniert werden. Denn erstens gilt die gesteigerte Definitionsmacht des Forschers nur im Labor, und zweitens bewirken die Laboratorien als „dozile Umwelten" auch umgekehrt eine „Steigerung der Definitionsmacht des Untersuchungsobjekts", weshalb genausogut die Gefahr besteht, daß der Laborleiter zum Transsexuellen wird. Allerdings besteht die bedenkliche Tendenz, Laborverhältnisse auf die Umwelt zu übertragen oder die „Normalverhältnisse" den Laborbedingungen anzugleichen.

Denn der Prozeß der Verwissenschaftlichung ist ein Prozeß der Diffusion nicht von Wissensinhalten, sondern von Organisationseinheiten und Behandlungsprogrammen.

Welch' eine Vision! Die Welt wird erzeugt in Laboratorien, die ihrerseits im Zentrallabor der Wissenssoziologie erzeugt werden, in denen die Wissenssoziologen als ‚Überwissenschaftler' wirken und Dialoge von folgender Art führen:

Ge: und hast 'n Transsexuellenlabor und das CERN gepickt
Ce: und hab' die in 2% Serum hochwachsen lassen
Ge: ja, und was kommt da raus?
Ce: und da sind unheimlich viel gestorben und ein paar sitzen geblieben und haben auch so 'ne Art foci (?) gebildet

Angesichts solcher Perspektiven kann man nur hoffen, daß an den Theorien von Karin Knorr Cetina etwas nicht stimmt.

Günter Ropohl

Über die Unvermeidlichkeit der technologischen Aufklärung*

1.

Wer Wozu-Fragen stellt – und das für Philosophie, Wissenschaft und Technik –, der bricht mit kulturellen Fraglosigkeiten. Was sich scheinbar von selbst verstand, wird nun als fragliches Mittel zum fraglichen Zweck enthüllt. Wer Wozu-Fragen beantworten will – und das für Philosophie, Wissenschaft und Technik –, tut, da die Wiedereinsetzung in den früheren Stand der Fraglosigkeit allemal mißlingen muß, gut daran, sich gar nicht erst auf die Relativität von Zweck-Mittel-Diskursen einzulassen, sondern sogleich auf Unvermeidlichkeit zu plädieren. Wer Unvermeidlichkeit nachweisen kann, braucht das Unvermeidliche selbst nicht noch eigens zu begründen; denn es geschieht ja ohnehin.

Die Eingeweihten werden bemerkt haben, daß ich diese Argumentationsfigur einem prominenten Kollegen nachmache[1]. Solcher methodischen Wegleitung bedarf ich freilich auch dringend; denn anders als jener Kollege, der die normative Kraft faktischer

---

* Eine erste Fassung dieser Überlegungen wurde unter dem Titel „Die philosophische Bewältigung der technischen Probleme unserer Industriegesellschaft" im März 1987 beim Fuschl-Gespräch der Hoechst AG „Zweifel am technischen Fortschritt?" auf Schloß Fuschl bei Salzburg vorgetragen. Die vorliegende überarbeitete Fassung ist im Mai 1987 im Seminar „Wozu Wissenschaftsphilosophie?" in der Abteilung für Geistes- und Sozialwissenschaften der ETH Zürich zur Diskussion gestellt worden.

[1] Marquard, O.: Über die Unvermeidlichkeit der Geisteswissenschaften, in: Anspruch und Herausforderung der Geisteswissenschaften, hg. v. d. Westdeutschen Rektorenkonferenz, Bonn 1985, S. 47–67; jetzt auch in: Universitas 42 (1987), Nr. 1, S. 18–25.

Lehrstuhl-Hundertschaften hinter sich weiß, will ich mich erkühnen, eine Unvermeidlichkeit zu konstatieren, die, von akademischen Vermeidungsängsten höchst wirksam verdrängt, bislang fast nur subkulturell in Erscheinung tritt. Ich spreche – wie im Titel avisiert – von der Unvermeidlichkeit der technologischen Aufklärung.

These 1: Die Unvermeidlichkeit der technologischen Aufklärung erweist sich in der Legitimationskrise des technischen Fortschritts, die in der aktuellen Technikdebatte zum Ausdruck kommt. Diese Legitimationskrise ist gleichermaßen eine Grundlagenkrise der Technikwissenschaften und eine Orientierungskrise im „Projekt der Moderne"[2]. Krisen solchen Formats verlangen nach Philosophie – und zwar sowohl in ihrer fundierenden wie auch in ihrer kritischen und ihrer sinnproduzierenden Funktion.

Mit dieser These ist umrissen, wovon in den folgenden Erwägungen die Rede sein soll. Bei aller Vieldeutigkeit, die in der aktuellen Technikdebatte mitschwingt, ist doch ein rationaler Kern herauszuschälen, in dem sich bislang verdeckte Widersprüche der neuzeitlichen Fortschrittsidee und bislang verdrängte Unverträglichkeiten der modernen Fortschrittsstrategie kristallisieren. Indem die Technikwissenschaften vor dieser Fortschrittskrise weithin hilflos den Kopf in den Sand zu stecken versuchen, offenbaren sie, was sie als ihre Grundlagenkrise noch nicht annähernd durchschaut haben. Freilich wäre es ungerecht, allein den Technikwissenschaften anzulasten, was sie nicht nur mit anderen wissenschaftlichen Disziplinen, sondern auch mit markanten Bereichen der gesellschaftlichen Praxis teilen: Ich meine die Sektoralisierung von Verstehens- und Handlungszusammenhängen, worin sich, auf halbem Wege stehen bleibend, das „Projekt der Moderne" verfangen hat, weil es vor lauter Bäumen den Wald vergessen, will sagen, der prädominanten Differenzierungsstrategie keine gleichgewichtige Redintegrationsstrategie beizugesellen vermocht hat. Die Probleme des technischen Fortschritts

---

[2] Habermas, J.: Die Moderne – ein unvollendetes Projekt, in: Ders.: Kleine politische Schriften (I–IV), Frankfurt 1981, S. 444–464; vgl. a. ders.: Der philosophische Diskurs der Moderne, Frankfurt 1985.

bekunden gewiß nicht die einzige, aber doch eine der besonders dringlichen Herausforderungen zu neuer Sinnsynthese. Darum ist, in theoretischer wie in praktischer Hinsicht, technologische Aufklärung unvermeidlich.

Bevor ich diese Grundthese näherhin entfalte, scheint es mir allerdings am Platze, über die philosophische Ausrichtung dieser Gedankengänge Rechenschaft zu geben. Im Ansatz ist es bereits angeklungen, und ich bekenne es jetzt frank und frei: Wissenschaftsphilosophie wird das, was ich zu sagen habe, nur in jenen Passagen sein, die von der Grundlagenkrise der Technikwissenschaften handeln. Paul Feyerabend hat ja bereits vor anderthalb Jahrzehnten die Frage aufgeworfen, ob nicht die Wissenschaftstheorie „eine bisher unbekannte Form des Irrsinns" sei[3]. Und kritikkritische Kritiker verdächtigen ihn, er habe seitdem seinerseits nichts unversucht gelassen, diesen Irrsinn auf die Spitze zu treiben. Außenseitig, wie ich zu diesem Zwist einer höchst streitlustigen Gemeinde stehe, fühle ich mich weder befähigt noch befugt, in die Sophistikationen des Disputs mich einzumischen. Umso lieber mache ich indessen von der Außenseiterrolle Gebrauch, der ja gemeinhin eine gewisse Betriebsblindheitsresistenz zugute gehalten wird, und versuche es mit der Vermutung, es könne, wenn wissenschaftstheoretische Antwortversuche in schier ausweglose Schwierigkeiten sich verwickelt haben, vielleicht an der Dimensionierung des Fragehorizontes liegen.

Tatsächlich ist ja die Geschichte der Wissenschaftstheorie, grosso modo, eine Geschichte von Ausblendungen. Erst löst man Wissenschaft aus ihren gesellschaftlichen Entstehungs- und Verwendungszusammenhängen heraus und stilisiert sie zu einem autarken Unternehmen zweckfreier Erkenntnis. Dann wählt man aus der Vielfalt wissenschaftlicher Betätigung allein die Naturwissenschaften, und aus denen wieder fast ausschließlich die Physik, und erklärt deren Forschungsprogramm, wie auch immer rekonstruiert, zum Vorbild jeglicher wissenschaftlichen Erkenntnis — wobei man übrigens, beiläufig bemerkt, selbstgesetzte Standards ignoriert, indem man unterderhand normative Regeln

[3] Feyerabend, P.: Die Wissenschaftstheorie — eine bisher unbekannte Form des Irrsinns? in: Hübner, K. u. A. Menne (Hrsg.): Natur und Geschichte, Hamburg 1973, S. 88—124.

mit deskriptiven Befunden verwechselt. Und man sieht schließlich auch noch von der Heuristik der Forschungspraxis ab, um die „Logik der Forschung" auf die systematische Begründung ihrer Resultate zu reduzieren[4]. Mit einem Wort: Nicht genug damit, die Wissenschaft überhaupt aus dem komplexen Flechtwerk soziokultureller Lebensbewältigung herauszuschneiden, hat die Wissenschaftstheorie ihren Gegenstand schließlich dermaßen abgegrenzt, daß er nur noch einen winzigen Ausschnitt aus der Gesamtheit wissenschaftlicher Forschungspraxis repräsentiert.

Ich nenne das, wie gesagt, Sektoralisierungsstrategie, und wenn ich hier überhaupt auf die Kalamitäten der zeitgenössischen Wissenschaftsphilosophie anspiele, so geschieht das lediglich deshalb, weil ich mir dieses instruktive Exempel für die behauptete Grundtendenz der Moderne selbstredend nicht mochte entgehen lassen. Und ich füge sogleich hinzu, daß Ähnliches für eine andere Bindestrich-Philosophie ebenfalls gilt, die, der Wissenschaftsphilosophie benachbart, einen anderen Verstehens- und Handlungszusammenhang abzugrenzen sich bemüht und ihn gerade in dieser Isolation wiederum großenteils mißdeutet: die Technikphilosophie[5]. Ich will nicht so weit gehen wie gewisse marxistische Kritiker, die eine eigenständige Technikphilosophie umstandslos als bürgerliche Ideologie abtun, aber dann selbst zum Thema nicht viel mehr beizutragen haben als eine Zitatensammlung aus der klassischen Orthodoxie[6]. Wenn ich solche Schriften indessen wohlwollend interpretiere, dann entnehme ich ihnen die durchaus berechtigte Mahnung, Technikphilosophie nicht ohne Wirtschafts- und Gesellschaftsphilosophie und überhaupt philosophi-

---

4 Vgl. Popper, K.: Logik der Forschung (1934), 3. Aufl., Tübingen 1969, S. 6.

5 Als instruktiven Überblick vgl. Rapp, F.: Philosophy of Technology, in: Contemporary Philosophy, Vol. 2, The Hague/Boston/London 1982, S. 361–412; ferner auch Huning, A.: Das Schaffen des Ingenieurs, 2. Aufl., Düsseldorf 1978; Sachsse, H.: Anthropologie der Technik, Braunschweig 1978; Lenk, H.: Zur Sozialphilosophie der Technik, Frankfurt 1982; Rapp, F. u. P. T. Durbin (Hrsg.): Technikphilosophie in der Diskussion, Braunschweig/Wiesbaden 1982.

6 Zur marxistischen Kritik an der „bürgerlichen" Technikphilosophie vgl. Bohring, G.: Technik im Kampf der Weltanschauungen, Berlin 1976; Wollgast, S. u. G. Banse: Philosophie und Technik, Berlin 1979; Kovács, G. u. S. Wollgast (Hrsg.): Technikphilosophie in Vergangenheit und Gegenwart, Berlin 1984.

sche Reflexion nicht ohne den Kenntnisstand der einschlägigen Erfahrungswissenschaften zu betreiben. Das ist gewiß ein hoher Anspruch, und ob ihn ein einzelner heute noch einlösen kann, darf füglich angezweifelt werden. Aber die individuelle Begrenztheit kognitiver Ressourcen, die jeden Beantwortungsversuch ins Partikuläre verweist, muß nicht schon den Horizont des Fragens sektoralisieren. Das gerade ist doch die Quintessenz der Philosophie: die intellektuelle Kunst, das Fragen nach dem Ganzen zu kultivieren!

Wenn ich mir also als Thema meiner Reflexion die Technik vornehme, kann das keineswegs darauf hinauslaufen, sie enger und immer enger einzukreisen, auf daß sie, dem weiland einflußreichen Technikphilosophen F. Dessauer zufolge, „einen reineren Anblick gewährt, (. . .) besser ihr Wesen enthüllt" und „mehr allein, bei sich selbst ist"[7]. Ganz im Gegenteil: Ich gedenke zu zeigen, daß solche Sektoralisierungsstrategie, indem sie das Philosophische des Fragens aufgibt, die Legitimationskrise des technischen Fortschritts ihrerseits mitverschuldet und, nach vollzogener Selbstamputation, mit Sicherheit nicht mehr zu bewältigen vermag. Da der kritisierte Autor die Enge seines Technikverständnisses mit den Technikwissenschaften teilt, gehört es offensichtlich zu den fundierenden Aufgaben einer wohlverstandenen Technikphilosophie, konstitutive Grundbegriffe dieser Wissenschaften in einen umfassenden Reflexionszusammenhang zurückzuholen sowie deren Problemdefinitionen, Methodenarsenale und Wissenstypen auf ihre Angemessenheit hin systematisch zu prüfen.

Dabei werden freilich auch wissenschafts- und geistesgeschichtliche Gründe zu finden sein, die für die verengte Dimensionierung des technikwissenschaftlichen Problemhorizonts verantwortlich zu machen sind. Damit aber schlägt das fundierende in ein kritisches Geschäft um: Es werden die Naivitäten einer unentwikkelten Aufklärungsphilosophie aufzudecken sein, die kritisch sich nur zu überkommenem Heils- und Herrschaftswissen verhielt, aber durchaus unkritisch auf jene „unsichtbare Hand" vertraute, die, nicht nur in der Ökonomie, aus allen sektoralisierten Teil-

---

[7] Dessauer, F.: Streit um die Technik, Frankfurt 1956, S. 14; zur Kritik vgl. Ropohl, G.: Friedrich Dessauers Verteidigung der Technik, in: Zeitschrift für Philosophische Forschung 42 (1988) 2, im Druck.

rationalitäten die Vernunft des Ganzen wieder hervorzaubern sollte. Die Folgen erblicken wir allenthalben: nicht nur in der Lebensqualitäts-Vergessenheit der Märkte, nicht nur in der Weltbild-Abstinenz der Erfahrungswissenschaften, sondern auch in den oft schon pathologischen Sinndefiziten des Alltagslebens.

Was wir wissen können, tun sollen und hoffen dürfen – das erklärte I. Kant seinerzeit zu den Grundfragen der Philosophie[8], und ganz ähnlich sprach noch der Nachkriegsphilosoph M. Bense, ganz der klassischen Aufklärung verpflichtet, von der fundierenden, der kritischen und der utopischen Funktion der Philosophie[9]. Fast scheint es ein Reflex auf die „Dialektik der Aufklärung"[10] und auf ihre sektoralistische Sinnauflösung, wenn heute ein Skeptiker der Moderne wie H. Lübbe die Philosophie vor allem als Orientierungskrisen-Management begreift[11]. Wer freilich, um Sinnorientierung wiederzugewinnen, traditionelle Bestände zu sichern für vordringlich hält, sollte nicht vergessen, daß dazu mitgehört, was E. Bloch das „Prinzip Hoffnung" genannt hat[12]. Auch das utopische Element der Aufklärungsphilosophie wird sich, von überzogenen Glücksversprechungen und missionarischem Eifer geläutert, in neuerlicher Sinnproduktion bewähren können, um dem unvollendeten Projekt der Moderne die gebotene Kurskorrektur zu weisen.

2.

Nach dieser einleitenden Standortbestimmung – die ja auch die Gründe dafür vorgebracht hat, daß sie so ausführlich geraten mußte – will ich nun versuchen, den rationalen Kern der aktuellen Technikdebatte herauszupräparieren.

---

[8] I. Kants Logik, hg. v. G. B. Jäsche (1800), neu hg. v. W. Kinkel, Leipzig 1904, S, 27; vgl. a. Lenk, H.: Wozu Philosophie? München 1974.

[9] Bense, M.: Ungehorsam der Ideen, Köln/Neuwied 1965, S. 18 ff.

[10] Horkheimer, M. u. Th. W. Adorno: Dialektik der Aufklärung (1947), Nachdruck der Neuausgabe von 1969, Frankfurt 1986.

[11] Lübbe, H.: Wozu Philosophie? Aspekte einer ärgerlichen Frage, in: Ders. (Hrsg.): Wozu Philosophie? Berlin 1978, S. 127–147.

[12] Bloch, E.: Das Prinzip Hoffnung (1938–1959), 5. Aufl., Frankfurt 1978.

These 2: In ihrem rationalen Kern beanstandet die neue Technikkritik zu recht, daß viele Nebenfolgen der technischen Entwicklung zu unannehmbaren Beeinträchtigungen für natürliche Umwelt und psychosoziale Lebenswelt sich auswachsen und damit den materiellen Nutzen der Technisierung mit überhöhten gesellschaftlichen Kosten belasten, ja, möglicherweise sogar das Überleben der Menschheit infragestellen. Und diese Technikkritik ist auch im Recht, soweit sie derartige Fehlentwicklungen der Verselbständigung des technisch-wirtschaftlichen Sektors zuschreibt. Um diesen Kern aber lagert sich vielfach eine ideologische Hülle, die letztlich von den enttäuschten Fortschrittsversprechungen der Aufklärungsphilosophie lebt: Statt die von Technophilen noch heute behauptete Identität von technischem, humanem und sozialem Fortschritt als in sich widersprüchlich zu entlarven, lastet eine kulturkritische Technophobie alle verbliebenen Unzulänglichkeiten der menschlichen Lebenslage allein dem Technisierungsprozeß an, den sie daher von Grund auf revidieren will. Daher ist Aufklärung über die Aufklärung vonnöten.

Wenn ich im zweiten Teil dieser These die kulturkritische Radikalisierung der Technikdebatte angreife, will ich damit keineswegs von den faktischen Risiken des Technisierungsprozesses ablenken. Technologische Aufklärung, so hatte ich eingangs gesagt, geschieht ohnehin, und sie vollzieht sich vor allem in den rationalen Partien der Technikdebatte, die sich insofern vom kulturkritischen Räsonnement früherer Jahrzehnte deutlich unterscheidet. So sind wir anhand konkreter Entwicklungsbeispiele – wenn etwa das Nachkriegsprogramm der autogerechten Stadt die Unwirtlichkeit unserer Metropolen mitverschuldet hat – über die Ambivalenz der Technikfolgen belehrt worden. Und wenn diese Ambivalenz einmal begriffen worden ist, beginnt man auch für stattfindende und bevorstehende Entwicklungen damit zu rechnen. Dann zeichnen sich in der Tat reale Gefahren ab, die, auch wenn unbedachte Macher in Industrie und Politik das immer noch versuchen, nun wirklich nicht einfach als Phantasmagorien paranoider Untergangspropheten abzutun sind. Ich nenne die energie- und produktionstechnische Schadstoffüberladung der Biosphäre; die Waldschäden sind bereits bittere Realität, nachhaltige Klimaveränderungen mit unabsehbaren Folgen durch die Zerstörung der Ozonhülle und die Überrodung tropischer Waldgebiete immerhin denkbar. Ich nenne die biotechnische Verstümmelung des genetischen Erbes; die zivilisationsbedingte Dezimierung der Artenvielfalt ist in vollem Gange, und allen Beschwichtigungsversuchen der Experten zum Trotz ist es wohl noch keineswegs abzusehen, welche Kuckuckseier uns gentechnische Manipulationen ins Öko-Nest legen könnten. Ich nenne die informationstechnische Destruktion soziokultureller Sinnzusammenhänge; die televisionäre Globalisierung einer Denver- und Dallas-Kultur mag ja noch vergleichsweise harmlos sein, aber die computerbedingte Formalisierung und Digitalisierung aller geistigen Aktivitäten sowie die Wissens- und Sinnmonopolisierung in computerisierten Expertensystemen würden, falls sich das durchsetzte, das Bewußtsein des Homo sapiens von Grund auf verändern. Und ich nenne, schließlich und endlich, die kerntechnische Verwüstung des Erdballs; was in den Raketendepots der Großmächte lagert — und womöglich gar durch technisches Versagen in den strategischen Planspielautomaten gezündet werden könnte —, reicht allemal für den Untergang des Abendlandes, und spätestens seit Tschernobyl wissen wir auch, daß der größte anzunehmende Unfall tatsächlich anzunehmen ist, solange wir die friedliche Nutzung der Kernenergie weiterhin akzeptabel finden.

Indem wir mit solchen Menetekeln über die bedrohliche Ambivalenz von Technikfolgen aufgeklärt werden, belehrt uns die technikkritische Diskussion überhaupt darüber, daß die Schöpfungen technischen Handelns kein abgeschlossenes Eigenleben führen, sondern immer auch zugleich einen Wandel der natürlichen Umwelt und der menschlichen Handlungsmuster bedeuten. Und sie rückt die Frage auf die Tagesordnung, ob wir uns solchem Wandel, ganz gleich, wieviel Lebensqualität er kostet, wie einem unentrinnbaren Schicksal unterwerfen müssen; ob, anders gesprochen, der aufklärerische Geist der Konstruktivität bei den sachtechnischen Systemen haltmachen muß und nicht auch die Technikfolgen zum besseren zu wenden vermag. Schließlich klärt uns diese Debatte auch darüber auf, daß es — was eigentlich schon jeder Ingenieurstudent wissen sollte — zu jeder technischen Lösung Alternativen gibt. Wer könnte schon guten Gewissens den Ausstieg aus der Kernenergie empfehlen, der es nicht für ausgemacht hielte, daß wir unseren Bedarf mittelfristig auch aus anderen Energiequellen decken können? Technisches Handeln hat immer mehrere Optionen, und wenn bislang oft genug nicht die umwelt- und menschenfreundlichste Alternative den Zuschlag erhielt, dann verbirgt sich dahinter kein unaufhebIicher Sachzwang, sondern allein die sektoralisierte Horizontverengung technisch-wirtschaftlicher Entscheidungsmechanismen; aber dem ließe sich steuern. Rationale Technikkritik macht also nicht nur die Ambivalenz der Technikfolgen geltend, sondern entwirft zugleich Strategien der Ambivalenz-Reduktion, indem sie Ansatzpunkte für systematisch geplante und kontrollierte Begrenzung der negativen Nebenfolgen ausweist.

Die Legitimationskrise des technischen Fortschritts wurzelt in unterlassener Ambivalenz-Reduktion; daran freilich sind die Unzulänglichkeiten einer naiven Fortschrittsidee selbst mitschuldig. Französische Enzyklopädisten wie der Marquis de Condorcet und schottische Moralphilosophen wie Adam Smith haben, indem sie die Fortschrittsidee theoretisch pauschalisierten, faktisch die Sektoralisierung von Fortschrittsstrategien begründet: Wenn der Zuwachs von Wissen und Können gleichbedeutend ist mit dem Zuwachs an menschlicher Glückseligkeit[13], wenn der Erfolg des individuellen Gewinnstrebens gleichbedeutend ist mit dem Gemeinwohl der Nation[14], dann genügt es ja offensichtlich, allein den technischen und privatwirtschaftlichen Fortschritt zu betreiben, um von unsichtbaren Händen humanen und sozialen Fortschritt sozusagen als Zugabe beigepackt zu erhalten. Inzwischen haben uns systemtheoretische Erwägungen zu den Fallstricken von Suboptimierungen und spieltheoretische Modelle wie das Gefangenendilemma darüber belehrt, daß Partikularstrategien längst nicht in jedem Fall den Gesamterfolg garantieren. Um aber systemare Strategien einsetzen zu können, müssen wir allererst

[13] Condorcet: Entwurf einer historischen Darstellung der Fortschritte des menschlichen Geistes (1794), Frankfurt 1976.

[14] Smith, A.: Untersuchung über die Natur und die Ursachen des National-Reichtums (1776), Wien 1814.

die wohlunterscheidbaren Elemente des komplexen Ganzen analysieren.

Dann aber erweist sich die aufklärerische Fortschrittsidee als ein komplexes Bündel sehr verschiedenartiger Steigerungserwartungen, die wohl vor der Folie eines utopischen Gesamtszenario entworfen wurden, in ihren Wechselbeziehungen jedoch zu vielschichtig sind, als daß die eine Steigerung die andere jeweils zwangsläufig einschlösse. Im einzelnen erwartet die Fortschrittsidee: (a) die Zunahme an Wissen und Können (den wissenschaftlichen und den technischen Fortschritt im engeren Sinne); (b) das Wachstum des materiellen Wohlstands (den wirtschaftlichen Fortschritt); (c) die Zunahme von Freiheit und Gerechtigkeit (den gesellschaftlichen Fortschritt); (d) die Zunahme individueller Moralität; (e) die Steigerung emotionaler und ästhetischer Sensibilität; und schließlich (f) die Vermehrung des persönlichen Glücks (mit den letzten drei Elementen also die fortschreitende Humanisierung des Menschen).

Allein schon das deskriptive Verfahren, diese sechs Steigerungserwartungen gesondert aufzulisten, drängt zu der Frage, in welchen gleichläufigen und gegenläufigen Abhängigkeiten sie zueinander stehen. Man wird es mir gewiß nicht verdenken, wenn ich aus den dreißig Verknüpfungspaaren, die, nach den Regeln der Kombinatorik, näher zu untersuchen wären, lediglich einen Zusammenhang beispielhaft herausgreife, eine Gegenläufigkeit nämlich, die für die Moderne besonders prekär geworden ist. Der Zuwachs an Wissen und Können, der ja unzweifelhaft zu verzeichnen ist, konnte, wegen der bereits erwähnten individuellen Begrenztheit qualifikatorischer Ressourcen, weithin nur als kollektiver Fortschritt vonstatten gehen: Nicht jeder einzelne vermag beliebig viele Kenntnisse und Fertigkeiten zu erwerben. So erfüllt sich diese Steigerungserwartung nur um den Preis von Arbeitsteilung und Spezialisierung, und das ist tatsächlich eine jener Grundtendenzen, mit denen die Sektoralisierung der Moderne einhergeht. Ich muß die darin angelegten Weiterungen, wie sie etwa mit der Entfremdungsthese unterstellt werden, auf sich beruhen lassen und will lediglich auf die jeglicher Spekulation enthobene Tatsache hinweisen, daß damit die Gesellschaft bezüglich einer wachsenden Vielfalt von Wissenssorten und Fertigkeitstypen in Laien und Experten geschieden wird. Das aber erzeugt neue soziale Asymmetrien, die sich zu expertokratischen Herrschaftssyndromen verfestigen und somit der Zunahme von Freiheit und Gerechtigkeit den Weg verlegen können; „können", sage ich, denn natürlich lassen sich auch Maßnahmen und Einrichtungen vorstellen, um expertokratischen Monopolisierungen entgegenzuwirken. Die angeführte Gegenläufigkeit zwischen technischem und gesellschaftlichem Fortschritt darf ebensowenig deterministisch verstanden werden wie alle anderen möglichen Zusammenhänge in unserem Fortschrittsszenario.

Das aber ist der Kategorienfehler der Fortschrittsdebatte bis auf den heutigen Tag, daß sie die Gestaltungsoffenheit gesellschaftlichen Wandels mit dem Determinismus von Naturgesetzlichkeiten verwechselt. Nur so konnte es zu der Annahme kommen, alle Elemente der Fortschrittsidee wären, trotz offenkundiger Disparitäten, zwangsläufig miteinander gekoppelt und würden sich ausnahmslos gleichsinnig miteinander entfalten. Doch hat sich diese Annahme in kulturelles Selbstverständnis derart tief eingegraben, daß es sowohl die Apologeten als auch die Kritiker der Fortschrittsidee leitet. Naive Fortschrittsapostel meinen noch immer, mehr Technisierung und mehr Wirtschaftswachstum brächten sozusagen selbsttätig mehr Freiheit, Moral und Glück mit sich. Und Fortschrittskritiker, statt diesen Denkfehler zu durchschauen, übernehmen ihn vielmehr in spiegelbildlicher Wendung: Weil Technisierung und Wirtschaftswachstum von sich aus nicht mehr Freiheit, Moral und Glück schaffen, haben sie versagt und dürfen nicht länger verfolgt werden. Und dann sind auch gleich die ehrwürdigen Topoi einer technikfeindlichen Kulturkritik bei der Hand, die, seit Rousseau rhetorisch erprobt und von romantischen und lebensphilosophischen Strömungen bis heute sorgsam gepflegt, letzlich überhaupt dem Prinzip Hoffnung mißtrauen. Auf diese ideologische Hülle der Technikdebatte will ich hier nicht näher eingehen[15]. Rationale und differenzierte Technikkritik ist, wie gesagt, längst auf dem Wege, diese Hülle abzuwerfen. Dazu gehört freilich auch, über die Vereinfachungen der Aufklärung aufzuklären. Technisierung und Wirtschafts-

---

[15] Näheres hierzu bei Ropohl, G.: Die unvollkommene Technik, Frankfurt 1985; vgl. a. Klems, W.: Geschichte und Kontinuität der Technikkritik, Frankfurt 1988.

wachstum allein garantieren nicht das gute Leben, wenngleich sie wichtige Bedingungen dafür herstellen können; aber sie können das gute Leben auch gefährden, wenn nicht humaner und sozialer Fortschritt gleichzeitig und ebenso ausdrücklich verfolgt werden. Mit einem Wort: Technischer und gesellschaftlicher Fortschritt bedingen einander gegenseitig. Daraus aber folgt praktisch: Fortschreitende Technisierung wird nur akzeptabel sein, wenn sie in wachsende ethische und politische Steuerungskompetenz eingebettet wird.

3.

Die Unvermeidlichkeit der technologischen Aufklärung habe ich im zweiten Teil meiner Überlegungen an der Tatsache aufgezeigt, daß sie mit den öffentlichen Debatten über die Legitimationskrise des technischen Fortschritts unweigerlich betrieben wird. Freilich geschieht dies, wie gesagt, bislang vorwiegend in subkultureller Weise, insofern sich die etablierte Wissenschaftskultur noch kaum darauf eingelassen hat. Wer die Technikdebatte nachvollziehen will, muß den Meinungsmarkt der Bürgerinitiativen, der ökologischen Bewegung, des zeitkritischen Feuilletons und der populären Sachbuchproduktion studieren und wird dabei nur selten auf ausgewiesene Wissenschaftler stoßen, die gegen den übermächtigen Strom ihrer disziplinären Konventionen anzudenken beginnen. Ehe ich mich sogleich der Grundlagenkrise der Technikwissenschaften zuwende, die in der Aufklärungsabstinenz auf dieser Seite zum Ausdruck kommt, sehe ich mich indessen, um nicht ungerecht zu erscheinen, genötigt, auch den Geistes- und Sozialwissenschaften einschlägige Defizite zu attestieren. Wenn O. Marquard die kompensatorische Rolle der Geisteswissenschaften geltend macht[16], übersieht er deren notorische Technikblindheit, die doch wohl kaum dazu angetan ist, die Gesellschaftsblindheit der Technikwissenschaften zu kompensieren. Einer der markantesten Züge der Moderne, die globale Technisierung von Natur und Gesellschaft, konnte, paradoxerweise, von den kognitiven Sektoralisierungsstrategien eben dieser Moderne bislang

[16] Marquard, wie Anm. 1, S. 52ff.

nicht eingeholt werden. In den Sozialwissenschaften scheint man sich neuerdings dessen immerhin bewußt zu werden, und erste Ansätze zu einer interdisziplinären Technikforschung zeichnen sich ab[17]. In den Technikwissenschaften dagegen scheint man, obzwar von Verunsicherung erfaßt, das Problem doch weithin noch gar nicht identifiziert zu haben.

Wenn ich von den Technikwissenschaften spreche, muß ich vorausschicken, daß ich vereinfachend die Praxis technischen Erfindens, Entwickelns, Planens, Konstruierens und Produzierens darin einschließe. Die wechselseitigen Durchdringungen und Überlagerungen von Theorie und Praxis, wissenschaftsphilosophisch noch wenig erforscht, erweisen sich gerade im Bereich der Technik als besonders intrikat[18]. Aber wie hoch auch immer der Anteil wissenschaftlicher Unterstützung im technischen Handeln von Fall zu Fall sein mag, kann ich meine Subsumtion immerhin mit dem Umstand rechtfertigen, daß die maßgebenden Akteure der technischen Praxis ihre formale Qualifikation jedenfalls durchweg technikwissenschaftlichen Ausbildungsanstalten verdanken. Und die Geschichte dieser technikwissenschaftlichen Ausbildung ist zugleich die Geschichte des technologischen Sündenfalls.

These 3: Indem die Technikwissenschaften seit Beginn des 19. Jahrhunderts ihren Sonderweg außerhalb der Universitas litterarum antreten mußten, haben sie, die Sektoralisierung der Moderne bis zur professionellen Eremitage übersteigernd, ein völlig verengtes Technikverständnis kultiviert, das in ideologischer Verdrängung das Natur- und Gesellschaftsverhältnis technischen Handelns ignoriert. Weil daher die Technikwissenschaften, oft in undurchschauter Abhängigkeit von ebenfalls verselbständigten ökonomischen Interessen, nur den technischen und nicht auch den gesellschaftlichen Fortschritt plan-

[17] Programmatisch hierzu Ropohl, G. (Hrsg.): Interdisziplinäre Technikforschung, Berlin 1981.

[18] Rapp, F.: Technik und Naturwissenschaft, in: Interdisziplinäre Technikforschung, wie Anm. 17, S. 25–35; Rapp, F. (Hrsg.): Contributions to a Philosophy of Technology, Dordrecht/Boston 1974; Banse, G. u. H. Wendt (Hrsg.): Erkenntnismethoden in den Technikwissenschaften, Berlin 1986.

> mäßig verfolgt haben, sind sie in eine Grundlagenkrise geraten, in der sie die berechtigten Legitimationsansprüche der Gesellschaft ohne technologische Aufklärung nicht mehr erfüllen können.

Wie mein schon mehrfach genannter Mentor im Argumentieren[19] kann auch ich für die hier behauptete Unvermeidlichkeit historische Koinzidenzen anführen. Wie die Geisteswissenschaften, vielleicht weniger dem Gehalt als dem Begriffe nach, erst mit dem Aufblühen der Naturwissenschaften Verbreitung fanden, traten die ersten Ansätze der technologischen Aufklärung gleichzeitig mit der Industriellen Revolution auf den Plan. Hatten sich die Enzyklopädisten noch mit der beschreibenden Aufzählung von Handwerken und Herstellungsverfahren begnügt – ein Programm, dem sich zunächst auch die Technologie in Deutschland anschloß –, gingen dann zu Beginn des 19. Jahrhunderts die Entwürfe der Allgemeinen Technologie von J. Beckmann[20] und der Technonomie von G.-J. Christian[21] weit darüber hinaus: Sie zielten nicht nur auf eine systematische Generalisierung technischer Phänomene auf funktionaler – heute würden wir sagen: systemtheoretischer – Grundlage, sondern verstanden technische Praxis von vornherein als Einheit von Technik, Ökonomie und Politik. Zu welchem Reflexionsniveau solche originär technologische Generalisierung sich steigern konnte, ersieht man besonders eindrucksvoll aus den techniktheoretischen Passagen des zu recht berühmten dreizehnten Kapitels im ersten Band des „Kapital" von K. Marx, der, keineswegs zufällig, Schriften von Beckmann und dessen Schüler J. H. M. Poppe sorgfältig studiert hatte[22].

---

[19] Marquard, wie Anm. 1, S. 49 ff.

[20] Beckmann, J.: Entwurf der algemeinen Technologie, Separatdruck „Aus dem Vorrathe kleiner Anmerkungen über mancherley gelehrte Gegenstände", Göttingen 1806.

[21] Christian, G.-J.: Vues sur le système générale des opérations industrielles, ou Plan de technonomie, Paris 1819; vgl. a. Sebestik, J.: De la technologie à la technonomie: Gérard-Joseph Christian, in: De la technique à la technologie, hg. v. Centre National de la Recherche Scientifique, Paris 1984, S. 56–69.

[22] Marx, K.: Die technologisch-historischen Exzerpte, hg. v. H.-P. Müller, Frankfurt/Berlin/Wien 1981; vgl. a. Lenk, H. u. G. Ropohl: Praxisnahe Technikphilosophie, in: Zimmerli, W. Ch. (Hrsg.): Technik oder: wissen wir, was wir tun? Basel/Stuttgart 1976, S. 104–145, bes. 113 ff.

Doch dieser frühe Keim technologischer Aufklärung, so unvermeidlich er entstehen und, wenn auch vorläufig im Verborgenen, reifen mußte, konnte sich doch in technikwissenschaftlicher Forschung und Lehre nicht einnisten, weil diese, mit der Gründung der Ecole polytechnique 1794 in Paris, ein ganz anderes Paradigma wählten, das dann zum Vorbild für nachfolgende Technische Hochschulen in ganz Europa werden sollte[23]. Dieses Paradigma besteht, kurz gesagt, darin, das Identitätsprinzip der Technikwissenschaften, angesichts einer schier unübersehbaren Vielfalt technischer Phänomene, in deren naturwissenschaftlicher Begründung zu sehen und damit die Technik auf angewandte Naturwissenschaft zu reduzieren. Zwangsläufig mußte sich diese naturwissenschaftliche Generalisierung auf die Analyse und Synthese von Artefakten beschränken — wo sie, die Ingenieure wissen es, bis auf den heutigen Tag doch nur begrenzte Erfolge aufzuweisen hat! Die Entstehungs- und Verwendungszusammenhänge dieser Artefakte hingegen mußten sich in solcher Perspektive verflüchtigen, und so sind denn bis heute die Technikwissenschaften mit Gegenständen befaßt, von denen sie nicht wissen, wie es dazu kommt, noch, was damit geschieht. Fortwährend setzen Ingenieure neue Konstrukte in die Welt. Aber weder wissen sie, welche soziokulturellen und sozioökonomischen Kräfte ihre Aufgabenstellungen und Auswahlprozeduren präformieren, noch geben sie sich Rechenschaft davon, daß sie mit den Konstrukten zugleich die natürliche Umwelt und die menschlichen Handlungsmuster, also die gesellschaftliche Mitwelt verändern. Genau diese Fragen aber werden von der aktuellen Technikdebatte zu recht auf die Tagesordnung gesetzt, und indem die Technikwissenschaften darauf keine Antworten zu geben vermögen, offenbaren sie wider Willen ihre Grundlagenkrise, die sie vor annähernd zweihundert Jahren eingeleitet haben, als sie sich von technologischer Aufklärung verabschiedeten. Die frühen Technologen der Aufklärungszeit scheinen jedenfalls eine gewisse Ahnung davon gehabt zu haben, daß plane Technisierung keine Automatik gesellschaftlichen Fortschritts in Gang setzt, und es bedarf wohl noch

[23] Vgl. Manegold, K.-H.: Die Emanzipation der Technik und die deutschen Hochschulen im 19. Jahrhundert, in: Treue, W. (Hrsg.): Deutsche Technikgeschichte, Göttingen 1977, S. 29—51.

der Klärung, wer, wie A. Smith der Ökonomie, den Technikwissenschaften die unsichtbare Hand zugesichert hat, die ihre abgesonderte Geschäftigkeit dem Gemeinwohl zuführen würde; Condorcet jedenfalls verstarb in eben jenem Jahr, in dem die Ecole polytechnique gegründet wurde.

Nun will ich, im Unterschied zu manchen hysterischen Nebentönen der aktuellen Technikdebatte, gar nicht bestreiten, daß die Technikwissenschaften in der Vergangenheit das Vertrauen, das sie in die zwangsläufige Kopplung von technischem und gesellschaftlichem Fortschritt setzten, vielfach durchaus gerechtfertigt sahen. Und es stimmt ja wirklich, daß selbst die ärgsten Technikkritiker keinesfalls mehr auf Eisenbahn, Telefon und häusliche Wasserspülung verzichten mögen. Wenn die *Ambi*valenz der Technikfolgen das öffentliche Krisenbewußtsein geschärft hat, so schließt das die Feststellung ein, daß die Technisierung neben negativen natürlich auch weiterhin positive Valenzen aufweist. So ist es gewiß verständlich, wenn sich die Urheber der Technisierung an den fruchtbaren Technikfolgen festhalten, um ihre Arbeit damit zu legitimieren. Freilich haben sich die Technikwissenschaften, in der unterschwelligen Besorgnis, diese Rechtfertigungsstrategie reiche vielleicht doch nicht aus, flankierende Immunisierungsvorstellungen geschaffen, die, in eklatantem Widerspruch zu authentischen Erfahrungen der technischen Praxis, nachgerade ideologische Züge tragen. Ohne das hier näher ausführen zu können[24], muß ich doch wenigstens auf die Vorstellung von der Wertneutralität der Technik hinweisen, mit der die Ingenieure alle Verantwortung für die Folgen ihres Tuns auf Auftraggeber und Anwender in Wirtschaft und Politik abzuschieben suchen, obwohl sie doch selber wissen können, daß jeder technische Entwicklungsprozeß aus einer fortgesetzten Kette von Entscheidungen besteht, in die sie selbst natürlich auch ökonomische und gesellschaftliche Werte einzubeziehen haben. Eine Sektoralisierung zwischen Technik und Wirtschaft gibt es wohl nur in den Köpfen von Ingenieuren, während in der industriellen Wirklichkeit tech-

[24] Mehr dazu bei Ropohl: Friedrich Dessauers Verteidigung der Technik, wie Anm. 7.

nisches und wirtschaftliches Handeln eine untrennbare Einheit bilden[25].

Damit aber verweist der Oberflächenbefund, daß sich der technische Fortschritt verselbständigt habe, auf die Tiefendiagnose, daß Fehlentwicklungen des technisch-industriellen Wachstums auf die Sektoralisierung der Wirtschaft gegenüber Gesellschaft und Politik zurückzuführen sind. Daran haben dann aber die Technikwissenschaften insofern ihren Anteil, als sie die kognitive Sektoralisierung ihres Selbstverständnisses auf die Spitze getrieben haben und gegenüber ihren eigenen Voraussetzungen und Folgen blind geworden sind. Das beklagen inzwischen nicht nur reflektierte Wissenschaftler — auch einzelne Technikwissenschaftler befinden sich schon darunter —, das kritisieren auch bereits Gewerkschaftler, Ingenieurvereine, Industriemanager und Unternehmerverbände. Nur die technikwissenschaftlichen Lehr- und Forschungsstätten erweisen sich noch immer als elfenbeinerne Türme, in denen die Unvermeidlichkeit der technologischen Aufklärung nicht erkannt wird. Von der überfälligen Reform der Ingenieurausbildung ganz zu schweigen, wird vor allem auch das Programm der Technikfolgen-Analyse und Technikbewertung[26], in dem technologische Aufklärung sich technopolitisch konkretisiert, von den Technikwissenschaften immer noch als technikfremde Kandare mißverstanden, an die sich der Vollblut-Ingenieur nicht legen lassen will. Aber erst dann werden die Technikwissenschaften ihre Grundlagenkrise überwinden, wenn sie ein ökotechnologisches und soziotechnologisches Technikverständnis gewinnen und umfassende Technikbewertung als konstitutiven Bestandteil technischen Handelns begreifen. Es ist hohe Zeit, daß die Technikwissenschaften, nachdem sich die naturwissenschaftliche Generalisierung als inadäquat erwiesen hat, eine eigenständige allgemeine Disziplin als fundierendes und integrierendes

---

[25] Zur eingehenden Begründung vgl. Ropohl, G.: Interdependenzen technischen und wirtschaftlichen Handelns, in: Heinemann, K. (Hrsg.): Soziologie wirtschaftlichen Handelns, Sonderheft der Kölner Zeitschrift für Soziologie und Sozialpsychologie, Köln 1987, S. 133—149.

[26] Zusammenfassend hierzu Huisinga, R.: Technikfolgen-Bewertung, Frankfurt 1985; vgl. a. Lenk, H. u. G. Ropohl (Hrsg.): Technik und Ethik, Stuttgart 1987.

Bezugssystem entwickeln. Was J. Beckmann vor zweihundert Jahren im Sinn hatte, ist nun mit neuen theoretischen Werkzeugen auszuarbeiten: eine Allgemeine Technologie, die es nicht nur mit den Funktions- und Strukturprinzipien der technischen Sachsysteme schlechthin zu tun hat, sondern gleichermaßen deren ökotechnische und soziotechnische Entstehungs- und Verwendungszusammenhänge thematisiert[27].

4.

Im letzten Teil will ich nun meine Erwägungen auf jene Stufe der Reflexion wieder anheben, die ich bereits im ersten Teil angerissen und im weiteren Verlauf durchgängig als Fluchtpunkt meiner Argumentationslinien im Auge behalten hatte. Verantwortungslose Technisierung, wirklichkeitsfremde Fortschrittsideologien und fundierungsbedürftige Technikwissenschaften — jene Mangelerscheinungen, die unvermeidlich technologische Aufklärung auf den Plan rufen — sind letztlich nichts anderes als Symptome für eine tiefgreifende Orientierungskrise im „Projekt der Moderne". Mag man auch diesen Terminus, beiläufig bemerkt, im historischen Rückblick allzu metaphorisch finden, übernehme ich ihn gleichwohl, weil nach der fälligen Umorientierung die Fortsetzung der Moderne in der Tat ein regelrechtes Projekt der heranreifenden Menschheit zu werden vermöchte. Freilich teilt der Modernisierungsprozeß der zurückliegenden zwei Jahrhunderte mit manchen konkreten Projekten, die angebbaren Akteuren eindeutig zuzurechnen sind, das Schicksal, mit gerade den Mitteln, die für intendierte Zweckerfüllung angezeigt schienen, ungewollt gegenläufige Nebeneffekte heraufzubeschwören. Darin besteht, in allgemeinster Form, tatsächlich die „Dialektik der Aufklärung", die M. Horkheimer und Th. W. Adorno meinten, aber, in verständlicher Empörung über den Ungeist der Zeit ein unverzichtbares Prinzip der Aufklärung vernachlässigend, nicht so „clare et distincte" auf den Begriff brachten[28].

---

[27] Ropohl, G.: Eine Systemtheorie der Technik. Zur Grundlegung der Allgemeinen Technologie, München/Wien 1979.

[28] Vgl. a. die kritischen Bemerkungen von J. Habermas im Nachwort zum Nachdruck von Horkheimer u. Adorno, wie Anm. 10, S. 277—294.

Man würde es sich zu einfach machen, die Fehler der Aufklärungsphilosophie allein an nicht zuende gedachten Fortschritts- oder Vernunftbegriffen festmachen zu wollen. Vielmehr ist es gerade die programmatisch freigesetzte individuelle Rationalität, die, als solche unwiderruflich ein bleibendes Moment in der „unvollendeten Freiheitsgeschichte" der Menschen[29], zugleich doch in sich das Risiko trägt, im Partikulären sich zu verfangen. Tatsächlich ist das Projekt der Moderne bei der zweiten cartesischen Regel stecken geblieben, „jede der Schwierigkeiten, die ich untersuchen würde, in so viele Teile zu teilen als möglich und zur besseren Lösung wünschenswert wäre"[30]. Und nicht nur theoretisch hat man die Welt parzelliert, um sie besser zu erkennen; um sie gestaltendem Zugriff leichter unterwerfen zu können, hat man sie auch praktisch sektoralisiert: in Öffentliches und Privates, in Staat und Wirtschaft, in die vielfältigen Ressorts professioneller und bürokratischer Teilzuständigkeiten.

Indem aber die Rationalität, in analytischer Vereinseitigung, damit ihre Globalzuständigkeit für die systemare Ganzheit der übergreifenden Verstehens-, Handlungs- und Lebenszusammenhänge quittiert, etablieren sich diese hinter dem Rücken der Individuen – und nun im Unterschied zum Mythos völlig anonym! – als neue unbegriffene und scheinbar unangreifbare Macht. Was Aufklärung außer kraft setzen sollte, restituiert sie in neuer Form mit den Sektoralisierungsstrategien der analytischen Rationalität: die Abhängigkeit der Menschen von fremden Mächten. Wenn nicht die Unvermeidlichkeit technologischer Aufklärung ohnehin mein Thema wäre, könnte ich für die behaupteten Fehlleistungen der Moderne kaum einen plausibleren Beleg anführen als den Gang der Technisierung, der von den meisten Menschen tatsächlich als eine unbegriffene Macht erlebt wird, weil er, in eine Unzahl von Teilprozessen zersplittert und auf partikularisierte Instanzen und Sektoren aufgeteilt, sich gegenwärtig wirklich jeder zielstrebigen Steuerung entzieht. Wenn die

---

[29] Oelmüller, W.: Aufklärung, in: Handbuch philosophischer Grundbegriffe, hg. v. H. Krings, H. M. Baumgartner u. Ch. Wild, Bd. 1, München 1973, S. 141–154.

[30] Descartes, R.: Abhandlung über die Methode, in: Descartes, hg. v. I. Frenzel, Frankfurt 1960, S. 47–91, zit. S. 58.

um sich greifende Technophobie gelegentlich als Projektion viel allgemeinerer Lebensängste gedeutet wird, erscheint mir lediglich der Projektionsbegriff mißverständlich, insoweit damit unterstellt wird, die Technisierung an sich verdiene das auf sie projizierte Unbehagen eigentlich nicht. Vielmehr macht sich das „Unbehagen in der Modernität"[31] gerade auch darum an der Technisierung fest, weil diese, als besonders wirkmächtiges und anschauliches Stück der Modernisierung, deren Sektoralisierungseffekte überaus eindrucksvoll manifestiert.

Es hat ja auch an Versuchen nicht gefehlt, die Verselbständigung der technisch-industriellen Entwicklung, die ich keineswegs als erster konstatiere, zu anthropologischer Schicksalhaftigkeit hochzustilisieren. Nichts anderes beispielsweise besagt die berühmte-berüchtigte Technokratiethese von H. Schelsky: „Wir müssen den Gedanken fallen lassen, als folge diese wissenschaftlich-technische Selbstschöpfung des Menschen und seiner neuen Welt einem universalen Arbeitsplan, den zu manipulieren oder auch nur zu überdenken in unserer Macht stünde"; und „Der Mensch löst sich vom Naturzwang ab, um sich seinem eigenen Produktionszwang wiederum zu unterwerfen"[32]. Und auch eine „Analytische Technikphilosophie" aus jüngerer Zeit konstatiert „eine Art *Paradoxie* des technischen Handelns", daß nämlich „die ingenieurwissenschaftliche Verfahrensweise mit Recht als Musterbeispiel des durchdachten und zweckmäßigen Handelns" gilt, die technische Gesamtentwicklung jedoch keineswegs „in jeder Hinsicht der menschlichen Zielsetzung und Kontrolle unterliegt"[33]. Es ist, wie eingangs gesagt, ein Mangel solcher Technikphilosophien, daß sie die ökonomischen Abhängigkeiten technischen Handelns zu gering veranschlagen, doch hebt solche Korrektur das Sektoralisierungsproblem nicht auf, sondern verlagert es bloß. Solange Wirtschaft und Industrie einen quasi-autonomen Sektor bilden, darf man nicht erwarten, daß deren verselbständigte Teil-

---

[31] Berger, P. L., B. Berger u. Hansfried Kellner: Das Unbehagen in der Modernität, Frankfurt/New York 1975.

[32] Schelsky, H.: Der Mensch in der wissenschaftlichen Zivilisation (1961), in: Ders.: Auf der Suche nach Wirklichkeit, München 1979, S. 449–499, zit. S. 461.

[33] Rapp, F.: Analytische Technikphilosophie, Freiburg/München 1978, S. 153.

rationalität von sich aus die Technisierung ausdrücklich und planmäßig auf übergreifende Werte des guten Lebens auszurichten vermöchte. Diese Sektoralisierungskritik hat übrigens bereits K. Marx geleistet, ohne daß freilich seine Lösungskonzeption, den gesellschaftlichen Lebenszusammenhang allein im Medium der produktiven Arbeit wiederherzustellen, überzeugend und praktikabel erschiene[34].

Die Sektoralisierung der unvollendeten Moderne kann nur durch aufgeklärte Fortsetzung der Aufklärung überwunden werden, und technologische Aufklärung ist jenes Stück davon, das die Technisierung theoretisch und praktisch in übergreifende Lebenszusammenhänge zurückholt[35]. Dafür bedarf es vor allem synthetischer Rationalität[36], die in der klassischen Aufklärung ja immerhin bereits angedeutet war. In seiner dritten und vierten Regel hatte sogar schon Descartes ins Auge gefaßt, „bis zu der Erkenntnis der kompliziertesten" Objekte „aufzusteigen" und „umfassende Übersichten zu machen"[37]. Man ahnte zwar, was heute zumindest die Organisationstheorie weiß, daß nämlich das analytische Prinzip der Differenzierung notwendig der Ergänzung durch das synthetische Prinzip der Redintegration bedarf. Und in der Philosophie hat es, von Hegel bis zur Frankfurter Schule, nicht an Versuchen gefehlt, die Totalität, die mit dem Mythos zerstört worden war, mit aufgeklärten Mitteln rational zu rekonstruieren, doch ist solches Denken nicht selten ins Mythologische zurück verfallen. Die Totalität des Mythos aber ist unwiderruflich überholt. Jeder Versuch, in die heile Welt des Mythos zurückzukehren, wäre sentimentalischer Eskapismus; und auch die so-

[34] Vgl. Habermas, Diskurs, wie Anm. 2, S. 80 ff.

[35] Ropohl, G.: Gesellschaftliche Perspektiven und theoretische Voraussetzungen einer technologischen Aufklärung (1970), in: Lenk, H. (Hrsg.): Technokratie als Ideologie, Stuttgart 1973, S. 223–233; unter Bezug auf Habermas, J.: Technik und Wissenschaft als „Ideologie", Frankfurt 1968, bes. S. 107.

[36] Vgl. Einleitung und Beitrag von H. Lenk in: Ders. (Hrsg.): Zur Kritik der wissenschaftlichen Rationalität, Freiburg/München 1986, S. 20 u. S. 265 ff., wo er in seiner Klassifikation der Rationalitätstypen von „synthetisch-integrativer Rationalität" spricht und in diesem Zusammenhang auf den Kantschen Vernunftbegriff verweist.

[37] Descartes, wie Anm. 30, S. 58 f.

genannte „Postmoderne“ erweist sich bei Licht betrachtet als ein kläglich mißlingendes Possenspiel zur Restauration der Prämoderne.

Aber es gibt ja auch gar keinen Grund, das unvollendete Projekt der Moderne vorzeitig aufzukündigen, solange die zweite Hälfte dieses Projekts der Bearbeitung zugänglich erscheint. Die Sektoralisierung der Moderne ist zwar unhintergehbar, aber es lassen sich Strategien vorstellen, um mit transsektoralen Verknüpfungen neue Einheiten zu schaffen. Soziologen weisen darauf hin, daß neben den vorherrschenden Differenzierungsprozessen schon naturwüchsig auch gewisse Redintegrationsentwicklungen sich vollzogen haben[38]. Nichts braucht synthetische Rationalität davon abzuhalten, planmäßig weitere intersektorale Institutionen zu konzipieren und zu erproben. Und mit der Allgemeinen Systemtheorie[39] steht inzwischen auch ein theoretisches Integrationspotential bereit, das die fachübergreifende Reorganisation zuvor disparaten Wissens zu konsistenten Orientierungskomplexen zu leisten vermag. Technologische Aufklärung im besonderen ist, wie ich zu zeigen versucht habe, ja bereits auf dem Wege, gleichermaßen ein interdisziplinäres Technikverständnis zu erarbeiten und dementsprechende technopolitische Organisationsformen zu entwerfen. Ich fasse diese Überlegungen in einer letzten These zusammen:

These 4: Die Aufklärungsphilosophie hat nicht nur die Komplexität der Fortschrittsidee unterschätzt, sondern überhaupt verkannt, daß ihr Prinzip der analytischen Rationalität zu einer Sektoralisierung der Lebenszusammenhänge führt, denen dadurch die Sinneinheit verloren geht. Daher rührt das Unbehagen in der Modernität, das sich zu recht auch an der Verselbständigung des technisch-industriellen Sektors festmacht. Tatsächlich ist das

---

[38] Münch, R.: Die Struktur der Moderne, Frankfurt 1984.

[39] Um hierorts üblichen Mißverständnissen vorzubeugen, sei betont, daß damit nicht die sogenannte „Systemtheorie“ von N. Luhmann (Soziale Systeme, Frankfurt 1984), sondern die formal-kybernetische *Allgemeine* Systemtheorie gemeint ist; vgl. Lenk, H. u. G. Ropohl (Hrsg.): Systemtheorie als Wissenschaftsprogramm, Königstein 1978.

Projekt der Moderne auf halbem Wege stehen geblieben, indem es vor lauter Differenzierung die fällige Redintegration verabsäumt hat. So ist denn synthetische Rationalität zu kultivieren, theoretisch mit interdisziplinärem Systemdenken und praktisch mit intersektoralen Institutionen; nur so auch kann die begrenzte Rationalität der Technisierung auf übergeordnete Werte des guten Lebens verpflichtet werden. Jedenfalls kann die „Postmoderne" abgesagt werden; worum es geht, ist die aufgeklärtere Fortsetzung der Moderne!

Aber je moderner die moderne Welt wird – und damit paraphrasiere ich ein letztes Mal mein rhetorisches Vorbild[40], desto unvermeidlicher wird die technologische Aufklärung!

[40] Marquard, wie Anm. 1, S. 47f. u. S. 67.

Hans Grob

Über die Unvermeidlichkeit der technologischen Aufklärung aus der Sicht des Technokraten

Kommentar zum Beitrag von Günter Ropohl

Daß die aktuelle Technikdebatte Ausdruck einer Legitimationskrise des technischen Fortschrittes ist, davon hat auch der Technokrat schon gehört und ist bereit, alles zuzugeben, auch daß die Technikwissenschaften vor dieser Fortschrittskrise sich bisher kaum zu helfen wußten. Ob aber „Krisen solchen Formats nach Philosophie verlangen", ist wesentlich weniger klar. Die Hilfe müßte schon innert nützlicher Frist erscheinen und zudem in einer Form, die von den Technikern verstanden wird. Die Erfahrung zeigt eben, daß die Techniker bisher nie auf die Philosophen warten konnten; sie mußten einfach etwas tun. Und mit Wissenschaftstheorie als „bisher unbekannte Form des Irrsinns" ist uns wenig geholfen.

Der Technokrat geht mit dem Philosophen ziemlich einig in der Aufzählung der Gründe, welche die Krise des Fortschrittes heraufbeschworen haben:

- Die klassische Aufklärung hat die Komplexität der Fortschrittsidee unterschätzt. Zuwachs an Erkenntnis und Wohlstand ist eben nicht mit vermehrtem Glück gleichzusetzen. Zudem hat die Förderung des Individualismus und der analytischen Rationalität zu gefährlichem sektoriellem Denken geführt.
- Technik und Wirtschaft haben sich verselbständigt und optimieren deshalb nur Subsysteme, d. h. vernachlässigen die weiteren Zusammenhänge.
- Die Technischen Hochschulen vegetieren außerhalb der Universitas Litterarum, was die Gesellschaftsblindheit der Technik fördert.

Allerdings möchte der Technokrat verschiedenes zu bedenken geben:
Es besteht keine „Technik" als anonyme Macht, sondern eine große Zahl von Technikern und dazu eine weit größere Menge von Leuten, welche technische Produkte und Werke benützen. In der Urzeit übrigens, als technische Fähigkeiten das Überleben zu sichern hatten, war jedermann sein eigener Techniker.

Seither sind zunächst die verschiedenen handwerklichen Berufe entstanden und daraus die erste Arbeitsteilung. Immerhin war das Geschehen für den Einzelnen noch überblickbar: der Zimmermann kannte die Aufgabe und Arbeitsweise des Maurers und schenkte ihm das notwendige Vertrauen. Wenn Fehler vorkamen oder einzelne Maßnahmen den Zweck nicht erfüllten, so konnte ohne größere Schwierigkeiten korrigiert werden, und aus dem Bewährten entwickelten sich je nach Lebensraum und Denkweise der verschiedenen Völker deren nationale Traditionen.

Mit der Aufklärung entstanden die Naturwissenschaften, die bald von den Technikern in ihre Dienste genommen wurden und der Technik zu raschem Aufschwung verholfen haben. Notwendigerweise kam es dabei zu einer weiteren, immer stärkeren Arbeitsteilung, die nun für den Einzelnen nicht mehr zu überblicken ist. Damit wird die Arbeit des Ingenieurs je länger desto komplexer. Schon bei der Analyse der Aufgabe hat er sehr viele Faktoren zu berücksichtigen. Entsprechend schwierig wird daher die Wahl der besten Lösung, die ja auch noch auf alle Folgen untersucht werden muß, die das Werk nach sich ziehen könnte. Ein Einzelner ist da häufig überfordert, so daß eine ganze Gruppe sich ergänzender Leute eingreifen muß. Trotzdem braucht es jemand, der die Richtung weist, d. h. bei vertiefter Sachkenntnis auch noch den Überblick zu wahren versteht. Dies ruft nach besonderen Leuten mit besonderer Ausbildung, über deren Ausgestaltung man sich gegenwärtig an den Technischen Hochschulen den Kopf zerbricht. Wenn die Universitas Litterarum hier ratend und helfend eingreifen kann, sei sie willkommen.

Wie überall im menschlichen Leben und Streben kommen bei solcher Arbeit Fehler vor. Natürlich bemühen sich die Techniker heiß, sie zu vermeiden, indem sie ihre Entschlüsse sorgfältig vorbereiten und die Folgen ihres Tuns ernsthaft erwägen. Dies liegt schon in ihrem eigenen wirtschaftlichen Interesse, aber auch in der drohenden Haftpflicht begründet, denn unversehens kann ein Ingenieur vor Gericht geraten, um seinen Irrtum zu verantworten. Was daher die Präzision ihrer Arbeit und ihrer Prognosen betrifft, so brauchen die Techniker den Vergleich mit anderen Berufen nicht zu scheuen.

Der Irrtum eines Einzelnen oder auch einer Gruppe von Ingenieuren ist noch nicht so schwerwiegend wie der eines ganzen Volkes. So war beispielsweise vor 30 Jahren eine erdrückende Mehrheit der Schweizer Bevölkerung höchst unzufrieden mit den Bauingenieuren und ihrem unverantwortlichen Rückstand im Autobahnbau. Seither hat sich die Meinung gründlich geändert. Die Autobegeisterung von damals erscheint heute vielen als ein Greuel, und Straßenbauprojekte finden nur noch sehr selten eine annehmende Mehrheit der Bürger. Freilich gibt niemand einen Fehler zu; es war die böse Technik, obwohl die Ingenieure den Auftrag des Volkes ausgeführt haben.

In solchen Fällen wird eine besondere Gefahr unserer Zeit deutlich: Der Mensch wirkt dank seiner ameisenhaften Vermehrung und seiner wachsenden technischen Mittel immer stärker auf die Umwelt ein, und es wird immer schwieriger, ungünstige Entwicklungen zu korrigieren. Wird es vielleicht der Philosophie gelingen, den Eigennutz des Menschen in unschädliche Bahnen zu lenken, oder bleibt das Problem an den Technikern hängen?

Obwohl diese auf einzelne Erfolge bei der Lösung solcher Fragen hinweisen können, nimmt der Technokrat die Vorwürfe des Philosophen durchaus ernst, wenn jener der Technik „sektorielles Denken und Gesellschaftsblindheit" ankreidet. Sicher sind die optimierten Systeme häufig zu klein gewesen, so daß zu stark auf einen begrenzten Nutzen statt auf die weitere Wohlfahrt geachtet wurde. Ob jedoch das Optimieren größerer Systeme unter Einbezug des Menschen gelingen wird, muß sich erst noch zeigen. Der Technokrat wagt nicht recht, mit Menschen zu rechnen, weil er vom Philosophen gelernt hat, daß sie mit Widersprüchen behaftet sind. Immerhin wäre dessen Hilfe auch hier sehr geschätzt!

Die auch vom Philosophen beklagte Spaltung des Volkes in seelenlose, technische Experten und gemütvolle Laien stört natürlich die Bildung der gewünschten weiten Systeme und sollte wieder zum Verschwinden gebracht werden. Der Laie sollte sich nicht machtlos einer unbegreiflichen Technik ausgeliefert fühlen, aber auch nicht eine geradezu rührende Technikgläubigkeit an den Tag legen, wenn er beispielsweise nach der Lösung von Umweltproblemen ruft. Soll der Graben wirklich verschwinden, so muß auch auf der Laienseite etwas unternommen werden, wo der Technokrat eine erhebliche „Technikblindheit der Gesellschaft" feststellt. Das reine humanistische Bildungsideal scheint ihm als Vorbereitung des heranwachsenden Menschen auf die Bewältigung der modernen Zeit nicht zu genügen; es müßte durch eine Art von „technologischer Aufklärung" ergänzt werden, die wenigstens eine Ahnung vermittelt von der Art und Weise, wie technische Probleme zu lösen sind. Damit sollte der Bürger die Zweckmäßigkeit technischer Maßnahmen doch etwas besser abschätzen können. Ob damit bereits das im Titel des Vortrages genannte unvermeidliche Problem angesprochen ist, wagt der Technokrat kaum zu glauben; wahrscheinlich denkt er zu naiv. Immerhin sind in der Schweiz landesweit solche Anstrengungen im Gange.

Was nun aber ist die richtige TECHNOLOGISCHE AUFKLÄRUNG in ihrer vollen philosophischen Schönheit? Offensichtlich geht es um mehr als bloßen systemtheoretischen Glanz. Sie will die technischen Wissenschaften aus ihrem blamablem Stand als angewandte Naturwissenschaften und damit aus dem engen sektoriellen Denken hinausführen. Dabei haben natürlich die technischen Wissenschaften per definitionem immer nur das „wie?" behandelt, und zwar im allgemeinen gar nicht schlecht. „Warum?" oder „wozu?" wurde als Sache des Auftraggebers nicht gefragt, obwohl viele Ingenieure, man denke etwa an H. Dufour, längst wußten, daß ihre praktische Arbeit weit über das „wie?" hinausging.

Eine interdisziplinäre Synthese ist wirklich ein frommes Ziel, und der Weg dorthin interessiert ungemein. Was hat also die technologische Aufklärung den Technikern konkret zu sagen? Was hätte sie beispielsweise vor 100 Jahren zu sagen gehabt, als die Herren Otto und Diesel ihre Automotoren konstruierten, und was hätten die beiden wirklich tun müssen, um ihre Verantwortung als Ingenieure wahrzunehmen? Oder heute, was rät sie den Informatikern, die doch mächtig in die Gesellschaft hinein wirken?

Paul Hoyningen-Huene

Diskussionsbemerkung
zum Beitrag von Günter Ropohl

Zu Günter Ropohls Beitrag „Über die Unvermeidlichkeit der technologischen Aufklärung" möchte ich drei kritische Bemerkungen machen.

1. Zu Recht moniert Ropohl in einer Nebenbemerkung, daß es bei manchen Aussagen der Wissenschaftstheorie nicht klar sei, ob es sich um normative Regeln der richtigen Wissenschaftsausübung oder um Deskriptionen faktischer Wissenschaftspraxis handelt (S. 361 f.). Doch scheint Ropohls Kernbegriff der Unvermeidlichkeit (der technologischen Aufklärung) an einem ganz ähnlichen Defekt zu leiden.

Ropohl verwendet den Begriff der Unvermeidlichkeit auf zwei verschiedene Weisen, einmal in einem deskriptiven und einmal in einem normativen Sinn. Im mehr deskriptiven Sinn bedeutet die Unvermeidlichkeit eines Ereignisses (oder Prozesses) die Zwangsläufigkeit seines Eintretens: Was immer man tut oder unterläßt, das Ereignis tritt in jedem Fall ein. Ropohl umschreibt diesen Sinn von ‚Unvermeidlichem' etwa damit, daß dieses „ohnehin geschieht" (S. 359, 365), oder daß es „unweigerlich betrieben wird" (S. 370, ähnlich S. 376). Im mehr normativen Sinn bedeutet ‚Unvermeidlichkeit' nicht das zwangsläufige Eintreten eines Ereignisses (oder Prozesses), sondern die Unabweisbarkeit der Forderung, daß das Ereignis oder der Prozeß eintreten solle. So umschreibt Ropohl die Unvermeidlichkeit der technologischen Aufklärung damit, daß die Legitimationskrise des technischen Fortschritts „nach Philosophie verlange" (S. 360), oder daß die Probleme des technischen Fortschritts „eine der besonders dringlichen Herausforderungen zu neuer Sinnsynthese" bekunden (S. 361), während in technikwissenschaftlichen Lehr- und Forschungsstätten „die Unvermeidlichkeit der technologischen Aufklärung nicht erkannt wird", was — „ganz zu schweigen von der überfälligen Reform der Ingenieurausbildung" — bedeute, daß „das Programm der Technikfolgen-Analyse und Technikbewertung ... mißverstanden" wird (S. 375). Schließlich spricht Ropohl in seiner These 4 zusammenfassend davon, daß „synthetische Rationalität zu kultivieren ist" (S. 381). Offenbar ist hier von Forderungen die Rede (die gesehen werden oder auch nicht), und nicht von sich zwangsläufig abwickelnden Prozessen.

Der Unterschied zwischem dem deskriptiven und dem normativen Sinn von ‚Unvermeidlichkeit' ist deshalb von Bedeutung, weil zwischen diesen beiden Begriffen kein Implikationsverhältnis besteht. Ein Prozeß kann unvermeidlich sein, ohne daß die Forderung nach ihm unabweisbar wäre. Eine Forderung kann (etwa moralisch) unabweisbar sein, ohne daß sie deshalb zwangsläufig realisiert würde.

Das Schwanken von ‚Unvermeidlichkeit' zwischen der deskriptiven und der normativen Bedeutung überträgt sich nun unmittelbar auf den Sinn von Ropohls zentraler These von der Unvermeidlichkeit der technologischen Aufklärung. Soll diese These besagen, daß technologische Aufklärung ohnehin im Gange ist, unabhängig davon, was wir jetzt tun oder lassen, oder meint sie, daß technologische Aufklärung eine unabweisbare Forderung darstellt? Es scheint, daß Ropohl sowohl eine gewisse Zwangsläufigkeit der technologischen Aufklärung behauptet (z. B. S. 365, 373, 376, 380), als auch die Forderung nach technologischer Aufklärung als unabweisbar darstellen möchte (z. B. S. 360, 361, 375, 381). Natürlich hängen die Begründungspflichten für die These von der Unvermeidlichkeit der technologischen Aufklärung davon ab, ob die These deskriptiv oder normativ verstanden wird. An diesem Punkt scheint es nun, daß sich das nicht bewußte Schwanken in der Bedeutung des Unvermeidlichkeitsbegriffs besonders negativ auswirkt.

Ropohl beginnt seine Arbeit damit, daß er die allgemeine Frage „Wozu Wissenschaftsphilosophie?" auf die speziellere Frage „Wozu technologische Aufklärung?" einengt. Diese Frage versucht er durch den Nachweis der Unvermeidlichkeit der technologischen Aufklärung zu beantworten, um sich nicht auf die „Relativität von Zweck-Mittel-Diskursen" einlassen zu müssen.

Der dabei einschlägige Sinn von ‚Unvermeidlichkeit' ist der *deskriptive:* „Wer Unvermeidlichkeit nachweisen kann, braucht das Unvermeidliche selbst nicht noch eigens zu begründen; denn es geschieht ja ohnehin" (S. 359). Doch tatsächlich zielt Ropohl in der Hauptsache auf den *normativen* Sinn der These von der Unvermeidlichkeit der technologischen Aufklärung, wie man etwa seiner resümierenden These 4 entnehmen kann: Es geht ihm um die Kultivierung „synthetischer Rationalität", um eine „aufgeklärtere Fortsetzung der Moderne" (S. 381). Doch läßt sich der Anspruch auf die Unabweisbarkeit dieser Forderung sicherlich nicht durch den Aufweis einer faktischen Unausweichlichkeit der technologischen Aufklärung begründen (wobei zudem die Begründung für diese faktische Unausweichlichkeit problematisch ist). Vielmehr, so scheint es, kann diese Forderung doch nur zweckrational begründet werden – jedenfalls ist es dies, was Ropohl in These 4 entgegen seiner Ankündigung zu Beginn der Arbeit tatsächlich tut. Denn er begründet sein Plädoyer für die synthetische Rationalität damit, daß nur so „die begrenzte Rationalität der Technisierung verantwortbar auf übergeordnete Werte des guten Lebens verpflichtet werden" kann (S. 381).

Zusammengefaßt: Die hier vorgebrachte Kritik besagt, daß aufgrund des Schwankens der Bedeutung des Begriffs der Unvermeidlichkeit auch der Sinn der These von der Unvermeidlichkeit der technologischen Aufklärung schwankt. Als negative Folge dieses Schwankens wird die Struktur der Argumentation undurchsichtig, die Ropohl für seine These vorbringt.

Die nächsten beiden Bemerkungen betreffen Behauptungen Ropohls, die mir als übertrieben erscheinen.

2. Ich beziehe mich zunächst auf folgende Passage aus Ropohls Text: „Fortwährend setzen Ingenieure neue Konstrukte in die Welt. Aber weder wissen sie, welche soziokulturellen und sozioökonomischen Kräfte ihre Aufgabenstellungen und Auswahlprozeduren präformieren, noch geben sie sich Rechenschaft davon, daß sie mit den Konstrukten zugleich die natürliche Umwelt und die menschlichen Handlungsmuster, also die gesellschaftliche Mitwelt verändern" (S. 373, ähnlich auch S. 371 f. und 375). Für viele Bereiche des Ingenieurwesens scheint diese Behauptung weit übertrieben. Weiß etwa der typische Bauingenieur nichts von politischen, ökonomischen und kulturellen Faktoren, die viele

Aspekte der Bautätigkeit wesentlich beeinflussen? Ist der Informatik-Ingenieur in der Regel blind gegenüber den sozialen Wirkungen, die etwa von neuen Kommunikationsmedien ausgehen können? Arbeitet ein Maschinen-Ingenieur, der an der Verbesserung des Wirkungsgrades von Antriebsaggregaten arbeitet, in Unkenntnis des sozioökonomischen Hintergrunds seiner Aufgabenstellung? Wissen die Ingenieure, deren Arbeit in irgendeiner Weise der Reduktion von Schadstoffemissionen dient, nichts von der Relevanz ihrer Arbeit für die Erhaltung der natürlichen Umwelt? Natürlich können diese Fragen wirklich seriös nur durch empirische Untersuchungen über den Kenntnisstand der entsprechenden Ingenieurgruppen beantwortet werden. Aber es scheint doch, daß viele der mit diesen Fragen angesprochenen Zusammenhänge heute so weitherum bekannt sind, daß sie auch den entsprechenden Ingenieuren nicht entgangen sein dürften.

3. Ebenfalls übertrieben erscheint mir Ropohls Angriff auf den Inhalt und die Funktion der These von der Wertneutralität der Technik. Ropohl nennt als einzige Funktion der Vorstellung von der Wertneutralität der Technik, daß mit ihr „*die* Ingenieure alle Verantwortung für die Folgen ihres Tuns auf Auftraggeber und Anwender in Wirtschaft und Politik abzuschieben suchen" (S. 374, Hervorhbg. von mir). Wieder ist es eine empirische Frage (die ich nicht beantworten kann), in welcher Weise „die" Ingenieure tatsächlich mit der Vorstellung von der Wertneutralität der Technik umgehen. Was aber bei dieser Beschreibung jedenfalls unter den Tisch fällt, ist der mögliche Wahrheitsgehalt dieser Vorstellung. Die These von der Wertneutralität der Technik erscheint mir aber nach wie vor als die plausibelste allgemeine Aussage über das Verhältnis von Technik und Werten. Begründen läßt sich diese These dadurch, daß man für Artefakte, die unzweifelhaft auf negativ (bzw. positiv) zu bewertende Weise verwendet werden können, auch positiv (bzw. negativ) zu bewertende Verwendungsweisen findet — wenn auch diese Begründungsstrategie natürlich keine endgültige Begründung liefern kann. Aber für das Beispiel, das Ropohl in der seinem Vortrag folgenden Diskussion zur Stützung der zumindest nicht durchgängigen Wertneutralität der Technik vorbrachte, scheint diese Strategie erfolgreich. Ropohl nannte die elektronischen ‚Wanzen', die ausschließlich entwickelt werden, um unbemerkt in die Pri-

vatsphäre von Personen einzudringen. Doch kann die daraus resultierende negative Bewertung der Wanzen in besonderen Anwendungsfällen durch den Bezug auf übergeordnete Rechtsgüter neutralisiert werden. Ich erinnere mich an den Fall eines in Boston ansässigen Bruderpaares von Mafia-Bossen, die — obwohl ihre Mafiazugehörigkeit lange bekannt war — nur aufgrund der durch Wanzen gewonnenen Erkenntnisse unter Anklage gestellt werden konnten.

Mit dieser hier nur äußerst punktuell durchgeführten Verteidigung der These von der Wertneutralität der Technik erfährt allerdings die von Ropohl „den" Ingenieuren unterstellte Strategie, „alle Verantwortung für die Folgen ihres Tuns auf Auftraggeber und Anwender in Wirtschaft und Politik abzuschieben" (S. 374), keinerlei Legitimation. Der Grund ist folgender. Die Frage nach der Verantwortung wird nur dann aktuell, wenn *im Voraus wißbare,* negativ bewertete Handlungs- oder Unterlassungsfolgen auftreten. Ist dies der Fall, d. h. hier: führt die Arbeit des Ingenieurs zu im Voraus wißbaren, negativ bewerteten Handlungs- oder Unterlassungsfolgen, so dispensiert die Wertneutralität der Technik, so wie oben verstanden, nicht von der aus diesen Folgen erwachsenden Verantwortung. Denn die Wertneutralität der Technik besagt ja nur, daß es — im Prinzip — auch positiv bewertete Verwendungsweisen der entsprechenden Artefakte gibt. Aber dies hebt natürlich nicht die Verantwortung auf, die sich aus den *im Voraus wißbaren, negativ bewerteten* Handlungs- oder Unterlassungsfolgen ergibt.

Walther Ch. Zimmerli

Ethik der Wissenschaften als Ethik der Technologie

Zur wachsenden Bedeutsamkeit der Ethik in der gegenwärtigen Wissenschaftsforschung

Die Formulierung eines Titels – zumal eines so langen – sagt, um es paradox zu formulieren, im Regelfalle mehr, als der Titel sagt. Anders: Die Art und Weise, in der etwas gesagt wird, sagt selbst etwas. Vier Begriffe sind genannt: ‚Wissenschaft', ‚Technologie', ‚Ethik' und ‚Wissenschaftsforschung'. Die Art und Weise, in der diese Begriffe verknüpft sind, drückt implizit folgende Thesen aus:

(1) Die Ethik der Wissenschaften ist in Wahrheit die Ethik der Technologie.

(2) Die klassischen Konzeptionen von Wissenschaftsphilosophie werden heute abgelöst durch eine neue Konzeption, die mit dem Begriff ‚Wissenschaftsforschung' zu kennzeichnen ist.

(3) In der sich neu formierenden Wissenschaftsforschung wächst die Bedeutsamkeit der Ethik.

(4) Die so bedeutsamer werdende Ethik ist (mithin) eine Ethik der Technologie.

Diese impliziten Thesen sollen im folgenden argumentativ expliziert werden. Ich tue dies in fünf Schritten.

Zunächst soll der Wandel markiert werden, der sich in der Wissenschaftsphilosophie von der klassischen Wissenschaftstheorie zur Wissenschaftsforschung ereignet hat (I). Sodann soll von der Theorie- auf die Gegenstandsebene übergegangen und der Wandel vom wissenschaftlich-technischen zum technologischen Zeitalter skizziert werden, um so den für die ethische Dimension relevanten Übergang von Wissenschaft (und Technik) zu Technologie begrifflich zu fassen (II). Damit wird der Hintergrund geklärt sein, um nun zeigen zu können, inwiefern die Ethik im Rahmen des technologischen Wissenschaftsverständnisses ebenso wie im Rahmen des neuen Paradigmas der Wissenschaftsforschung an Bedeutsamkeit zunimmt (III). Unter dem Stichwort ‚Naturalismus ohne naturalistischen Fehlschluß' will ich dann zeigen, welchen Typus von Ethik ich für gegenwärtig erforderlich halte (IV), um das so philosophisch Entwickelte schließlich an einem einschlägigen Bereich, dem der Humananwendung der gentechnisch verfahrenden Biotechnologie, exemplarisch zu demonstrieren (V).

I.

Selbstverständlich gilt, daß die aus Darstellungsgründen hier säuberlich getrennten Hinsichten de facto gar nicht zu trennen sind. Wissenschaftsphilosophie und ihr Gegenstand, die Wissenschaft, sind auf eine untrennbare Weise voneinander abhängig. Und das wird nicht zuletzt daran deutlich, daß jeder Versuch, den innerwissenschaftsphilosophischen Übergang von der Wissenschaftstheorie zur Wissenschaftsforschung unabhängig von der Entwicklung der Wissenschaft (und Technik) zur Technologie zu begreifen, von vornherein zum Scheitern verurteilt ist. Zum anderen gilt es aber festzuhalten, daß — anders als in der Wissenschaftsentwicklung selbst — es in der wissenschaftstheoretischen Diskussion nicht eine vollständige Ablösung von Erklärungsmustern eines Typs durch Erklärungsmuster eines anderen Typs gibt. Vielmehr koexistieren unterschiedlichste wissenschaftstheoretische und wissenschaftsphilosophische Auffassungen zur selben Zeit, obwohl gilt, daß jeweils nur einige unter ihnen die Avantgarde darstellen. Das hat unterschiedliche Gründe; sicher aber bedürfen wissenschaftsphilosophische Ansichten gewisser, wie ich das nennen möchte, ‚Inkubationszeiten', bis sie sich vom Schreibtisch des Wissenschaftsphilosophen bis ins Bewußtsein der Wissenschaftler sedimentiert haben. Diese Inkubationszeit beträgt — je nach Rezeptionsgeschwindigkeit der betreffenden Wissenschaftler — zwischen ca. 10 und 50 Jahren. So koexistieren im Selbstverständnis der Wissenschaftler, die auf ihr eigenens Tun reflektieren, heute neopositivistische Auffassungen des Logischen Empirismus vom Wiener Kreis-Typus mehr oder minder friedlich mit Kritischem Rationalismus, weichem oder radikalem Konstruktivismus, Evolutionismus, dialektischen Theorietypen oder anarchistischem wissenschaftstheoretischen Dadaismus.

Wie leicht zu sehen ist, habe ich so ungefähr das gesamte Programm der neueren Wissenschaftstheorie in einigen Begriffen zusammengefaßt. Damit habe ich zugleich implizit behauptet, daß es sich dabei um einen wissenschaftsphilosophischen Typus handelt, der noch mehr oder minder ‚klassisch' ist. Dagegen stellt die mit dem Begriff ‚Wissenschaftsforschung' bezeichnete integrative Zugangsweise einen nicht-klassischen Typus von Wissenschaftstheorie dar. Um den Unterschied der klassischen Wissenschaftsphilosophie à la Wissenschaftstheorie zur nicht-klassischen Wissenschaftsphilosophie vom Typus der Wissenschaftsforschung klarzumachen, rekonstruiere ich zunächst idealtypisch in fünf Schritten den Entwicklungsgang, den die Wissenschaftsphilosophie in unserem Jahrhundert genommen hat um dann einige der Charakteristika des neuen Typus zu benennen.

1. In Weiterführung von Gedanken John Stuart Mills und Ernst Machs hatte sich der Wiener Neopositivismus bzw. Logische Empirismus zwar von einer Widerspiegelungsauffassung gelöst und sich auf den reduktionistischen Standpunkt einer Erfassung nur noch des Gegebenen (Positiven) zurückgezogen. Elemente des wissenschaftlichen Aufbaus, sei es nun der Welt oder der Wissenschaften selbst, sind die wissenschaftlichen Zeichen, Begriffszeichen oder elementaren Sätze, die dadurch, daß sie als ‚Protokollsätze' aufgefaßt werden, trotz allem noch so etwas wie eine realistische Interpretation nahezulegen scheinen. Carnap, Reichenbach und Neurath sind die bekanntesten Exponenten dieser Richtung, die von dem in dieser Hinsicht allerdings ambivalenten logischen Atomismus Wittgensteins beeinflußt war.[1]

[1] Vgl. V. Kraft: Der Wiener Kreis. Der Ursprung des Neopositivismus. 2. erw. Aufl. Wien/New York 1968. H. Schleichert: Logischer Empirismus — der Wiener Kreis. München 1979; hierzu und im folgenden vom Verf.: Dynamik der Wissenschaftsentwicklung und Wandel fundamentaler Werte. In: Zeitschrift für Wissenschaftsforschung, Bd. 3, H. 2 (1985), bes. 23.

2. Die Kritik Karl R. Poppers trifft konsequenterweise eben diesen nicht preisgegebenen Anschein einer realistischen Interpretierbarkeit wissenschaftlicher Begriffe, einen Gedanken, der sich durch die Beibehaltung der empiristischen Vorstellung ergab, daß wissenschaftliche Gesetze durch Induktion gewonnen würden. Poppers „Logik der Forschung", bereits in den Dreißigerjahren entstanden, aber erst seit den Fünfzigerjahren relevant geworden, vollendet den im Logischen Empirismus bereits angelegten Reduktionismus, indem nun der Reduktion auf den Zusammenhang von wissenschaftlichen Sätzen, also auf den propositionalen Wissenschaftsbegriff, zweitens noch die Reduktion auf deren bloß überprüfungslogische Seite folgt.[2] Dies öffnet den Weg zu dem, was man seither den ‚Internalismus' in der Wissenschaftstheorie genannt hat, die Beschränkung auf die rein wissenschaftsinternen, genauer: die rein satzlogischen Zusammenhänge. Dabei darf allerdings nicht übersehen werden, daß parallel hierzu, wenn auch nicht im Rahmen der Philosophie, der wissenschaftsexterne Einfluß auf die Wissenschaftsdynamik schon gesehen und breit diskutiert worden ist. Ich erinnere in diesem Zusammenhang an die Namen Karl Mannheim, Max Scheler, aber auch, wie wir neuerdings wieder wissen, Ludwik Fleck.[3]

3. In gewissem Sinne läßt es sich als ‚List der Vernunft' bezeichnen, daß es gerade der nämliche K. R. Popper war, der 1940 mit einem Aufsatz „What is Dialectic?" für ein Aufgreifen auch der Entwicklungskomponente innerhalb der reduzierten Wissenschaftstheorie sorgte. Das dabei von ihm in Ansatz gebrachte Modell der Wissenschaftsentwicklung war allerdings recht rudimentär und folgte seinen ebenfalls rudimentären Vorstellungen von Dialektik als dem eintönigen ‚Klipp-Klapp' von These, Antithese und Synthese: Wissenschaftliche Entwicklung geht Poppers Ansicht nach und aufgrund seiner falsifikationistischen Grundannahmen so vor sich, daß eine geltende Theorie durch

[2] K. R. Popper: Logik der Forschung. 6. Aufl. Tübingen 1976, 7.

[3] K. Mannheim: Wissenssoziologie. Eingeleitet und hrsg. von K. H. Wolff. 2. Aufl. Neuwied/Berlin 1970; M. Scheler: Die Wissensformen und die Gesellschaft. 1936. Gesammelte Werke Bd. 8. Bern/München 1960; L. Fleck: Entstehung und Entwicklung einer wissenschaftlichen Tatsache. 1935. Neuausgabe Frankfurt a. M. 1980.

eine andere Theorie kritisiert wird, worauf nicht etwa die erste oder die zweite, sondern eine ‚lachende dritte' neue Theorie die neue (bessere) Qualitätsstufe erreicht, indem sie die positiven Teile der kritisierten Theorien miteinander verbindet, ohne deren negative Aspekte mitzuberücksichtigen.[4]

4. Weitgehend unabhängig von dieser Entwicklung, genauer: in zum Teil bewußter Entgegensetzung gegen sie, bildete sich im Bereich der Theorie der Geisteswissenschaften über Dilthey, Heidegger und Gadamer die geisteswissenschaftstheoretische Hermeneutik heraus, die, reformatorisch entstanden, sich seit Schleiermacher von ihrer Anbindung an die Theologie emanzipiert hatte.[5] Sie suchte zunächst Geisteswissenschaft, dann Wissenschaft überhaupt und mithin auch Naturwissenschaft als spezifische Form menschlichen Weltverhaltens zu begreifen, welches sowohl in methodologischer als auch in existentialer Hinsicht als ‚Verstehen' zu bestimmen sei. Verstehen ist zwar seiner Struktur nach indifferent, seinem Inhalte nach aber in starkem Maße wirkungsgeschichtlich bedingt. Damit wird zwar für die Naturwissenschaften keine neue Methodenkategorie entwickelt oder behauptet, aber die hermeneutische Dimension führt zu Reflexionen innerhalb der Theorie der Naturwissenschaften, etwa von der Art, ob nicht in ihr ebenfalls das szientistische Modell dem eines verstehenden Weltverhaltens weichen solle oder gar auf einem solchen letztlich fuße.

5. Daher schlug denn auch das, was man nachträglich als eine historische Selbstanwendung der Theorie des Popperschen Falsifikationismus bezeichnen kann, die Theorie von Thomas S. Kuhn[6], wie eine Bombe im Wissenschaftstheoretikerlager ein und arrivierte schnell zur „größten existierenden Herausforderung an die gegenwärtige Wissenschaftstheorie"[7], wie Stegmüller 1974

---

[4] K. R. Popper: What is Dialectic? 1940, dt. in E. Topitsch (Hrsg.): Logik der Sozialwissenschaften. 4. Aufl. Köln 1967, 262–290.

[5] H. G. Gadamer: Wahrheit und Methode. 4. Aufl. Tübingen 1975; vgl. auch H. G. Gadamer/G. Boehm (Hrsg.): Die Hermeneutik und die Wissenschaften. Frankfurt a. M. 1978.

[6] Th. S. Kuhn: Die Struktur wissenschaftlicher Revolutionen. 1962, dt. 4. Aufl. Frankfurt a. M. 1979.

[7] W. Stegmüller: Theoriendynamik und logisches Verständnis. In: W. Diederich (Hrsg.): Theorien der Wissenschaftsgeschichte. Frankfurt a. M. 1974, 167.

formuliert hat. Kuhn versuchte, den Gedanken der historischen Relativität des wissenschaftlichen Fortschritts mit demjenigen einer trotz allem festzumachenden einheitlich sich durchhaltenden Struktur der Abfolge der in diesem Fortschritt sich ereignenden Schritte zu kombinieren, wenn auch mit recht unterschiedlichem historischen Erfolg. Die Diskussionen nach Kuhn, an denen sich neben vielen anderen zur Hauptsache Lakatos, Popper, Toulmin und Feyerabend beteiligten[8], stellen denn auch — positiv oder negativ, ablehnend oder zustimmend — die eine Frage immer wieder neu: ob es sinnvoll und möglich sei, ein Fortschrittskonzept der Gesellschafts- und damit auch der Wissenschaftsentwicklung mit einem sozusagen ‚reaktionären' Konzept eines inhaltlichen Relativismus zu verbinden.

Nun existieren selbstverständlich im Rahmen der Wissenschaftstheorie unseres Jahrhunderts noch viele andere Ansätze und Versuche[9]; als idealtypische Rekonstruktion mag indessen diese Stufenfolge für unsere Zwecke genügen. Gegen die schon durch den bloßen Bericht sichtbar gewordenen Einseitigkeiten dieser Entwicklung wendet sich nun das neue Konzept der Wissenschaftsphilosophie im Sinne der Wissenschaftsforschung. Hier lassen sich die folgenden Merkmale nennen:

1. Die Beschränkung der klassischen Wissenschaftstheorie auf die Rekonstruktion der reinen Überprüfungslogik ist zugunsten einer stärkeren Berücksichtigung der Entdeckungszusammenhänge aufgegeben worden. Das führt zwingend zu einer Einbeziehung wissenschaftspsychologischer und wissenschaftssoziologischer Betrachtungsweisen, wie die Stichworte ‚Kreativitäts-' und ‚Innovationsforschung' anzeigen.

---

[8] I. Lakatos/A. Musgrave (Hrsg.): Kritik und Erkenntnisfortschritt. 1970, dt. Braunschweig 1974; vgl. auch W. Diederich (Hrsg.), a. a. O.

[9] Vgl. W. Stegmüller: Probleme und Resultate der Wissenschaftstheorie und analytischen Philosophie, Berlin/Heidelberg 1969—73; zur Evolutionären Erkenntnistheorie vgl. G. Vollmer: Evolutionäre Erkenntnistheorie. 2. Aufl. Stuttgart 1980; ders.: Was können wir wissen? 2 Bde., Stuttgart 1985—86; zum Radikalen Konstruktivismus vgl. H. R. Maturana: Erkennen: Die Organisation und Verkörperung von Wirklichkeit. 2. Aufl. Braunschweig 1985; ders./F. Varela: Der Baum der Erkenntnis. Die biologischen Wurzeln menschlichen Erkennens. Bern/München/Wien 1987.

2. Im Zusammenhang mit dem anhand von Kuhn dargestellten ‚historic turn' in der Wissenschaftstheorie hat sich eine zunehmend stärkere Berücksichtigung der historischen Dimension der Wissenschaften als unabdingbar erwiesen. Wissenschaftstheorie, die sich Beispiele erfindet, um eine Formulierung aus der Kuhn-Debatte aufzugreifen, ist außer Kurs gekommen; Wissenschaftstheorie muß sich an der stattgehabten Wissenschaftsgeschichte bewähren lassen. Das bedeutet notwendigerweise eine stärkere Einbeziehung der Wissenschaftshistorie in die philosophische Wissenschaftsforschung.

3. Der mit der Kuhn-Debatte zusammenhängende Streit um Externalismus oder Internalismus der Wissenschaftstheorie, also um die Frage, ob sich die Entwicklung der Wissenschaft allein aus internen Faktoren erklären lasse oder ob nicht vielmehr außerwissenschaftliche, gesellschaftliche Faktoren eine stärkere Rolle spielten, – dieser Streit darf heute als weitgehend abgeschlossen gelten: wissens- und wissenschaftssoziologische sowie politikwissenschaftliche Aspekte sind zum integralen Bestandteil neuerer Wissenschaftsforschung geworden.

4. Systemische Erklärungsmuster, wie sie auf der Ebene der Fachwissenschaften diskutiert werden (ich erinnere an die Evolutionstheorie sowie an das Modell der Selbstorganisation) haben auch Einzug in die Grundvorstellungen der Wissenschaftsphilosophie, also der Metaebene, gehalten.

5. Der sich, wie noch zu zeigen sein wird (s. u. II), heute entwickelnde neue Typus von wissenschaftlicher Forschung, der eine Hybridform von klassischer Wissenschaft und Technik darstellt, wird unter dem Stichwort ‚Technologie' zum Gegenstand der Wissenschaftsforschung. Der klassischen wissenschaftstheoretischen Auffassung zufolge, die sich am propositionalen Wissenschaftsbegriff einer Überprüfungslogik orientierte, konnte Technik nur als Anwendung von Wissenschaft verstanden werden. Die sich neu entwickelnde technologische Wissenschaftsauffassung erzwingt nun aber rückläufig auch eine Neukonzeption des Verhältnisses von Wissenschaft und Technik in ihrer klassischen Phase. Und das hat mit Notwendigkeit die Einbeziehung von technikhistorischen und ingenieurwissenschaftlichen Gesichtspunkten in die Wissenschaftsphilosophie zur Konsequenz.

6. Im, wie ebenfalls noch zu zeigen sein wird (s. u. III), unmittelbaren Zusammenhang hiermit wird die normative Dimension erneut stärker berücksichtigt; die in allen geistes- und sozialwissenschaftlichen Disziplinen ein Comeback erlebende Dimension der Werte erhält auch in der Wissenschaftsphilosophie wieder ihren angestammten Ort. Auf den Bedarf an Orientierungswissen reagiert die Wissenschaftsphilosophie durch stärkere Betonung der ethischen Fragestellung.

Was durch diese Rekonstruktion der Ablösung des wissenschafts*theoretischen* Leitbildes in der Wissenschaftsphilosophie durch das in der Wissenschafts*forschung* illustriert werden sollte, ist dies:

Als Wissenschaftsforschung beginnt die Wissenschaftsphilosophie der Tatsache Rechnung zu tragen, daß zum einen sie selbst sich mit ihrem Gegenstand, den Wissenschaften, ändert und daß zum anderern die als Ausweg aus dieser Situation angepriesene Reduktion der Wissenschaftstheorie auf die bloß formalen Strukturen auf Dauer keine angemessenen Lösungen für die Fragen erbringt, denen die Wissenschaftsphilosophie sich heute zu stellen hat. Die Einsicht wächst, daß das Eingeständnis, Wissenschaft sei nicht immer dasselbe und absolut, sondern veränderlich und relativ, nicht einem bodenlosen Relativismus und Agnostizismus gleichkommt. Nach Feyerabend ist nicht Feierabend ...

II.

Es war schon mehrfach davon die Rede, daß sich auch der Gegenstandsbereich von Wissenschaftsphilosophie drastisch geändert habe, und diese Änderung war als die von Wissenschaft zu Technologie bezeichnet worden. Nach allem, was bisher gesagt worden ist, versteht sich von selbst, daß hierunter nicht Veränderungen isolierter Entitäten zu verstehen sind, sondern vielmehr Veränderungen von ganzen Strukturnetzen. Das läßt sich relativ basal und ohne großen theoretischen Aufwand schlicht daran für jedermann phänomenologisch begreiflich machen, daß man den Unterschied, den es theoretisch zu erfassen gilt, durch Kontrastierung von Situationen vor Augen führt: Wer auch nur einmal sich im Deutschen Museum in München aufgehalten hat, wird sich des Historisierungseffektes erinnern können, den das Betrachten des rekonstruierten Labors von Galilei oder auch des angeblich authentischen Arbeitstisches von Otto Hahn auf den Betrachter ausübt. Es wird evident, daß das, was hier betrieben wurde, qualitativ nicht dasselbe sein kann, wie das, was wir bei CERN in Genf oder in den Labors der Gesellschaft für Biotechnologische Forschung (GbF) in Braunschweig oder sonstwo erleben. Das heißt natürlich nicht, daß sich alles verändert hätte. Selbstverständlich bleibt die wissenschaftliche Fragestellung zunächst einmal die nach dem, was die Welt im Innersten zusammenhält. Aber während sich etwa einem Otto Hahn noch abnehmen ließ, daß er von den Konsequenzen seiner Forschungen völlig überrascht wurde, um nur den ethischen Aspekt anzusprechen, gilt dies so heute bei keinem Wissenschaftler mehr. Daß das wiederum nicht heißen kann, daß heute jeder Wissenschaftler genau wissen könne, welche Folgen seine Handlungen haben, liegt auf der Hand; aber das grundsätzliche Wissen um unerwünschte Nebenfolgen existiert.

Machen wir uns an eine stärker systematische Kennzeichnung der gegenwärtigen Situation:

1. Zunächst einmal läßt sich festhalten, daß die neu entstehenden naturwissenschaftlich-technischen Front-Disziplinen in dem Sinne technologisch werden, daß die klassischen Abgrenzungen zwischen reiner Wissenschaft, angewandter Wissenschaft und Technik zu verschwimmen beginnen. Dies gilt nicht nur in der Hinsicht, daß heute technische Apparate zur wissenschaftlichen Forschung eingesetzt werden – das war schon mit Galileis Fernrohr und vielleicht schon mit dem Brunnen, den Thales von Milet zum Zwecke seiner astronomischen Beobachtungen aufsuchte, der Fall (was ihm im übrigen den im Gelächter der thrakischen Magd über Jahrtausende nachhallenden Ruf des weltfremden Gelehrten eintrug). Wichtiger ist vielmehr zum einen, daß eine gegenseitige Durchdringung von Apparatevermittlung und Theorie auftritt, und zum anderen, daß unter den benutzten Apparaturen sich eine Basistechnologie quer durch alle anderen Wissenschaften und Technologien hindurchzieht: die datenprozessierende Informationstechnologie[10]. Und das schlägt sich noch in

---

[10] Zu den philosophischen Problemen, die sich hieraus ergeben, vgl. C. Mitcham/

der Wissenschaftssprache nieder: Das Adjektiv ‚rechnergestützt' wird zum signum veritatis und zum wissenschaftlichen Gütesiegel. Daß dies keine bloße Behauptung ist, kann jeder leicht nachvollziehen, der häufig als Gutachter tätig ist und feststellt, daß neuerdings die Computerunterstützung in fast allen (auch geisteswissenschaftlichen!) Anträgen als ‚Sesam öffne dich' zwecks finanzieller Wissenschaftsförderung verwendet wird.

2. Daß die neuen Forschungsgebiete zunehmend in den Überschneidungsbereichen traditioneller, disziplinär vorgegebener Bereiche entstehen (man denke nur an Biotechnologie und Molekularbiologie), ist ebenfalls nichts Neues; neu ist indessen daran, daß bereichsübergreifende Theorietypen aus unterschiedlichsten Disziplinen sich zu verallgemeinern beginnen. So findet etwa die Tatsache, daß die Computertechnologie allgegenwärtig wird, ihr Spiegelbild darin, daß der informationstheoretische Theorietypus sich in allen, auch in den biowissenschaftlichen Disziplinen durchzusetzen scheint.

3. Eine ganz wichtige Änderung im Bereich der Wissenschaften ergibt sich daraus, daß die in der beschriebenen Weise entstehenden neuen Forschungsfronten ihrerseits bezogen sind auf Gebiete, die zuvor als Element der Naturgeschichte galten und daher dem menschlichen operativen Zugriff prinzipiell entzogen waren. Sie lagen in diesem Sinne dem wissenschaftlichen Forschen und Wissen als Gegenstand und Basis vorgegeben zugrunde, oder aber sie waren strukturelle Voraussetzungen eben des wissenschaftlichen Wissens selbst. Die transdisziplinär verlaufenden Forschungsfronten im Zusammenhang der mikroelektronischen KI-Forschung sind ein Beispiel für den zweiten, die gentechnisch verfahrende Biotechnologie ein Beispiel für den ersten Fall.

Wissenschaftstheoretisch läßt sich dies auch so formulieren, daß die Bereiche, die aus theoretisch-prinzipiellen Gründen einer

A. Huning (eds.): Philosophy and Technology II: Information Technology and Computer in Theory and Practice. Dordrecht/Boston/Lancaster/Tokyo 1986; zu den Konsequenzen für Bildung und Ausbildung vgl. vom Verf.: Allgemeinbildung und technischer Wandel. Herausforderung der Schule angesichts der Diskussion um die neuen Technologien. In: W. E. Traebert (Hrsg.): Die neuen Technologien in Schule und Technikunterricht. Technik als Schulfach Bd. 6. Düsseldorf 1987, 61–77.

zumindest schwachen Theoretisierung im Sinne von prognosefähigen Erklärungsleistungen nicht zugänglich waren, dies nun in einem starken Sinne dadurch werden, daß das zuvor nicht einmal Prognostizierbare technisch herstellbar wird: Im gentechnischen Eingriff schrumpfen die zuvor geschichtlich abzuwartenden Mechanismen von Mutation und Selektion auf den gentechnischen Produktionseingriff zusammen, in der von Manfred Eigen verfolgten Konzeption von Evolutionsmaschinen gar zu ganzen Produktionsabläufen von Natur, und die konsequent weitergedachte heuristische Variante der KI-Forschung macht dann auch noch das per definitionem Unplanbare, die geistige Innovation selbst, zum möglichen Gegenstand technischen Verfügens. Und welche Möglichkeiten sich aus einer Kombination dieser beiden nun nur noch als ‚Technologien' zu bezeichnenden Hybridbildungen von Wissenschaft und Technik im klassischen Sinne ergeben könnten (Stichwort ‚Biochip'), läßt sich allein mit der Feder des Science-Fiction-Autors beschreiben.

4. Eine weitere strukturelle Änderung hat sich dadurch ergeben, daß die Miteinbeziehung vorhersehbarer Folgen der Implementierung technologisch gewordenen wissenschaftlichen Wissens ihrerseits immer selbstverständlicher wird. Science Assessment, Technology Assessment, Social Impact Analysis – und wie die unterschiedlichen Formen dieser reflexiven Bewertung technologischen Wissens auch immer heißen mögen – werden zum integrativen Bestandteil wissenschaftlicher Forschung selbst, was sich im übrigen auch in der mit Mitteln der klassischen Wissenschaftstheorie beschreibbaren inneren Struktur des wissenschaftlichen Wissens selbst niederschlägt[11]. Ich will nur am Rande erwähnen, daß hierbei natürlich außerwissenschaftliche Einflüsse in starkem Maße bemerkbar werden. In einer Zeit, in der Technologien Auswirkungen von der Art haben, wie wir sie heute

[11] Vgl. A. L. Porter/F. A. Rossini/S. R. Carpenter/A. T. Roper/R. W. Larson/J. S. Tiller: A Guidebook for Technology Assessment and Impact Analysis. New York/Oxford 1980; zu den wissenschaftstheoretischen Strukturänderungen vgl. vom Verf.: Dynamik der Wissenschaftsentwicklung . . ., a. a. O., bes. 29 ff.; zur Situation der deutschsprachigen Wissenschaftsforschung vgl. C. Burrichter (Hrsg.): Wissenschaftsforschung – Neue Probleme, neue Aufgaben. Erlangen 1985.

bemerken (ich erinnere nur an die seit 1986 uns allen zum Greifen nahen Auswirkungen der Kernenergietechnologie), ist schlechterdings kaum noch Raum für wissenschaftliche Forschung, die bloß nach dem ‚Curiositas'-Prinzip[12] sich durch das reine Erkennenwollen zu legitimieren versucht.

5. Und so verwundert es denn nach dem bisher Beschriebenen wohl nicht mehr, daß nicht nur in der Wissenschaftsphilosophie als Wissenschaftsforschung, sondern auch an der Basis, in den Wissenschaften selbst, der Bedarf an Orientierungswissen zunimmt, und zwar mindestens in einem solchen Ausmaße, daß von einer direkten Proportionalität zu dem sich ebenfalls ergebenden Wissenszuwachs gesprochen werden kann. Und hier liegt nun einer der wichtigsten Erklärungsgründe für die zu beobachtende hohe Konjunktur, wenn auch vielleicht nicht der Ethik, so doch mindestens des Rufes nach Ethik in den Wissenschaften. (Daß dabei häufig der Fehler begangen wird, die von einer Ethik allenfalls zu erwartende Orientierungsfunktion mit der Beseitigung aller Übel, deretwegen man nach einer Ethik ruft, zu verwechseln, sei ebenfalls nicht verschwiegen.)

Bevor ich nun näher auf dieses Bedürfnis nach Ethik und die von mir behauptete wachsende Bedeutsamkeit derselben eingehe, sei hinsichtlich des bisher Entwickelten festgehalten:
Der Typus von Wissenschaft, der sich im letzten Jahrzehnt immer klarer durchzusetzen beginnt, kann als ‚techno-logischer' Typus bezeichnet werden. Und damit meine ich, um es auf eine knappe Formel zu bringen, daß die Technik logisch und die Logik technisch wird. Dies hat selbstverständlich Ursachen und Auswirkungen in allen möglichen anderen Zusammenhängen. Daß das Verhältnis des Menschen zur Arbeit, sein eigenes Selbstverständnis, die Frage des Zusammenlebens der Menschen in sozialer wie politischer Hinsicht sowie – last but not least – das Verhalten des Menschen gegenüber seiner eigenen und der außermenschlichen Natur zu diesen Zusammenhängen gehört, sei nur erwähnt. Das bedeutet aber selbstverständlich nicht, daß damit nun mit einem Schlage alle klassischen Forschungsfronten auf-

---

[12] Vgl. H. Blumenberg: Die Legitimität der Neuzeit, dritter Teil: Der Prozeß der theoretischen Neugierde. 1966, erw. und überarb. Neuausgabe Frankfurt a. M. 1973.

gelöst wären oder daß es von heute auf morgen keine reine Grundlagenforschung mehr geben könnte. Das einzige, was ich behaupte, ist, daß die Abgrenzung immer schwieriger wird und daß Wissenschaft vom Technologie-Typus immer stärker zunimmt. Schließlich will ich aber auch noch deutlich machen, daß, wie schon Heidegger, aber auch Jürgen Habermas gesehen haben, hiermit nicht etwas ganz Neues, gleichsam aus dem Nichts heraus, geschieht, sondern daß sich nur das Grundverhältnis von Technik und Wissenschaft, das von allem Anfang an nicht nur vorhanden gewesen, sondern auch thematisiert worden ist, in der Realität klar manifestiert: Die Zielsetzung neuzeitlicher Wissenschaft ist von allem Anfang an technologisch gewesen. Bei Descartes ebenso wie bei Bacon, den beiden Ahnvätern der Philosophie des neuzeitlich-wissenschaftlichen Denkens, läßt sich dies ebenso nachlesen wie in den Absichtserklärungen der Académie des Sciences in Frankreich oder der Royal Society in Großbritannien. Die Produktion *nützlichen* Wissens – und das heißt eben: Technologie – sollte gefördert werden. Daß es faktisch anders kam, daß nämlich die technische und die wissenschaftliche Entwicklung lange Zeit hindurch fast unvermittelt nebeneinander herliefen, hatte zwar seinen guten funktionalen Sinn, änderte aber an dem technischen Charakter von Wissenschaft nichts. Es diente eben dazu, einen theoretischen Stand zu erreichen, der das Technologischwerden von Wissenschaft erst ermöglichte. Leibnizens Programm einer characteristica universalis und der Gedanke einer Turingmaschine unterscheiden sich theoretisch kaum; der Unterschied wird erst im Technologischwerden der Turingmaschine in binär arbeitenden Computern gesetzt.

III.

Daß in Zusammenhängen der Wissenschaftsphilosophie und zumal bezogen auf das neue Hybrid ‚Technologie' die Ethik von wachsender Bedeutung ist, zeigt sich nicht zuletzt daran, daß gegenwärtig so etwas wie eine breite Front der Anti-Ethiker sich bildet. Sie formiert sich zumal gegen die Ansicht, die prominent von Hans Jonas geäußert worden ist, die Hochtechnologie eröffne ein Neuland kollektiver Praxis, das eine ethische Reflexion geradezu erzwinge[13]. Die Anti-Ethiker auf der anderen Seite sammeln unterschiedliche Ansichten unter ihrer Fahne, und man wird den Eindruck nicht los, es handele sich dabei zuweilen um Mißverständnisse, die zu klären mithin erste Aufgabe des wissenschaftsphilosophisch orientierten Ethikers sein muß.

Das beginnt gleich bei einem sprachlich-terminologischen Problem. Häufig wird nämlich ‚Ethik' und ‚Moral' verwechselt, und daraus resultieren dann abenteuerliche Vorstellungen. Nun trifft zwar zu, daß die beiden Wörter etymologisch ganz ähnliches bedeuten, nämlich die den geltenden Sitten entsprechenden Verhaltensnormen; indessen pflegen Philosophen diese Verhaltensnormen ausschließlich als ‚Moral' zu bezeichnen, wobei sie zur genaueren Unterscheidung noch hinzufügen, daß diese Verhaltensnormen im Unterschied zum Beispiel von Tischsitten o. ä. als allgemeinverbindlich gedacht werden. Unter ‚Ethik' im terminologischen Sinne dagegen verstehen sie die philosophische oder anderweitige theoretische Rechtfertigung der Geltung solcher moralischen Normen. Die professionelle philosophische Ethik verfügt hier über ein ganzes Arsenal von Begründungstechniken, die sich erlernen lassen und die ebensowenig dem Belieben des einzelnen anheimgestellt sind wie die Ableitungsregeln der Mathematik oder der formalen Logik.

Hält man sich diese terminologische Differenzierung vor Augen, die ebenfalls dem subjektiven Belieben entzogen ist, dann klären sich einige der scheinbar unvereinbaren Positionen:

1. Wer etwa behauptet, es gebe keine philosophische Ethik und die philosophischen Ethiker seien Verführer, die den Menschen verderbliche Scheinorientierungen einreden wollten, weiß entweder nicht, wovon er spricht, oder er begeht gleich zwei Fehler auf einmal: Zum einen gibt es nämlich sehr wohl eine philosophische Ethik als Disziplin der Begründung moralischer Normen, und zum anderen ist es gerade nicht deren Aufgabe, moralische Orientierungen zu verkaufen, sondern ihre Geltung aufzuklären. Ganz offensichtlich gilt Entsprechendes für den von Werner Becker sogar in der Frankfurter Allgemeinen Zeitung erhobenen Einwand, die philosophische Ethik habe es nicht zu einem „Lehr-

[13] H. Jonas: Das Prinzip Verantwortung. Versuch einer Ethik für die technologische Zivilisation. Frankfurt a. M. 1979.

buchwissen" gebracht, und es gebe keine „wissenschaftlichen Experten für Ethik"[14]. Hier ist offenbar nur terminologisches Schindluder getrieben worden.

2. Ein gewichtigerer Einwand betrifft nicht so sehr die Ethik und die Moral als solche, sondern stärker deren Einbettung in das Leben der gesamten Gesellschaft. Es könnte nämlich gut sein — so der Gedanke etwa des Konstanzer Soziologen und Sozialphilosophen Horst Baier —[15], daß die ganze gigantische Ethik/Moral-Rhetorik zu nichts anderem dient, als dazu, von den eigentlichen Motiven und Kräften abzulenken und deren finsteres Wirken sogar noch zu beschönigen. Der wirkliche Imperativ ist dann nicht der kategorische, sondern wirksam sind dieser Auffassung zufolge eigentlich neben dem Recht nur Markt und Politik. Und dort, wo die Politik dem Markt allein gegenüberstehe, weil keine einschlägigen Gesetzesgrundlagen existieren, dort zeige sich deutlich, wer das Sagen habe: Man denke nur etwa an die relative Hilflosigkeit des damaligen bundesdeutschen Umweltministers Wallmann angesichts der Rheinverschmutzung durch die chemische Industrie.

Hinter diesen Überlegungen steckt ein altes und in den letzten beiden Jahrhunderten dominierendes Mißverständnis: daß sich nämlich moralische Werte in ethischen Begründungen teilweise oder vollständig auf ökonomische Werte reduzieren ließen. Zwar gehören in der Tat Ethik und Ökonomie systematisch eng zusammen, und zwar hat der Utilitarismus, einer solchen Einstellung am meisten ‚verdächtig', in der Tat den Nutzen zum Kriterium für die moralische Vertretbarkeit einer Handlung gemacht. Aber doch nicht den ökonomischen Nutzen allein, ebensowenig das Sinnenglück allein, wie das ein reiner Hedonismus tun würde. Gegen solche Absichten gilt nach wie vor, was der Hauptvertreter des Utilitarismus im vergangenen Jahrhundert, John Stuart Mill, in seinem Traktat über den Utilitarismus in aller drastischen

---

[14] W. Becker: Moral als Notration. Die trügerische Konjunktur der Ethik. In: Frankfurter Allgemeine Zeitung Nr. 270, 20. 11. 1986.

[15] H. Baier: Brauchen wir eine Ethik der Medizin? Der Freiheitsraum des Arztes zwischen Markt, Politik und Recht. In: Frankfurter Allgemeine Zeitung Nr. 220, 23. 09. 1986, 7.

Klarheit gesagt hat: „Es ist besser, ein unzufriedener Mensch zu sein als ein zufriedengestelltes Schwein."[16]

3. Wenn nun die Ethiker nicht die finsteren Ideologen sind, als die sie aufgefaßt werden könnten, wenn sie wüßten, was sie tun, dann sind sie – so ein dritter Einwand von seiten der Anti-Ethiker – doch mindestens die nichtsahnenden mißbrauchten Instrumente gefährlicher Tendenzen. Es sei nämlich zu befürchten – so ebenfalls Baier –[17], daß der Prozeß von Ethisierung und Verrechtlichung über die „Trojanischen Esel der Ethik-Kommissionen – auf Fakultäten, Max-Planck-Institute, mit Drittmitteln geförderte Projektgruppen und Industrieforschung" übergreife. Und dann sei es aus mit der Freiheit der Forschung. Dagegen läßt sich anführen, daß allein schon aufgrund der Bestimmung dessen, was ‚Ethik' heißt, von einer Zensurfunktion der Ethiker (und zumal von uns nichtsahnenden Berufseseln unter ihnen) gar keine Rede sein kann. Die Aufgabe philosophischer Ethiker ist nicht die von „Propheten"; sie haben vielmehr „innerhalb der Grenzen der bloßen Vernunft" und „ohne Metaphysik", wie das der Göttinger Philosoph Günther Patzig[18] formuliert hat, ihren fraglos vorhandenen professionellen Sachverstand zur Klärung der ethisch relevanten Fragen einzusetzen. Anders: Ethik ist lern- und lehrbar, und sie ist es zumal im Zusammenhang der sich heute dringlicher denn je stellenden ethischen Probleme im Rahmen der Wissenschafts- und Technologiephilosophie. So ist es denn auch kein Zufall, daß die genannten Einwände gegen die Ethisierung der wissenschaftsphilosophischen Diskussionen sich zunächst einmal an jener Wissenschaft entzündet haben, die am ‚technischsten' ist, anders: die der Handwerkskunst am nächsten steht, an der Medizin. An der medizinischen Front stellen sich in sozusagen alltäglicher Form jene Probleme, von denen einige im Zusammenhang derjenigen neuen Technologie, die es anschließend noch zu diskutieren gilt, der gentechnisch verfahrenden

---

[16] J. St. Mill: Der Utilitarismus. 1861, dt. Stuttgart 1976, 18.

[17] A. a. O.

[18] G. Patzig: Der Philosoph ist kein Prophet: In Frankfurter Allgemeine Zeitung Nr. 98, 26. 0.4 1980, Beilage „Bilder und Zeiten"; ders.: Ökologische Ethik – innerhalb der Grenzen bloßer Vernunft. Göttingen 1983; ders.: Ethik ohne Metaphysik. Göttingen 1971.

Biotechnologie, in wissenschaftsnäherer Form ebenfalls eine Rolle spielen.

Die ‚neuesten Angriffe auf die Ethik', wie man die Anti-Ethik-Bewegung im Aufgriff einer Formulierung Max Horkheimers bezeichnen könnte, ist ex negativo ein Indikator für die wachsende Bedeutsamkeit der Ethik. Positiv lassen sich die Gründe dafür eher systematisch benennen: Die klassische internalistisch-reduktionistische Wissenschaftsauffassung hatte, wie wir gesehen haben, Wissenschaft auf den Begründungszusammenhang zwischen wissenschaftlichen Sätzen eingeschränkt. So betrachtet versteht sich von selbst, daß Fragen wie die nach den nicht-wissenschaftlichen Beweggründen und Auswirkungen von Wissenschaft sich im Rahmen der Wissenschaftstheorie gar nicht stellen konnten. Das Technologiekonzept von Wissenschaft aber macht selbst unmittelbar auf die Ziel-, die Nutzen- und damit auf die Bewertungsfunktion aufmerksam. Somit wird eine Unterscheidung, die die klassische Ethik noch traf, in bezug auf Technologie sofort hinfällig: die Unterscheidung zwischen deontischer und teleologischer Ethik, oder in der Formulierung Max Webers: zwischen Gesinnungs- und Verantwortungsethik.[19] Während die Gesinnungsethik den moralischen Wert von Handlungen nach den Beweggründen des Handelnden bemißt, bewertet die Verantwortungsethik den moralischen Wert nach den durch die Handlung ausgelösten Folgen. Im Zusammenhang technologischer Handlungen ist jedoch eine Bewertung einer Handlung aufgrund der Gesinnung der Handelnden überhaupt nicht anders möglich als dadurch, daß die Folgen der Handlung mit einbezogen werden, da allein der Begriff der ‚Technologie' schon die Verbindung zur technischen Implementierung mit ausdrückt. Anders: Obwohl richtig ist (und Max Weber hatte dies im Auge, wenn er von ‚Wertfreiheit' sprach), daß im klassischen Wissenschaftskonzept die subjektiven Werteinstellungen der wissenschaftlich Handelnden keine Rolle spielen, ist ebenfalls richtig, daß dort, wo es um Technologie geht (und darum geht es bei heutiger Wissenschaft vordringlich) Werteinschätzungen im Sinne der Bewertungen

---

[19] M. Weber: Politik als Beruf. 1919, unter dem Titel „Der Beruf der Politik" in: ders.: Soziologie, Weltgeschichtliche Analysen, Politik. Hrsg. v. J. Winkelmann, 3. Aufl. Stuttgart 1964, 174f.

möglicher Folgen unabdingbar sind. Oder konkreter: Nicht die Quantenmechanik wird Gegenstand einer wissenschaftsethischen Kritik, wohl aber die auf Kernspaltung beruhende Energiefreisetzungstechnologie.

Bevor ich nun zur Frage der Strukturen und Inhalte der solchermaßen immer bedeutsamer werdenden Ethik im Rahmen der Wissenschaftsphilosophie übergehe, halte ich fest:

Es ist wiederum nicht die theorieinterne Entwicklung allein, die dafür sorgt, daß in der zur Wissenschaftsforschung gewordenen Wissenschaftsphilosophie die zur Technologieethik gewordene Wissenschaftsethik eine so entscheidende Rolle spielt. Auch hier sind eine Reihe von Faktoren zusätzlich zu bedenken, die im Rahmen der klassischen Wissenschaftsauffassung als ‚extern' hätten bezeichnet werden müssen: Ich meine damit Faktoren wie Sozialverträglichkeit, Umweltverträglichkeit, Verfassungsverträglichkeit der Folgen von implementierten Technologien. Eine nicht-amputierte Wissenschaftsphilosophie, deren Thema nicht bloß das Abstraktionsprodukt ‚Theorie', sondern die konkrete Relation ‚Technologie' ist, kann diesen Fragen nicht ausweichen, und die Antworten oder zumindestens Analysen der problematischen Themenbereiche sind ihrerseits Beiträge nicht nur zur Philosophie der Wissenschaften, sondern auch zur Philosophie der lebensweltlichen Fragestellungen der Gegenwart.

IV.

Nun erwartet aufgrund des genannten Ethik-Moral-Mißverständnisses häufig nicht nur der Anti-Ethiker, sondern auch derjenige, der am lautesten nach Ethik schreit, von der neuen Ethik der Wissenschaften als Ethik der Technologie so etwas wie einen vollständigen Kanon von prinzipiengestützten Verhaltensregeln, sozusagen neue „Zehn Gebote". Indessen hat sich nicht nur, was ‚Wissenschaft', sondern auch was ‚Ethik' heißt, entscheidend geändert[20]. Diese Einsicht bedeutet jedoch ebensowenig wie im

---

[20] Vgl. hierzu und im folgenden vom Verf.: Prinzipien einer nicht-prinzipienorientierten Ethik. In: Arbeitsblätter für ethische Forschung 1.86. Zürich 1986, 2–16; ders.: Wandelt sich die Verantwortung mit dem technischen Wandel? In: H. Lenk/G. Ropohl (Hrsg.): Technik und Ethik. Stuttgart 1987, 92–111.

Zusammenhang der Wissenschaft, daß nun dem Relativismus Tor und Tür geöffnet würde: Auch in diesen Zusammenhängen ist die Innen- von der Außenbetrachtung zu unterscheiden. In der Innenbetrachtung fragen sich Akteure nach der Geltung der Prinzipien ihres Handelns, während sich in der Außenbetrachtung Theoretiker nach dem Wandel dieser Geltungsansprüche fragen. Anders: Obwohl wir theoretisch und historisch wissen, daß jede Moral nur zeitlich und räumlich begrenzt gilt, verlangen wir dennoch, daß die Prinzipien der Moral, nach denen wir uns zu richten haben, allgemeinverbindlich sein sollten. Die in der Außenbetrachtung eingesehene Relativität tut der in der Innenbetrachtung erhobene Forderung nach Allgemeingültigkeit keinen Abbruch.

Ich unterscheide idealtypisch drei Phasen der historischen Entwicklung von Moral, mit denen auch drei verschiedene Typen von Moralbegründungen, also Ethiken verbunden sind:

1. In statischen, geschlossenen Gesellschaften, die sich stark auf eingelebte Traditionen beziehen, gelten vorgegebene Wertpräferenzrelationen über Jahrhunderte hinweg. Die Begründung ihrer Gültigkeit erhalten sie durch den Rückgriff auf transzendentale Instanzen. An diesem Typus ändert sich auch durch das Auftreten der mit Alleinvertretungsanspruch versehenen Hochreligionen nichts. Es wird nur, etwa in unserem Kulturkreis, das Ethos der gelebten Sittlichkeit durch die Ethik der Berufung auf die Offenbarung ersetzt bzw. ergänzt.

2. In den dynamischen Gesellschaften der Neuzeit hingegen, in denen die Berufung auf eine einigende transzendentale Legitimationsinstanz fehlt, werden neue Moralen und neue Begründungsformen nötig. Die Pluralität der vertretenen inhaltlichen Gesichtspunkte wird dabei — neuzeitkonform — durch Rückgriff auf ein formales Vernunftsprinzip geeint. Der Einheitlichkeit dieses Begründungstyps tut keinen Abbruch, daß es sich dabei um mehrere Vernunftsprinzipien handeln kann, um den kategorischen Imperativ der Deontologen ebenso wie um das Prinzip des höchsten Glücks der größten Zahl der Utilitaristen.

3. In dem gegenwärtigen pluralistisch-postmodernen Zeitalter, das ‚technologisch' ist, findet sich nun eine Gemengelage historisch unterschiedlichster Morallegitimationstypen vor. Während auf der einen Seite die verallgemeinerbaren Prinzipien der neu-

zeitlich-formalen Ethik durchaus noch gelten, haben auf der anderen Seite durch die Tendenzen zum Regionalismus und die Betonung des Eigenrechts aller in einer pluralistischen Gesellschaft vertretenen Gesinnungsgemeinschaften auch verschiedene inhaltliche Ethiken wieder an Boden gewonnen, so daß es zu einer Konkurrenz und zu einem Zusammenspiel unterschiedlicher Moralen und dann auch unterschiedlicher Ethiken kommt. Jedes Individuum, um dessen Handlungsentscheidungen bzw. Handlungsbeurteilungen es in der Ethik geht, gehört unterschiedlichen Gruppierungen und unterschiedlichen ethischen Gemeinschaften an. Anders als in den neuzeitlich-dynamischen Gesellschaften *gibt* es nicht nur Pluralität, sondern diese ist heute in jedem einzelnen Individuum *realisiert*, was den Effekt einer werttheoretischen Zerrissenheit ausüben kann, wie jeder an sich selbst bemerken mag, wenn er sich etwa auf seine Einstellung zu den ökologischen Anliegen der Grünen oder zu den neuen Technologien prüft.

Damit ist ein Punkt erneut angesprochen, der schon vorhin erwähnt wurde: die mit der neuen Wissenschaftskonzeption verbundene Veränderung bzw. Aufwertung des Naturdenkens. Nun könnte mit dieser Wertbesetzung von Natur, die als ‚Naturalismus' bezeichnet wird, das verbunden sein, was wir in der Ethik einen ‚naturalistischen Fehlschluß' nennen. Dieser besteht darin, daß von Sätzen mit deskriptiven Prädikaten auf solche mit präskriptiven Prädikaten geschlossen wird; anders: daß aus dem bloßen naturhaften *Sein* von etwas gefolgert wird, daß es auch sein *solle*. Um diesen Fehler zu vermeiden, bedürfen wir eines ‚Naturalismus ohne Fehlschluß'. Dieser setzt eine Naturkonzeption voraus, die zweierlei leisten können müßte:

a) Sie müßte einen Zusammenhang von Sein und Sollen zulassen bzw. begründen, da nur so die moralisch relevante Beziehung von Handlungssubjekten auf naturhaft Seiendes gedacht werden könnte; und sie müßte

b) die Differenz von Sein und Sollen so aufrecht erhalten, daß nicht die Erhaltung von allem, was naturhaft ist, allein darum, weil es naturhaft ist, auch schon moralisch gefordert ist.

Eine solche Naturkonzeption ist erstaunlicherweise viel leichter zu formulieren, als man denken könnte[21]: *Natur ist das, was* –

[21] Zur neueren philosophischen Diskussion um den Naturbegriff vgl. F. Rapp

aller Trennung von Mensch und außermenschlicher Natur vorausliegend — deren Identität ausmacht. Natur ist daher, da Sollen nicht anders verstanden werden kann denn als letztlich für alle geltende Optimierungsvorstellung bezüglich des Seins im Denken, der Sein-Sollen-Differenz entzogen. Das läßt sich auch so ausdrücken, daß das Sollen, das wir folgenbezogen ‚Verantwortung' nennen, nichts anderes ist, als die ins Bewußtsein, ins Selbst, erhobene Angewiesenheitsbeziehung von Seiendem aufeinander. Erst auf dieser, auf der bewußten Ebene, treten Sein und Sollen — analytisch — auseinander, aber dies ist nur eine Differenz, die *für* das reflektierende Bewußtsein ist. Dies bedeutet dennoch nicht, daß nun alles, was ist, einfach nur deswegen, weil es ist, schon moralisch gesollt wäre. Vielmehr muß nach der Differenz der Verantwortungs- bzw. der Sollensgrade gefragt werden, ebenso wie es im Bereich des Seins unterschiedliche Grade des Aufeinander-angewiesenseins gibt. Gegenüber dem, auf das ich als seiend stärker angewiesen bin, bin ich als denkend moralisch auch stärker verantwortlich als gegenüber dem, von dem ich weniger stark abhängig bin.

Damit haben wir nun die Bestimmungsstücke beisammen, die nötig sind, um eine Ethik im Zusammenhang des technologischen Handelns in bezug auf Natur zu umreißen: Es sind dies nämlich: einerseits eine durchgängige Naturkonzeption, die nur graduelle Unterschiede zuläßt und so die Fehler einer bloß anthropozentrischen Ethik vermeiden hilft. Es ist dies auf der anderen Seite die Einsicht in die Geltungskoexistenz von ethischen Prinzipien unterschiedlicher Allgemeinheitsgrade. Daraus resultiert ein Verfahrensmodell der Ethik, das also nicht mehr einzelne Handlungen an geltenden spezifizierten inhaltlichen Normen bemißt, sondern der Tatsache Rechnung trägt, daß in einer pluralistisch-postmodern-technologischen Gesellschaft unterschiedliche formale und

---

(Hrsg.): Naturverständnis und Naturbeherrschung. München 1981; C. Burrichter/R. Inhetveen/R. Kötter (Hrsg.): Zum Wandel des Naturverständnisses. Paderborn/München/Wien/Zürich 1987; O. Schwemmer (Hrsg.): Über Natur. Frankfurt a. M. 1987; vom Verf.: Kausalität versus Teleologie. Zu Geschichte und Leistungsfähigkeit unseres Naturdenkens. In: Burrichter/Inhetveen/Kötter (Hrsg.), a. a. O., 137—159.

inhaltliche Prinzipien unterschiedlicher Allgemeinheitsgrade gelten.

Ich schlage daher vor, daß man sich die Ethik in bezug auf Technologien als ein vierstufiges Verfahren zu denken hat, in dem in sinkendem Allgemeinheitsgrad Handlungsoptionen ausgeschieden werden:

(1) Auf einer obersten Ebene kommen die allgemeinen *formalen* Prinzipien in Anwendung, die die Vernunftethik der Moderne bereitstellt. Es sind dies die an Kant und Mill ablesbaren formalen Prinzipien der Universalisierbarkeit und Gleichheit bzw. Fairness, und zwar sowohl in bezug auf die deontische als auch in bezug auf die teleologische Betrachtungsweise, die sich nach dem Ausgeführten im technologischen Zeitalter ja ohnehin nicht mehr scharf trennen lassen. Schließlich ist hier aber auch das Prinzip der Humanität zu nennen, daß zwar ebenfalls ein formales Prinzip ist, aber gegenüber den Vernunftprinzipien der Moderne zusätzlich zu den von diesen reklamierten ideellen Forderungen auch noch die materielle Komponente der *physischen* Unantastbarkeit des Menschen enthält.

(2) Im weiteren gilt es nun, *zeitabhängige* Prinzipien in Ansatz zu bringen, die für den gegenwärtigen Zeitpunkt etwa das ausdrücken, was man als den erhaltenswerten Kern des Jonas-Theorems des Vorranges der schlechten Prognose ansehen könnte: daß in einer technologisch-dynamischen Zivilisation die *defensive Funktion* von Ethik für eine gewisse Zeit Vorrang habe. Das heißt, daß es keine Argumente für eine überzeitlich gültige Bevorzugung der pessimistischen Sicht gibt, wohl aber ein situationsspezifisches Postulat der abwägenden Vorsicht.

(3) Darüberhinaus müssen regionale Prinzipien angewendet werden, die zwar nicht auf alle Fälle, aber auf einen bestimmten Bereich von Fällen nach allgemeinem Konsens der für diesen Bereich Zuständigen anwendbar sind. Ein Beispiel für solche Prinzipien stellt etwa das ‚Principle of Informed Consent' dar, das in der Region der ärztlichen Berufsethik eingeführt ist, und seit dem Nuremberg-Code in bezug auf die Humananwendung von Forschung, Diagnose und Therapie unbestritten gilt. In einer immer stärker nach Berufsgruppen differen-

zierten Technologiewelt dürften hier die Berufs- und Standeskodizes an Bedeutung zunehmen. Es ist in jedem einzelnen Fall zu prüfen, ob anerkannte Prinzipien in andere Regionen übertragbar und damit weitergehend generalisierbar sind.

(4) Schließlich wird der Begründungsgehalt auch noch in materialer Hinsicht als der historisch variable Bereich von Ethik in Rechnung gestellt werden müssen, in dem die materialen Werte der von einer Handlung betroffenen Individuen und Gruppen in Rechenschaft gezogen werden. Die ‚Ethic Committees', die in allen größeren Kliniken der Vereinigten Staaten und z. T. auch in der Bundesrepublik und in der Schweiz existieren, könnten das verfahrenstechnische Muster hierfür abgeben.

Dieses vierstufige Modell definiert die minimalen Bedingungen dessen, was wir als prozedurale Ethik zu erwarten haben:

– Es leuchtet ein, daß es sich dabei um eine *problemorientierte* Ethik handelt, bei der die Analyse des Inhalts des zu entscheidenden Problems gewichtiger ist als die abstrakten Prinzipien, die in Ansatz gebracht werden müssen (s. u. V).
– Zudem handelt es sich um eine dabei zum Teil *individuenübergreifende* Ethik, da Handlungen des technologischen Typs im Regelfalle nicht von einem Individuum, sondern von Teams, Gruppen, Firmen und ganzen Konzernen ausgeführt werden, während die Verantwortungslast nach wie vor beim Individuum liegt.
– Dazu kommt – und dies ist ebenfalls in Rechnung zu stellen –, daß auch Verantwortung für Handlungen übernommen werden muß, deren Folgen man nicht oder jedenfalls nicht vollständig überblicken konnte.
– Schließlich impliziert das über die Technologiefolgenabschätzung Ausgeführte so etwas wie eine moralische Verpflichtung, sich so viele Kenntnisse wie möglich über potentielle Folgen und Nebenfolgen der Implementierung von Technologien zu beschaffen, da nur so jener Effekt zu verhindern ist, der bei genereller Geltung des Vorrangs der schlechten Prognose der Regelfall würde: daß jede Handlung inhibiert werden müßte.

Bevor ich dieses prozedurale Ethikmodell nun an einem der vielen möglichen Beispielsfälle neuer Technologien erprobe, halte ich fest:

Daß die Ethik heute Konjunktur hat und an Bedeutsamkeit im Zusammenhang der Wissenschaftsphilosophie zunimmt, wird nicht zuletzt dadurch angedeutet, daß sich eine starke Front von Anti-Ethikern (aus welchen weltanschaulichen Gründen auch immer) bereits gebildet hat. Die wachsende Bedeutsamkeit der Ethik für die Wissenschaftsforschung ergibt sich aus dem Technologie-Konzept, das Wissenschaft nicht mehr isoliert als theoretisches Konstrukt von Sätzen, sondern als konkretes Beziehungsgeflecht zwischen unterschiedlichen anderen Größen betrachtet. Daher muß auch die Ethik der Wissenschaften als Ethik der Technologie nicht etwa als eine – inhaltliche oder formale – Prinzipienethik, sondern als eine stärker problemorientierte Ethik des prozeduralen Typs verstanden werden.

V.

Daß die neue Ethik in der Tat eine problemorientierte Ethik ist, geht nicht zuletzt daraus hervor, daß es unvermeidlich wird, bei der Anwendung ihrer Prinzipien eine stark differenzierende Analyse des Gegenstandsbereiches vorzunehmen. Die technologisch differenzierte Welt läßt pauschale moralische Bewertungen nicht mehr zu. In unserem Falle der Humananwendung gentechnischer Methoden müßte infolgedessen Gentechnologie zunächst einmal unterschieden werden von anderen Problemen, die hiermit häufig vermischt werden. So ist es zum Beispiel das Problem der Retortenbabies oder das der heterologen Insemination ebenso wie dasjenige der Mietmutterschaft nicht mit Gentechnologie zu verwechseln[22]. Als erste interne Differenzierung ist einzuführen

[22] Die neuere Diskussion zu diesem Themenbereich wird für den deutschsprachigen Bereich dokumentiert in der Reihe „Gentechnologie – Chancen und Risiken", München 1984 ff., insbesondere Bd. 1: Ethische und rechtliche Probleme der Anwendung zellbiologischer und gentechnischer Methoden am Menschen. München 1984; Bd. 3: R. Flöhl (Hrsg.): Genforschung – Fluch oder Segen? München 1985; Bd. 13: V. Braun/D. Mieth/K. Steigleder (Hrsg.): Ethische und rechtliche Fragen der Gentechnologie und der Reproduktionsmedizin. München 1987; vgl. vom Verf.: Dürfen wir, was wir können? Zum Verhältnis von Recht und Moral in der Gentechnologie. In: R. Flöhl (Hrsg.),

die Unterscheidung zwischen Gentechnologie und Biotechnologie. Biotechnologie im weiteren Sinne gibt es bereits, seit Menschen Prozesse der Biosphäre gezielt zu eigenen Zwecken einsetzen. Hausfrauen, die einen Hefekranz backen, sind in diesem Sinne Biotechnologen. Im engeren Sinne existiert Biotechnologie, seit Alexander Flemming 1927 die antibiotische Wirkung einer Schimmelkolonie auf einer Staphylokokkenkultur beobachtet und nutzbar gemacht hat. Der von Flemming isolierte Pilz, das Penicillin, wird seither in verschiedenen Verfahren hergestellt. Seit den Dreißigerjahren unseres Jahrhunderts also gibt es Biotechnologie als zweckgerichtete technische Nutzung organischer Produktivität zu ökonomischen Zwecken, und diese unterscheidet sich strukturell nicht wesentlich von der Bierbrauerei oder der Kuchenherstellung. Sie ist, was man ‚klassische Biotechnologie' nennen könnte.

Im Unterschied hierzu ist die ‚neue Biotechnologie' von der Art, daß sie sich gentechnischer Mittel bedient (und dies ist auch der Grund dafür, daß häufig Gentechnologie und Biotechnologie miteinander verwechselt werden). In dieser neuen gentechnisch verfahrenden Biotechnologie muß unterschieden werden zwischen Humananwendung und Anwendung auf andere Organismen. Uns interessiert hier vordringlich die Humananwendung (wobei auch die Anwendung gentechnischer Methoden außerhalb des menschlichen Organismus ein zentrales ethisches Problemfeld darstellt, das uns in Zukunft noch vor viele Schwierigkeiten stellen wird).

Die Humananwendung zerfällt in stärker ‚diagnostische' und stärker ‚therapeutische' Maßnahmen. (Die diagnostischen Ein-

---

a. a. O., 59–85; ders.: Die künstliche Zeugung des Menschen. Neue Fragen an die alte Weisheitsliebe. In: Max-Planck-Gymnasium. Festschrift zum Jubiläum des ältesten Göttinger Gymnasiums 1586–1986, hrsg. von H. Hennig, D. Johannson, J. Ohlemacher, H.-C. Winters. Göttingen 1986, 191–197; ders.: Biotechnologie auf dem Prüfstand der Ethik. In: Neue Zürcher Zeitung Nr. 121, 27. Mai 1987; allgemein ders.: Krise der Krisenethiken. Moralphilosophische Engpässe im technologischen Zeitalter und das Konzept einer problemorientierten Ethik. In: W. Kluxen (Hrsg.): Tradition und Innovation. XIII. Deutscher Kongreß für Philosophie. Hamburg 1987, 353–370. – Eine Monographie des Verf. unter dem Titel „Problemorientierte Ethik" befindet sich z. Zt. in Vorbereitung.

griffe bezeichnen wir als ‚Genom-Analysen'. Unter ‚Genom' ist bekanntlich die Summe aller in einer Zelle vorhandenen Erbinformationen zu verstehen, die beim Menschen ca. 50 000 Gene umfaßt, von denen uns zur Zeit gut 3 000 bekannt sind.) Bei den therapeutischen Maßnahmen wiederum ist zu unterscheiden zwischen der Einführung genetischer Informationen in die Wirtzelle eines bereits körperlich existierenden Wesens (‚Gen-Transfer in somatische Zellen') und der Einführung genetischer Informationen in sogenannte ‚omnipotente' Eizellen, d. h. in solche, die während einer frühen Phase nach der Befruchtung noch nicht determiniert sind und also ihrerseits Eigenschaften besitzen, die denen einer Eizelle entsprechen (‚Gen-Transfer in Keimbahnzellen'). Im Klartext: Beim Gen-Transfer in Keimbahnzellen sind die nach uns lebenden Generationen genetisch mitbetroffen.

Schließlich muß nochmals differenziert werden zwischen der therapeutischen Anwendung bereits erprobter Technologien und der Erforschung neuer Technologien. Indessen trifft zu, was ich bereits eingangs erwähnt hatte: daß eine Unterscheidung dieser Art rein akademischen Sinn hat, da im Falle der neuen Technologien die Unterscheidung zwischen experimenteller Überprüfung und Feldversuch nicht hinreichend scharf zu treffen ist.

Eine Überprüfung der genannten Fälle nach Maßgabe der in unserem Strukturmodell vorgegebenen Prinzipien hat zum Ergebnis, daß einzig der Fall des Gen-Transfers in Keimbahnzellen eindeutig entscheidbar ist. Dieser Fall verstößt nämlich sowohl gegen das Prinzip der Fairness und Gleichheit als auch gegen das Prinzip der Humanität: Weder sind wir selbst mit einem durch Mencheneingriff gentechnisch veränderten Genom geboren worden, noch auch ist das Prinzip der Humanität anwendbar auf einen Organismus, dessen Naturbasis genetisch wesentlich verändert ist. Infolgedessen muß der Gen-Transfer in Keimbahnzellen als ethisch verboten ausgeschieden werden. Alle anderen Fälle sind ethisch neutral, soll heißen: unterliegen der Güterabwägung. Der Gen-Transfer in somatische Zellen kann unter gegebenen Bedingungen ethisch legitimiert werden, wenn nämlich das Prinzip des informed consent nicht verletzt wird und wenn die möglichen Nebenfolgen, die das Prinzip der Fairness und Gleicheit betreffen würden, abgeklärt sind. Beides, die Ächtung des Gen-Transfers in Keimbahnzellen wie die Zulässigkeit des Gen-Transfers in somatische Zellen unter gewissen, genau zu spezifizierenden Bedingungen, gilt sowohl für Forschung wie für Diagnose und für Therapie, da zum einen zwischen therapeutischen und Forschungseingriffen kaum unterschieden werden kann und da zum anderen im Falle des Humansubjekts diese Nichtunterscheidbarkeit auch für diagnostische und therapeutische Eingriffe gilt. Insbesondere die Genom-Analyse, also das ‚genetic-screening', unterliegt zusätzlichen einschränkenden Bedingungen, da aus Gründen des Prinzips der Fairness mit der Genom-Analyse nicht eine Einschränkung der Möglichkeit, an einem bestimmten Arbeitsplatz seinen Lebensunterhalt zu verdienen, verbunden werden darf. Ausnahmeregelungen sind außerdem aufgrund des Prinzips der Humanität für diejenigen Fälle nötig, in denen das genetic screening eine akute Gefahr für Leib und Leben des Betroffenen offenbaren würde, wenn er oder sie die betreffende Arbeit ausführen würde.

Ethische Reflexionen haben – und dies muß zwecks Vermeidung von Mißverständnissen explizit gesagt werden – die Aufgabe abzuklären, welche Handlungen moralisch geboten, verboten oder erlaubt sind. Abweichendes faktisches Verhalten der Menschen falsifiziert weder die moralischen Normen noch deren ethische Begründungen (falls diese richtig waren). Das heißt im weiteren aber auch, daß *Kollisionen* moralischer Verpflichtungen nicht ausgeschlossen werden können, in unserem Fall: daß die Verpflichtungen des Arztes, Leidenden zu helfen, mit dem ethischen Verbot der Keimbahnzellenmanipulation kollidiert. Auch die Tatsache, daß Menschen sich dann in dilemmatischen Situationen befinden, in denen sie sich entscheiden müssen, ändert nichts an der Gültigkeit der moralischen Normen und deren ethischen Begründungen. Aber dies ist kein spezifisches Problem der Gentechnologie, sondern gilt bei fast allem menschlichen Handeln.

Dieser Anwendungsschritt hatte den Sinn zu zeigen, daß die Prüfung durch die vorgelegten Prinzipien im Regelfalle eine eindeutige Entscheidung zum Ergebnis hat, was die positiv oder negativ ausscheidbaren Fälle des Gebotenen und Verbotenen betrifft. Die Anwendung der Prinzipien auf die Güterabwägung in den anderen Fällen hat ebenfalls ein positives oder negatives Ergebnis. Es wird Aufgabe einer zukünftigen Diskussion sein zu überprüfen, inwieweit die vorgelegten vier Stufen nach unten hin noch verfeinerungsfähig sind. Legt man Kriterien der philosophischen Ethik an, so gehören die drei oberen Stufen dem Bereich der Metaethik an, während die unterste Stufe den Bereich dessen verkörpert, was man traditionell ‚Ethos' genannt hat. Daher erklärt sich zwar, warum in der gegenwärtigen Situation die Position der Ethos-Anhänger gegenüber der Position der Metaethiker eine stärker werdende Fraktion stellt, rechtfertigt aber eine Reduktion der ethischen Problematik auf das *Ethos* des Einzelnen gerade *nicht*. Die wachsende Bedeutung der *Ethik* in der zur Wissenschaftsforschung nach dem Technologiekonzept gewordenen Wissenschaftsphilosophie rührt vielmehr eben daher, daß das individuelle Ethos durch die Komplexität der Handlungskontexte überfordert ist. Hier tut Unterstützung durch Wissenschafts- und Technologieethik not!

Namenregister

Sachregister

Autoren

Prof. Dr. Wolfgang Balzer
Seminar für Philosophie,
Logik und Wissenschaftstheorie, Universität München
Ludwigstraße 31/1, D-8000 München 22

Prof. Dr. Erwin Engeler
Abteilung für Mathematik und Physik,
Eidgenössische Technische Hochschule Zürich
ETH-Zentrum, CH-8092 Zürich

Prof. Dr. Werner Flach
Institut für Philosophie, Universität Würzburg
Sandering 2, D-8700 Würzburg

Prof. Dipl. Ing. Hans Grob
Abteilung für Bauingenieurwesen,
Eidgenössische Technische Hochschule Zürich
ETH-Zentrum, CH-8092 Zürich

lic. phil. Gertrude Hirsch
Pädagogische Abteilung
Erziehungsdirektion des Kantons Zürich
Haldenbachstraße 44, CH-8090 Zürich

Prof. Dr. Herbert Hörz
Zentralinstitut für Philosophie,
Akademie der Wissenschaften der DDR
Otto-Nuschke-Straße 10/11, DDR-1086 Berlin

Priv.-Doz. Dr. Paul Hoyningen-Huene
Abteilung für Geistes- und Sozialwissenschaften
Eidgenössische Technische Hochschule Zürich
ETH-Zentrum, CH-8092 Zürich

Prof. Dr. Gerhard Huber
Abteilung für Geistes- und Sozialwissenschaften,
Eidgenössische Technische Hochschule Zürich
ETH-Zentrum, CH-8092 Zürich

Prof. Dr. Karin Knorr Cetina
Fakultät für Soziologie, Universität Bielefeld
Postfach 8640, D-4800 Bielefeld 1

Prof. Dr. Henri Lauener
Philosophisches Seminar, Universität Bern
Falkenplatz 16, CH-3012 Bern

Prof. Dr. Hermann Lübbe
Philosophisches Seminar, Universität Zürich
Rämistraße 71, CH-8006 Zürich

Prof. Dr. Klaus Mainzer
Fachgruppe Philosophie, Universität Konstanz
Postfach 5560, D-7750 Konstanz 1

Prof. Dr. Jürgen Mittelstraß
Fachgruppe Philosophie, Universität Konstanz
Postfach 5560, D-7750 Konstanz 1

Prof. Dr. Ulrich Müller-Herold
Abteilung für Chemie,
Eidgenössische Technische Hochschule Zürich
ETH-Zentrum, CH-8092 Zürich

Prof. Dr. Hans Poser
Institut für Philosophie,
Wissenschaftstheorie, Wissenschafts- und Technikgeschichte
Technische Universität Berlin
Ernst-Reuter-Platz 7, D-1000 Berlin 10

Prof. Hans Primas
Abteilung für Chemie,
Eidgenössische Technische Hochschule Zürich
ETH-Zentrum, CH-8092 Zürich

Prof. Dr. Gerard Radnitzky
Fachbereich I — Wissenschaftstheorie, Universität Trier
Postfach 3825, D-5500 Trier

Prof. Dr. Nicholas Rescher
Department of Philosophy, University of Pittsburgh
Pittsburgh PA 15260, USA

Prof. Dr.-Ing. Günter Ropohl
Institut für Polytechnik/Arbeitslehre
Johann Wolfgang Goethe-Universität Frankfurt am Main
Dantestraße 5
D-6000 Frankfurt am Main 11

Prof. Dr. Erhard Scheibe
Philosophisches Seminar, Universität Heidelberg
Marsiliusplatz 1, D-6900 Heidelberg 1

Prof. Dr. Gerhard Seel
Séminaire de philosophie, Université de Neuchâtel
Clos-Brochet 30, CH-2000 Neuchâtel

Prof. Dr. Ernst Specker
Abteilung für Mathematik und Physik,
Eidgenössische Technische Hochschule Zürich
EHT-Zentrum, CH-8092 Zürich

Prof. Dr. Elisabeth Ströker
Philosophisches Seminar, Universität zu Köln
Albertus-Magnus-Platz, D-5000 Köln 41

Prof. Dr. Walther Ch. Zimmerli
Seminar B für Philosophie
Technische Universität Carolo-Wilhelmina zu Braunschweig
D-3300 Braunschweig

Wozu Philosophie?

Stellungnahmen eines Arbeitskreises

Herausgegeben von Hermann Lübbe

Oktav. XII, 393 Seiten. 1978. Kartoniert DM 38,–
ISBN 3 11 007513 X (de Gruyter Studienbuch)

Inhaltsverzeichnis: Rüdiger Bubner: Was kann, soll und darf Philosophie? – Friedrich Kambartel: Bemerkungen zur Frage „Was ist und soll Philosophie?" – Hans Lenk: Philosophie als Fokus und Forum – Odo Marquard: Skeptische Betrachtungen zur Lage der Philosophie – Robert Spaemann: Der Streit der Philosophen – Jürgen Mittelstrass: Philosophie oder Wissenschaftstheorie? – Hermann Lübbe: Wozu Philosophie? Aspekte einer ärgerlichen Frage – Hermann Krings: Über Esoterik und Exoterik der Philosophie – Rainer Specht: Zur Metaphysik-Funktion der Philosophie – Walther Ch. Zimmerli: Arbeitsteilige Philosophie? – Joseph J. Kockelmans: Gedanken zur Frage: Wozu Philosophie? – Hans Michael Baumgartner: Wozu noch Philosophie? – Manfred Riedel: Philosophieren nach dem „Ende der Philosophie"? – Carl Friedrich Gethmann: Ist Philosophie als Institution nötig? – Norbert Hinske: Die Geliebte mit den vielen Gesichtern – Gerd Brand: Rolle und Funktion der Philosophie – Jürgen Ch. Regge: Bibliographie – Rolle und Funktion der Philosophie.

Preisänderung vorbehalten

Walter de Gruyter W DE G **Berlin · New York**

Friedrich Nietzsche
Sämtliche Werke

Kritische Studienausgabe

Herausgegeben von Giorgio Colli
und Mazzino Montinari

Band 1–6: Werke und Schriften
Band 7–13: Nachgelassene Fragmente
Band 14–15: Kommentar, Chronik, Register

Die Kritische Studienausgabe der Werke Nietzsches, die textidentisch ist mit der Kritischen Gesamtausgabe, macht den gesamten philosophischen Nachlaß Nietzsches von 1869–1889 (also von den Vorarbeiten zur Geburt der Tragödie bis zu Nietzsches geistigem Zusammenbruch) einem breiteren Publikum zugänglich.

Auf Juvenilia, Philologica und die Baseler Vorlesungen wurde in dieser Ausgabe verzichtet. Der Kommentarband bringt eine Auswahl aus dem kritischen Apparat der Gesamtausgabe.

Eine ausführliche Chronik zu Nietzsches Leben von 1869 bis 1889 mit zahlreichen Briefzitaten von Nietzsche, seiner Familie und von Zeitgenossen und ein ausführliches Register zu Werken, Nachlaß und Kommentar beschließen die Ausgabe.

15 Dünndruck-Bände in Kassette.
Ca. 8800 Seiten dtv/de Gruyter

DM 298,–

Preisänderung vorbehalten

Walter de Gruyter W DE G **Berlin · New York**

www.ingramcontent.com/pod-product-compliance
Lightning Source LLC
LaVergne TN
LVHW010553300926
849162LV00002B/318